普通高等教育"十一五"国家级规划教材

普通高等教育农业农村部"十三五"规划教材

DIJI GUANLI

地籍管理

第三版

杨朝现 主编

中国农业出版社

北京

内 容 提 要

  该教材全面系统地论述了地籍管理的理论与实践操作方法。从我国的体制和制度出发阐述了地籍管理的目的、构成和方法，同时也介绍了世界上其他一些国家或地区在地籍管理方面的相关情况和地籍管理发展的趋势，为读者理解地籍管理制度和日后推动地籍制度的改革发展奠定了基础。

  该教材内容共分 10 章，包括总论、土地分类、土地利用现状调查、地籍调查、变更调查、土地分等定级、不动产估价、不动产登记、土地统计及地籍信息管理等。在编写修订中，既继承了以前各版《地籍管理》教材的基本知识和基本技能，也充实融合了新的变化，进一步提高了该教材的系统性、适时性、实用性。

  该教材是高等院校土地管理、资源管理、资源环境与城乡规划管理乃至不动产管理等专业"地籍管理"课程的基本教材，也可作为自然资源管理、土地资源调查监测、不动产登记等部门工作人员重要的参考书。

土地资源管理专业系列教材编委会

第三版　编审人员

主　编　杨朝现

副主编　杭艳红　路　婕　艾　东

编　者　（按姓氏笔画排序）

王永啟（西南大学）

艾　东（中国农业大学）

刘慧芳（山西农业大学）

杨朝现（西南大学）

张　颖（南京农业大学）

陈荣蓉（西南大学）

杭艳红（东北农业大学）

夏建国（四川农业大学）

钱凤魁（沈阳农业大学）

路　婕（河南农业大学）

编缮及审稿　叶公强

总　序

1997 年我国高等教育专业目录调整之后，原属于工学门类的土地利用与规划专业和属于经济学门类的土地管理专业合并调整成为土地资源管理专业，属于管理学门类。十几年来，随着高等教育的蓬勃发展，土地资源管理专业教育规模也有了迅速的扩展。目前，全国有 100 余所高等学校从事土地资源管理专业的本科教育，每年有 6 000 多名土地资源管理专业的大学本科毕业生。由于该专业是新兴、交叉学科，在教育教学实践中对高质量教材的需要十分迫切。为此，2001 年教育部高等学校公共管理学科类教学指导委员会土地资源管理学科组、全国高等学校土地资源管理院长（系主任）联席会和中国农业出版社共同组织编写了第一轮共 14 本土地资源管理专业骨干课程教材，并经教育部高等教育司批准，列入"面向 21 世纪课程教材"出版。这套教材在我国土地资源管理专业本科教育实践中发挥了十分重要的作用，成为绝大多数高校的首选教材，不仅满足了当时对高质量教材的需求，也初步形成了作为公共管理学科的土地资源管理专业知识体系，奠定了该专业的教材建设体系，推动了该专业高等教育的快速而健康发展。

2006 年教育部启动了普通高等教育"十一五"国家级规划教材计划。值得高兴的是，我们组织编写出版的土地资源管理专业的 14 种"面向 21 世纪课程教材"，有 11 种入选"普通高等教育'十一五'国家级规划教材"。同时，也有 3 种新教材入选，使土地资源管理专业有 14 种骨干课程教材入选国家级规划教材，充分体现了第二轮专业教材建设所取得的成就。

随着我国经济社会发展和深化改革进入新的阶段，我国的土地资源管理事业也在发生着深刻的变化：新型城镇化和城乡一体化发展必然要求农村土地制度的进一步改革与创新；经济转型与发展方式的转变必然要带来土地利用方式的转变；生态文明建设要求土地资源管理从重视土地数量管理向数量管控、质量管理与生态管护的并重转变。这一新形势对土地资源管理专业高级专门人才的培养提出了新的挑战，客观上要求在土地资源管理专业教育的理论体系、知识结构、技术方法等方面进行更新和发展，以适应科学发展对土地资源管理高级专门人才培养的需要。

为使土地资源管理专业教材建设能够反映土地资源管理理论与实践的最新发展，更好地满足土地资源管理专业的教学需求，我们启动了新一轮的教材编写工作。这一轮组织出版的教材是在第二轮 17 种教材的基础上，根据土地资源管理理论与实践的新发展又增加了《土地整治学》《土地复垦学》《土地生态学》3 种，达到了 20 种，其中 4 种入选"'十二五'普通高等教育本科国家级规划教材"，其余均入选普通高等教育农业农村部"十三五"规划教材。这套新教材的特点是：一是编写人员阵容强大，著名专家学者任教材的主编、副主编，学术骨干参加编写，体现了我国土地资源管理教育与研究的前沿水平；二是对教学内容进行了更新和发展，代表着土地资源管理知识体系的最新进展；三是对知识体系进行了扩展，适应土地管理新形势和教育国际化的要求，丰富了该专业教育教学的内容；四是重视实践试验教材建设，增加了《土地整理课程设计》《土地利用规划学实习手册》等，有利于学生实践技能的培养。

这套教材的出版，凝聚着我国土地资源管理领域高校教师们的心血和智慧，标志着我国土地资源管理专业高等教育教材建设跨上了一个新的台阶。希望这套教材能为新形势下我国土地资源管理高级专门人才的培养做出新的、更大的贡献。

欧名豪

2015 年 2 月 13 日

第三版前言

地籍管理是土地管理、资源管理及相关专业的骨干课程之一，有一本好的《地籍管理》教材是编者、读者的共同愿望。

《地籍管理》（第二版）自2009年出版以来，在高等院校地籍管理教学中发挥了积极的作用，得到了广大读者的认同和肯定。

近年来，随着我国各项改革的推进，地籍管理工作经历并正在发生着巨大的变革。随着土地制度改革的不断深化，土地资源和土地资产的价值越来越受到重视，土地权益的保护日益受到关注，土地参与国民经济宏观调控的作用日益凸显；新形势下土地管理、不动产登记等相关法律法规不断颁布实施，城乡地籍管理一体化的体制正在形成；第三次国土调查正在进行，土地调查、土地分等定级、不动产统一登记等新的制度和新的技术标准、规范正在得到落实和实施，新技术、新手段在地籍工作各个环节获得了充分的应用，地籍管理的实践正向新的时代迈进。

为适应时代发展和教学之需，本教材在第二版的基础上进行了修订。

本次教材的修订共有8所高校10位老师参与。他们根据各自长期的教学研究实践，结合地籍管理新的特点和发展趋势，提出了教材修订的大纲，扩展和更新了编写的内容。修订的主要内容有：在土地分类章节增加了修订后的国家标准《土地利用现状分类》和《第三次全国国土调查工作分类》等相关内容；土地利用现状调查、地籍调查、变更调查和土地分等定级章节结合新的技术标准和规范进行了相关内容的更新和充实；土地登记章节按照我国不动产登记新的制度和管理要求，拓展更新为不动产登记，并增添了不动产估价的新章节。同时，根据现行法律、法规及技术标准、规范等对其余章节相关内容也进行了相应的充实和完善，并对第二版教材使用中发现的不妥或不足之处进行了纠正和补充。

本教材的修订除参考引用了国家相关法律法规、条例细则和技术标准、规范外，同时也吸取了已出版或发表的相关同类教材和文献的优秀成果。本教材编写组在此向有关作者、编者表示由衷的感谢。

经编写组各位老师共同努力，按时完成了本教材各章的修订工作。具体分工如下：

第一章由杨朝现、艾东负责编写；第二章由刘慧芳、王永启负责编写；第三章由杭艳红、刘慧芳负责编写；第四章由杨朝现、钱凤魁负责编写；第五章由夏建国、杭艳红负责编写；第六章和第七章由路婕、陈荣蓉负责编写；第八章由艾东、张颖负责编写；

第九章由张颖、夏建国负责编写；第十章由王永啟、钱凤魁负责编写。

本次教材的修订和书稿审阅，得到了本教材第一版、第二版主编西南大学叶公强教授的倾力支持和悉心指导，衷心感谢他在教材修订编写工作中提供的宝贵意见和对各章节书稿的精心编缮及审稿。

修订后形成的第三版教材，继承了前两版教材的结构体系和编写思路，内容有所扩展和充实，更为系统、适时、实用。本教材不仅可帮助读者掌握地籍管理的基本技能，也可使读者从原理上弄清地籍管理工作的制度、体系及技术方案的设计原理，力图对读者成为优秀的地籍管理的组织者、设计者、研究者有所裨益。

由于编者水平有限，本教材难免存在疏漏和谬误之处，敬请广大读者批评、指正。

编　者

2019 年 12 月

目　录

第 一 章

总　　论

| **本章提要** | 地籍的概念是本教材的基本出发点。地籍可以有多种分类方法，有的分类体现地籍功能的演变，有的则按开展的先后时序分类，有的依其对象特征而分类。地籍在社会经济中的作用是其存在的客观基础。

明确地籍管理的概念、目的和任务十分重要，是学习以后各章内容的前提。通过学习，学生要了解地籍管理对社会制度、国家政权的重要意义和稳定土地产权、发展经济的重要保障作用，要十分清晰地牢记地籍管理的基本工作内容以及这些内容的内在关系。同时，必须了解、掌握地籍管理的原则和手段。

我国的地籍管理历史悠久，但是系统全面开展地籍工作是在中华人民共和国成立之后。

中国台湾、香港、澳门地区的地籍管理工作也有其发展特色，由于历史的原因有着一些与中国大陆（内地）不太一样的地方，开展比较学习有利于扩展思路。

由于政治体制和社会历史的原因，国外地籍管理制度与我国的地籍制度有较大的差异。学生了解国外地籍管理制度的概况，可扩展视野、丰富知识、提高认识，对推动我国相关制度的发展具有借鉴作用。

第一节　地　　籍

一、地籍的概念

地籍是一个有着悠久历史的概念，在土地管理学科里是一个重要的基本概念。人们对它的解释颇多，而且不太一致。

关于"地籍"一词在国外最早的出处，学界有两种观点：一种观点认为，"地籍"一词来自拉丁文的"capitastrum"，是"capitum registrum"的缩写，即"课税对象"和"课税对象登记册"；另一种观点认为，"地籍"一词源于希腊文"katatikhon"，即"税收登记簿册"，例如《现代英文》字典里的"cadastre"（地籍簿）一词即源自希腊单词"katatikhon"。无论是拉丁文还是希腊文对"地籍"一词含义的解释，都表明早期的地籍是为征收税赋而建立的土地清册。

"籍"字就其字义而言，《现代汉语词典》释为：①书籍、册子；②籍贯；③代表个人对国家、组织的隶属关系。各国都应用户籍来管理户口，应用地籍来管理土地。有的国家还通过水籍来管理水资源。地籍在我国历史悠久。《辞海》（1979 年版）对地籍的解释为："中国历代政府登记土地作为征收田赋根据的簿册"。随着社会经济发展，地籍不仅具有为土地税收服务的功能，而且还具备土地产权保护等其他功能。近年，在书籍和文章中，对地籍的解释较为常见的是："地籍是指国家为一定目的，记载土地的位置、界址、权属、数量、质量、地价和用途（地类）等基本状况的图册。"[①]

中外历史都毫无例外地证实，地籍最初是因收取税赋之需而产生。我国历来有"税有籍而来，籍为税而设之"的说法，其中心内容在于用地籍来反映有关土地拥有的状况，从而反映与税务有关的一些信息。然而那时的地籍并不直接记载征（纳）税的税额，只是记载与征（纳）税有关的土地信息。

随着土地管理工作的发展变化，地籍在有的国家成为财产权利管理的重要部分，在有的国家还成为国家管理（包括财产管理）的一个独立组成部分。此时，地籍就不再仅仅用于反映有关税务关系的土地信息，还要反映更为全面的有关土地权属的信息、土地利用信息、土地资产信息等。

近些年来，对于地籍的解释出现了一些变化，这些变化既与地籍在国家管理中作用的变化有关，也与科学技术的发展进步有关。国际测量师联合会第七次委员会工作小组于1995年在《关于地籍的论述》建议稿中把地籍定义为："地籍是由政府监管的，以地块为基础的土地信息系统。"[②] 我国台湾学者赵淑德在其著作《土地法规》中提出："所谓地籍，即土地及其权利之归属，指土地标示与土地所有权、他项权利相互间之关系。"一些学者在论述地籍时，强调要有"逐步向运用信息技术建立数据库的方向发展"[③]，或向"无册地籍"方向发展的内容。

概括起来，目前对地籍主要有3种不同的说法：①地籍是有关土地特定内容的信息（信息集、信息系统）；②地籍是记载土地特定内容的图、簿、册；③地籍是指土地特定内容及其权利的归属关系。这些土地特定内容主要是指每宗地的权属以及位置、界址、数量、质量和利用状况等，用以反映该宗地的归属、规模、质量、利用状况以及这些状况的变迁情况。但是地籍在不同的国家（地区）有一些差异，因此这些土地特定内容有时也会存在某些差异。

反映这些土地特定内容的图件称为地籍图，对此类土地特定内容实施的管理称为地籍管理、地籍工作，记载上述土地特定内容信息的材料称为地籍资料，登录有关这些土地特定内容的载体称为地籍簿册、地籍图或地籍库等。从现代的角度来看，地籍可以理解为：依据法律规范，对每宗地的土地权属、位置、界址、数量、质量以及利用状况进行调查（包括测绘），并将所获状况记载在案（制成图、制成卡，汇编成簿册、文件或库及法律证书）的信息集及其载体，其核心意义在于反映土地权利之归属。

地籍发展到今天，如果失去了反映土地的隶属关系（无论是与国家的征税关系，还是与国家的权属管理关系或者与国家的行政管理关系），就从根本上失去了其核心内涵。这一基本核心内涵的集合和记载成为当今地籍的基本概念。

地籍从现象来看容易被认为是一堆信息，存放于一定的载体之上，如簿册、文件、库等。但仅此是不够的，对地籍的理解把握以下几点十分重要：

① 林增杰，严星，谭峻，2001. 地籍管理 [M]. 北京：中国人民大学出版社.
② 詹长根，2004. 现代地籍技术　第一讲　现代地籍研究的基本进展 [J]. 测绘信息与工程 (1)：43-45.
③ 樊志全，2001. 论新时期的地籍管理工作 [J]. 资源·产业 (11)：9-12.

（1）离开了以土地权属为主就不是真正的地籍，仅仅是土地统计资料。

（2）土地权属是指国家法律认定的权利归属，而不是其他意义上的权利关系的反映，否则将不是完全的地籍。

（3）单一的土地权属信息虽然是地籍性质的信息，但不是完全的。实际上土地权属信息本身不应是单一的土地权利的信息。

地籍存在（或表现）的形式在不同时代是不完全一样的。历史上地籍表现为一种专用的册（簿）之类。随着当今科技发展，信息载体的形态变得更加多样，除册、簿、表、卡等外，还出现了盘、库、文件等形态。不管外部形态（载体）如何变化，应当明确地籍的内涵和基本核心必定是关于土地管理所需的信息资料，其中又以法定的土地权属为核心。

二、地籍的分类

地籍按其功能演变、开展时序、开展范围和对象特征以及成果表达手段形式等的不同，可划分为不同的类别体系。

1. 按地籍主要功能的演变分类 地籍可分为税收地籍、产权地籍和多用途地籍。这3种地籍是反映人类历史上地籍产生和发展的3个不同历史阶段的典型类型。

（1）税收地籍。这是人类历史上最早出现的一种地籍。我国封建社会出现的地籍以及世界各国早期建立的地籍，都属此类。

税收地籍的主要目的是为课税服务，使征税有可靠的依据。因此当时地籍的主要内容在于反映纳税对象有关的信息，如土地主人姓名、土地所在地点、土地面积等，有时也包括土地等级的有关资料，以此具体地确定纳税责任人和计量其应交纳的税额。

税收地籍的目的和当时的科技水平决定了当时对土地调查的科目（内容）十分有限，且测量工作也很简单，一般都不超过实地丈量或者图解测量的技术水准。

从管理的角度来看，税收地籍相当简单，目标单一，缺乏防止管理上出现疏漏的措施。

（2）产权地籍。产权地籍也称法律地籍，是资本主义发展到一定阶段的产物。随着土地交易逐渐增多，土地交易逐渐成为社会生活中一种常见的交易活动，并开始影响到社会秩序和社会经济活动的正常运行，国家开始借助地籍从行政管理的角度将土地的产权管理纳入法律管理的规范。

产权地籍重要的特点是实施有法律效力的土地登记（或称土地注册）。凡登记了的土地，其产权证明成为有效的法律凭证，国家从法律上给予保护，可以对抗任何对其产权的侵害，从而可以保障土地资产在社会上流转的有序进行，有效地防止和制止扰乱土地正常流转的行为发生，确保合法权利人土地产权的安全。

但地籍作为征税依据的功能依然未减，而且其作用更加稳定、可靠，同时地籍的功能更扩展到了土地产权的管理范畴。

相应地，地籍的内容除业主姓名、地址、土地面积、土地等级外，地价、土地位置、界址、四至关系也成为必要的要素，而且这些要素的精确性也大大提高，现在可以精确到能依据地籍资料对土地权属状况加以复原的程度。地籍测量的方法也由图解法向解析法或解析法与图解法相结合转变，测绘水平也有了进一步提高。

产权地籍与税收地籍相比，明显地更加重视土地产权的确认、权益的维护以及解除和避免土地权属纠纷的客观需要。

（3）多用途地籍。多用途地籍也称现代地籍，是税收地籍和产权地籍的进一步发展。土地在多用途地籍中不再单纯作为征税依据，同时也突破了资产的范畴和管束的范畴。土地不但被视为资产，而且被作为自然资源、作为社会财富之源加以充分利用、节约利用和高效利用。因此，多用途地籍除保持作为征税依据的功能和明确土地产权依据的功能外，还成为土地利用、保护土地、全面科学管理土地的基础依据。

多用途地籍的内容更为丰富，在原产权地籍的内容基础上，增加了土地空间利用、地下利用及其相应权属关系的内容，从地面土地权属向多维的法律、经济、技术综合的方面发展。把地籍管理与土地资源的可持续利用联系了起来。在手段上也不断引入光电、遥感、电子计算机以及缩微等技术，精度也越来越高。

2. 按地籍开展的先后时序分类 地籍可分为初始地籍和日常地籍。地籍的所有内容是通过调查（采集）记载、整理、登录、归类、入卷等过程获取的。这些可供应用的地籍资料来之不易。然而土地的实际状况通常会随时间的变化而频繁发生改变，一旦土地的实际状况发生变化，而相应的地籍资料若不随之更新，原有资料便失去现实意义。完整的地籍开展过程无疑包括最初的调查、记载、整理等过程，同时也必须有随之而来的应对变化发生后的再调查、重新记载、重新整理等更新过程。这两个过程就分别形成了初始地籍和日常地籍，它们反映了地籍开展的不同阶段，各具不同的特点和作用。

（1）初始地籍。初始地籍是指一种地籍制度确立后，由于缺少该制度下的地籍资料，而就某个行政辖区全部土地开展的一次基础性的全面的调查、记载、整理等，从而建立的地籍。初始地籍不一定是指历史上第一次开展的地籍，也不一定是指历史上建立的第一本簿册。

（2）日常地籍。日常地籍是以初始地籍为基础，针对土地数量、质量、权属、地价和用途等状况的变化进行适时修正、充实，从而更新的地籍。

初始地籍与日常地籍不可分割，是完整的地籍工作开展的两个相续的不同阶段。

3. 按地籍开展范围和对象特征分类 地籍可分为城镇地籍和农村地籍。城镇地籍和农村地籍的内容不应有本质的区别。但是目前城镇土地利用和农村土地利用在组织和管理上是有较大差异的，两者土地利用的特点、土地资产价值度也都有着很大差别。目前我国地籍管理尚处于建设发展阶段，加之受地籍调查和管理技术上的限制，因此当前我国城镇地籍与农村地籍还存在着明显的差别。

（1）城镇地籍。城镇地籍以城市、建制镇以及城镇以外独立工矿区、铁路、交通等的土地作为对象。这些区域的人口密度大，建筑物高度密集，土地集约化利用程度高，土地价值总体较高，土地级差收益比较显著而且彼此之间级差收益比较悬殊，对这些区域土地的管理客观上要求细致而严密，地籍资料精度要求相对较高。

（2）农村地籍。农村地籍以农村土地为对象和范围。相较于城镇而言，农村的人口和建筑物密集度都较低，单位面积土地的产出率远低于城镇土地，目前农村土地的管理还无法按城镇土地管理方式实施。

因此，迄今为止，我国城镇地籍中调查应用的图件比例尺较大，技术手段较先进，调查基本单元较细小，地籍资料较详尽、充实，地籍调查在城镇范围内是一项专门的调查工作；农村地籍调查的对象范围过于庞大，调查所应用的图件比例尺相对较小，农村地籍建立在土地利用现状调查的基础上，目前尚达不到专门调查的要求，精度明显低于城镇地籍。

划分城镇地籍和农村地籍并不是地籍的必然分类方式，只是这种划分方式比较符合我国地籍管理的现状，有利于分类管理、分类指导和分类研究。

4. 按地籍的成果表达手段分类 地籍可分为常规地籍和数字地籍。这是近年来地籍成果表达手段快速发展形成的一种分类，具有普遍性和必然性。

（1）常规地籍。常规地籍一般以过去通常运用的手段和形式来完成地籍信息的收集、调查、记载、整理，用常见的形式如图、表、卡、册、簿等来表现地籍资料。常规地籍费工费时，形式累赘，应用不便，误差防范困难。

（2）数字地籍。数字地籍是指从基础调查资料开始，将所有信息用数字的形式存储于体积小、重现度高的存储介质中，通过规范的程序实现整理、分类、汇总及建库，无论图形资料还是数据资料都转化为数字形态。从而省略了累赘不便的图、表、卡、册、簿。数字地籍具有处理能力强、省工节时、可以有效防止加工整理误差、检索快捷准确、表现形式生动等优点。它代表着地籍现代化的发展方向。

除此以外，还可按行政管理层次将地籍管理分为国家地籍管理和基层地籍管理。其中，县和县以上的地籍管理属于国家地籍管理，乡（镇）和村的地籍管理属于基层地籍管理。

三、地籍的主要作用

地籍随历史而发展，它的作用不断变得丰富。它由为税收服务发展成全面为土地管理服务、为国家管理和决策服务、为社会各方面提供服务。同时地籍在诸多管理事务中起着基础作用，在土地制度建设和发展中起着重要的保障作用。

1. 地籍与国家管理 地籍的产生是与国家的产生有关的，地籍是由国家建立和管理的。国家产生后，出于征收税赋的需要而开始产生对地籍的需要，以地籍作为征收税赋的依据。之后根据国家管理的需要而不断丰富地籍的内容，以发挥地籍的多重功能。

国家的重要功能在于维护政权、巩固政权、发展社会制度。土地是反映社会生产关系的客体，地籍则真切地反映土地所有关系、使用关系。良好的地籍是洞察土地制度、土地关系及其动态变化的窗口。国家依据地籍资料制定政策、变革制度、调整关系，从而巩固和发展政权。

国家肩负着发展经济的重任。土地资源是巨大的财富之源，是国民经济一切部门发展的基础。地籍从数量、质量以及分布态势上反映国家的基本国情、国力，国家依据地籍资料组织土地利用，协调用地布局，统筹土地开发、土地保护及土地整治，调节人地矛盾、不同产业间的矛盾，制定相关政策，确保国民经济的全面协调发展和土地资源的可持续利用。

在国家实施行政管理的各项工作中，地籍发挥着重要作用。土地行政是国家管理的一个重要的方面，而地籍则是土地行政的基础。土地产权的稳定、土地资产流转的活跃与安全、土地利用者对土地投入的积极性等，在很大程度上体现出社会的安定和经济环境的健康。地籍信息实时反映着上述指标的现状和历史变动情况，国家则借此及时调整决策。开展土地行政是国家管理的需要。

2. 地籍与土地管理 地籍虽然在初期是应征税制度的需要而产生的，但从本质上来讲它是土地管理的必要基础，同时它也可以为税收服务。只是由于在社会发展的早期征税制度先于土地管理作为一项独立的国家管理工作出现，因而地籍这种为税收服务的功能率先为人们所认识。当土地管理作为一项独立的国家管理工作出现后，地籍的更深层次的意义和作用逐渐为人们所认识。

最初，地籍管理所调查、登载的仅仅是一些与征税直接有关的内容项目，如业主、住址、土地位置、面积等，十分简单。随着地籍管理事业的发展，地籍管理的内容逐步增加，涉及的范围越来越宽广，如土地的权属性质、土地的质量、土地的等级、土地的价格、土地的四邻关系、土地的利用状况等，显现出越来越多与土地管理相关联的有用信息。地籍管理这个紧紧围绕土地管理需要而发展壮大的特点，既反映了地籍管理发展的历史规律，也反映了地籍与土地管理在客观上存在着必然的内在联系。

我国地籍的建立由自然资源主管部门完成，具有专业特点，具有很高的可靠性、权威性和现势性。地籍全面反映土地利用状况和土地资源的潜力水平，自然资源主管部门借此及时发现土地利用中的不足和土地资源配置方面的缺陷，据此制定土地利用的规划、开展土地利用监测、实施土地管制等。同时，地籍还可以及时反馈土地管理工作的实际效果，暴露土地管理的不足与问题，便于有关部门及时做出改进。

3. 地籍与产权管理　世界各国都把地籍作为土地产权管理乃至整个不动产产权管理的主要工具，因为地籍是调解土地争执、复原界址、确认土地产权最有力的依据。在我国，土地管理（包括地籍管理）不仅是为了保护土地权利人的相关权利，更是全面地立足于全体人民的根本利益，着眼于整个土地资源和土地资产的管理和利用，从社会经济的可持续发展的高度去设置对土地权利的管理制度，最根本的目的是促进土地资源的最佳利用和土地资产效益的最大化。

然而土地资源的高效利用不能离开对土地资产的规范、有序管理。严格的、符合市场经济规律的土地产权管理，能提高土地权利人对土地的珍惜和加大土地投入的积极性。明晰的土地权利和有条理的土地权属管理，有利于土地资源的合理流转、合理配置和高效利用，从而促进整个社会的安定和平稳发展。

4. 地籍与税收管理　地籍为税收服务已有久远的历史。虽然地籍的功能发展到今天已远不止这一点，但从地籍发展的历史来看，为税收服务这一功能在地籍发展的不同时期都是存在的。只要国家存在，就有从土地上收取税金以维持国家管理的需要，地籍这一功能就有存在的必要。

地籍为税收提供了土地所有权、土地使用权等土地权利状况以及土地资产规模和级别等信息。这些资料有助于相关部门对纳税义务人按相应税率计量税额。地籍保障了国家土地税收的稳定、科学、及时、准确。

5. 地籍与土地制度　我国社会主义土地所有制度是通过革命建立起来的，巩固和发展社会主义土地所有制是革命战争之后长期的任务。社会主义土地所有制时常会受到冲击或潜移默化的干扰，规范土地所有权的确认、土地所有权的变更，对于巩固社会主义土地所有制起着十分重要的作用，地籍在这方面是社会主义土地所有制的具体体现。国家借助地籍工作进一步理顺土地所有权关系，调解土地产权纠纷，规范产权登记和产权转移制度，保证国家随时掌握土地所有权分配的翔实资料，防止任何危害社会主义土地所有制度的行为和倾向出现，成为巩固土地制度的有力措施。

随着社会主义制度的建设和发展，我国土地使用制度经历了史无前例的巨大改革。在这场改革中，地籍在明确土地产权、稳定土地使用权、建立健全土地市场秩序、推动土地使用权安全有序流转、保障土地使用制度改革顺利进行等方面起着十分关键的作用。

第二节 地籍管理

一、地籍管理的概念与任务

1. 地籍管理的概念 基于对地籍的基本认识，地籍管理应理解为针对地籍的建立、建设和应用所开展的一系列工作（管理）措施。

地籍管理有时被认为是一项单一的信息记载（登录）工作，认为获取土地信息资料并建立地籍簿、册（或库）是地籍管理的唯一目的，这是一种片面的认识。以土地法定权属为主要内容的有关土地信息的记载（登录）无疑是地籍管理的基本工作内容和目标之一，以此为基础，组织和开展调查、规范技术标准、划分土地等级、实施不动产估价、进行土地统计、制定确定权属的法律标准、严格实行不动产登记成为地籍管理最基本的工作内容。

获取信息不是地籍管理的唯一目的，获得的地籍资料只有被应用才能体现其价值。要把这些资料应用于土地管理，用于巩固社会主义土地制度，服务于发展社会经济。而且这种应用要随管理工作的需要长期开展下去，随经济建设的需要持续地进行下去，并使其应用价值越来越大。因此，不仅要有调查、统计、登记的制度，而且必须在此基础上不断更新、充实新信息，提高信息面的深度和广度，提高信息的及时性和精确性。只有从管理学的原理出发完善相应的制度和机制，才能确保地籍管理始终处于较高水准。也就是说，地籍管理的建设是一件永恒的管理工作，这是土地管理工作发展变化要求地籍管理随之升华的必然。

地籍管理在国家管理、土地管理、税务管理等诸多方面起着基础性的作用，具有保障和服务的功能。它虽然是自然资源主管部门的业务，但它的服务作用并不局限于自然资源主管部门本身。对地籍资料的应用涉及众多部门和各行各业。因此，针对应用需要，科学地展开地籍资料的收集、整理、分析、研究，这会影响地籍信息应用的广度和深度，影响地籍信息应用的效果。此外，为应用者提供地籍信息使用上的简洁、便利，同样成为地籍管理不可缺少的工作。基于上述概括，对地籍管理应当有如下基本认识：

（1）地籍管理是一系列具有连贯性的、有序的工作。

（2）地籍管理必须有制度作为保障。

（3）不同时期的地籍管理有着不同的技术基础和技术标准。

（4）地籍管理有明确的发展方向和应用目的。

2. 地籍管理的目的 地籍管理包含着许多有序的工作内容，它们都是为了应用的需要而设定和开展的。地籍管理要针对这些工作内容进行一系列工作：建立管理制度，设置机构，组建队伍，设定职责权限，选用一定的手段、方法等。这一切都是围绕着地籍管理的目的而展开的。

地籍管理的总目的是随时清晰地掌握土地资源和土地资产的存在、分配、利用和管理状况，从而为土地管理服务，为国家管理服务，为生产、建设和其他需要服务。

地籍管理是土地管理的一个组成部分，这就决定了地籍管理与土地管理的密切关系。因此，地籍管理最直接的目的是：为土地管理工作的需要去开展调查，去取得有关信息资料，按土地管理的需要加以整理分析，同时也要对土地管理工作后续的反馈信息加以收集整理，及时提供给有关方面应用。地籍管理要围绕这一目的建立必要的制度，制定管理条例，设置组织机构，设定基本工作内容，并及时地充实新内容，真正起到土地管理的基础工作的作用。否则，地籍管理将会迷失方向或者偏离服务的主体。

地籍管理工作的开展远在土地管理成为一项独立的管理事务之前便已存在，而且是因国家的管理需要而存在的。虽然起初地籍管理工作在具体功能上是为维护政权经费支撑服务，但随着国家管理的深入发展，地籍管理对于国家政权建设和管理的功能已远不止此。维护政权、巩固社会制度，为国家宏观决策提供依据，成为地籍管理的根本目的。我国地籍管理的性质决定了地籍管理必须坚定不移地为社会主义政权服务。从建立和完善社会主义土地制度和人地关系的需要出发，去掌握、研究、分析土地资源和土地资产的分配、利用、管理，为调整土地的分配和利用提供依据，从社会主义国家管理的需要出发去调查研究土地开发、利用、整治和保护的状况，为国家有关部门妥善处理资源、环境、人口的矛盾提供依据，为国民经济协调发展提供依据，是我国地籍管理的首要目的。地籍管理一旦背离了为巩固社会主义制度和国家政权服务的目的，便会失去其宗旨，失去其存在的意义。

地籍管理成果的实际应用价值不仅在于推进土地管理、巩固社会主义制度以及完善国家管理，还可以为生活、生产和建设的需要提供有关的地籍信息资料和服务。为生活、生产和建设的需要服务是地籍管理工作的又一重要目的。随着社会经济和建设事业的发展，对地籍管理的需求越来越多。地籍管理要从单用途向多用途发展，从平面向立体发展，从常规向高科技发展，从封闭式向开放式转变，从单一行政管理向法律、行政、经济、技术综合管理发展，以适应市场经济体制的需要。

3. 地籍管理的任务　地籍管理的任务取决于地籍管理的目的。地籍管理的总任务是全面、具体掌握地籍信息、不断更新地籍信息，及时、准确、系统地提供服务，并不懈地改革创新，建设功能齐全、制度健全、业务规范、手段先进的完整的地籍管理工作体系。据此，地籍管理工作的基本思路应当是："保护资源，保障发展，维护权益，服务社会"。

我国地籍管理工作虽然从起步阶段、提高阶段进入发展阶段，从无到有、从小到大、从弱到强地有了长足发展，但与先进国家相比，还较大差距。为了实现地籍管理总任务，当前的具体任务是：

（1）继续广泛深入地掌握土地资源和土地资产的家底。对于土地资源家底的掌握要从数量和分布向质量甚至更全面的方面发展，形成一体化的系列土地资源家底资料；在对土地资产家底的掌握方面，城乡差距较大，目前城镇土地资产家底尚不全面清楚，农村土地资产更是掌握甚微，需继续深入地开展调查、统计、登记及分等定级估价工作。

（2）土地资源和资产的分配现状、流转管理及态势分析是地籍管理的重要方面。城市土地的分配近年来有了较多的了解，流转管理也初见成效，但是农村土地尚未全面纳入科学的、规范管理的轨道，亟待加大地籍管理力度，为农村土地流转制度和土地市场的建立健全创造基础条件，为城乡土地使用制度的进一步改革提供基础环境条件。

（3）在土地利用现状调查和城镇地籍调查已有成果的基础上，将变更工作紧跟上，更新和充实调查资料，持续开展土地利用动态监测，推动地籍管理工作向规范化、制度化、现代化方向发展，并且从土地分类到调查手段、调查技术等方面向城乡一体化方向逐步发展，进而为实行不动产登记城乡一体化而努力。

（4）土地调查向广度和深度发展。将土地自然性状、土地社会经济状况及土地利用其他环境条件与土地自身基本的调查融为一体；针对土地流失、土地灾害、土地污染、土地开发、土地治理、土地保持、土地病害和土地利用工程开展状况组织深入细致的专项调查，为土地利用决策和规划提供基础；将土地调查向多用途地籍需要的方向发展，开展地面、地下乃至地上空间土地利用的多维调查、统计、登记工作。

（5）加快地籍工作现代化手段应用步伐，从调查到整理、分析、立卷（建库）乃至查询、维护、提供使用，逐步扩大高新技术的应用，并努力向商业化、普及化方向发展。

（6）围绕上述任务建立健全必要的管理制度以及向社会提供服务的制度，不断健全机构，提高人员素质，把整个地籍管理向制度化、规范化、现代化推进，不断提高地籍管理的社会公信度和公示性，提高地籍资料的应用价值和社会效益。

4. 地籍管理的性质 地籍管理如前所述是针对地籍的建立、建设和提供应用所开展的一系列的工作措施。这些措施与一般的措施不同之处在于它是一项国家措施，由国家作为主体来实施，而且十分明确地负有巩固社会制度和国家政权的使命。

在我国社会主义制度下，地籍管理是巩固社会主义土地公有制的一项措施，也是为充分合理高效地利用全国土地资源，协调部门、行业、单位用地的一项措施，又是为推进改革开放和土地使用制度变革服务的一项综合性措施。

地籍管理这项措施在国家管理事务中为国家、为社会提供土地基本情况的信息资料，为判断、评估现状和实力及预测未来起着基础作用，并成为决策和制定政策的重要依据。国家还依据地籍管理建立科学的土地税收制度，指导和监督土地管理和土地利用，调控经济，保障合法土地所有者、使用者的正当权益，调动他们土地利用的积极性。这一切都有赖于地籍管理基础信息的准确性和可靠性，有赖于地籍管理措施的法律规范性和行政上的权威性和保障性。

技术上、法律上和行政上的这些"性"是地籍管理作为国家措施能否真正起作用的决定因素。缺少了它们，地籍管理的任何目的都无法实现。因此，地籍管理作为国家措施是有着一系列基本特性为支撑的，必须坚定不移地始终恪守这些"性"才能保证地籍管理目的的顺利实现。

但是，还必须十分清晰地认识到地籍管理有着鲜明的阶级性。法律、技术、行政都是为社会制度服务的工具、手段和措施。我国社会主义地籍管理与资本主义地籍管理有着本质上的区别。只有社会主义地籍管理才能最大限度地代表全社会人民群众的根本利益，为人民群众的根本利益服务。在资本主义国家里，地籍管理同样可以是一项国家措施，同样可以为资本主义政权的课税服务，但从本质上来讲它是为资本主义私有制国家政权所代表的少数土地占有者的利益服务。

二、地籍管理的基本内容

地籍管理的目的和任务决定了它必然包含着一系列工作。作为一项国家的地政措施，地籍管理有着特定的内容体系。然而围绕各个时期土地管理的客观需要，地籍管理工作的内容又有所变化。虽然从地籍管理的出现到现在，其工作内容有了很大变化，变得更加丰富和广泛，但是自从土地管理成为一项独立的管理事务在一个国家和地区存在以后，其基本内容有了较为相对的稳定，这是因为地籍管理的对象——土地的基本特性决定了管理的基本内容。在社会、经济、科技发展的不同时期，随着社会生产力水平及与其相适应的生产关系的发展变化，具体的地籍管理工作内容也变得更加丰富、广泛。

在我国数千年的封建社会里，出于制定与封建土地占有密切相关的税收、劳役和租赋制度的需要，地籍管理把开展土地清查、土地分类和编制土地清册作为主要内容。封建社会末期开始为巩固封建土地所有、推行契据制度而加重土地登记的内容。到了民国时期，随着西方科技文化的传入和中国沦为半殖民地半封建的社会，地籍测量和土地登记成为主要内容。但是直到这一时期地籍管理工作也仅仅在一些地区有所开展，尚未覆盖全国范围，且其实际内容也是相当狭窄的。中华人民共和国成立初期，地籍管理的主要内容是结合土地改革分地，进行土地清丈、划界、定桩以及土地登记、发证等。之后，地籍管理逐步从以地权登记为主转向以为组织土地利用提供基础依据、为建立农税面积台账服务为主要内容。随着我国社会主义现代化建设的发展，地籍管理内容不断扩展和加深，技术手段不断提高，开展土地利用现状调查、地籍调查，全国城镇土地使用权申报登记工作全面展开，并迅速转为城镇土地登记和土地定级工作，建立起土地统计报表制度及地籍档案管理制度等，地籍管理向着全方位、规范化、制度化方向发展。

地籍管理工作发展到现阶段，其基本的内容包括：①土地调查；②土地分等定级估价；③不动产登记；④土地统计；⑤地籍档案管理。

上述基本内容并非一成不变。如我国地籍管理的简要发展历程中不难看出，各个历史时期地籍管理工作内容不仅侧重有别，甚至多寡不一。但是地籍管理的内容之间却不是孤立的，相反，是相互联系彼此紧密相关的。土地调查和土地定级是地籍管理工作中最为基础的工作。土地统计和不动产登记都是土地调查的后续工作，在某种意义上是调查工作的归宿，而不动产登记与土地统计对于同一土地对象来讲在大量指标上是一致的，然而在法律性上它们之间是截然不同的。这两项工作的先后次序并无严格的规定，甚至可以将土地调查、土地分等定级和土地统计、不动产登记安排在同时进行。但是从内在关系来讲不动产登记和土地统计实质上都是以调查和分等定级为基础的。这样可以保证统计、登记的准确、可靠，也有益于统计、登记成果的稳当、真实。

地籍管理上述各项工作成果是地籍档案的基本来源，可以说地籍档案是各项地籍管理工作的归宿，这些档案的进一步提供使用是整个地籍管理工作的最终归宿。因此，地籍档案管理在地籍管理工作体系中也是一项十分重要的工作。

我国的地籍管理工作在20世纪80年代就有了很好的起步，并得到了提高，近年又有了较大的发展，但是与世界先进国家相比在某些方面还有一定差距。因此，需要不断改革创新，不断扩展、充实、更新地籍管理的内容，提高地籍管理水平，扩大地籍管理成果的应用。

1. 土地调查　土地调查是以查清土地的存在、土地权属、土地利用状况而进行的调查。土地的存在包括土地的数量、质量、分布等，土地权属包括土地的归属、占有、分配、权利等，而土地利用则包括了土地开发、利用、保护、整治等状况。所有这些与土地有关的状况都是土地调查的内容，它们在土地管理，在巩固社会制度、巩固国家政权，在社会经济生活中都是重要的基础信息。

20世纪80年代初以来，我国在土地调查方面开展了大量工作，主要通过3种调查来实现，即土地利用现状调查、地籍调查和土地条件调查。这些调查的内容各自的侧重面不一样。

（1）土地利用现状调查。土地利用现状以摸清我国土地资源家底现状为主要目标，通过查清我国土地资源总量、分类面积、土地利用现实状况，为土地资源的全面管理和土地资源开发利用提供详尽的资料。为了获取某一时点的土地资源家底，在调查的技术思路中，按调查工作的必然规律和调查成果应用的需要，设计了不断更新、充实、提高的广阔空间和技术接口，以保证调查成果能保持较高的现势性。

土地利用现状调查以县为调查作业单位，由县人民政府统一领导，查清土地的数量、分布、归属、用途和利用现状。土地利用现状调查，依据全国统一的土地利用现状分类系统，根据各区域性质，分区域选用较大比例尺开展调查，是一次全面的普查性的调查，调查工作覆盖了全国所有的土地。

20 世纪 80 年代初到 90 年代中期，在全国范围开展了第一次土地利用现状调查（以下简称一调），彻底结束了我国过去土地资源家底不清的局面，形成了有史以来最为详尽的、最具有科学价值的、全面反映我国土地资源的地籍成果。

随着经济社会的发展、科技的进步、土地管理事业的深化，20 世纪末的调查成果已经不能适应推进相关事业发展的需要。出于进一步地查清土地资源利用现状、查清和保住永久基本农田、推进土地节约集约利用的工作需要和加强各级政府执政能力建设的需要，2007 年国家按全国土地利用现状统一分类标准运用现代化的技术手段开展了第二次土地资源的调查（以下简称二调）。二调的水准比一调更高，调查成果适应了更广泛的需要。

为适应经济社会制度和土地管理制度的不断完善和改革发展，进一步完善国土调查、监测和统计制度，实现国土调查成果信息化管理和共享，满足生态文明建设、空间规划编制、供给侧结构性改革、宏观调控、自然资源管理体制改革和统一确权登记、国土空间用途管制及生态修复、空间治理能力现代化和国土空间规划体系的建设等各项工作。按国家《土地调查条例》中"每 10 年进行一次全国土地调查"的规定，2017 年国家开启了第三次全国国土调查（以下简称三调）。三调要求在二调的基础上，利用更加精细的现代调查技术手段，全面细化和完善全国土地利用数据，掌握翔实准确的全国土地利用现状和自然资源变化情况。三调将调查的水准推向更高、更广、更精的层次，调查成果也将满足更多方面的共享和需求。

（2）地籍调查。地籍调查的核心是土地权属的调查。地籍调查就其实质而言，是为土地的权利登记提供依据。而土地的登记是一项从法律的角度认定土地权属关系的行为，是一项十分严肃的工作，事关土地权利人权属稳固、社会安定的重要工作，必须有强有力的先进的技术手段为保障，确保登记的结果准确、稳定，具有不可动摇的权威性。为此，一方面需要将土地的登记定位为国家法律行为，另一方面在技术上必须具有相当高度的准确性和稳定性。地籍调查便是从技术角度为登记提供基础资料，确保土地登记的顺利、准确和稳定。

地籍调查以县为单位开展，以宗地为基本调查单元。

地籍调查的具体任务是要查清土地的权属、位置、界址、用途、等级和面积等，形成能准确反映一定区域范围内土地的归属及权属界线、土地面积、土地利用的地籍图和每一个宗地的宗地图。

不同时期、不同地区地籍调查工作的具体开展有时是不一样的。我国地籍调查的开展，至今未在全国范围内按同一时点、同一方法同步地进行。在城镇村地区的地籍调查已稳步开展，但是并不如土地利用现状调查那样统一、全面地开展，而是具备条件的城镇村率先开展。至今，在农村地区尚未单独地开展地籍调查，而是在土地利用现状调查中兼顾着完成一些农村地区的地籍要素的调查，以满足管理的需要。

地籍调查不仅重视调查中的真实、可靠和法律依据，而且十分重视调查结果的精确度，无论土地的归属、土地的数量、位置、界线的调查和表达的精确程度必须保证达到一定的技术精度，而且调查的精度还必须随科技水平的提高而相应地提高。只有这样，才能满足土地流转和土地权属管理的需要。

（3）土地条件调查。土地条件调查是土地存在环境和条件的调查，是深入认识土地利用环境条件的调查。包括对土壤、地貌、植被、气象、水文、地质以及对土地的投入、产出、收益、区位、交通等土地所处自然条件和社会经济条件的调查。土地条件调查能加深对土地质量的认识，能帮助深入分析土地利用的环境条件，为土地分等定级、土地适宜性评价、土地潜力分析提供相关的基础依据。

土地条件调查有着较强的专业特性，土壤、地貌、气候、社经等调查不仅有学科的特殊性，而且相互有着较强的独立性，它们在地籍管理中明确地为地籍管理服务。目前土地条件调查还不像前两项调查（土地利用现状调查、地籍调查）那样有十分鲜明的行政管理色彩。各地在开展土地条件调查时，调查的深度和广度也有较大的差异。

上述各项调查可以分别进行，也可以结合进行。例如，前些年在我国农村，地籍调查是结合土地利用现状调查而进行的；而在城镇和村庄，地籍调查则是单独进行的。土地条件调查通常由各专业（部门）组织开展，有时也结合一些土地管理工作的需要而进行，例如结合土地分等定级、结合土地利用规划而进行。

2. 土地分等定级估价 土地分等定级估价是对土地质量进行评价的一种方式，是地籍管理的工作内容之一。它是以土地利用分类和土地条件调查为基础，对土地质量指标的综合分析和对土地质量水准的相对评价。土地分等定级估价为科学、合理地征收土地税（费）提供依据，为有区别地确定土地补偿标准提供依据，也为因地制宜地合理组织土地利用、为制定土地经济政策等提供科学依据。

土地分等定级根据土地的城乡用途差别可以区分为城镇土地分等定级和农村土地分等定级。它们均需要首先在全国范围内划分出土地等，然后在土地等的控制下，划分出土地级别。土地分等定级是土地估价的基础，从而为深化土地使用制度的改革、为规范地产市场奠定基础。农用地分等定级成果已成为补充耕地数量质量按等级折算、实现耕地占补平衡的科学依据。

关于土地分等定级是否属于地籍管理的内容，是有不同认识的。有人将其归为土地估价的基础，属于土地估价的一部分，因此有的地籍书籍及文章中没有将其列入地籍管理的内容。

3. 不动产登记 依据《不动产登记暂行条例》规定，不动产是指土地、海域以及房屋、林木等定着物。不动产登记是指不动产登记机构依法将不动产权利归属和其他法定事项记载于不动产登记簿的行为。

不动产登记以不动产单元为登记的基本单位，由不动产登记机构依法委派专职人员从事，包括首次登记、变更登记、转移登记、注销登记、更正登记等多种类型。

不动产登记可清晰确定不动产物权的归属，保证物权状况的公开和明示，切实维护所有权人及利害关系人的合法权益，确保不动产交易安全顺畅，降低交易成本，提高交易效率，利于社会安定团结。

历史上最早出现的对不动产进行登记的是对土地的登记。不动产登记中涉及的土地登记是地籍管理最基本的工作内容，也是地籍管理中出现最早的一项重要工作。进行土地登记这项工作初期仅仅为土地税赋服务而设立，随着地籍管理工作的发展和土地管理的全面兴起，土地登记转而以确认合法土地权利为其主要功能，同时也为土地征税和土地利用管理服务。

4. 土地统计 土地统计是国家对土地的数量、质量、分布、利用和权属状况进行统计调查、汇总、统计分析和提供土地统计资料的工作制度。与其他统计相比，土地统计有着极强的专业特点：统计对象——土地在数额上总量是恒定的；统计图件既是统计结果的反映形式，也是统计的基础依据；土地统计中地类的增减均以界线的推移实现。通过土地统计，澄清和更新人们对土地资源、土地资产和土地利用状况的认识，揭示土地分配、利用的变化规律，为制定土地管理政策提供科学依据。

5. 地籍档案管理 地籍档案管理是以地籍管理活动的历史记录、文件、图册、数据为对象所进行的收集、整理、鉴定、保管、统计、提供使用和编制与研究（以下简称编研）等工作的总称。地籍档案管理是地籍管理工作的终端，也是地籍为社会提供服务的桥梁。

档案既有现实意义，又有长远的历史意义。地籍档案管理既为当前土地管理服务，为规划、计划服务，为社会各界服务，也为土地科学的发展和研究服务。

地籍档案管理是专业档案的管理，根据地籍管理工作的内容确定地籍档案的范围，有制度地进行档案收集、整理，将档案按一定的程序进行系统的管理，并开展编研和提供使用服务，是地籍档案管理的基本内容。

地籍管理的内容并非一成不变，在不同历史时期可以有所变化，而且地籍管理的各项内容也不是相互孤立存在的，它们相互联系，彼此衔接。例如，土地调查和土地分等定级估价是基础性的工作；不动产登记和土地统计相对前两者而言则是它们的后续工作，是它们阶段成果的具体体现。

地籍管理工作内容有其常规的开展顺序。一般在土地调查基础上开展登记、统计，这样能较好地保证登记、统计结果的准确性、可靠性，有时需要几项工作同时开展，甚至在顺序上有所倒置。例如，在我国地籍管理历史上曾出现过先进行土地的登记工作、后开展地籍调查（或土地利用现状调查）的管理制度，这时土地的登记工作是在土地权利人申报基础上进行的，称为申报登记或陈报登记。

随着科学技术的发展，作为地籍管理重要内容之一的地籍信息管理，也正在由常规的管理方式向现代化方向发展，特别是通过地籍管理信息系统的建立，地籍信息资源正在得到充分的开发、利用和保护。

三、地籍管理的基本原则

为确保地籍管理工作的顺利进行并达到其应有的质量和效果，在筹划、安排和实施地籍管理中必须遵循以下基本原则：

1. 统一管理的原则 地籍管理历来是国家行政管理的基本组成部分，国家必须对地籍管理的各项工作做出规范的政策规定，在技术上制定出统一的规范。尤其是在我国实行城乡土地统一管理体制的情况下，更需加强其统一性。政策、体制上要统一，工作内容上要统一，技术规范上要统一，指标含义、统计范围也要统一，甚至在表格形式、操作方法、合格标准等方面也需保持一定程度的统一。

统一管理并不限制地方积极性和创新性的发挥，而是为了保障不同地区之间的信息交流、信息汇总，确保政策的有效性、法制上的统一性和管理上的有效性。

2. 保证地籍管理的连贯、系统、完整　地籍的调查，土地数量、质量和权属的管理，土地的登记、统计、分等定级甚至地籍资料的管理都不是靠一时一地的或者一次性的进行而一劳永逸的。它们都存在着一个从启动到深化不断提高、完善的过程，都有着自身发展的规律。要使地籍管理工作有较高质量和效果，必须按其规律持续地、连贯地、系统地进行下去，不断提高地籍管理水平，不断充实更新地籍资料，形成完整的系列管理工作。

土地覆盖着全域，且连绵无缺，这种特性在地籍管理中应当得到充分的认识和运用。在调查、整理、分析、登记及统计中必须保证地籍资料在水平分布（覆盖）上是完整、无断缺的，而且是不重复的，也就是保证资料的完整性。

为此，地籍工作的开展必须有一定的制度做保障。有序地开展各项工作，遵循客观科学规律，深化各项工作。在地籍资料管理方面也应在更新、充实、提高的同时，维护资料之间的承继关系，维护其连贯性、系统性和完整性。

3. 地籍资料的可靠、衔接、精确　地籍资料是正确反映土地资源状况、土地利用分配状况、土地权属状态、土地资产状况的基本资料。地籍资料是正确认识土地资源、土地资产的依据，是分析判断土地资源和资产水准状态的依据，是制定政策措施的依据，其可靠性、衔接性和准确性将关系到上述各种状态的正确反映，更重要的是它们将直接影响政策制定和管理决策的基础。地籍资料的准确性、衔接性和可靠性更关系到权利人的利益是否受到损害，关系到社会和经济的稳定，甚至关系到政府管理的权威性，因此应当十分重视，需要从调查工作抓起。现代地籍管理中引入现代化的技术和手段将保证地籍管理从调查、测绘到记载、登录乃至整理、编研均保持较高的可靠性和准确性。

地籍资料的可靠、衔接和精确性也关系到地籍科学研究的健康进行。

4. 地籍成果简便实用　地籍的根本价值在于应用。成果的齐全、完整固然重要，然而成果的可亲近性和易于被接受性也是十分重要的。地籍成果不应只为专家所懂得，应为一般老百姓所能看懂、能应用；地籍资料更不应当成为少数管理人员掌握的资料，而应当使有实际需要的利益相关人员能及时应用。这就需要从制度上、手段上保障广大人民群众便于取得，而资料本身则为一般民众易于掌握。

四、地籍管理的手段

地籍管理是国家地政管理的基本措施之一，为了切实贯彻地籍管理的各项原则，确保地籍管理达到应有的效果，维护国家地政管理的威信和效力，地籍管理需要运用多种手段。通过多种手段确保地籍管理在技术上有必要的可靠性、精确性，在运行中有衔接性和完整性，在管理上有连贯性和系统性，而在效应上具有划一的权威效果。地籍管理的手段是实施地籍管理的有效保障。

1. 行政法律手段　地籍管理作为国家地政管理措施，既要充分地发挥行政隶属管理的权威职能，同时也必须纳入法制管理的轨道，使之成为全体人民的法定的规范化的行为。在组织上，行政命令和管理工作必须畅通无阻，在全国范围内划一、规范，在人地关系和人与人关系上构筑起行为规范标准，使之制度化和科学化。

地籍管理的各主要工作内容在 2019 年 8 月新修改的《中华人民共和国土地管理法》（以下简称《土地管理法》）中都得到了认定，而且明确地确定为政府的职责范畴。

《土地管理法》第十二条规定："土地所有权和使用权的登记，依照有关不动产登记的法律、法规执行。依法登记的土地所有权和使用权受法律保护，任何单位和个人不得侵犯。"这从法律上确定了土地作为不动产进行登记的法律地位和社会意义。

《土地管理法》第二十六条到第二十九条明确规定国家建立土地调查制度、土地统计制度和全国土地管理信息系统的国家职能的性质，并对组织开展工作的主、客体各方的权利和义务做了规定。

在这些条款的基础上，业务行政管理部门还具体制定了《不动产登记暂行条例》《土地利用现状调查技术规程》《地籍调查规程》《城镇土地分等定级规程》《城镇土地估价规程》以及土地统计报表制度等，具体规定了各项工作开展的程序、方法及技术、法律等方面的准绳。

这一切都从行政管理和法制管理的角度做出了规定，也从科学技术的角度提出了实施的规范，从而确保了地籍管理各项工作的顺畅运行和有效实施。

2. 测绘手段 土地的空间属性，决定了地籍管理不可避免地要应用测绘的手段。从地籍产生的初期到科技高度发达的现代，地籍管理都依仗着相应的测绘技术手段。

测绘手段应用于对土地的调查、认识、了解，这是因为土地有着位置上的差异性和固定性，也由于土地的连绵分布和土地区位差异。只有通过测量手段才能具体度量和区分土地，只有通过测绘才能从分布、数额和外部形态以及其他属性等方面反映土地。此外，土地的分配、利用和管理同样也必须运用测绘的手段。离开了测绘手段，地籍管理将会混乱无序。

地籍工作正在由二维管理向多维管理方向迈进，尤其是随着《中华人民共和国物权法》（以下简称《物权法》）的颁布和《不动产登记暂行条例》的实施，对不动产的管理需要更加精确化，在产权范围的衔接和交叉上需要运用更高层次的技术手段。而这些手段主要都是与测绘有关的技术。

测绘技术的进步和发展（包括航测及遥感技术）为地籍管理水平的提高提供了技术基础。然而测绘只是地籍管理的手段之一。只有从地籍管理的需要出发去充分运用测绘技术，测绘的技术手段才能在地籍管理领域里发挥其应有的效果。

3. 图簿册手段 地籍长期以来被简单地理解为登记或载录的图簿册。运用地籍图、土地利用现状图、土地权属界线图、其他专用图（土地证附图、土地统计图等）以及土地登记簿、土地清册、土地统计表册等来反映土地资源、资产的各种状况，是地籍有史以来就广泛应用的手段，也是统计学和档案学原理在地籍管理中的具体应用。

图簿册手段的应用是在地籍管理实践中形成的，它不仅是一种记录的手段，也是管理的手段，同时它也使地籍的广泛应用成为可能。

随着科学技术的发展，地籍图簿册的质量水准会进一步提高，甚至出现新的形式。在信息流的通畅方面也将出现一个崭新的局面。

4. 电子计算机手段 电子计算机技术的广泛应用大大推动了地籍管理手段的精细化和自动化水平。电子计算机手段在地籍管理中有着广阔的应用天地，已成为我国地籍管理科学化、信息化、现代化的重要手段。建立以电子计算机为手段的地籍数据库或地籍信息系统，已成为当前地籍管理中的首要工作，它给数据采集、处理和地籍图件编绘带来技术上的质的变革，并且加速了地籍管理精细化和自动化的进程。

第三节　我国地籍管理的历史沿革

我国的地籍和地籍管理有着悠久的历史，其形成和发展大致可划分为以下几个不同的历史时期。

一、早期的地籍管理

1. 宋代以前的地籍管理　距今 11 000～8 000 年前，人类步入原始农业阶段，在原始社会的生产方式和条件下，土地处于"予取予求"的状态，人们共同劳动，按氏族内部规则共同享用劳动产品，无须了解土地状况和人地关系。随着社会的发展、农业的兴起，人们从游牧逐渐转向定居，土地成了农业生产的主要资料，人们开始关注土地，把土地作为财产进行统计、调查、分类和定级。据先秦古籍《尚书·禹贡》记载，早在公元前 2100 年，夏禹治水后，把天下分为"九州"，曾按土色、质地和水分将九州的土地划分三等九级，并依其肥力差别制定贡赋等级。这是我国最早的土地调查、土地分类和土地评价的记载。

随着社会的发展、阶级的产生，土地私有制代替公有制，统治阶级为维护其阶级的利益，对土地实施一系列管理。据《春秋》及《左传》记载，春秋中叶（公元前 770—前 476 年），鲁、楚、郑三国曾先后进行田赋和土地清查。公元前 594 年，鲁国为实行"初税亩"而进行了土地调查。公元前 548 年，楚国根据土地的性质、地势、位置、用途等划分地类，然后再拟定每类土地所应提供的兵卒、车马、甲盾的数量，最后将土地调查结果做了系统记录，制成簿册。这个时期楚国所进行的土地清查和地籍编制规模最大，办法最具体，记载也最详细。

战国时期，秦国大部分土地采取"授田制"。秦国的授田原则是以户口为准，凡列户籍的人皆有权接受国家授予的田宅并把实授的土地登记在户籍上，国家根据户籍上登记的人口、土地及其他资产数量征收地租和赋役。

公元前 221 年，秦始皇完成统一大业后，大规模清查户籍、地籍，命令占有土地的人自己申报田产从而进行登记。据《汉书·地理志》记载，西汉时期全国疆域内土地总面积为 145 136 405 顷，其中，"邑居、道路、山川、林泽"等"不可垦"的土地面积为 102 528 889 顷，可垦未垦的荒地面积为 32 290 947 顷，定垦田面积为 8 270 536 顷。从这些数字可见，自秦汉以来，不仅建立了全国规模的户籍调查制度，而且进行了大规模的土地调查。这说明当时的统治者在地籍管理方面确实做了许多工作。

这一时期的地籍不仅明显地服从于贡赋、征兵、纳税等，而且常与户籍、兵籍、赋籍相混或从属于它们。

2. 宋代以后的地籍管理　北宋、南宋时期为限制土地兼并，均平税收，十分重视地籍管理工作，产生了一些对后世有着深远影响的地籍管理方法。

（1）方田法，又称方田均税法。北宋时期，于公元 1072 年（宋神宗熙宁五年）实行王安石变法，进行过大规模土地清丈，推行方田法。具体做法是：以东西南北各千步（步为古代度量单位，一步约合五尺，约为现在的 1.5m），约 4 166.5 亩[①]为一方田。方田四角立土

---

① 亩为非法定计量单位，此时的亩不同于现在的亩，现在的 1 亩≈666.67m²。

为峰，四周植树为界。每年9月开始丈量土地，在丈量面积的同时，调查地块的地形和土壤的颜色，并据此评定土地质量，再按肥力高低，将土地分为五等，作为税赋的依据。第二年3月，土地清理结束，将土地面积和质量等调查结果公布于众。在3个月内没有异议，则发土地证。

在土地清理的基础上，进行土地登记，建立方账、庄账、甲帖、户帖。凡分家、分产、土地的典当、买卖、割让、转移、发地契、填写土地登记簿都以方田为准。

方田法是当时调查土地、整顿税赋的一项措施，类似于近代的土地台账法。公元1072—1085年，共实行13年，清丈登记的方田达2 484 349顷。后因大地主阶级的反对而告终。

（2）经界法。方田法失败后，南宋时，土地面积和税赋更加混乱，富豪田多税少，平民田去税存，政府坐失常赋，财政日益困难。绍兴十二年（1142），李椿年上书宋高宗，要求推行经界法，重建农田经界。

所谓经界法，就是逐块丈量土地，计算其面积，确定其质量，如实载入"砧基簿"（即地籍簿）。同时，还要绘制地籍图，注明四至、权源。各县的"砧基簿"一式三份，一份留县、一份送漕①、一份送州，互相核对。

为了使经界法获得成效，南宋设立了经界所作为贯彻实行经界法的专门机构，还规定在执行经界法中有量田不实、登记不实者，将受到法律制裁。

经界法需要动员官吏，召集都保，查遍经界，处处丈量，还要确定土地等级，复杂费工。此外，法律还规定，若田主自报内容有隐匿，允许他人报告领赏，此条规定一度造成混乱。由于以上两点，经界法于绍兴十二年开始实施，自绍兴十三年六月在全国推行，到绍兴二十年就终止了，仅实行了8年。

（3）推排法。宝祐五年（1257），宋理宗听从贾似道的建议，在全国推行推排法。推排法是根据经界法简化而来的。

推排法是以乡为单位，按田之鳞次栉比，逐一推排，一块接一块地评定面积和质量，并查清所属关系，然后登记入图册，绘有地块图，注明面积、四至、质量、用途，作为征收税赋的依据。

推排法对田块的面积和质量是采用评定的方法，而不是逐块田地丈量、计算面积、调查土地质量，因而较经界法简便易行，短期内能完成任务，但不如经界法彻底。

宋代虽然创立了管理地籍的方田法、经界法、推排法等，但是未能完成全国范围的土地清丈，同时地籍寓于户籍之中，人口、土地、税赋统一登记在同一簿册内。到了明代才真正完成全国土地清丈，并建立起完善的地籍制度，地籍才真正从户籍中独立出来。

（4）鱼鳞图册。明太祖朱元璋出身平民，了解民间经济情况，建立明代政权后首先着手改变土地税赋的混乱局面，清查地亩。为了查清土地面积，纠正田亩不实，洪武元年（1368），明太祖遣周铸等164人前往浙西核实田亩。洪武四年（1371），据明代李东阳等编撰的《大明会典·卷之二十九》记载，"令天下有司度民田，以万石为率，设粮长一名，专督其乡赋税。"后来，国子生武淳等人制定了鱼鳞图册法，被采纳。洪武二十年（1387），据

---

① 漕是指古代管理催征税赋、出纳钱粮、办理上供以及漕运等事的官署或官员，北宋称转运司，南宋称漕司，元代称漕运司。

清代张廷玉等编撰的《明史·食货志》记载，"命国子生武淳等，分行州县，随粮定区。区设粮长四人，量度田亩方圆，次以字号，悉书主名及田之丈尺，编类为册，状如鱼鳞，号曰鱼鳞图册。"

鱼鳞图册有分图和总图。分图以土地所有者所有的独立地块为单元绘制，内容有地块的统一编号、地块所在行政区域名称及所有人的姓名、土地面积、四至等；总图为一定行政范围一个州、县或一个乡、都、里的分图汇总图册。

在编制鱼鳞图册的同时进行人口普查，其结果为黄册。黄册与鱼鳞图册是相互补充的。据清代陆世仪撰写的《思辨录辑要·卷十六》记载，黄册"以人户为母，以田为子，凡定徭役、征赋税，则用之"；鱼鳞图册"以田为母，以人户为子，凡分号数、稽四至，则用之"。这时，地籍完全从户籍中独立出来，这是我国地籍制度发展变化的里程碑。

编制鱼鳞图册需要对田地逐块清丈、绘图，费工量极大。明代自洪武二十年（1387）开始编制鱼鳞图册，共用了十年时间才在全国范围内完成。清代基本沿用了明代的地籍管理办法，但丈量进一步规范化。乾隆八年（1743），颁布了田亩"丈量规则"，统一了全国田亩丈量的标准尺寸。与此同时，西方的制图学和测量学开始传入中国。清代皇帝康熙、乾隆先后聘用西方传教士进行大规模全国性地图测绘。清代末期，还成立了测地局和测绘学堂。

这一时期的地籍依然明显地主要为统治阶级收税而存在，但也在土地的分配和资产清理方面得到了应用，成为较为专一的一项工作，直接得到统治者的重视。

二、民国时期的地籍管理

辛亥革命推翻了清王朝的统治，结束了中国长达 2 000 多年的君主专制。中华民国于1912 年 1 月 1 日成立，但是以袁世凯为首的北洋军阀窃取革命果实，成立北京政府。1927 年南京国民政府在形式上完成全国统一。其间政治格局纷乱复杂，使得民国时期的地籍管理相当混乱。

1. 北京政府时期的地籍管理　中华民国成立初期，地籍、田赋异常混乱，土地分配、社会负担极为不均。为此，北京政府在 1913 年秋于内务部下设立全国土地调查筹备处，组织全国的地籍管理工作。继续沿用明、清以来清丈田亩的举措，在技术方法上稍有改进。1914 年，北京政府下令"清理田亩，厘定径界"。1915 年全国土地调查筹备处改名为全国经界筹备处，它所进行的工作称为经界整理。全国经界筹备处成立后，一方面派人收集有关土地调查、测丈、登记的资料；另一方面制定经界整理办法，将经界整理分为调查、测丈、簿册编制三大内容。随后建立经界局，制定经界法规草案，成立测量队。1916 年 3 月，经界局在河北试办经界整理，遭到当地人民极端抗拒，于是经纬测量、细部测量等都停止；7 月，袁世凯下令停止清丈，全国的经界局也随之裁撤。

1922 年北京政府颁布《不动产登记条例》。该条例规定，不动产登记对象为土地及建筑物；登记的权利分为所有权、地上权、永佃权、抵押权、租赁权等；主办登记的机关为各省地方司法机关，当时称为地方审判厅。1922 年 8 月，北京政府司法部通令施行该条例，但各省遵令实行者较少。同时，由于没有进行土地测量，所登记的土地面积凭土地所有者自报，虚报瞒报现象严重，而对不申请登记者又无法查究。因此，此次土地登记收效甚微。

2. 国民政府时期的地籍管理　国民政府为巩固和维护官僚、买办资产阶级和地主阶级对土地的私人占有、使用、买卖、出租的自由以及征收土地税的需要，在全国范围内开展了地籍整理工作。地籍整理以市、县为单位，市、县分区，区内分段，段内分宗，按宗编号。其内容包括土地测量、土地登记、土地使用调查（即查定土地类别）及地籍总归产（即办理土地统计事务）等。

1930年，国民政府颁布了《土地法》，1946年又对此进行了修正。《土地法》的颁布把民国的地籍管理工作通过法律的形式固定下来。《土地法》对土地登记和地籍测量做了详细的规定：①土地登记包括土地总登记和土地权利变更登记；②地籍测量由主管地政机关执行，未经地籍测量的土地不得进行所有权登记，所有权一经登记后，发给土地所有权状；③登记簿以一宗地为单位登记，登记地图分登记总图、分区图及分段图。

1932年，在江西首先应用航空测量技术，施测了地籍图。到了1944年，由行政院地政署公布了《地籍测量规则》，统一了地籍测量的标准与技术要求，这标志着中国的地籍已从传统的量地清丈向现代图解地籍发展。但由于当时形势，并未形成完整的全国性地籍。

3. 民国时期地籍管理的特点 综上所述，民国时期地籍管理的基本特点是：

（1）具有鲜明的阶级性。民国时期的地籍管理是为维护土地私有制和巩固官僚、买办资产阶级和地主阶级对土地私人占有、使用、买卖、出租的自由服务。

（2）作为强化国家对土地的控制和管理的一项综合性国家措施。

（3）在立法的基础上，实现由中央及地方政府的地政机关统一管理，地籍管理中的法制意识和各种规范措施得到强化。

（4）土地登记是地籍管理的核心。

（5）开始采用现代技术手段。地籍测量广泛吸收现代测量学知识，采用航空测量、经纬网测量、图根测量、细部测量、求积制图等技术手段，使地籍从传统的量地清丈向现代图解地籍发展。

三、社会主义地籍管理的产生和发展

（一）中华人民共和国成立前革命根据地的地籍管理

中国共产党领导的革命根据地的地籍工作是与土地制度改革紧密相连的。革命根据地的土地革命是从井冈山开始的。1928年12月在井冈山颁布了《井冈山土地法》，这是中国共产党历史上第一个土地法，具有重大的历史意义。随后的《兴国土地法》《中华苏维埃共和国土地法》是在《井冈山土地法》的基础上根据实践经验不断完善而成的。土地法的颁布改革了原有土地制度。同时，为配合土地制度改革，1932—1934年，各革命根据地陆续开展查田运动，进行了土地调查研究、清账等地籍工作。

抗日战争爆发后，各根据地配合减租减息政策，开展了粗线条的土地调查。

抗日战争胜利后，1946年5月4日，中共中央发出了《关于清算减租及土地问题的指示》（即"五四指示"），把抗日战争时期的减租减息政策转变为没收地主的土地分配给农民的政策。"五四指示"的精神极大鼓舞了农民的积极性，各解放区开展了轰轰烈烈的"耕者有其田"的土地改革运动。至1947年2月，各解放区都有约2/3的地方解决了土地问题，实行了耕者有其田。1947年10月10日，中共中央颁布《中国土地法大纲》，解放区农民的土地改革热情高涨，农村土地问题得到较好解决。与此相适应，土地调查、登记发证、建立土地台账等工作也开展起来。

（二）中华人民共和国成立后的地籍管理

1. 土地改革和合作化时期的地籍管理　这个时期是 1949—1957 年，地籍管理的主要工作是配合解决土地权属问题。中华人民共和国成立后，根据 1947 年颁布的《中国土地法大纲》，中央人民政府于 1950 年 6 月 30 日颁布《中华人民共和国土地改革法》，对农村的土地权属性质做了规定：除法律规定属于国家所有的土地以外，将没收的地主的土地、公地以及其他土地按人口分给农民，废除地主阶级封建剥削的土地所有制，实行农民的土地所有制。对于城市郊区的土地，1950 年制定的《城市郊区土地改革条例》规定：凡没收和征收得来的土地，所有权归国家，农民只有使用权，无权出租、出卖，不得荒废土地。为保障土地改革后各阶层人民的土地、房产所有权，提高农民生产积极性，各级人民政府开展了一系列地籍工作：①确定土地所有权，颁发土地证。凡经土地改革后，分给个人所有的土地均颁发土地证。②评定土地等级，编制土地清册。1951 年 7 月，财政部颁布《农业税查田定产工作实施纲要》，要求省以下各级政府组成查田定产委员会，乡（或村）组成农业税调查评议委员会，利用土地改革时的田赋材料，采取抽丈或普丈等办法清查土地数量和评定等级，编造土地清册。这是一次较系统的较大规模的地籍清理工作，于 1955 年基本结束。

土地改革消灭了农村中的封建地主土地占有制，废除了剥削，但并没有同时消灭农业生产的分散性和落后性。土地改革后的农村仍然是一家一户的小农经济，在发展生产上有很大的局限性。为适应社会大生产的客观需要，农村进行了轰轰烈烈的农业合作化运动，把农民个体所有的土地转变为合作化集体所有。在农业合作化初期，土地以入股形式参加统一经营，农民对入股土地仍然拥有所有权；对入社的土地要评定产量，根据产量规定土地报酬；社员还留有少量自留地。此后，初级社发展为高级社，土地由个人所有转变为社员集体所有，社员仍保留一定数量的自留地和宅基地，但对自留地及宅基地只有使用权。在这个过程中，虽然土地变为集体所有，但未办理任何土地权属变更登记手续，土地所有权证也没有更换。

2. 人民公社时期的地籍管理　这个时期是 1958—1978 年。1958 年全国实行人民公社化，标志着我国社会主义土地公有制建立起来了。地籍管理内容和形式逐步从以地权登记为主转向土壤普查、土地勘测、规划方面。1958 年 10 月，在全国范围内开展了第一次群众性土壤普查工作。1959 年 9 月，农业部发出《关于加强人民公社土地利用规划工作的通知》，要求各地在土壤普查的基础上做好土地利用规划。

为实现地籍管理任务的转变，服务于土地合理利用，有关部门的地籍管理工作主要是在土壤普查的同时，开展荒地调查和局部地区的土地适宜性评价等工作。同时，在农村，为合理征收农业税，财政部门建立了农业税面积台账，统计部门进行了不够准确的耕地统计；在城市，房产部门结合房产调查开展了房地产登记。从总体来看，这一时期的地籍管理是在不统一、不完整和部分中断的状态下进行的。

3. 改革开放后的地籍管理　中共十一届三中全会以后，国家的工作重点转移到社会主义建设上，国民经济蓬勃发展。但同时，土地数量、质量不清，权属混乱，乱占、滥用、浪费土地等问题日益突出。土地管理逐步被提上国家的重要议事日程，作为土地管理基础工作的地籍管理也受到应有的重视，得到迅速发展。特别是 1986 年国家土地管理局成立后，地籍管理以前所未有的速度向前发展，地籍工作从小到大，从弱到强，经历了具有鲜明特征的以下4个阶段：

（1）1990年以前的起步阶段。主要开展调研、试点、制定规程。1982年在全国农牧区及城市郊区分别选定9个不同类型县，采用大比例尺图件进行土地利用现状调查试点，有的县还同时开展了土地登记、土地统计的试点。1984年发布了《国务院批转农牧渔业部、国家计委等部门关于进一步开展土地资源调查工作的报告的通知》，进一步把土地现状调查扩大到全国。1984年9月8日，原全国农业区划委员会发布了《土地利用现状调查技术规程》。1986年6月25日，《土地管理法》经第六届全国人民代表大会常务委员会第十六次会议审议通过，于1987年1月1日起施行。此后《土地管理法》又经过了1988年、1998年、2004年、2019年四次修改。1987年，国家土地管理局选择上海、广东花县、昆明、西安、大庆、四平、保定等13个市、县进行城镇村地籍调查的试点工作。在总结试点工作经验的基础上，颁布了《城镇地籍调查规程》（TD 1001—1990）[①]以规范土地调查工作。

（2）第八个五年计划期间的全面推进阶段。1991—1995年，在全国范围内开展了以解析法、部分解析法和图解法为主要技术特点的城镇初始地籍调查、城镇初始土地登记工作。与此同时，土地利用现状调查也有了长足的发展。土地利用现状调查从1984年在全国全面开展以来，截至1989年9月，完成了374个县（区）；截至1990年11月，完成了642个县（区）；到1995年，全国2 843个县级调查单位全面完成。与县级调查同步，各地及时开展了地（市）级和省级汇总工作，国家级数据初步汇总工作也于1995年底完成。

（3）第九个五年计划期间，地籍工作进入了发展阶段。1996—2000年，全国初始地籍调查等工作已基本完成，地籍工作从大规模的基础建设向日常土地产权管理转变。1996年，在完成初始土地登记和初始地籍调查的基础上，及时开展了变更登记和变更调查；在全面完成土地利用现状调查的基础上，按照国家的统一规定，每年开展土地变更调查，并建立了土地变更调查年报制度。

1998年，国务院决定由地质矿产部、国家土地管理局、国家海洋局和国家测绘局合并成立国土资源部，进一步强化对土地资源乃至整个国土资源的管理。1998年8月29日通过了对《土地管理法》第一次的修改。将建立土地调查制度、土地统计制度、全国土地管理信息系统等写进了《土地管理法》，将保护永久基本农田和实施用途管制等最严格的土地管理措施写进了新的《土地管理法》，我国的地籍工作提上了更高的层次。

（4）2001年至今，地籍工作迈入了提高完善、发展创新的阶段。高新技术的不断引入应用，提高完善了地籍管理工作的手段。航空、航天遥感及互联网技术手段的应用，实现了土地利用动态监测和土地变更调查工作由点到面全面高效地开展，为快速精准完成二调和三调提供了有利的条件。为适应城乡一体化地政管理和地籍管理信息化工作建设的需要，2012年国土资源部发布了新的《地籍调查规程》，促进了地理信息系统在地籍管理工作中的广泛应用，为地籍管理信息的管理、分享、使用创造了良好的基础。2007年10月1日起《物权法》和2015年3月1日起《不动产登记暂行条例》的实施、2018年3月自然资源部的批准成立以

---

① 《城镇地籍调查规程》（TD 1001—1990）已于2012年9月1日作废，被《地籍调查规程》（TD/T 1001—2012）取代。

及 2019 年 8 月《土地管理法》第四次修正通过等，都为加快我国地籍管理工作的发展创新提供了基础和要求。为整合不动产登记职责，规范登记行为，根据《不动产登记暂行条例》的规定，县级以上地方人民政府应当确定专门的不动产登记机构，由专职人员负责不动产登记工作。

（三）我国地籍管理发展的新趋势

随着新时代的到来，受土地利用、社会经济发展、管理体制改革、信息革命和技术革新等综合因素影响，我国地籍管理事业正朝着新的历史阶段发展，传统地籍向现代化地籍转变、二维地籍向三维地籍转变已成为地籍发展的新趋势。因此，地籍管理无论在制度健全、立法完善还是管理架构设置、新技术手段应用等方面都应适应地籍发展的新形势。

在信息经济时代，人们对地籍信息的需求和服务有了更高的要求，传统的地籍工作方式、管理服务模式等已不适应社会的发展，充分利用现代技术手段（如网络技术、3S 技术[①]、人工智能技术等）构建集地籍信息采集、存储、交换、共享、管理于一体的更加高效安全的现代化地籍服务已成必然。

随着土地利用的立体化趋势越来越明显，同一块土地上叠加的利用方式也越来越多。人们对土地利用的理解也从平面向立体扩展，即从二维的平面转向三维的立体，土地权利也发展为包含空中、地表和地下内容的三维权利体系（图 1-1）。通过三维地籍，可表达垂直方向上土地利用权利的差异性，可登记、明晰和界定三维产权单元的空间权属及位置，从而客观、准确地表达三维土地利用权利空间，促使传统的二维地籍向三维地籍方向发展。三维地籍的研究和实践是当今世界地籍工作的新动向。我国三维地籍的建设与实践正处在积极探索的过程中。在我国，《物权法》第一百三十六条对建筑物区分所有权、相邻关系做出了规定："建设用地使用权可以在土地的地表、地上或者地下分别设立。"此外，对地下空间资源的管理，《城市地下空间开发利用管理规定》中提出了"谁投资、谁所有、谁受益、谁维护"的原则。各地也有一些法规出台，具体规定了如何进行地下空间权利的登记。例如，2013 年，上海市人民政府印发了《上海市城市地下空间建设用地审批和房地产登记规定》，其中提出，要"按照地下建（构）筑物的水平投影最大占地范围和起止深度进行记载，并注明'地下建（构）筑物的土地使用权范围为该地下建（构）筑物建成后外围实际所及的地下空间范围'"，同时要在房地产权证上注记为"地下空间"。杭州市规定，地下空间的土地权利确定为地下空间土地使用权或土地他项权利，并区分了出让和划拨两种地下空间土地使用权。深圳市 2005 年首次出让了两宗地下空间使用权，并启动了以土地管理案例为基础的三维地籍研究，在三维地籍建模、数据维护、可视化以及二维、三维地籍集成等三维地籍的核心技术问题上均取得进展，研发的信息系统在深圳市投入应用。2012 年，国际测量师联合会（FIG）在深圳召开了第三次三维地籍国际研讨会，会后 FIG 三维地籍联合工作组就三维地籍研究进展给出了新的判断："我们进入了一个新时代，第一个三维地籍投入实际应用。"

---

① 3S 技术是遥感技术（remote sensing，RS）、地理信息系统（geography information systems，GIS）和全球定位系统（global positioning systems，GPS）的统称。

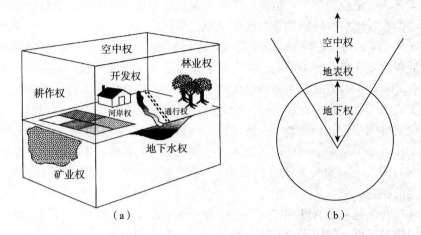

图 1-1 土地的立体权利

［资料来源：（a）DALEP，MCLAUGHLIN J，1999. Land administration［M］. Oxford，UK：Oxford University Press；（b）JACOBUS C J，1998. Real estate：an introduction to the profession［M］. 17th ed . Upper Saddle River：Prentice Hall Inc］

我国的地籍管理工作经过漫长的发展，尤其是土地管理业务部门成立以来几十年的发展，已基本建立起一整套的法律法规和技术规程，为全国地籍工作的规范化、制度化奠定了基础。我国地籍工作从无到有、从小到大、从弱到强，技术手段逐渐现代化，光电、遥感、全球定位系统（GPS）、电子计算机、互联网等技术在地籍管理中得到广泛应用。为适应新的发展形势和方向，还需不断健全、发展我国地籍管理相关制度，创新地籍管理工作机制，加强地籍管理理论研究，培养建设人才队伍，积极吸收世界先进技术，争取达到国际先进水平。

第四节 我国港澳台地区及国外地籍管理制度的特点

一、我国港澳台地区地籍管理制度介绍

地籍管理是现代管理中不可缺少的部分。它是直接为巩固和发展当地土地制度服务的工具。开展地籍管理必须遵循当地的法律法规，既受当地地籍管理的历史沿革轨迹的影响，也受当代世界地籍管理发展趋势的影响。

1. 我国香港地区的地籍管理 目前，香港特别行政区没有明确的专项地籍法律。地籍方面的工作主要由香港地政总署测绘处负责。

港英当局于 1903 年对全港土地进行了较为详尽的地籍测量，全面调查和记录了香港范围内土地的业权、位置、面积和用途等。这些成果一直得到了运用，且不断地得到更新。

土地登记方面，香港地区采用的是土地注册制度。香港地区的法律制度从总体上来讲，属于以判例法为特征的英美法系，但在土地注册制度方面却建立了较为系统的成文法，主要法律包括《土地注册条例》《土地注册规例》和《土地注册费用规例》等。香港现行的土地注册（登记）制度是按《土地注册条例》实施的契据注册制度。这个制度总体上是仿效英国

地籍制度而实施的土地登记制度，但是，当时的英国已开始在英国国内推行强制性的土地产权登记制度，而在香港实行的依然是自愿的契据注册制度。

香港地区从 1844 年起就实行契据注册（登记）制度，该制度下只赋予注册契约在不同交易中的先后和优先次序，并不证明已注册的业主就拥有完整的产权，也并不等于赋予该注册文件任何它并不具备的有效性。在该制度之下，注册了的文件比未经注册的文件或在它之后所注册的文件在法律上有优先权。每一物业经注册后均备有一个土地登记册，涉及该物业的契约或其他文件均登记在该土地登记册内。登记资料可以公开查询，市民交纳一定费用后，可从电子计算机中索取土地登记册副本及已注册文件的影像副本。这个制度使有意进行或处理物业交易的人士（如买主或贷款机构），可以查证和核实所有涉及该项物业的文件，从而做出有关的决定。

香港地区现行土地注册制度的特点为：①物权变更以契约为生效要件，不以注册登记为生效要件。但物权变更未经注册，不得对抗善意第三人。②土地注册时只进行形式审查。已经登记的权利事项，如有第三人主张权利，仍应依实体法决定其权利归属。③注册机构采用营运基金方式运作。④土地权利以动态登记为主。⑤当事人是否申请登记，采取自愿原则。⑥土地注册以权利人编目。

（1）土地注册的机构。香港地区土地注册（登记）机构为土地注册处，它是为契据、转移契约及其他书面形式的文书和判决进行注册的公共办事机构，其任务是维持一套快捷有效的土地注册制度，以便土地交易可以有秩序地进行。

土地注册处是香港地区地籍管理的辅助机构。它的主要工作是：进行契约登记，编制登记卡，将契约的主要内容摘要登录入卡等；提供有关物业转让方面的法律咨询；负责政府契约的签发、续期、更改和注销等事宜。

（2）土地注册的内容。根据香港地区《土地注册条例》的规定：所有契据、转移契约及其他形式的文书和判决如果会影响契据、转移契约及其他形式的文书和判决以及会影响在香港的任何一幅地、物业单位或处所的，均可在土地注册处以订明的方式记入或注册。

可在土地注册处办理注册的文件必须是涉及土地的。这些文件大部分是法律文件。一般来说，一封文件如出现下列情况，则属于涉及土地：①引致土地业权转移，如转让契约、送让契约；②阻止转移土地业权，如强制令及其他法庭命令；③该文件本身产生土地权益，如信托证明书、地役权书等。可以注册的文件除了书面文件外，还包括任何地图和图册，即任何载有视觉影像数据的记录碟、记录带或其他装置。

（3）土地注册的效力。

A. 香港地区的土地注册主要具有确认和证明的效力。香港地区《土地注册条例》规定：依据本条例注册的契据、转移契约及其他形式的文书和判决，须按各自注册日期的先后定出彼此之间的优先次序，而该等文书注册日期须按照《土地注册条例》订立的规例断定。《土地注册条例》还规定：关于任何较先的未注册契据、转移契约或其他书面形式的文书或判决的任何通知，不论其为实际或推定的通知，均不影响已妥为注册的任何上述该等文书的优先次序。

关于注册文件的追溯期限，《土地注册条例》规定：在文件签立后一个月内注册的，可追溯至文件签立日，但关于追溯期的规定不适用于待决案件。

B. 土地注册文件作为法庭证据的效力。《土地注册条例》规定了经注册土地文件可以作为法庭证据的情形。

2. 我国澳门地区的地籍管理制度 澳门特别行政区面积狭小，土地面积十分有限，政府非常重视土地管理工作。据记载，澳门当局自1868年5月4日起就启用了物业登记簿（包括房产与地产的登记）。1952年，当时的澳门当局专门制定了《物业登记法典》。该法历经1961年、1967年两次修改。现行《物业登记法典》是1999年9月20日颁布的。为了加强地籍管理，澳门当局于1994年1月颁布了《地籍法》，赋予土地记录（几何地籍）以法律效力。按照《地籍法》规定，每宗地都应有地籍图，图中标明物业边界以及物业的名称、所属堂区、位置、四至、街道及门牌、面积、财政局房地产记录编号、物业登记标示编号，并根据物业登记状况将地籍图区分为确定、临时及终止地籍图。澳门地区将土地登记称为物业登记，因此《地籍法》是配合《物业登记法典》保障物业界址权的法律。

澳门特别行政区涉及土地管理的行政机构为运输工务司，管理工作与土地有关的部门有土地工务运输局以及地图绘制暨地籍局、房屋局、建设发展办公室、环境委员会等。土地工务运输局下属的土地管理厅及城市规划厅、建设发展办公室负责土地规划与管理工作；地图绘制暨地籍局负责土地划界及地籍管理工作；行政法务司下属法务局的物业登记局负责土地及不动产登记工作；经济财政司下属财政局负责土地及不动产税收工作。由上述这些机构的主要负责人组成土地委员会，成为澳门特别行政区政府的土地政策制定者。

《地籍法》授予地图绘制暨地籍局以制作、保存本地区地籍及对其保持最新资料的权限。考虑到房地产业及有关独立单位的法律状况由物业登记确定的事实，该法将地籍的证明力的重点集中于土地的形体资料方面。

《地籍法》详细规定了地籍的编号及式样和地籍图由临时性转为确定性的程序，地籍图应包括内容的注记、地籍图的公布方式、澄清之期间、声明异议及对声明异议的答复、划界中止及划界的效力、确定性地籍图的法律效力、土地定界的修改和更正、物业登记与地籍图的关系等内容，显示了澳门地区以地籍图为核心的地籍管理制度的完善性。

澳门地区地籍管理内容主要包括：①地籍测量和宗地的划界工作。宗地划界是通过地籍测量进行的，并受澳门地区《地籍法》的约束。土地所有权人、承批人及占用人要为划界提供该土地的权属证明文件和指界；土地界线未定时，协助订定有关界线；有争议的，经协调没有结果时，送交地籍管理部门解决争议。②物业登记。澳门地区土地和不动产产权登记由法务局的物业登记局负责进行。房地产买卖双方在立契官公署办理公证后，在物业登记局进行产权登记，副本送交财政局作为征税的依据。③地籍图编绘和地籍信息管理工作。地籍测量和地籍图编绘工作以及地籍信息系统的管理工作由地图绘制暨地籍局负责。④贯彻《地籍法》和有关地籍政策指导。

3. 我国台湾地区的地籍管理制度 在我国台湾地区，地籍是标示每宗土地位置、界址、面积、使用状况及权属关系的图册。台湾地区的"土地法"对地籍制度设有专篇，该篇由"通则""地籍测量""土地总登记"和"土地权利变更登记"四章构成。

台湾地区的土地权利既包括土地的权利也包括地上建筑物的所有权。土地和建筑物为各自独立的不动产，分别赋予所有权，分别进行登记，分别核发所有权状。上述不动产所有权以外的财产权在台湾统称为"他项权利"，包括地上权、永佃权、地役权、抵押权、典权和耕作权等6种。

土地权利按权利方享有的份额分为单独所有、分别共有和共同共有3种形式。单独所有就是一宗土地或建筑物的所有权为一人完全享有，如果地上权等他项权利为一人完全享有，则称为单独地上权等；数人共同享有一宗地或建筑物的所有权，而各共有人均有明确的应有部分（权利比例），称为分别共有；数人依法律规定或依契约构成一个共同关系，基于共同关系而共同享有一宗地或建筑物的所有权，对于共同共有物无明确的应有部分的划分，则称为共同共有。

（1）地籍机构及地籍的内容。台湾地区的地籍管理机构由内政部门地籍司和市（县）政府所设的地政局（台北和高雄两市政府的地籍管理机构称为地政处）两级构成。各市（县）的政府还设有地政事务所。地籍管理机构负责开展土地登记、土地测量、地目变更、土地转移登记检查、督促地政事务所和测量大队的工作等；地政事务所则负责具体的土地及建筑物的登记业务，土地转移限制的审核，核计规费，负责对土地及建筑物的勘查、复丈、分割、合并鉴界，地籍测量，地籍图的保管、核发，登记簿的核对、保管，地籍归户，填发土地和建筑物证书，登记档案的管理，地籍资料统计及地籍信息处理等。

台湾地区的地籍管理包括地籍测量、土地登记（上两项之和又称"地籍整理"）和土地统计。在台湾地区地籍测量有一定的独立性，它先于土地登记进行，是申请土地登记时必须提供的要件之一。因此，土地所有权者在申请土地登记之前应先出资完成地籍测量。

为了能顺利地开展地籍工作，台湾地区制定有一系列相关的法律法规，如"民法""土地管理法""土地管理法实施法""地政士法""土地登记规则""地籍测量实施细则"等，对地籍测量、土地登记、土地登记代理业务的各个方面提供"法律依据"和"工作准则"，确保土地登记乃至整个地籍工作的有序进行和具有权威性。土地工作因此受到所有权人和他项权利人的重视，激发了他们的申请土地登记和关注地籍工作的主动性。

（2）土地登记。土地登记是对土地及建筑改良物的所有权与他项权利的登记，实际上是不动产物权的登记。土地登记的对象既包括土地的权属，也包括建筑物的权属。这两个方面的权属登记是分别进行的，单独向登记机关进行登记，但是，两者都在同一个登记机关进行，并不存在两个平行的登记机关。因此，土地和建筑物的登记可以分别进行，也可同时完成。

台湾地区土地登记的类型有土地总登记和土地变更登记两种。土地变更登记又区分为：标示变更登记、所有权变更登记、他项权利登记、继承登记、信托登记、更正与限制登记、涂销与消灭登记及更名更址、书状补给登记等。

台湾地区土地登记的特点为：①登记要件主义，不动产权利的取得、设定、转移、变更或灭失，都要求依法办理登记，否则不生效力；②要式（书面形式）主义，不动产物权的移转、设定、变动，无论订约或申请登记，均要以书面的形式进行；③实质审查主义，登记机关对于申请登记的案件，有实质审查的责任；④（土地）强制登记与（建筑物第一次）非强制登记相结合；⑤依法进行的登记具有绝对效力；⑥因登记错误、遗漏或虚假导致权利人受损的，由地政机关负损害赔偿责任；⑦发给权利书状；⑧应在申请土地登记的同时完成规定地价申报程序。

台湾地区土地登记按属地进行。以市、县为单位，市、县分区，区内分段，段内分宗，按宗编号。

台湾地区土地登记的程序是：收件→计收登记规费→审查→公告→登簿→缮发权利书状→资料归档。每一宗地经登记人员登记在簿，并经校对人员加盖名章，即告生效，可以对抗善意第三人。若因登记工作的差错导致权利人受到损害的，由登记机关从其设立的赔偿基金中提供赔偿。

土地登记需收取的费用包括登记费、书状费、工本费、阅览费等。从登记费中提取10％构建赔偿基金，用于工作失误赔偿。

台湾地区从事土地登记的人员必须经过统一的考试，且按考试通过的级别安排不同岗位的工作。

台湾地区实行土地登记代理制度。此制度源于民间代书行为。1975年从"法律"上对该制度加以规范化，规定：土地登记的申请，必须出具委托书，委托代理人为之。土地登记专业代理人应通过土地登记专业的历任考试或检核合格。为此台湾地区于2001年颁布了"地政士法"，明确将此类代理人称为"地政士"。

台湾地区的地籍测量是土地登记的前提条件之一，由县（市）政府办理，并由该地政机关委托地政事务所具体完成。为了开展地籍测量，土地所有权人应负责设立固定的界标，供确权和地籍测量用。

地籍测量包括两个过程：①地籍调查，查清土地坐落、权属、界址、用途等；②地籍勘丈，测量宗地界址点位置、形状、面积等。

4. 我国内地（大陆）及港澳台地区土地登记制度的比较 具体内容见表1-1。

表1-1 我国内地（大陆）及港澳台地区土地登记制度比较

比较项目	内地（大陆）	香港地区	澳门地区	台湾地区
登记类型	权利登记制与托伦斯登记制	契据登记制（注册制度）	权利登记制（但也有契据登记制特点，因为登记只具有宣告效力而不具有权利创设效力）	权利登记制与托伦斯登记制
权利状况	静态（总登记），动态（变更）	动态（权利变动）	动态（变更）	静态（总登记），动态（变更）
登记性质	强制	任意	强制（但登记不具权利创设效力）	土地强制；建筑物先任意，后强制
效力发生	登记	契据	契据	登记
公信力	有	无	有	有
审查方式	实质（原因、事实）	形式	实质	实质（原因、事实）
簿册登记	以土地	以权利人	以土地	以土地
权利证书	有	无	无	有
登记赔偿	无	营运基金	无	有（登记赔偿基金）
申报地价	有	无	无	有

资料来源：林增杰，等，2001. 中国大陆与港澳台地区土地法律比较研究 [M]. 天津：天津大学出版社.

二、国外地籍管理制度的特点

世界上许多国家的地籍管理制度可追溯到12～13世纪甚至更早。为税收服务的起始功能在现有的地籍制度中依然得到较为鲜明的体现。许多国家的土地登记，除了用于从法律的角度认定权属主体地位外，同时还可作为财产单元、地产单元的单独登记。

（一）政治体制和社会历史带来的地籍制度差异

世界上多数国家长期经历着土地私有制度，土地自古是重要的财产，土地被理解为财富和权力的象征。即使在现代，土地这一财富在许多国家的财富总额中占的比重已不是最主要的了，但它的象征意义依然根深蒂固。地籍管理从税收阶段迈入以保护土地财富为主的历史阶段，记录土地财富的归属、保障土地权利、确保土地市场的发展自然就成为地籍管理十分突出和重要的功能。地籍作为财产得到有序管理，促进其流转增值也成为地籍管理的功能。"地籍成为土地市场和土地转让的工具。"当今地籍管理又增添了多用途的、追求土地资源可持续利用的目标。财产管理是地籍管理十分突出的宗旨，并贯穿地籍管理的始终。

极少数国家经历了一些土地制度的变化。例如，俄罗斯、哈萨克斯坦、以色列等国家在其发展进程中都曾经历过一段土地公有制的时期，后来又开始接受市场经济的思想，土地私有开始受到法律的保护。目前这些国家在土地制度方面存在着国家所有、地方市政体所有和公民（或法人）私有等多种形式。虽然这些国家主张"要实行土地私有并在实行中保障国家、民族和每一个人的利益，在土地关系领域中贯彻公正的原则"，但土地私有并不能涉及所有的土地，而是严格规定国家所有的土地、民族所有的土地、涉及所有人利益的公共土地不可为私有土地。土地作为国家、民族生存基础资源的观念十分深刻，因此地籍管理是国家对土地资源管理的一个组成部分。

（二）地籍管理的内容

几乎所有的国家都把土地登记列为最重要的内容之一，有的国家甚至同时存在多种土地登记，以满足全面实施地籍管理的需要。

土地统计显然是国家管理机关、交易市场乃至团体、个人都需要的信息内容。土地统计所得到的信息，无论是土地作为财产的权利归属、财产的规模、财产的状态，还是土地作为资源的分配状况，乃至环境条件、质量状况等，都是国力、财力、市场竞争力的重要反映，因而土地统计理所当然地成为地籍管理的重要内容之一。

以上两项内容的信息，在税收地籍阶段和契据地籍制度下，大多靠申报的办法来获取；到了产权地籍阶段，都必须经由具有一定技术能力（资质）的机构（人员）的调查来获取。调查核实（包括现场获取宗地界址点线坐标、地类、用途等的调查）成为地籍管理的又一项内容。

土地评价在不同的国家并不一定被列为地籍管理的内容之一。在俄罗斯及苏联解体后形成的一些国家中，土地评价是明确被列为地籍管理内容之一的；但其他许多国家并没有明确地提出土地评价为地籍管理的内容，只是将财产价值作为地籍登记的内容之一。

（三）重视法律规范

所有国家都把相关法律规范作为地籍管理的重要前提。普遍地对土地所有权的认定和土地流转（交易）的合法性做了严格的法律规定。有的国家（如法国）在民法中明确规定："专有申报登记是土地所有权唯一的凭证"，"没有在产权登记处进行适当登记的土地是不能够进行土地和财产（大楼和建筑物）交易的"，"财产的征用和继承只有在对财产正式契约进行了地籍登记才能最终有效"。类似的相关条文被写进了各国的有关法律规定。许多国家还明确规定，土地流转（交易）双方的合约（契约）同样也只有进行了地籍登记的才能受到法律的保护。因此，大多数国家对土地登记的规定是强制性的。当然，未经登记的契约并不一定就是无效的。

由于各国的法律制度和地籍管理基础的差异，在有关法规的制定方面差别很大。有的国家十分重视地籍管理工作的法律地位，制定了许多关于地籍管理的法律和条例。例如，德国北部的下萨克森州起码制定了下列 10 个有关的法律和条例：①下萨克森州测量和不动产地籍法；②下萨克森州官方测量事务法；③实施不动产地籍管理条例；④不动产测量管理条例；⑤土地登记簿条例；⑥数据远程处理中不动产登记册使用手册；⑦保持土地证和地籍图一致性条例；⑧关于实施不动产地籍的规定；⑨建设自动化不动产地籍图的指导原则；⑩不动产地籍图和宗地草图符号使用条件等。

(四) 土地登记

各国在其地籍管理中都十分重视土地登记这项工作，在各自的法律中用专门条款确立了土地登记的法律地位，足见土地登记在整个地籍管理中的重要性。

但是，在许多国家，土地登记有两种形式（或称类型）的登记。例如，欧洲一些国家从地籍管理的角度进行着两种并行的登记：一种是以法律形式进行的登记，例如德国的土地簿（Grundbuch），在法律登记里，十分突出的是对土地所有权及抵押情况的登记；另一种是以图解进行的登记，也就是地籍图（有时还附有登记情况），这种地籍图可以被认为是土地清单，它可以反映政府和私人关于土地和财产所有活动的系统信息。

并非所有的国家都并行存在着两种土地登记形式，有些国家只存在一种统一的土地登记。通过登记既实现对土地权属的法律认可，同时又有对财产的认定。不过，即使是存在两种形式土地登记的国家里，它们的两种登记实际上是相互配合的，共同构成完整的地籍系统。

形成这样的格局有其历史沿袭和演变的原因。土地是财产，也是历来国家征税的对象，地籍从产生的一开始就被重视并成为登记的必要信息。随着土地交易的频繁出现，财产价值相关信息成为交易各方十分关注的重要信息，因而了解土地交易（流转）过程中财产的变化情况及其登记与否，成为社会管理的需要，也是土地流转的需要。

地籍管理从契据登记进入产权登记是一个大的历史跨越。产权的真实可靠性成为土地流转安全的一个关键环节（指标）。由于产权在社会生活中被赋予法律的特性，从而有别于财产的真实可靠性，因而对土地产权的认定必须是具有法律效力的认定。

有一些国家为了保障地籍的完整性，其地籍系统的内容包括财产登记和土地登记。例如，瑞典地籍法律规定："除了土地，土地上的其他财产也同样都是地籍包括的对象，一般称之为土地附着物。"在瑞典，地籍的实际登记内容分为以下 3 个方面：

(1) 财产登记。财产登记涵盖以下记录：房地产的面积和名称。此外，登记内容还涉及地上通行权、附属建筑物、土地分区管制及所涉及的法规文件、每宗房产的坐标矩、该房产的街道地址等。

(2) 土地登记。土地登记资料包括：合法所有者的姓名、住址、公民登记号码，并且还包含抵押信息以及其他机关有关该财产的通知，如破产、重建等命令。此外，土地信息数据库系统还包括房地产评估登记和人口登记的信息。

(3) 建筑物登记。建筑物登记资料包括：每项建筑用于住宅、商业或工业用途的特性的相关资料，建筑物的位置、建筑物的使用情况、建筑物的价值。通过与资产评估登记以及城市建筑许可程序的连接，该注册可以随时得到更新。

几乎所有国家都制定了土地登记条例以规范土地登记工作，而且不少国家的土地登记条例中绝大多数条款都是一些强制性的规定，很少有指导性的条例。

（五）地籍管理制度及机构

世界各国地籍管理制度和机构差别很大，既受地籍制度的影响，也与政体、民俗等因素有关。但它们一般都是与各国的行政体制相协调（或对应）的，各级的职能并不是一样的。

各国都十分重视土地的法律登记工作。在有些国家，该项业务是基层法院等司法机构负责实施的工作，如法国、瑞士、瑞典、挪威、波兰、美国、日本；有些国家则有专职的地籍部门负责实施该项工作，如捷克、斯洛伐克、匈牙利、马来西亚、俄罗斯、哈萨克斯坦等；有些国家存在并行的两种登记，两种登记各在一个部门进行。因此，难以归纳出较为规范的模式。这里简略介绍一些国家的地籍制度和地籍管理机构。

1. 德国　德国的地籍管理具有以法律为基础、组织严谨、定义清晰、公证性、应用广泛以及自助化程度高等特点。

德国特别重视地籍管理工作的法律规范，不仅对土地权属有明确的法律规定，对地籍管理中的诸多工作环节也做出了规范性的规定，例如对土地登记簿的应用、不动产的测绘管理、地籍图和土地证的规范，乃至地籍图、宗地图的图例符号，都做了统一的规范性的规定。

德国实施土地登记的主要目的在于确定财产关系、公示土地物权、公示土地使用限制、公示一宗土地上多个物权之间的排序。

德国的地籍管理以 3 个管理级别为主：负责地籍事务的最高级别管理机构通常是州的内政部（最高级别地籍局），但是也有几个州是由州财政部、州经济和技术部等负责当地的地籍事务；中间级别的管理层隶属于联邦州的一般管理机构，通常设在区政府中，称为地籍部；最低级别的地籍管理部门是独立的国家性地籍局或者测量和地籍局。个别的州级城市因缺少中间一级的管理级别而成为两级管理。但是，土地登记工作归基层法院负责。

2. 瑞士　受瑞士联邦政权结构的影响，地籍的行政管理机构划分为联邦、州和市 3 个级别，各州拥有自己的行政管理机构（图 1-2）。

联邦当局的职责在于监督；州当局的职责在于执行，它的主要任务之一是进行土地登记和地籍测量；在市级这一层次上，除市政当局的少数测量办公室之外，经批准成立的私营测量机构负责官方测量工作。

3. 英国　英国在 19 世纪中叶开展土地登记是基于自愿（非强制性）原则进行的，直到 20 世纪 30 年代才开始实施强制性的登记。

1862 年前，英国对土地的转移采用"私人保管的契据转移法"。当时在英国没有实行具有法律效力的登记或备案制度，买主在实施土地转移之前，必须全面查清楚所涉及土地前 60 年权属的来龙去脉，必须确信交易无任何瑕疵，以防止出现欺诈的陷阱，为此买主往往求助于律师、法律顾问等。但要弄清楚这些情况十分困难，既费时间又费资金，且存在安全风险。土地的正常流转因此颇受阻碍。

1862 年，英国颁布了《威斯伯里勋爵法》，将权利登记体系引入英国，设置了政府登记局。1875 年，英国又颁布了《凯恩勋爵法》，对土地实行权利人自动登记的制度。1897 年，

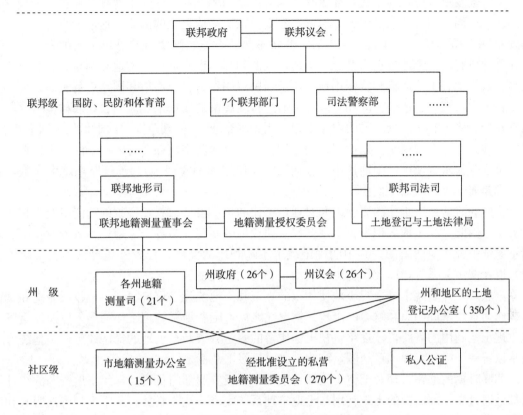

图 1-2 瑞士联邦地籍系统的组织机构

英国颁布了《土地转移法》，开始推行强制性登记制度。经几番修订，先后又颁布了《土地登记法》《土地负担法》和《财产管理法》等相关的法律，自 1929 年起在英国全面实行土地强制登记的制度。

英国的土地登记不是全面性的登记，只是对于所有权转移以及长期（21 年以上）土地租赁权的建立与转移进行登记，其目的是为土地转移提供安全、高效和经济的信息服务系统。土地登记在英国意味着代表国家元首（例如现在的英国女王）对法律担保和合法权利进行确认。

负责土地登记的机构是土地登记局。该机构的设置有中央和地方两个层次。土地登记局是一个独立的政府执行机构，并通过司法大臣对议会负责。

土地登记的具体内容主要有 3 个部分：财产登记、业主所有权登记、公民责任登记等。其中，财产登记主要表明财产的地理位置、四至以及官方规划等，有时也会对相关的其他权利进行说明，如租赁权等；业主所有权登记主要指明权利的性质，即说明是绝对的权利还是受约束的权利，并指出在与土地相关的出售、贷款或相关事项中是否存在对权利的限制等问题；公民责任登记主要说明登记财产的贷款项目及其他与财产有关的财务责任，同时也指出与财产有关的其他权利利益。

英国皇家特许测量师协会与地籍管理有十分密切的联系，登记中关于财产的地理位置、界址、官方规划、建筑物状态等都需由英国皇家特许测量师协会提供技术信息资料。

　　从长远发展考虑，为了更好地满足公众对信息的要求，英国的土地登记局正在会同有关部门如测绘局、估价局以及地方政府等，建立包括更多信息量的国家土地信息系统。

　　4. 俄罗斯　　1917年十月革命以后，苏联时期的土地制度实行的是单一的国家所有，不存在其他所有制。土地被视为基地、空间、资源和基本生产资料。土地类别划分为五个主要地类：农用地、工业运输和特殊用地、城镇居民点用地、林业用地和国家后备土地。

　　在苏联时期，土地的分配和获取都是通过行政决策的安排来实现的。在农村虽然存在着国营农场和集体农庄两种不同的农业土地使用者（企业），但其范围内的土地均为国家所有。因此土地的登记都是属于土地使用权的登记。根据土地使用权存在时限的不同，土地登记的类型可区分为永久使用、限期使用（包括长时期使用和临时使用）。苏联时期绝大多数土地登记都是属于永久性的无偿使用。

　　从苏联时期地籍工作的原动力和对地籍工作的顶层设计来看，税收的功能不及产权的功能突出。因此，在土地登记中较重视产权法律凭证的制度。为各个土地使用者颁发了土地利用国家证书及相应的附图，其中明确记载了土地利用的面积、位置、边界（边长及磁方位角）以及四至关系等，以此作为土地利用权利的法律凭证。

　　苏联从一开始就十分重视土地使用权的登记和土地统计，重视清理土地权属分配和全面掌握作为重要基础国力和财力的土地的情况。之后，随着地籍管理工作的深入以及地籍管理对改进土地利用的需要，才逐步重视土壤质量的鉴定分级乃至土地的经济评价。土地统计一直是以统一坐标的大比例尺地图量测为基础，逐级汇总而成。

　　苏联时期的地籍管理乃至整个土地管理都归各级农业部门负责，每年土地资源的统计汇总都是通过农业部门内的土地利用与土地整理系统完成。从苏联最高苏维埃到各加盟共和国政府、各州政府、各区政府都设有土地利用和土地整理的机构或者主要土地整理师。其中，区级是国家地籍管理体系中最重要的环节，地籍的日常工作主要由区里的主要土地整理师完成；各州设有土地整理规划设计院，它们具体承担地籍的业务工作，每个规划设计院服务15~17个区的地籍工作；州以上各级农业部门的地籍管理工作主要是制定规程，以及对下属单位地籍管理工作的检查、监察和汇总。

　　1991年苏联解体以后，俄罗斯开始引入市场经济的机制，对于土地的理念有了很大的转变，不仅重视其产权意义，也十分突出土地的经济价值意义。俄罗斯的土地制度和土地关系发生了巨大的变化，突破了原来唯一的、垄断性的国家土地所有制形式，开始出现与市场经济相适配的土地私有的事实，并向着土地所有多元化的方向发展。

　　土地权利制度也突破了过去民间唯有土地使用权的单一形式，变为土地所有权和使用权等并存的状况，并且开始允许出现土地的租赁、抵押、买卖等活动。但是无论公民还是法人，土地的使用权还是所有权的获得均须由国家授予，而且各种土地的权利必须按国家法律规定的程序进行登记。

　　俄罗斯十分重视对土地的保护，确立了先保护后利用的理念，明确规定土地保护具有优先权。2017年通过的《俄罗斯联邦土地法典》里明确规定，土地管理的关键任务是监督土地合理使用与土地保护。

　　俄罗斯联邦政府的土地管理，从对土地（包括地籍）的管理向着对自然资源的管理扩展，管理机构也朝这个方向进行整合调整，明确提出引入资源和生态一体化管理的机制、利用与保护一体化管理的机制。2008年，俄罗斯成立了自然资源与生态部，统一行使自然资源保护的决策、执行和监督的职能。资源管理体制遵循集中化、资产化、生态一体化的原则，由自然资源与生态部、能源部、农业部、经济发展部、建设与住房公共事务部等5个联邦部级机构负责实施。其中，土地关系调控、土地及不动产登记等地籍管理由经济发展部负责，林业用地的地籍管理由自然资源与生态部负责。

俄罗斯的地籍工作依然统一由国家专设的机构来开展，因此被称为"国家地籍"。国家地籍是指对俄罗斯联邦的地段土地权及与其紧密相连的不动产权利进行调整和编制法律文件，并对俄罗斯联邦疆域按统一的要求开展登记、统计、土地评价的国家系统。

为建立与产权变革制度相适应的地籍制度，俄罗斯先后建立了一系列的法律法规措施。例如，2000年，俄罗斯颁布了《俄罗斯联邦国家地籍法》；2007年，颁布了《俄罗斯联邦不动产籍簿法》。从20世纪90年代土地产权制度改革开始至2000年《俄罗斯联邦地籍法》颁布前，俄罗斯的地籍制度主要以俄罗斯联邦政府决议、俄罗斯联邦总统令等形式存在，还制定有专门调整地籍管理的联邦法律；从《俄罗斯联邦地籍法》颁布后至2007年《俄罗斯联邦不动产籍簿法》颁布前，俄罗斯建立了以《俄罗斯联邦地籍法》为核心的地籍管理制度体系；从《俄罗斯联邦不动产籍簿法》颁布后至今，俄已建立起了以地籍制度为核心的土地管理制度体系，建立的多用途地籍为实现国家对不动产的监管、征税等提供了信息保障。

俄罗斯国家地籍管理机关的演进是伴随着俄罗斯土地制度的改革而进行的。2000年，撤销了原有的国家土地政策委员会，建立了新的土地管理机关——俄罗斯联邦地籍委员会；2004年，俄罗斯联邦地籍委员会更名为俄罗斯联邦不动产籍总局，由俄罗斯联邦经济发展和贸易部领导；2007年，俄罗斯联邦不动产籍总局改由俄罗斯联邦司法部领导。到如今，俄罗斯已建立了以《俄罗斯联邦不动产籍簿法》为核心的不动产籍簿管理制度体系，形成了联邦级、联邦主体级及地方自治组织级3个不同级别、不同职能的不动产登记管理机关的统一体系。

国家地籍包括了土地所有者、土地占有者、土地利用者和租户的分布情况，以及土地产权的所有信息和文件。这些信息和文件的内容包括：土地权利的登记、土地利用和地段土地的所有权信息、土地资源数量和质量的统计、土壤等级鉴定和土地经济评价。

目前，现行俄罗斯的土地法律是《俄罗斯联邦土地法典》，共计18章103条。它于2001年9月由俄罗斯联邦国家杜马首次通过，十余年来经过109次的补充修改，该法典最新版本于2017年10月获得通过。该法典详细规定了地块无限期使用，土地权的产生、终止和限制，终身继承（私有的）不动产，土地评估（价）、土地监测和土地规划等问题。该法典规定，在俄罗斯境内使用土地是付费的。该法典中将所有的土地分为7种类型：①农用地；②居民点用地；③工业与其他专门用途土地（工业、能源、运输、通信、广播、电视、信息技术用地、航天事业用地、国防与安全用地和其他特种用途土地）；④特别保护区域和工程（项目）土地；⑤林业资源用地；⑥水资源用地；⑦储备土地。

俄罗斯地籍工作的主要内容概括起来可分为土地清查登录、土地条件调查和土地评价。其中，土地清查登录主要是指确定土地的空间位置、规模、用地的构成和质量，土地条件调查是指查明并记载土地的自然历史及经济属性，土地评价则是指对作为生产资料的土地确定其价值和收入。所有的地籍相关的信息均需详尽地反映在具有现势性的图件上。

俄罗斯的地籍管理工作主要包括土地登记、土地统计以及土地评价等。

（1）土地登记。土地登记是确认土地权利的法律记载。俄罗斯的土地登记内容包括对土地以及与土地相关联的不动产物如建筑物、地下设施或地上设施等权利的登记。土地登记完成后，无论是土地所有者、占有者、使用者和承租者的土地权利，还是土地交易合同权利的合法性，就都得到了国家的认可和确定。

土地登记通过在土地登记簿上进行相应记载来完成。土地登记的主要资料包括：①关于土地的情况，包括地类（用途），土地利用的目的，土地权利人名称（姓名），土地所有、占有、使用的形式和面积，土地的位置、地址，土地所有、占有、使用登记的时间，办理土地登记手续后颁发的法律文件名称、编号及发放日期，所占有土地的总价值，土地税额等；②关于土地所有者、占有者、使用者、承租者的情况，包括法人名称（或公民姓名）、法定地址和通信地址、公民身份证，以及相关的银行凭证、电话、电报、传真等资料；③关于土地所有、占有、永久使用的负担方面的情况，包括租赁、抵押、地役权、债务等；④关于买卖契约的情况；⑤关于确定权属资料的登记情况，包括地方政府的决定、房地产契据、赠与证书、遗嘱、抵押合同、租赁合同、临时使用合同、关于地役权的合同，以及所有相关资料的编号和签订日期。

土地登记簿上所记载的资料经审核通过具有法律效力，无论对于司法、财政、税务等国家部门还是对于企业、单位、机关和公民，今后这些内容都是唯一合法的、可靠的依据。

地籍簿上登记资料的可靠性和正确性只有通过司法程序才能被推翻。

由于土地来源（授予、买卖、抵押等）和土地所有权、使用权的多样化以及使用对象的不同，土地登记也具有多种类型。俄罗斯对各种土地登记类型都做了具体的规定。除必须提交申请以外，还详细规定了应提交的相关资料和文件。此外，还规定有拒绝土地登记和缓期登记的情形。

（2）土地统计。俄罗斯的土地统计是国家经济统计的一种类别。土地统计不但要依据土地的实际状况和利用现状进行统计，而且要对组成土地的要素所发生的一切变化进行统计。土地统计通过编制的地籍簿进行。

土地统计包括土地的数量统计和土地质量统计。其中，土地的数量统计既可以按土地用途或者土地的占有者、所有者、使用者和承租者分别进行统计，也可以按地段及组成地块的土地类别和用地类别进行统计；土地质量统计则主要按地籍分区、土地分级类别、土地属性、土壤分类等进行统计。土地统计可为土地合理利用、地价确定提供基础资料，也可为确定不合理的地块、被破坏的土地、贫瘠土地和退化土地的状况提供依据。

（3）土地评价。俄罗斯的土地评价是依据土地市场需要而进行的经济评价，即按照土地用途和利用目的，依据土地收益、土地市场的供求状况来确定土地的价值。土地价值指标一般是以土地实物指标来表示。各个国民经济部门（农业、林业、建设与住房公共事务等部门）土地评价的综合指标一般用获得的地租予以反映。其中，农业用地根据地块的生产能力、位置和收益的指标体系进行评价；林业用地按土地的生产率、自然保护和休闲的意义、位置等指标进行评价；居民点和其他用地依据其功能、建筑物密度、位置、知名度、公共设施和交通设施状况、生态状况、利用收益及其他必要的条件进行评价。

各类用地评价的方法均由俄罗斯联邦不动产总局和自然资源与生态部、能源部、农业部、经济发展部、建设与住房公共事务部等协调后统一制定。

复习思考题

1. 什么是地籍？什么是地籍管理？

2. 地籍分类有几种，彼此之间有什么实质性的区别？

3. 陈述地籍与国家的关系。地籍在国家管理中起什么作用？

4. 地籍管理的基本内容有哪几项，各自的任务是什么，彼此之间有什么内在联系？

5. 地籍管理的性质是什么？

6. 地籍管理的基本原则是什么？

7. 我国地籍管理可划分成几个历史阶段，各有什么特点？

8. 为什么说地籍管理是一项政策性、技术性都很强的工作？

9. 我国港澳台地区的地籍管理制度与内地（大陆）现行的地籍管理制度有什么不一样的地方？各有什么特点？

10. 德国、瑞士、英国、俄罗斯的地籍管理制度各有什么特点？

第二章

土地分类

| **本章提要** | 土地分类的核心研究对象是分类标志。分类标志依据土地分类成果应用的不同需要而不一样。地籍管理及整个土地管理的需要是本章土地分类的出发点和归宿。土地分类有其基本的科学原理。为了地籍管理的需要，应把土地分类的基本原理认清、弄懂，并加以应用。我国实行土地统一管理，土地分类也必须统一。我国土地分类有其自身的特点，经历了由粗放概略到系统详尽的发展历程，要比较新旧分类的共性和差异。新的土地分类是城乡土地管理一体化的产物和实现自然资源统筹管理的基础，也是对 2019 年新修改的《土地管理法》的贯彻落实。学生在学习中要清楚了解我国现行土地分类系统的分类结构，并能结合实际掌握各地类的含义，明辨彼此，并能加以应用。

第一节　土地分类概述

一、土地分类

土地分类是根据土地的异同性对土地按类进行划分与归并的过程，是开展土地研究工作的基础和重要组成部分。对土地进行科学分类并加以系统化，得到一个具有不同级别且各级别之间具有从属关系的系统，使众多的土地个体能够分门别类，各有归属。土地分类的目的就是在正确认识土地的基础上，因地制宜地开展人类的活动，如对土地的开发、利用、保护、改良、调查、统计、管理等。

土地分类与其他事物的分类类似。许多事物的分类，首先是对客观存在的同类事物的个体加以剖析，根据分类的要求辨识各个体之间的相同性和差异性，然后聚同分异，从而对相同个体进行归并划类。土地分类的工作内涵主要在于对不同部位的土地辨识它们的相同性和差异性，进而将相同的个体进行归并，同时也根据它们之间的差异性将不同个体分开，这两个过程同时进行、相互补充。

土地的质量往往是人们用以区分土地的重要指标，可以反映土地针对某种特定用途的适宜性水平。然而，土地这一事物在物理上是一个连绵的整体，其质量上的差异存在着空间上渐变的规律，这就导致土地的分类在时空上具有渐变性、叠加性和独特性。

二、土地分类标志

对世上各种事物进行分类的依据是不同个体之间的某些方面的相同性和差异性。事物个体之间相同与否、差异与否，是通过对事物的一些可测定或可辨识的指标来判别的。在这个判别的过程中，用以辨识事物的具体的指标，就是据以对事物进行归并和划类的指标，通常称为分类标志。所以，土地分类标志是对土地进行归并划类时应用的分类指标或者分类标准。人们依据土地分类标志来辨识不同部位土地（或土地个体）的差异性和相同性，或者用以量度它们之间的差异和相同的程度，以便分别归入相应的地类。

土地分类标志是土地分类的核心研究对象。不同部位的土地之间存在着广泛相同的方面和诸多差异的方面，包括土地的外部形态、内部结构、理化性状、肥力水平、覆盖特征、水分含量、色泽、坡度、用途、权利归属、生产性能、价值水平等。目的不同，对土地进行归并划类的具体根据和指标是大不一样的。例如，为探索土地开发整理潜力而开展土地分类时，土地的外部形态（地貌、坡度）、当前是否已投入利用、肥力水平、适宜利用度（适宜类别及等级程度）、开发难易程度等的差异性和相同性十分重要；又如，出于土地资源管理的需要而进行的土地分类，主要依据土地用途、经营方式的相同性和差异性来进行归并划类；再如，为了分析土地资产社会分配的态势，按土地的归属（国有、集体所有，部门管理的归属等）对土地加以归并划类，才具有实际意义。

三、土地分类体系及分类系统

1. 土地分类体系　在现实生活中存在着运用截然不同的基本分类标志开展的土地分类，这些分类分别在不同的科学研究领域和管理工作中发挥着重要作用。从不同的目的出发，运用截然不同的基本分类标志开展的土地分类，称为不同的土地分类体系。在科学研究和实际工作中常见的土地分类体系有：

（1）土地自然分类体系。土地自然分类体系也称土地类型分类体系，主要依据土地自然属性的相同性和差异性进行土地的归并划类。常用地貌、土壤、植被作为具体标志，应用其中的若干个标志或全部标志的综合作为归并划类的具体标志。

（2）土地评价分类体系。土地评价分类体系也称土地生产潜力分类体系。主要依据某些评判尺度标志，如土地生产力水平、土地质量、土地生产潜力等的相同性和差异性进行土地的归并划类。有人认为这是一种主要依据土地经济特性开展的土地分类。对此分类研究较多的是区域性土地资源特征及其合理利用、土地开发和适宜性评价等内容。

（3）土地利用分类体系。这种分类通常是依据土地的综合特性指标（包括土地的自然特性和社会经济特性）来进行土地的归并划类。土地综合特性影响着人们利用土地的方式，影响着土地用途的确定，形成土地经营特点，决定土地利用效果等的差异。人们习惯上将这种分类体系归结为按土地用途上的差异、利用方式上的差异进行分类。

以上三大土地分类体系的分类依据是有一定区别的：土地自然分类体系强调自然综合体的发生过程和形态特征，依据土地的自然属性进行分类；土地评价分类体系则在考虑自然属性的基础上，充分注意人类活动的强烈影响，以及土地受这些活动影响而表现出的社会经济属性，注重满足为土地管理工作服务的具体目的和要求；土地利用分类体系则直接反映土地的生产、利用、管理等活动，成为地籍管理中的重要部分。

2. 土地利用分类系统　土地利用分类是指根据现阶段土地的实际用途、经营特点、利用方式和覆盖特征等要素的异同性进行的土地分类。自 20 世纪 80 年代以来，我国广泛应用土地利用现状分类系统来开展土地调查、汇总，乃至土地的管理和土地科学研究。但就土地利用分类而言，因背景条件不同，制定出的土地利用分类系统也不完全一致。从 20 世纪 80

年代至今，我国土地利用分类先后就出现过具有 8 个一级类 46 个二级类、10 个一级类 24 个二级类、3 个一级类 15 个二级类 71 个三级类、12 个一级类 57 个二级类、12 个一级类 73 个二级类、13 个一级类 55 个二级类等 6 种不同的分类系统，它们都是土地利用分类的产物。世界各国也都广泛进行土地利用分类，具体的地类名称及地类排序存在着很多差别，各自都是一个完整的土地利用分类系统。

将土地的各种地类有规律、有层次地进行排列，组成一个整体，在这个整体里概括了全部被分类的土地，便形成一个土地利用分类系统。

同属土地利用分类，但出现不完全相同的土地利用分类系统，往往不是由于土地利用分类标志存在显著差异。相反，分类标志在大的方面是基本一致的，只是由于土地利用分类的具体标志不完全一致或由于土地利用分类标志存在着层次上的差异。低层次的标志往往是一些单一的、较为具体的指标，这些指标比较容易辨识应用，有时甚至可以定量地辨识和判定地类；层次较高的标志相对而言综合性也较强，在辨识应用时就较困难，辨识结果也就容易出现差别。正因为如此，具体进行土地归并划类时，首先需要确定土地利用分类系统，确定土地利用分类标志、土地利用类型名称及其含义，使得采用这种系统的不同人员对土地的归并划类基本趋于一致。土地利用分类在土地管理中被广泛应用。

第二节　土地管理中的土地分类——土地利用分类

一、土地管理对土地分类的要求

调查了解土地资源、土地资产的基本情况是土地管理工作的基础。对土地的了解和认识是紧紧围绕着土地管理的目的而展开的。最大限度地提高土地利用综合效益和维护社会主义土地公有制是我国土地管理的根本目的。首先，土地分类应当充分反映土地资源利用的状况；其次，根据管理工作的需要，土地分类有时需要反映土地用途，有时需要反映利用效果情况，有时则需要反映土地资源的规划利用状况，甚至反映利用权的分配和转移的情况。所有的土地分类都是围绕着两个基本的方面：一方面，围绕土地利用的水平状况、利用的潜力水平和利用的改良情况，为土地的充分、合理、高效利用展开管理服务；另一方面，则围绕土地资源在社会分配中的利用状况，为提高土地的利用效果、提升土地利用综合效益、维护社会主义土地制度服务。可见，从地籍管理的需要出发采用土地利用分类系统则是最适用的。

土地管理的基础性作用和其自身由多项工作构成的特点，决定了土地利用分类不能仅采用某个单一的分类标志，而应采用多种标志的综合，形成有层次的有序的分类系统。这样既有利于对于土地利用的规划，又能满足调查、分析、评价、管理等各项工作的需要。

在地籍管理中，土地的分类与土地功能有着密切的关系。土地作为资源的利用是地籍管理的一个重要方面，土地的生产功能、承载功能、生态功能和景观功能成为土地利用分类的根本性标志。这些功能的发挥反映出土地在用途上、经营特点上、覆盖特征上的差异。因而，土地的用途、土地的经营特点、地表覆盖特征等也就成为直观的、比较易于辨识的土地利用分类的标志。

仅仅如此还不够。土地资源利用是一个动态变化的现象，由于多种原因，并非全部土地资源都处于人类的利用状态，总有一部分土地资源难以依据其用途等标志加以辨识。因此，在土地利用分类中区分出已利用的土地和未利用的土地，在管理上是十分必要和有实用意义的。对于已投入利用的土地来说，是否利用得当，如何提高其利用效果是土地利用与管理的重要问题；对于尚未利用或利用不充分的土地，更重要的是如何把它们高效利用起来的问题。虽然在土地利用分类中从未出现过"已利用土地"类，然而"未利用土地"或"未利用地"却是近年来国内、国外常被应用的一种地类，这也就从逻辑上（相对地）将其他地类归属为已利用土地，只是因为分类上的需要将它做了更为具体的用途分类。地籍管理要求加强对这两类土地资源的动态监测及地籍登记，为社会经济发展提供有效数据支持。

二、土地利用分类的原则

地籍管理中的土地利用分类重在实用，它既要符合科学分类的基本要求，又必须简练易用。因此，土地利用分类应遵循如下基本原则：

1. 统一性　城乡土地统一管理是我国土地管理的基本体制。土地利用分类必须高度统一，从分类标志到土地类型划分的层次、从类型名称到各类型土地的含义都必须在全国统一，否则，调查结果无法汇总，全国土地总量、总体结构、总体利用水平等总体状况无法形成，且不同地区之间也无法类比。土地调查、土地统计、土地报表制度、土地的顺利流转都依仗着土地分类的统一性。

2. 地域性　土地利用分类的高度统一，并不否认土地分类上的地域差异。各地土地资源的利用方式、经营特点等受自然条件、社会经济条件或者技术条件的影响而存在一些差异，这些差异可以在当地的土地利用分类中得到反映，但应体现在保持统一性的前提下。这种差异可以通过因地制宜地延伸分类层次和分类的细化来反映。

3. 科学性　土地利用分类有一定的规律，分类标志是划分土地类型的根本标准。土地利用分类的科学性反映在土地利用分类标志的合理性和综合性标志的综合方式上。当多种性质的标志共同组成分类标志时，重点是既抓住主要的性质同时又兼顾其他的性质，既突出主要标志又综合众多标志。

土地利用类型按一定的次序进行排列，在有多个层次时，层次与类型相互构成一个有序的完整系统。为此，分类要从大类分起，逐级细化，层次清楚，从属关系明确；同一级类型要采用同一分类标准；同一地类只能在一个大类中出现，不能同时出现在不同的大类中。

土地利用分类的科学性也反映在土地利用类型的编码上。在步入信息时代的今天，土地利用类型编码成为必不可少的分类工作之一。编码要有利于信息系统的规范、应用和维护。

4. 实用性　土地利用分类是一项实务性的工作，需要由众多机构和人员共同完成。土地利用分类的类型必须简明，标准易于判别，含义力求准确，同时命名要通俗，尽可能与习惯称谓相一致。

土地利用分类在地籍管理中是为管理服务的，其实用性也主要体现在是否适应管理的需要上。长期以来，我国国民经济很多部门都对土地实施了管理，在过去土地管理处于多头管理的情况下，土地利用分类出现过很多仅从本部门需要出发制定的分类标准。现在，我国的土地管理体制发生了巨大变化，全国土地、城乡地政实行统一管理。土地利用分类既要继承过去分类中的有用的方法和类型，同时也要防止部门局限性的影响。应理顺和协调土地分类标准化工作中各主体、各地类之间的关系，促使土地分类标准达到统一和有序。

三、土地利用分类的方法和技术路线

1. 土地利用分类的方法　土地利用分类的方法主要有两种，即线分类法和面分类法。线分类法是一种层次级分类法，将分类对象逐次分成有层级的类目，类目间构成并列和隶属关系，形成串联、并联相结合的树形结构；面分类法是选定分类对象的若干属性（或特征），将分类对象按每一个属性（或特征）划分成一级独立的类目，每一组类目构成一个"面"。再按一定顺序将各个"面"平行排列，使用时根据需要将有关"面"中的相应类目按"面"的指定排列顺序组配在一起，形成一个新的复合类目。

土地利用分类采用线分类法和面分类法相结合的混合分类法，这样可以满足在不同层次上进行土地利用和以不同比例尺调查制图的需要。混合分类法具有如下特点：

（1）每个分类层次均应包括所有的土地利用类型，不可保留未被利用的土地类型。因此，先从大类分起，而后逐级划分。在不同的分类层次上采用不同的分类标准，从高级分类到低级分类，土地利用现状类型的内涵逐渐加深、外延逐渐变小，层次清楚，关系明了，概念准确，目的明确。例如，在国家标准《土地利用现状分类》（GB/T 21010—2017）中，土地利用现状分类实行二级分类，有 12 个一级类 73 个二级类。

（2）线分类法若要很好地予以体现，就应该有一个科学的编码系统，实行统一的编排顺序，以利于统计汇总，并为建立数据库和广泛应用计算机技术等创造有利条件。

（3）面分类法可以将同种属性的土地加以合并，有利于实现土地分类的一致性，减少重复、交叉等现象。例如，水田、水浇地、旱地等相同属性的土地都具有种植农作物的功能，根据三者共有的农业生产功能将其合并在耕地这个层面上。

2. 土地利用分类的技术路线　对土地进行分类的首要问题在于确定其成果应用的目的和范围。土地利用分类作为一种分类体系，主要应用于反映土地在利用上的综合特征，反映土地利用状况、经营特点及其他可辨识的客观用途标志，甚至地表的覆盖特征等。这些方面对于生产管理、经营管理、土地管理（包括地籍管理）、资源管理、资产管理等都是十分有用的。

土地利用分类就是在应用上述土地性状标志的基础上对全部土地开展详尽的分析归类的过程。土地是一种无处不在、性状多样的事物，既有其内在的构成，也有其外在的表现。由于土地的构成十分复杂，单纯依据其内在构成或其外在表征，往往不易揭示出不同个体之间的差异和类同程度，需要经过对多项指标的综合分析，才能做出归并和分类的决策。但是，对于土地纷繁众多的标志，不能同等对待，必须抓住其中最主要的起关键作用的个别标志。在土地利用分类中，主要应依据其与"利用"有关的或直接相关的那些标志，如土地的用途、经营特点、利用方式，甚至地表的覆盖特征。

土地利用分类是一种土地分类体系，但在实际应用时，必须表现为一个将地类进行了有规律或者是分层次有序排列的地类排列系统。这种排列必须体现某种适合于管理和经营等需要的次序，通常依据土地的利用度、利用价值、利用集约度、利用效益等一些与土地现实利用和未来利用相关的指标。我国和世界上多数国家的土地利用分类，较多地依据各地类在农业利用上的集约程度或者依据其国民经济中的地位来进行排序，例如耕地、园地、林地、草地、商业服务业用地（以下简称商服用地）、工矿仓储用地、住宅用地等。

一个土地利用分类系统的形成必须能适用于整个土地调查、统计和管理的全部范围。在这

个使用范围内能反映其所有的土地利用状况，不能有任何的例外。因而，土地利用分类系统还必须要通过实践的检验和修正，这也是十分必要的，这是分类系统得以完善的必要过程。

目前，经过多年的实践，我国的土地利用分类已逐渐形成了一个比较完整和成熟的系统，且已提升为一个国家标准系统，说明其概括性、稳定性和实用性已达到了相当的程度。这一分类系统得到了多数相关学科的认同，已能适应各种工作的需要。因此，各地不必再按上述的原理去建立仅适用于本地区的分类系统，应直接采用国家标准分类系统来开展工作。尤其是在土地管理有关的工作中，更应当严格按国家标准完成土地调查、统计和管理工作，以利于保证分类的科学、合理、全国统一，利于指标的汇总、相互比较和分析。

第三节　我国土地利用分类系统

我国全面开展地籍管理工作是在 1986 年国家土地管理局成立和《土地管理法》颁布之后。而实际工作特别是土地调查工作的试点，是在 20 世纪 80 年代初就开始启动。截至 2019 年，我国为适应土地管理工作的需要先后出台了 6 个主要的土地利用分类规程或标准，分别形成了 6 个主要的土地分类系统：1984 年的土地利用现状分类系统、1989 年的城镇土地分类系统、2001 年的全国土地分类（试行）系统、2007 年的土地利用现状分类系统、2017 年的土地利用现状分类系统和 2019 年的第三次全国国土调查工作分类系统。

一、1984 年的《土地利用现状分类及含义》

为适应土地资源调查和土地管理工作全面启动的需要，1984 年 9 月，全国农业区划委员会发布了《土地利用现状调查技术规程》，其中包括《土地利用现状分类及含义》。该文件对土地资源的分类提出了突破部门规范的、适用于全国范围的土地分类标准。依据这一土地分类，1984—1996 年完成了全国土地利用现状调查（一调），第一次用现代技术手段比较全面、高精度地查清了我国土地资源家底。这一分类系统也被广泛应用于土地科学的研究工作。

1984 年的土地利用现状分类采用的是有层次的多级续分制，统一的全国分类由两个级别组成，其中一级类型 8 个，二级类型 46 个。为适应现代化管理手段，各级分类分别编有统一的编码（附录 A）。

二、1989 年的《城镇土地分类及含义》

为查清城镇土地资产，确定土地权属状况，1989 年 9 月，国家土地管理局发布了《城镇地籍调查规程》，其中包括《城镇土地分类及含义》。该文件对 1984 年《土地利用现状分类及含义》中的城镇村土地分类做了细化和充实，同时也详尽地对城镇及农村居民点内部土地做了分类。该分类应用于多年来的城镇村地籍调查之中。它同样是一个全国统一的二级续分制的土地分类系统，共由 10 个一级类和 24 个二级类构成，但与 1984 年《土地利用现状分类及含义》的编码方式不完全一致（附录 B）。

三、2001 年的《全国土地分类（试行）》

为更好地贯彻《土地管理法》，适应我国土地管理城乡一体化进程，根据市场经济发展和土地使用制度改革的需要，2001 年 8 月，《国土资源部关于印发试行〈土地分类〉的通知》发布，其中包括附件《全国土地分类（试行）》。该文件提出了一个全国城乡统一的土地分类系统，是把我国土地管理事业进一步推向全国土地和城乡地政统一管理新水平的一大举措。该土地分类体系是在 1984 年制定的《土地利用现状分类及含义》和 1989 年为开展城镇村地籍调查而制定的《城镇土地分类及含义》两个土地利用分类的基础上，对城乡土地进行了统一分类。该土地分类依然采取全国统一的多级续分制的分类系统，实行三级分类，其中，一级类 3 个，二级类 15 个，三级类 71 个（附录 C）。

四、2007 年的《土地利用现状分类》

由于土地分类标准不统一，统计口径不一致，致使不同部门土地统计数据比较混乱。二调面临的首要问题就是统一土地分类。2004 年 10 月 21 日公布的《国务院关于深化改革严格土地管理的决定》明确要求："国土资源部要会同有关部门抓紧建立和完善统一的土地分类、调查、登记和统计制度，启动新一轮土地调查，保证土地数据的真实性。"

在二调中，国土资源部地籍管理司紧密结合《土地管理法》的修改和《物权法》《中华人民共和国不动产登记法》的起草，制定了新的土地分类。2007 年 7 月，国土资源部颁布《第二次全国土地调查技术规程》（TD/T 1014—2007）；2007 年 8 月，出台了《土地利用现状分类》（GB/T 21010—2007）。新的土地利用分类采用二级分类，其中一级类 12 个，二级类 57 个。该分类在向城乡一体化分类的方向下，结合我国当时实际，对农村土地调查的分类又做了某些专门的归并处理，共形成了两个表格（附录 D）。

为维护土地分类的统一性和权威性，国家把 2007 年《土地利用现状分类》由部门标准上升为国家标准。《土地利用现状分类》国家标准的实施真正实现了城乡一体化土地分类全覆盖的原则，消除了建设部、林业部、农业部、国土资源部等相关部门土地分类、统计口径不一致的问题。这也是我国土地管理一次历史性的突破，是国家实现土地和地政统一管理的必然选择。

五、2017 年的《土地利用现状分类》

随着土地管理制度的深入发展，土地资源管理已经由过去单纯以耕地保护和建设用地管控为目标的土地用途管制模式转变为数量、质量、生态"三位一体"的国土空间用途管制模式。同时，国家推进生态文明建设和自然资源统筹管理等工作的需要，也从广度、深度和精细度上对土地分类提出了更高的要求。

为更好适应新时代对土地分类提出的新要求，更加有效落实全国土地和城乡地政统一管理，适应土地调查、规划、审批、供应、整治、执法、评价、统计、登记及信息化管理等工作需要，2017 年 11 月，国家质量监督检验检疫总局、国家标准化管理委员会批准发布了由国土资源部组织修订的新国家标准《土地利用现状分类》（GB/T 21010—2017）。

相较于 2007 年的《土地利用现状分类》，2017 年的《土地利用现状分类》秉持满足生态用地保护需求、明确新兴产业用地类型、兼顾监管部门管理需求的思路，完善了相关地类含义，细化了二级地类划分，调整了部分地类名称，修改了二级地类编码格式，增加了湿地归类。2017 年的《土地利用现状分类》将土地利用类型分为耕地、园地、林地、草地、商服用地、工矿仓储用地、住宅用地、公共管理与公共服务用地、特殊用地、交通运输用地、水域及水利设施用地、其他土地等12个一级类、73个二级类（表2-1）。同时，为结合生态文明建设和生态保护工作需要，对具有湿地功能的14个二级地类进行了专门的归并处理，形成了"湿地"大类（表2-2）。

表2-1 2017年的土地利用现状分类系统及其编码

一级类		二级类		含义
编码	名称	编码	名称	
01	耕地			指种植农作物的土地，包括熟地，新开发、复垦、整理地，休闲地（含轮歇地，休耕地）；以种植农作物（含蔬菜）为主，间有零星果树、桑树或其他树木的土地；平均每年能保证收获一季的已垦滩地和海涂。耕地中包括南方宽度＜1.0m、北方宽度＜2.0m固定的沟、渠、路和地坎（埂）；临时种植药材、草皮、花卉、苗木等的耕地，临时种植果树、茶树和林木且耕作层未破坏的耕地，以及其他临时改变用途的耕地
		0101	水田	指用于种植水稻、莲藕等水生农作物的耕地，包括实行水生、旱生农作物轮种的耕地
		0102	水浇地	指有水源保证和灌溉设施，在一般年景能正常灌溉，种植旱生农作物（含蔬菜）的耕地，包括种植蔬菜的非工厂化的大棚用地
		0103	旱地	指无灌溉设施，主要靠天然降水种植旱生农作物的耕地，包括没有灌溉设施，仅靠引洪淤灌的耕地
02	园地			指种植以采集果、叶、根、茎、汁等为主的集约经营的多年生木本和草本作物，覆盖度大于50%或每亩株数大于合理株数70%的土地，包括用于育苗的土地
		0201	果园	指种植果树的园地
		0202	茶园	指种植茶树的园地
		0203	橡胶园	指种植橡胶树的园地
		0204	其他园地	指种植桑树、可可、咖啡、油棕、胡椒、药材等其他多年生作物的园地
03	林地			指生长乔木、竹类、灌木的土地，以及沿海生长红树林的土地，包括迹地，不包括城镇、村庄范围内绿化林木用地，铁路、公路征地范围内的林木，以及河流、沟渠的护堤林
		0301	乔木林地	指乔木郁闭度≥0.2的林地，不包括森林沼泽
		0302	竹林地	指生长竹类植物，郁闭度≥0.2的林地
		0303	红树林地	指沿海生长红树植物的林地
		0304	森林沼泽	以乔木森林植物为优势群落的淡水沼泽
		0305	灌木林地	指灌木覆盖度≥40%的林地，不包括灌丛沼泽
		0306	灌丛沼泽	以灌丛植物为优势群落的淡水沼泽
		0307	其他林地	包括疏林地（灌木郁闭度≥0.1、＜0.2的林地）、未成林地、迹地、苗圃等林地

（续）

一级类		二级类		含义
编码	名称	编码	名称	
04	草地			指生长草本植物为主的土地
		0401	天然牧草地	指以天然草本植物为主，用于放牧或割草的草地，包括实施禁牧措施的草地，不包括沼泽草地
		0402	沼泽草地	指以天然草本植物为主的沼泽化的低地草甸、高寒草甸
		0403	人工牧草地	指人工种植牧草的草地
		0404	其他草地	指树木郁闭度<0.1，表层为土质，不用于放牧的草地
05	商服用地			指主要用于商业、服务业的土地
		0501	零售商业用地	以零售功能为主的商铺、商场、超市、市场和加油、加气、充换电站等的用地
		0502	批发市场用地	以批发功能为主的市场用地
		0503	餐饮用地	饭店、餐厅、酒吧等用地
		0504	旅馆用地	宾馆、旅馆、招待所、服务型公寓、度假村等用地
		0505	商务金融用地	指商业服务用地，以及经营性的办公场所用地，包括写字楼、商业性办公场所、金融活动场所和企业厂区外独立的办公场所，信息网络服务、信息技术服务、电子商务服务、广告传媒等用地
		0506	娱乐用地	指剧院、音乐厅、电影院、歌舞厅、网吧、影视城、仿古城以及绿地率小于65%的大型游乐等设施用地
		0507	其他商服用地	指零售商业、批发市场、餐饮、旅馆、商务金融、娱乐用地以外的其他商业、服务业用地，包括洗车场、洗染店、照相馆、理发美容店、洗浴场所、赛马场、高尔夫球场、废旧物资回收站、机动车、电子产品和日用产品修理网点，物流营业网点，居住小区及小区级以下的配套的服务设施等用地
06	工矿仓储用地			指主要用于工业生产、物资存放场所的土地
		0601	工业用地	指工业生产、产品加工制造、机械和设备修理及直接为工业生产等服务的附属设施用地
		0602	采矿用地	指采矿、采石、采砂（沙）场，砖瓦窑等地面生产用地，排土（石）及尾矿堆放地
		0603	盐田	指用于生产盐的土地，包括晒盐场所、盐池及附属设施用地
		0604	仓储用地	指用于物资储备、中转的场所用地，包括物流仓储设施、配送中心、转运中心等
07	住宅用地			指主要用于人们生活居住的房基地及其附属设施的土地
		0701	城镇住宅用地	指城镇用于生活居住的各类房屋用地及其附属设施用地，不含配套的商业服务设施等用地
		0702	农村宅基地	指农村用于生活居住的宅基地

（续）

一级类		二级类		含义
编码	名称	编码	名称	
08	公共管理与公共服务服务用地			指用于机关团体、新闻出版、科教文卫、公用设施等的土地
		0801	机关团体用地	指用于党政机关、社会团体、群众自治组织等的用地
		0802	新闻出版用地	指用于广播电台、电视台、电影厂、报社、杂志社、通讯社、出版社等的用地
		0803	教育用地	指用于各类教育的用地，包括高等院校、中等专业学校、中学、小学、幼儿园及其附属设施用地，聋、哑、盲人学校及工读学校用地，以及为学校配建的独立地段的学生生活用地
		0804	科研用地	指独立的科研、勘察、研发、设计、检验检测、技术推广、环境评估与监测、科普等科研事业单位及其附属设施用地
		0805	医疗卫生用地	指医疗、保健、卫生、防疫、康复和急救设施等用地，包括综合医院、专科医院、社区卫生服务中心等用地，卫生防疫站、专科防治所、检验中心和动物检疫站等用地，对环境有特殊要求的传染病、精神病等专科医院用地，急救中心、血库等用地
		0806	社会福利用地	指为社会提供福利和慈善服务的设施及附属设施用地，包括福利院、养老院、孤儿院等用地
		0807	文化设施用地	指图书、展览等公共文化活动设施用地，包括公共图书馆、博物馆、档案馆、科技馆、纪念馆、美术馆和展览馆等设施用地，综合文化活动中心、文化馆、青少年宫、儿童活动中心、老年活动中心等设施用地
		0808	体育用地	指体育场馆和体育训练基地等用地，包括室内外体育运动用地，如体育场馆、游泳场馆、各类球场及其附属的业余体校用地，溜冰场、跳伞场、摩托车场、射击场及水上运动的陆域部分等用地，以及为体育运动专设的训练基地用地，不包括学校等机构专用的体育设施用地
		0809	公用设施用地	指用于城乡基础设施的用地，包括供水、排水、污水处理、供电、供热、供气、邮政、电信、消防、环卫、公用设施维修等用地
		0810	公园与绿地	指城镇、村庄范围内的公园、动物园、植物园、街心花园、广场和用于休憩、美化环境及防护的绿化用地
09	特殊用地			指用于军事设施、涉外、宗教、监教、殡葬、风景名胜等的土地
		0901	军事设施用地	指直接用于军事目的的设施用地
		0902	使领馆用地	指用于外国政府及国际组织驻华使领馆、办事处等的用地
		0903	监教场所用地	指用于监狱、看守所、劳改场、戒毒所等的建筑用地
		0904	宗教用地	指专门用于宗教活动的庙宇、寺院、道观、教堂等宗教自用地
		0905	殡葬用地	指陵园、墓地、殡葬场所用地
		0906	风景名胜设施用地	指风景名胜景点（包括名胜古迹、旅游景点、革命遗址、自然保护区、森林公园、地质公园、湿地公园等）的管理机构，以及旅游服务设施的建筑用地。景区内的其他用地按现状归入相应地类

（续）

一级类		二级类		含义
编码	名称	编码	名称	
10	交通运输用地			指用于运输通行的地面线路、场站等的土地，包括民用机场、汽车客货运场站、港口、码头、地面运输管道和各种道路以及轨道交通用地
		1001	铁路用地	指用于铁道线路及场站的用地，包括征地范围内的路堤、路堑、道沟、桥梁、林木等用地
		1002	轨道交通用地	指用于轻轨、现代有轨电车、单轨等轨道交通用地，以及场站的用地
		1003	公路用地	指用于国道、省道、县道和乡道的用地，包括征地范围内的路堤、路堑、道沟、桥梁、汽车停靠站、林木及直接为其服务的附属用地
		1004	城镇村道路用地	指城镇、村庄范围内公用道路及行道树用地，包括快速路、主干路、次干路、支路、专用人行道和非机动车道及其交叉口等
		1005	交通服务场站用地	指城镇、村庄范围内交通服务设施用地，包括公交枢纽及其附属设施用地、公路长途客运站、公共交通场站、公共停车场（含设有充电桩的停车场）、停车楼、教练场等用地，不包括交通指挥中心、交通队用地
		1006	农村道路	在农村范围内，南方宽度≥1.0m、≤8m，北方宽度≥2.0m、≤8m，用于村间、田间交通运输，并在国家公路网络体系之外，以服务于农村农业生产为主要用途的道路（含机耕道）
		1007	机场用地	指用于民用机场、军民合用机场的用地
		1008	港口码头用地	指用于人工修建的客运、货运、捕捞及工程、工作船舶停靠的场所及其附属建筑物的用地，不包括常水位以下部分
		1009	管道运输用地	指用于运输煤炭、矿石、石油、天然气等管道及其相应附属设施的地上部分用地
11	水域及水利设施用地			指陆地水域、滩涂、沟渠、沼泽、水工建筑物等用地，不包括滞洪区和已垦滩涂中的耕地、园地、林地、城镇、村庄、道路等用地
		1101	河流水面	指天然形成或人工开挖河流常水位岸线之间的水面，不包括被堤坝拦截后形成的水库区段水面
		1102	湖泊水面	指天然形成的积水区常水位岸线所围成的水面
		1103	水库水面	指人工拦截汇集而成的总设计库容≥10万 m^3 的水库正常蓄水位岸线所围成的水面
		1104	坑塘水面	指人工开挖或天然形成的蓄水量<10万 m^3 的坑塘常水位岸线所围成的水面
		1105	沿海滩涂	指沿海大潮高潮位与低潮位之间的潮浸地带，包括海岛的沿海滩涂，不包括已利用的滩涂
		1106	内陆滩涂	指河流、湖泊常水位至洪水位间的滩地，时令湖、河洪水位以下的滩地，水库、坑塘的正常蓄水位与洪水位间的滩地，包括海岛的内陆滩地，不包括已利用的滩地
		1107	沟渠	指人工修建，南方宽度≥1.0m、北方宽度≥2.0m用于引、排、灌的渠道。包括渠槽、渠堤、护堤林及小型泵站

（续）

一级类		二级类		含义
编码	名称	编码	名称	
11	水域及水利设施用地	1108	沼泽地	指经常积水或渍水，一般生长湿生植物的土地，包括草本沼泽、苔藓沼泽、内陆盐沼等，不包括森林沼泽、灌丛沼泽和沼泽草地
		1109	水工建筑用地	指人工修建的闸、坝、堤路林、水电厂房、扬水站等常水位岸线以上的建（构）筑物用地
		1110	冰川及永久积雪	指表层被冰雪常年覆盖的土地
12	其他土地			指上述地类以外的其他类型的土地
		1201	空闲地	指城镇、村庄、工矿范围内尚未使用的土地，包括尚未确定用途的土地
		1202	设施农用地	指直接用于经营性畜禽养殖生产设施及附属设施用地，直接用于作物栽培或水产养殖等农产品生产的设施及附属设施用地，直接用于农业项目辅助生产的设施用地，晾晒场、粮食果品烘干设施、粮食和农资临时存放场所、大型农机具临时存放场所等规模化粮食生产所必需的配套设施用地
		1203	田坎	指梯田及梯状坡地耕地中，主要用于拦蓄水和护坡，南方宽度≥1.0m、北方宽度≥2.0m 的地坎
		1204	盐碱地	指表层盐碱聚集，生长天然耐盐植物的土地
		1205	沙地	指表层为沙覆盖、基本无植被的土地，不包括滩涂中的沙地
		1206	裸土地	指表层为土质，基本无植被覆盖的土地
		1207	裸岩石砾地	指表层为岩石或石砾，其覆盖面积≥70%的土地

表 2-2 "湿地"归类

类型	编码	名称
湿地	0101	水田
	0303	红树林地
	0304	森林沼泽
	0306	灌丛沼泽
	0402	沼泽草地
	0603	盐田
	1101	河流水面
	1102	湖泊水面
	1103	水库水面
	1104	坑塘水面
	1105	沿海滩涂
	1106	内陆滩涂
	1107	沟渠
	1108	沼泽地

资料来源：《土地利用现状分类》（GB/T 21010—2017）。

注：此表仅作为湿地归类使用，不以此划分部门管理范围。

六、2019年的《第三次全国国土调查工作分类》

为满足国土资源管理在广度、深度和精细度上的新需求，兼顾农业农村、自然资源、住房和城乡建设等相关管理部门的需要，凸显土地利用现状分类对生态文明建设的基础支撑作用，秉持继承性与稳定性、科学性与适用性、开放性与协调性相统一的原则，自然资源部于2019年1月28日发布了《第三次全国国土调查技术规程》（TD/T 1055—2019），其中包括附件《第三次全国国土调查工作分类》（以下简称《三调工作分类》）。《三调工作分类》以《土地利用现状分类》（GB/T 21010—2017）为基础，对商业服务用地、公共管理与公共服务用地、特殊用地、水域及水利设施用地等地类进行了归并或细化，形成了2019年的第三次全国国土调查工作分类系统（以下简称三调工作分类系统）。三调工作分类系统将调查地类分成了13个一级类、55个二级类（表2-3）。同时，在《第三次全国国土调查技术规程》（TD/T 1055—2019）中，对城市、建制镇、村庄等用地范围也进行了清晰界定和划分（表2-4）。

表2-3　2019年的三调工作分类系统

一级类		二级类		含义
编码	名称	编码	名称	
00	湿地			指红树林地，天然的或人工的、永久的或间歇性的沼泽地、泥炭地、盐田、滩涂等
		0303	红树林地	沿海生长红树植物的土地
		0304	森林沼泽	以乔木森林植物为优势群落的淡水沼泽
		0306	灌丛沼泽	以灌丛植物为优势群落的淡水沼泽
		0402	沼泽草地	指以天然草本植物为主的沼泽化的低地草甸、高寒草甸
		0603	盐田	指用于生产盐的土地，包括晒盐场所、盐池及附属设施用地
		1105	沿海滩涂	指沿海大潮高潮位与低潮位之间的潮浸地带，包括海岛的沿海滩涂，不包括已利用的滩涂
		1106	内陆滩涂	指河流、湖泊常水位至洪水位间的滩地，时令湖、河洪水位以下的滩地，水库、坑塘的正常蓄水位与洪水位间的滩地，包括海岛的内陆滩地，不包括已利用的滩地
		1108	沼泽地	指经常积水或渍水，一般生长湿生植物的土地，包括草本沼泽、苔藓沼泽、内陆盐沼等，不包括森林沼泽、灌丛沼泽和沼泽草地
01	耕地			指种植农作物的土地。包括熟地，新开发、复垦、整理地，休闲地（含轮歇地、休耕地）；以种植农作物（含蔬菜）为主，间有零星果树、桑树或其他树木的土地；平均每年能保证收获一季的已垦滩地和海涂。耕地中包括南方宽度<1.0m、北方宽度<2.0m固定的沟、渠、路和地坎（埂）；临时种植药材、草皮、花卉、苗木等的耕地，临时种植果树、茶树和林木且耕作层未破坏的耕地，以及其他临时改变用途的耕地
		0101	水田	指用于种植水稻、莲藕等水生农作物的耕地，包括实行水生、旱生农作物轮种的耕地

（续）

一级类		二级类		含义		
编码	名称	编码	名称			
01	耕地	0102	水浇地	指有水源保证和灌溉设施，在一般年景能正常灌溉，种植旱生农作物（含蔬菜）的耕地，包括种植蔬菜的非工厂化的大棚用地		
		0103	旱地	指无灌溉设施，主要靠天然降水种植旱生农作物的耕地，包括没有灌溉设施，仅靠引洪淤灌的耕地		
02	种植园用地			指种植以采集果、叶、根、茎、汁等为主的集约经营的多年生木本和草本作物，覆盖度大于50%或每亩株数大于合理株数70%的土地，包括用于育苗的土地		
		0201	果园	指种植果树的园地		
				0201K	可调整果园	指由耕地改为果园，但耕作层未被破坏的土地
		0202	茶园	指种植茶树的园地		
				0202K	可调整茶园	指由耕地改为茶园，但耕作层未被破坏的土地
		0203	橡胶园	指种植橡胶树的园地		
				0203K	可调整橡胶园	指由耕地改为橡胶园，但耕作层未被破坏的土地
		0204	其他园地	指种植桑树、可可、咖啡、油棕、胡椒、药材等其他多年生作物的园地		
				0204K	可调整其他园地	指由耕地改为其他园地，但耕作层未被破坏的土地
03	林地			指生长乔木、竹类、灌木的土地。包括迹地；不包括沿海生长红树林的土地，森林沼泽、灌丛沼泽，城镇、村庄范围内的绿化林木用地，铁路、公路征地范围内的林木，以及河流、沟渠的护堤林		
		0301	乔木林地	指乔木郁闭度≥0.2的林地，不包括森林沼泽		
				0301K	可调整乔木林地	指由耕地改为乔木林地，但耕作层未被破坏的土地
		0302	竹林地	指生长竹类植物，郁闭度≥0.2的林地		
				0302K	可调整竹林地	指由耕地改为竹林地，但耕作层未被破坏的土地
		0305	灌木林地	指灌木覆盖度≥40%的林地，不包括灌丛沼泽		
		0307	其他林地	包括疏林地（树木郁闭度≥0.1、<0.2的林地）、未成林地、迹地、苗圃等林地		
				0307K	可调整其他林地	指由耕地改为未成林造林地和苗圃，但耕作层未被破坏的土地

（续）

一级类		二级类		含义	
编码	名称	编码	名称		
04	草地			指以生长草本植物为主的土地，不包括沼泽草地	
		0401	天然牧草地	指以天然草本植物为主，用于放牧或割草的草地，包括实施禁牧措施的草地，不包括沼泽草地	
		0403	人工牧草地	指人工种植牧草的草地	
		0403K	可调整人工牧草地	指由耕地改为人工牧草地，但耕作层未被破坏的土地	
		0404	其他草地	指树木郁闭度＜0.1，表层为土质，不用于放牧的草地	
05	商业服务业用地			指主要用于商业、服务业的土地	
		05H1	商业服务业设施用地	指主要用于零售、批发、餐饮、旅馆、商务金融、娱乐及其他商业服务的土地	
		0508	物流仓储用地	指用于物资储备、中转、配送等场所的用地，包括物流仓储设施、配送中心、转运中心等	
06	工矿用地			指主要用于工业、采矿等生产的土地，不包括盐田	
		0601	工业用地	指工业生产、产品加工制造、机械和设备修理及直接为工业生产等服务的附属设施用地	
		0602	采矿用地	指采矿、采石、采砂（沙）场，砖瓦窑等地面生产用地，排土（石）及尾矿堆放地，不包括盐田	
07	住宅用地			指主要用于人们生活居住的房基地及其附属设施的土地	
		0701	城镇住宅用地	指城镇用于生活居住的各类房屋用地及其附属设施用地，不含配套的商业服务设施等用地	
		0702	农村宅基地	指农村用于生活居住的宅基地	
08	公共管理与公共服务用地			指用于机关团体、新闻出版、科教文卫、公用设施等的土地	
		08H1	机关团体新闻出版用地	指用于党政机关、社会团体、群众自治组织、广播电台、电视台、电影厂、报社、杂志社、通讯社、出版社等的用地	
		08H2	科教文卫用地	指用于各类教育，独立的科研、勘察、研发、设计、检验检测、技术推广、环境评估与监测、科普等科研事业单位，医疗、保健、卫生、防疫、康复和急救设施，为社会提供福利和慈善服务的设施，图书、展览等公共文化活动设施，体育场馆和体育训练基地等用地及其附属设施用地	
		08H2A	高教用地	指高等院校及其附属设施用地	
		0809	公用设施用地	指用于城乡基础设施的用地，包括供水、排水、污水处理、供电、供热、供气、邮政、电信、消防、环卫、公用设施维修等用地	
		0810	公园与绿地	指城镇、村庄范围内的公园、动物园、植物园、街心花园、广场和用于休憩、美化环境及防护的绿化用地	
		0810A	广场用地	指城镇、村庄范围内的广场用地	

（续）

一级类		二级类		含义
编码	名称	编码	名称	
09	特殊用地			指用于军事设施、涉外、宗教、监教、殡葬、风景名胜等的土地
10	交通运输用地			指用于运输通行的地面线路、场站等的土地，包括民用机场、汽车客货运站、港口、码头、地面运输管道和各种道路以及轨道交通用地
		1001	铁路用地	指用于铁道线路及场站的用地，包括征地范围内的路堤、路堑、道沟、桥梁、林木等用地
		1002	轨道交通用地	指用于轻轨、现代有轨电车、单轨等轨道交通用地，以及场站的用地
		1003	公路用地	指用于国道、省道、县道和乡道的用地，包括征地范围内的路堤、路堑、道沟、桥梁、汽车停靠站、林木及直接为其服务的附属用地
		1004	城镇村道路用地	指城镇、村庄范围内公用道路及行道树用地，包括快速路、主干路、次干路、支路、专用人行道和非机动车道及其交叉口等
		1005	交通服务场站用地	指城镇、村庄范围内交通服务设施用地，包括公交枢纽及其附属设施用地、公路长途客运站、公共交通场站、公共停车场（含设有充电桩的停车场）、停车楼、教练场等用地，不包括交通指挥中心、交通队用地
		1006	农村道路	在农村范围内，南方宽度≥1.0m、≤8.0m，北方宽度≥2.0m、≤8.0m，用于村间、田间交通运输，并在国家公路网络体系之外，以服务于农村农业生产为主要用途的道路（含机耕道）
		1007	机场用地	指用于民用机场、军民合用机场的用地
		1008	港口码头用地	指用于人工修建的客运、货运、捕捞及工程、工作船舶停靠的场所及其附属建筑物的用地，不包括常水位以下部分
		1009	管道运输用地	指用于运输煤炭、矿石、石油和天然气管道及其相应附属设施的地上部分用地
11	水域及水利设施用地			指陆地水域，沟渠、水工建筑物等用地，不包括滞洪区
		1101	河流水面	指天然形成或人工开挖河流常水位岸线之间的水面，不包括被堤坝拦截后形成的水库区段水面
		1102	湖泊水面	指天然形成的积水区常水位岸线所围成的水面
		1103	水库水面	指人工拦截汇集而成的总设计库容≥10万 m^3 的水库正常蓄水位岸线所围成的水面
		1104	坑塘水面	指人工开挖或天然形成的蓄水量<10万 m^3 的坑塘常水位岸线所围成的水面

1104A	养殖坑塘		指人工开挖或天然形成的用于水产养殖的水面及相应附属设施用地
		1104K	可调整养殖坑塘
			指由耕地改为养殖坑塘，但可复耕的土地

		1107	沟渠	指人工修建，南方宽度≥1.0m、北方宽度≥2.0m，用于引、排、灌的渠道，包括渠槽、渠堤、护堤林及小型泵站
		1107A	干渠	指除农田水利用地以外的人工修建的沟渠

（续）

一级类		二级类		含义
编码	名称	编码	名称	
11	水域及水利设施用地	1109	水工建筑用地	指人工修建的闸、坝、堤路林、水电厂房、扬水站等常水位岸线以上的建（构）筑物用地
		1110	冰川及永久积雪	指表层被冰雪常年覆盖的土地
12	其他土地			指上述地类以外的其他类型的土地
		1201	空闲地	指城镇、村庄、工矿范围内尚未使用的土地，包括尚未确定用途的土地
		1202	设施农用地	指直接用于经营性畜禽养殖生产设施及附属设施用地，直接用于作物栽培或水产养殖等农产品生产的设施及附属设施用地，直接用于农业项目辅助生产的设施用地，晾晒场、粮食果品烘干设施、粮食和农资临时存放场所、大型农机具临时存放场所等规模化粮食生产所必需的配套设施用地
		1203	田坎	指梯田及梯状坡地耕地中，主要用于拦蓄水和护坡，南方宽度≥1.0m、北方宽度≥2.0m的地坎
		1204	盐碱地	指表层盐碱聚集，生长天然耐盐植物的土地
		1205	沙地	指表层为沙覆盖，基本无植被的土地，不包括滩涂中的沙地
		1206	裸土地	指表层为土质，基本无植被覆盖的土地
		1207	裸岩石砾地	指表层为岩石或石砾，其覆盖面积≥70%的土地

表2-4　城镇村及工矿用地

一级类		二级类		含义
编码	名称	编码	名称	
20	城镇村及工矿用地			指城乡居民点、独立居民点以及居民点以外的工矿、国防、名胜古迹等企事业单位用地。包括其内部交通、绿化用地
		201	城市	即城市居民点，指市区政府、县级市政府所在地（镇级）辖区内的，以及与城市连片的商业服务业、住宅、工业、机关、学校等用地，包括其所属的、不与其连片的开发区、新区等建成区，以及城市居民点范围内的其他各类用地（含城中村）
		201A	城市独立工业用地	城市辖区内独立的工业用地
		202	建制镇	即建制镇居民点，指建制镇辖区内的商业服务业、住宅、工业、学校等用地，包括其所属的、不与其连片的开发区、新区等建成区，以及建制镇居民点范围内的其他各类用地（含城中村），不包括乡政府所在地
		202A	建制镇独立工业用地	建制镇辖区内独立的工业用地
		203	村庄	即农村居民点，指乡村所属的商业服务业、住宅、工业、学校等用地，包括农村居民点范围内的其他各类用地
		203A	村庄独立工业用地	村庄所属独立的工业用地

（续）

一级类		二级类		含义
编码	名称	编码	名称	
20	城镇村及工矿用地	204	盐田及采矿用地	指城镇村庄用地以外采矿、采石、采砂（沙）场，盐田，砖瓦窑等地面生产用地及尾矿堆放地
		205	特殊用地	指城镇村庄用地以外用于军事设施、涉外、宗教、监教、殡葬、风景名胜等的土地

资料来源：《第三次全国国土调查技术规程》（TD/T 1055—2019）。

注：对于《三调工作分类》中的 05、06、07、08、09 各地类，2017 年《土地利用现状分类》中的 0603、1004、1005、1201 二级类，以及城镇村居民点范围内的其他各类用地，按本表进行归并。

第四节　我国土地利用分类系统评述

一、1984 年的土地利用现状分类系统

1984 年原国家农业区划委员会制定了《土地利用现状分类及含义》，是为开展全国土地利用详查（一调），查清全国各种土地利用分类面积、分布和利用状况等工作服务而制定的，强调了农业利用的详细分类，曾被广泛用于我国 20 世纪 80 年代中期至 90 年代初的全国土地利用现状调查。该分类以当时的土地实际用途作为归并划类的主要标志。随着社会经济的发展，该分类不足之处逐渐暴露，主要体现在以下几个方面：

1. 类型划分不准、详略不一　土地利用现状分类以土地是否已投入利用作为第一层次的划分标志，但这一层次并没有在 1984 年的土地利用现状分类系统中表现出来，已投入利用的土地是由前七类构成的，第八类为未利用土地。已利用土地的二级分类与土地利用的经济性质、集约化程度等密切有关，未利用土地的二级分类主要反映当前阻碍利用的主要原因或者覆盖上的特征。

该分类系统对农业用地的划分比较细，因此常被认为是对城镇以外土地的分类。同时，在一调中，对城镇、农村居民点和独立工矿用地等，仅调查出它们的外围界线，而对它们内部详细的用地分类未予以反映。

水域在该分类系统中被划入了已利用土地的范畴。实际上水域是被水体覆盖的部分，在实地难以确立起已利用和未利用的明确界限。即使是已经被人们利用的水域，在用途上也是有着很大差异的，有的与土地上生产活动的生产能力直接有关，有的则不然。此外，该分类系统将那些与耕地密切相关的田坎也归入了未利用土地。

2. 城镇土地级别太低　随着我国社会经济快速发展，我国的城镇化进程加快，城镇用地规模不断增加，城镇土地的经济价值在国民经济中所占的分量越来越重。但在该分类系统中，城镇是"居民点及工矿用地"中的二级类，大量的工矿用地本就是城镇的一个组成部分，而其级别与城镇用地相同，这显然是不合理的。此外，在该分类系统中，城镇用地属二级地类，而交通用地还属一级地类，城镇用地的地位还不如交通用地。

为了弥补上述存在的显然不适用的状况，在一调进行的过程中就对该分类做了补充规定：将原分类中的二级类"51——城镇"细化为两类："51A——城市"和"52B——建制

镇"，以适应管理的需要。客观上在二级分类和三级分类之间派生出了两个二级的支类，导致分类体系不顺畅。

二、1989 年的城镇土地分类系统

随着我国经济的迅速发展和城市化进程的加快，城镇用地规模越来越大，查清城镇土地资产成为十分迫切的工作，开展城镇地籍调查以确定和理清城镇土地权属状况的工作被提上了日程。在此背景下，十分有必要对城镇用地做进一步的划分，制定相应的分类体系，因此国家土地管理局制定了《城镇土地分类及含义》，并于 1989 年正式发布。该分类系统对地类的划分主要依据城镇土地在城镇内部的用途和在城镇生活中的功能差异（包括农业用途）来进行，同时吸取城镇土地利用的特点，对地上建筑物的用途、服务对象等的差异也做了考虑。

但随着城乡一体化的发展，城区迅速扩大并且城内外界限逐渐模糊，此分类的弊端逐渐凸显，主要有以下几个方面的问题：

1. 与 1984 年的土地利用现状分类系统存在同名不同义的问题 1989 年的城镇土地分类系统中有不少地类与 1984 年的土地利用现状分类系统重复，如交通用地、特殊用地等。在 1984 年的土地利用现状分类系统和 1989 年的城镇土地分类系统中，交通用地都是作为一级地类存在的，但其含义却不一致：在 1984 年的土地利用现状分类系统中，交通用地是指"居民点以外的各种道路（包括护路林）及其附属设施和民用机场用地"；而在 1989 年的城镇土地分类系统中，交通用地是指"铁路、民用机场、港口码头及其他交通用地"。同样，被称为特殊用地的地类，在 1984 年的土地利用分类系统中是指"居民点以外的国防、名胜古迹、公墓、陵园等范围内的建设用地"，而在 1989 年的城镇土地分类系统中是指"军事设施、涉外、宗教、监狱等用地"。由于两者的应用对象和范围不一样，统计范畴不统一，相互不能衔接。

2. 与 1984 年的土地利用现状分类系统存在同名不同位的问题 例如，农用地在 1984 年的土地利用现状分类系统[①]和 1989 年的城镇土地分类系统中都是一级地类，如果将以上两个分类合成一套完整的分类，即将 1989 年的城镇土地分类作为对 1984 年的土地利用现状分类中城镇的进一步细化，那么，从逻辑关系上来讲，部分农用地（城镇内的农用地）就变成了城镇用地，这显然是不恰当的。又如，特殊用地在 1984 年的土地利用现状分类系统中是二级地类，而在 1989 年的城镇土地分类系统中却是一级地类。

3. 与新的社会经济发展形势不相适应 随着市场经济的发展和土地使用制度的改革，城市经济发生了很多变化，有些行业已扩大成独具特色的用地类型，因此土地分类也需要有新的变化。例如，绿化用地是一个通用的地类，城镇中有多种起着绿化作用的土地。其中，有的是较为成片的，具有相当规模和较大服务范围，在城镇中具有独立的功能，能起到树立环境屏障、美化城市景观和丰富精神生活的作用；有的规模不大，仅在有限的住宅小区和厂区内，起着点缀环境、调剂空间、美化视觉和改善小区环境的作用，这种绿化用地是一种附属于住宅小区和厂区的一个用地组成部分，起不到城镇中具有独立功能的作用。而 1989 年的城镇土地分类系统中绿化用地等地类的含义就不够明确、过于含糊。

---

① "农用地"的名称并未直接出现在该分类系统中，而是体现为一级分类中的"1——耕地""2——园地""3——林地""4——草地"。

1998 年修改的《土地管理法》第四条规定："国家编制土地利用总体规划,规定土地用途,将土地分为农用地、建设用地和未利用地。"而 1989 年的城镇土地分类系统划分了 10 大地类,其土地分类与《土地管理法》的规定之间存在着明显的不相协调的状况。

三、2001 年的全国土地分类（试行）系统

随着《土地管理法》的颁布实施,需要依照法律的规定,进一步明确三大地类（农用地、建设用地和未利用地）的范围及与土地分类的衔接。同时,我国社会主义市场经济的发展和土地使用制度的改革,尤其是土地有偿使用以及第三产业用地的发展,也要求对原有城镇土地分类进行适当调整。

随着城乡一体化进程的加快,为科学地实施土地和城乡地政统一管理,2001 年国土资源部发布了全国城乡统一的《全国土地分类（试行）》。该土地分类系统形成的指导思想是:以 1984 年的土地利用现状分类系统和 1989 年的城镇土地分类系统（以下简称旧土地分类系统）为基础,以最小的修改成本,最大限度地满足土地管理和国家社会经济发展的要求,同时,在给今后的发展、修改留有足够空间的情况下,研究制定出一个适应全国城乡土地统一管理需要的土地分类系统。2001 年的全国土地分类（试行）系统与旧土地分类系统相比较具有以下特点:

1. 类型全面　2001 年的全国土地分类（试行）系统立足于全国土地和城乡地政统一管理的出发点,对旧土地分类系统做了综合和改进,打破了旧土地分类系统分地域应用的局限性,确保调查统计成果的一致。为了贯彻城乡统一的分类原则,对城镇和村庄都可能有的用地类型在地类名称上做了调整。例如,将 1989 年的城镇土地分类系统中的"市政公共设施"改为"公共设施用地",删去了"市政"这一仅适用于城市的称谓。2001 年的全国土地分类（试行）系统不仅类型结构全面,包括了城镇村各种用途的地类,而且同一地类也适用于城镇村的不同地域范围。

2. 系统更为详尽、准确　2001 年的全国土地分类（试行）系统依据《土地管理法》第四条"将土地分为农用地、建设用地和未利用地"的规定,在旧土地分类系统的基础上构建新的土地分类系统,为此仅增设了一个仅含 3 个一级类的层次,与旧土地分类系统的衔接较吻合、很自然。

2001 年的全国土地分类（试行）系统是在旧土地分类系统基础上调整、归并、增设而成的。采用三级分类:分农用地、建设用地、未利用地 3 个一级类,下分 15 个二级类、71 个三级类和 10 个四级类。在 2001 年的全国土地分类（试行）系统中,二级类和三级类分别相当于旧土地分类系统中的一级类和二级类。从数量上来看,旧土地分类系统中的一级类有 18 个,2001 年的全国土地分类（试行）系统中的二级类只有 15 个,减少了 3 个;旧土地分类系统中的二级类有 70 个,2001 年的全国土地分类（试行）系统中的三级类有 71 个,两者规模相当。

2001 年的全国土地分类（试行）系统较旧土地分类系统还新增设了一些更能确切反映我国当前土地利用实际状况的地类:①在农用地项下的其他农用地中,增设了畜禽饲养地、设施农业用地、养殖水面、农田水利用地、晒谷场等用地 5 个三级地类;②在建设用地项下的交通运输用地中,增设了街巷、管道运输用地 2 个三级地类;③在建设用地项下的公共建筑用地中,增设了慈善用地（指孤儿院、养老院、福利院等用地）;④考虑到村庄内部有部

分空闲旧宅基地及其他空闲地等难以归类，在建设用地项下的住宅用地中新设了空闲宅基地；⑤在农用地中增加了 10 个可调整地类，包括可调整果园、可调整桑园、可调整茶园、可调整橡胶园、可调整其他园地、可调整有林地、可调整未成林造林地、可调整苗圃、可调整人工草地、可调整养殖水面。

3. 适用性提高 1989 年的城镇土地分类系统中，商业服务业用地涵盖了各类公司。而随着现代企业制度的建立，一些工厂逐步改造为公司制企业，如果按照原来的分类，一些工业生产用地也纳入了商业服务业用地范畴。因此，旧土地分类系统已不能适应建立现代企业制度的需要。在 1984 年的土地利用现状分类系统中，名胜古迹、风景旅游、陵园等属于"居民点及工矿用地"中的"特殊用地"，与 1989 年的城镇土地分类系统中市政用地中的"绿化用地"交叉，且"绿化用地"含义范围过大，将风景名胜、陵园也归为此类，显然从其作用和性质上不适宜。另外，有些人文景观如承德的外八庙景观，虽有零星古松，但将其纳入"绿化用地"，不仅用途不一样，而且就旅游城市来说，体现不出风景名胜用地的特点和作用。基于以上问题，2001 年的全国土地分类（试行）系统对旧土地分类系统中的地类进行了一些调整：①保留 1989 年的城镇土地分类系统中商业服务业用地中的商业、金融、保险业用地，将原来的旅游业用地改为餐饮旅馆业和其他服务业用地；②将 1984 年的土地利用现状分类系统中独立工矿用地中的采矿、采石、采砂场、砖瓦窑与盐田合并为采矿地，作为工矿仓储用地的三级类；③对于 1989 年的城镇土地分类系统中的市政公用设施，为适用村庄调查，删去"市政"二字，把原有的绿化用地地类名改为"瞻仰景观休闲用地"。同时从公用基础设施用地中划出殡葬用地和墓地合并为墓葬地，列为特殊用地的三级类。

一些地区，由于过去对城市土地的分类调查不够细，暂时无法全面满足 2001 年的全国土地分类（试行）系统的要求，在实际操作中，特别是对原有的交通用地、水域及水利设施用地的新归类存在一些不够明确的界限。因此，国土资源部在公布该分类之后，紧接着公布了《全国土地分类》（过渡期间适用）的分类标准，给土地分类的平稳过渡提供了方便。

四、2007 年的土地利用现状分类系统

1984—1996 年依靠传统的技术手段和方法取得的一调成果信息化程度很低，在很大程度上限制了成果的应用与共享。此外，一方面，日常的土地变更常常不够规范，不能及时进行；另一方面，我国经济社会发展十分迅速，土地利用现状发生了很大的变化，原有的土地调查数据已经不适应土地管理的需要，更不利于土地利用的监控与管理，亟待进行全面更新。在此背景下，国家为了更好地摸清我国土地资源的家底，于 2007 年 1 月开始实施二调。在土地调查开始之前制定统一的、系统的和科学的土地分类系统是土地调查的前提和基础，为此国土资源部发布了 2007 年的国家标准《土地利用现状分类》。

该国家标准确定的 2007 年的土地利用现状分类系统，严格按照管理需要和分类学的要求，对土地利用现状类型进行归纳和划分：①按照土地用途、经营特点、利用方式和覆盖特征 4 个主要指标进行分类，一级类主要按土地用途，二级类按经营特点、利用方式和覆盖特征进行续分，所采用的指标具有唯一性；②坚持城乡土地统一管理的发展方向，以城乡一体化为基本原则，按照统一的指标对城乡土地同时进行划分，实现了土地分类的"全覆盖"；③为了适应当时土地管理工作的实际现状，对于农村土地调查的分类，在城乡土地统一分类的同时，对一些地类做了过渡性归并，使之更为实用。

2007 年的土地利用现状分类系统对原土地分类进行了调整、归并，从切实满足国土资源管理的角度出发，制定出了一个统一的、科学的、实用的土地利用现状分类体系，并上升为国家标准。同时，还考虑到与其他部门的分类体系相互衔接，确保土地数据的真实性、权威性。2007 年的土地利用现状分类系统更基础、更宽泛，具有可扩展性，便于地方各部门在具体实施中进行某些细化，以体现地域特色。2007 年的土地利用现状分类系统考虑了历史上曾经应用过的 3 种土地分类的优缺点，扬长避短，使土地分类更加合理，例如，2001 年的全国土地分类（试行）系统中的"菜地"在 2007 年的土地利用现状分类系统中不再作为一个独立地类存在，耕地中的灌溉水田、望天田、水浇地、旱地及菜地统一按照土地的自然特性进行分类，不再是根据土地的功能进行的分类，所以将菜地进行了调整，所有的耕地仅按利用方式（灌溉、浇水和旱作）来划分；2001 年的全国土地分类（试行）系统中的畜禽饲养地、设施农业用地、晒谷场等用地在 2007 年的土地利用现状分类系统中合并为设施农用地，原有的畜禽饲养地、设施农业用地这两个分类划分过细，在 2007 年的土地利用现状分类系统中进行了归并；农村道路从 2001 年的全国土地分类（试行）系统中的其他农用地调整到 2007 年的土地利用现状分类系统中的交通用地，因为在实际中很多农村道路尤其是一些发达地区的农村道路都进行了硬化，更接近于建设用地中的交通用地；水库水面在 1984 年的土地利用现状分类系统中属于第 7 大地类——水域（即陆地水域及水利设施用地），而在 2001 年的全国土地分类（试行）系统中则属于建设用地，因为水库水面无论从其自然特性角度还是社会功能角度看，归入建设用地不太合适，所以在 2007 年的土地利用现状分类系统中做了调整；在 2007 年的土地利用现状分类系统中，在园地、林地、草地之下都设有其他用地（其他园地、其他林地和其他草地）的分类，这样既有利于突出主要的类型，使统计指标不过于繁杂，又能适应实际生产中品种多样化的需要。

五、2017 年的土地利用现状分类系统

为适应新形势对土地资源管理分类提出的新要求，根据《土地调查条例》的相关规定，2017 年 10 月 8 日国务院发布了《关于开展第三次全国土地调查的通知》，决定启动第三次全国土地调查（后改称"第三次全国国土调查"，简称三调）。查清我国土地资源家底。这项重大国情国力调查直接加速了 2017 版《土地利用现状分类》国家标准的出炉。2017 年 11 月 1 日，国家质量监督检验检疫总局、国家标准化管理委员会批准发布并要求实施由国土资源部组织修订的国家标准《土地利用现状分类》（GB/T 21010—2017）。

2017 年的土地利用现状分类系统围绕"创新、协调、绿色、开放、共享"发展理念，综合考虑当前生态文明建设，国土资源管理对土地分类的最新需求，兼顾农业农村、自然资源、水利、交通运输、住房和城乡建设、生态环境等有关部门对涉地管理工作的需要，在 2007 年的土地利用现状分类系统的基础上对其进行了修订。与 2007 年的土地利用现状分类系统相比，2017 年的土地利用现状分类系统具有以下特点：

1. 维持了原分类系统的整体框架，保证了调查数据的继承和衔接　2017 年的土地利用现状分类系统未打破 2007 年的土地利用现状分类系统中 12 个一级类的设定，而是根据需要仅对部分二级地类进行了细化，对部分二级地类名称、地类含义进行了调整和完善，尽可能维持了原有的分类框架，有效保证了调查数据的继承性和衔接性。以 2017 年的土地利用现状分类系统为基础进行三调，可实现国土资源各项管理数据的有效继承和历史可追溯性。

2. 增强了土地分类的深度、广度和精度 完善了耕地、林地、公共管理与公共服务用地、特殊用地、交通运输用地、水域及水利设施用地等一级地类和水浇地、灌木林地、天然牧草地、其他草地、商务金融用地、其他商服用地、工业用地、采矿用地、仓储用地、城镇住宅用地、公园与绿地、监教场所用地、风景名胜设施用地、公路用地、农村道路、机场用地、港口码头用地、河流水面、水库水面、沟渠、沼泽地、空闲地、设施农用地、田坎等二级地类的含义；增设了橡胶园、灌丛沼泽、沼泽草地、盐田等新地类，分别从其他园地、灌木林地、天然牧草地、采矿用地中分离出来；将原来的公共设施用地的名称调整为公用设施用地。

3. 细分了地类，适应了国土资源管理的新需求 将原有的有林地细分为乔木林地、竹林地、红树林地和森林沼泽，将原有的批发零售用地细分为零售商业用地和批发市场用地，将原有的住宿餐饮用地细分为餐饮用地和旅馆用地，将原有的科教用地细分为教育用地和科研用地，将原有的医卫慈善用地细分为医疗卫生用地和社会福利用地，将原有的文体娱乐用地细分为体育用地和娱乐用地，将原有的铁路用地细分为铁路用地和轨道交通用地，将原有的街巷用地细分为城镇村道路用地和交通服务站场用地，将原有的裸地细分为裸土地和裸岩石砾地。地类的细分增强了国土资源管理对适应新时代发展的需要，明确显示了新兴产业用地类型。

4. 突出生态文明建设和生态用地保护需求，加强了对湿地的保护力度 将具有湿地功能的沼泽地、河流水面、湖泊水面、坑塘水面、沿海滩涂、内陆滩涂、水田、盐田等14个二级地类归类为"湿地"大类，较原"三大类"（农用地、建设用地和未利用地）归类有所突破，彰显了对生态保护工作的重视。实现通过统计获得湿地数据的目的，充分发挥土地调查成果对生态文明建设的基础支撑作用。

5. 衔接兼顾了其他部门对用地管理工作的需求 通过细化二级地类、增加"湿地"归类表的方式，实现了土地分类与"湿地"归类相衔接，可最大限度避免部门数据由于分类及统计口径差别造成数据冲突。通过对城市建设用地分类内容进行细化，与住房和城乡建设部发布的国家标准《城市用地分类与规划建设用地标准》（GB 50137—2011）基本建立了"一对一"或"多对一"对应关系，使城市规划部门确定的规划用途在土地供应和不动产统一登记环节有了明确的土地分类可以落实，确保对相关管理实现更加精细化和实用化的支持。

为实现过去相关分类成果数据能平稳地过渡到新的土地分类系统，2017年的土地利用现状分类系统还提供了与"三大类"（农用地、建设用地、未利用地）的分类对照表（附录E）。

六、2019 年的第三次全国国土调查工作分类系统

资源是国家经济发展重要的国情国力和基础支撑力。国土资源是各行各业发展的基础，也是营造生态环境和生态效果的决定性要素。调查并深刻认识国土资源的底细，可以确保国土资源的正确规划和利用，确保为制定各行各业发展规划乃至整个国民经济的发展规划提供牢实可靠的基础，有利于引导社会经济沿着正确的方向快速发展。

第三次全国国土调查工作是在我国社会经济发生巨大变革和快速发展的时期进行的，也是由过去的土地调查向国土调查方向的扩展，是国土资源调查的一次新的开端，具有开创性的意义。第三次全国国土调查较以往土地调查的广度和深度都有所提高，调查的成果对于国民经济的发展更具基础性和支撑力。

对比分析 2019 年的第三次国土调查工作分类系统（以下简称三调工作分类系统）与 2017 年的土地利用现状分类系统，可以明显地看出两者在分类的大的原理上是一致的。2019 年的三调工作分类系统是在 2017 年的土地利用现状分类系统的基础上，为了适应我国当前掌握国土资源家底从而更好进行国土空间规划、控制建设用地规模、生态文明建设等的需要，以及经济发展的需要而做了一些调整，主要包括以下几个方面：

（1）为了全面落实国土资源对于生态的重要作用，对一些地类作了较大的调整。最为突出的是，新增设了一个"湿地"的一级地类，并将原分布在多个一级地类中的一些二级地类都集中归并到其中，包括："林地"一级地类中的"红树林地""森林沼泽""灌丛沼泽"，"草地"一级地类中的"沼泽草地"，原"工矿仓储用地"中的"盐田"，原"水域及水利设施用地"中的"沿海滩涂""内陆滩涂"和"沼泽地"。

（2）随着经济社会发展和生活方式改变，物资周转和调配的需求日益扩大和频繁，许多行业和单位不再是一个大而全的单位，出现了一些新兴的行业部门，如物流、仓储业等。它们的用地需要在现代的国土空间规划和经济发展规划中成为一个具有独立意义的行业（部门）。而且从社会意义上来看，它们的社会服务功能更为显著。因此，有必要将原属于"工矿仓储用地"一级地类中的"仓储用地"调整到 2019 年的三调工作分类系统中的一级地类"商业服务业用地"里，成为其中的一个二级地类"物流仓储用地"。

（3）随着市场经济的发展，农业用地内部地类结构随着经济结构的变化而频繁地发生更替，这是一种越来越不可回避的事实。为适应发展和实现精细化管理需要，在 2019 年的三调工作分类系统中，吸取了过去的成功经验，在 9 个农业用途有关的二级地类下，分别细化增设了一些适合于农业结构调整和特需的"可调整地类"，并在"科教文卫用地"二级类下增设了"高教用地"，在"公园绿地"二级类下增设了"广场用地"，在"坑塘水面"二级类下增设了"养殖坑塘"，在"沟渠"二级类下增设了"干渠"地类。

（4）考虑到国土空间规划、不同层级的资源利用规划的需要，以及有利于对建设用地的控制等需要，对 2017 年的土地利用现状分类系统中的一些地类进行了综合或者归并。例如，对原有的"商服用地"的二级类进行了综合简化；对"公共管理与公共服务用地"中的二级地类进行了简化归并；对原有的"特殊用地"下的二级地类进行了归并，不再区分出二级地类。

2019 年的三调工作分类系统中的这些调整、归并、细化、新增等，是在当前我国土地管理（包括地籍管理）、资源管理和经济发展的基础和现实条件下的选择，并不意味着产生"工作分类"是每次国土调查所必需的。

第五节　土地利用分类系统的应用

土地利用分类系统是土地调查工作中实地判定单元地类最重要的依据。能否准确了解和把握土地利用分类系统，直接关系着实地判定单元地类的准确性和可靠性，对土地调查成果的质量起着至关重要的作用，进而影响着地籍管理工作的质量和水平。

为了保证对土地利用分类系统理解认识的一致性，土地利用分类系统对各地类的描述应当是唯一的、固定的、规范的。但是土地利用的实际情况是非常复杂的。局部利用和整体利用的差异、长期利用与临时利用的差异、合法利用与非法利用的差异是普遍存在的。土地实际利用情况的复杂性常常与土地利用分类系统对地类描述的规范性之间存在一些差异，使得实地判定地类变得难以把握。为了使土地调查工作者在土地实际利用的复杂情况下，科学、准确地判定地类单元，进一步了解土地利用情况的复杂性和实地判定地类时应用土地利用分类系统的注意事项显然是十分必要的。本节以 2019 年的三调工作分类系统（表 2-3）为例，对分类系统中的重要地类做进一步详细说明。

01——耕地：指种植农作物的土地，包括熟地，新开发、复垦、整理地，休闲地（含轮歇地、休耕地）；以种植农作物（含蔬菜）为主，间有零星果树、桑树或其他树木的土地；平均每年能保证收获一季的已垦滩地和海涂。耕地中包括南方宽度＜1.0m、北方宽度＜2.0m固定的沟、渠、路和地坎（埂）；临时种植药材、草皮、花卉、苗木等的耕地，临时种植果树、茶树和林木且耕作层未破坏的耕地，以及其他临时改变用途的耕地。

在耕地类型中，熟地是指经过整理开发直接用于耕作的土地。新开发地指原来未利用的土地资源经改造后投入农作物种植的土地，开发荒山、荒滩、荒地、沼泽海涂、未利用水域等形成的耕地都属于新开发地的范畴。复垦地是指对在生产建设过程中，因挖损、塌陷、压占等原因造成的土地破坏，采取整治措施，使其恢复成用于农作物种植利用状态的土地。复垦地的来源大体包括以下 6 种情况：①由于露天采矿、取土、挖砂、采石等生产建设活动直接对地表造成破坏的土地；②由于地下开采等生产活动中引起地表下沉塌陷的土地；③工矿企业的排土场、尾矿场、电厂储灰场、钢厂灰渣、城市垃圾等压占的土地；④工业排污造成对土壤的污染地；⑤废弃的水利工程，因改线等原因废弃的各种道路（包括铁路、公路）路基、建筑搬迁等毁坏而遗弃的土地；⑥其他荒芜废弃地。恢复利用的具体用途，根据国家于 2011 年发布的《土地复垦条例》，按照经济合理的原则和自然条件、土地破坏状态来确定，宜农则农、宜林则林、宜渔则渔、宜建则建，尽量将破坏的土地恢复利用。整理地是指在一定区域内，根据土地利用总体规划与土地整理专项规划，对田、水、路、林、村等实行综合整治，调整土地关系，改善土地利用结构和生产生活条件，增加可利用土地面积和有效耕地面积，提高土地利用率和产出率的土地。土地整理一般可分为两大类，即农用地整理与建设用地整理。休闲地是指为了恢复和提高土地肥力而进行"休养生息"的保养地段。为了改善休闲地的土壤水分和肥力状况，可以种植绿肥、牧草或农作物。但在干旱地区，也可以绝对休闲，不种任何植物，而照常进行中耕、除草等土壤管理工作。根据轮作制的安排，在调查当时种植的可能是牧草（一年生或多年生的），不能因此而认定为牧草地，而同样应当认定为耕地。已垦滩地是指处于环湖陆地和湖泊开敞水域之间水陆互相过渡的地带。已垦滩地是一种良好的土地资源，土层深厚、土质肥沃、地势平坦、灌溉便利。

我国丘陵山区的各个耕地面积中，地埂、地坎所占的比例比较大，有的高坡田中，田坎占据了较大的面积，因此要扣除耕地中南方≥1.0m、北方≥2.0m的田坎，并计入"12——其他土地"中的二级地类"1203——田坎"中。

转变用途的耕地主要指两方面：①耕地与园地、林地、草地等农用地内部结构的转换；②耕地与非农建设用地的转换，例如耕地变为商服用地、交通用地等。

耕地包括以下 3 个二级地类：

0101——水田：指用于种植水稻、莲藕等水生农作物的耕地，包括实行水生、旱生农作物轮种的耕地。在全国耕地数量结构中，水田占比在 1/3 左右，由于受太平洋东南季风气候的影响，我国水田大部分分布于秦岭、淮河一线以南各省，形成水稻的集中产区。我国北方水田通常是一年一熟，极少数是一年二熟。而南方水田均一年二熟或三熟，极少数是一年一熟。一年一熟的水田只种水稻，比较单一。一年二熟、三熟的水田则以种植一、二季水稻为主，其余为旱作。这种水田，既要满足水稻对土壤的要求，又要兼顾旱作阶段旱生农作物的生育需要，情况比较复杂。

0102——水浇地：指有水源保证和灌溉设施，在一般年景能正常灌溉，种植旱生农作物（含蔬菜）的耕地，包括种植蔬菜等的非工厂化的大棚用地。主要判断依据是旱地中有一定的水源和灌溉设施。由于降水充足等原因，在当年暂时没有进行灌溉的水浇地，也应该包括在内。没有灌溉设施引洪淤灌的耕地不算水浇地。在2017年的土地利用现状分类系统中，非工厂化的种植蔬菜等大棚用地也属于水浇地。

0103——旱地：指无灌溉设施，主要靠天然降水种植旱生农作物的耕地，包括没有灌溉设施，仅靠引洪淤灌的耕地。

在实地调查中，符合下列情况之一的，可按耕地判定：①人为撂荒的耕地；②已办理用地手续，实地仍耕种的耕地；③自然灾害破坏且由自然资源部门组织评估在3年内能恢复为耕地的土地；④土地开发复垦整理工程产生的耕地，通过自然资源部门组织验收的；⑤农民自主开发的耕地；⑥耕地上种植饲料的；⑦耕地上种植的非固定苗圃；⑧耕地上临时或未被征收的取土坑、堆放的建材、粪堆、矿渣、垃圾、工棚、简易建筑物、晒谷场等临时用地；⑨被石油、化工等污染的耕地未被征用的；⑩采煤（矿）等造成地面塌陷的耕地未被征用的；⑪耕地上种植草皮用于出售的；⑫公路两侧耕地用于种草绿化不足3年的。

02——种植园用地：指种植以采集果、叶、根、茎、汁等为主的集约经营的多年生木本和草本作物，覆盖度大于50%或每亩株数大于合理株数70%的土地，包括用于育苗的土地。

判别种植园用地的首要条件是，该地块成片种植的是以采集果、叶、根、茎、汁为主要目的的作物，既可以是木本作物，也可以是草本作物（也包括藤本作物）。从定量的方面来考察，必须要达到以下2个指标之一：①作物的覆盖度达到50%以上；②每亩种植的株数大于合理株数的70%以上。每亩合理株数应当在各个地区分别确定。

果园中的培育果树苗木的土地，也应划为种植园用地。在达到种植园用地标准的地块里，果树下面种植一些粮食作物等，只是属于增种的作物，仍应判定为种植园用地。

种植园用地包括以下4个二级地类：

0201——果园：指种植果树的园地，有专业性果园、果农兼作果园和庭院式果园等类型。中等规模以上的果园，果树面积占80%左右，防护林、道路、房屋、选果场等约占20%。栽培的果树品种大致以秦岭、淮河一线为界。此线以南，以热带、亚热带常绿果树为主，主要有柑橘、菠萝、香蕉、荔枝、龙眼、芒果、枇杷等；此线以北，以落叶果树为主，主要有苹果、梨、桃、杏、柿子、葡萄、李子、枣、石榴、板栗、核桃等。

0202——茶园：指种植茶树的园地。因茶树喜阴喜湿，适宜酸性土壤，所以茶园一般分布在避风山坡和云雾较多的山冈，最适宜茶树生长的土壤pH为4.5~6.5。

0203——橡胶园：指种植橡胶树的园地。中国橡胶园主要分布在海南、云南、广东、广西和福建等省份。

0204——其他园地：包括桑树、可可、咖啡、油棕、胡椒、药材等其他多年生作物的园地。桑园主要分布在青藏高原以东，秦岭、淮河一线以南的广大地区，四川盆地、太湖流域和珠江三角洲为我国三大蚕桑基地。热带作物园包括咖啡园、可可园、油棕园等生产热带作物的园地，主要分布在海南省和云南省的西双版纳傣族自治州。海南省是我国最大的咖啡生产基地。药园是以种植人工药材为主，主要分布在河北、宁夏、河南、甘肃一带。

03——林地：指生长乔木、竹类、灌木的土地。包括迹地；不包括沿海生长红树林的土地、森林沼泽、灌丛沼泽，城镇、村庄范围内的绿化林木用地，铁路、公路征地范围内的林木，以及河流、沟渠的护堤林。

林地分为以下4个二级地类：

0301——乔木林地：指乔木郁闭度≥0.2的林地，不包括森林沼泽。

0302——竹林地：指生长竹类植物，郁闭度≥0.2的林地。

0305——灌木林地：指灌木覆盖度≥40%的林地，不包括灌丛沼泽。主要用于防护用途，可分为人工灌木林地和天然灌木林地两大类。

0307——其他林地：包括疏林地（树木郁闭度≥0.1、<0.2的林地）未成林地、迹地、苗圃等林地。疏林地一般指树木郁闭度为0.1～0.3的林地，一般经济林、竹林不划分为疏林地。未成林地指造林成活率大于或等于合理造林株数的41%，尚未郁闭但有成林希望的新造林地（一般指造林后不满3～5年或飞机播种后不满5～7年的造林地）。迹地指森林采伐、火烧后，5年内未更新的土地。苗圃指固定的苗圃用地。

树木郁闭度是指同一块地内林冠（林木的枝叶部分称为林冠）垂直投影面积与地块总面积的比值。树木郁闭度与覆盖度在本质上没有多大差别。树木郁闭度是一个狭义的概念，特指树木覆盖郁闭的程度；覆盖度是一个广义的概念，泛指植物垂直投影面与种植面积之比值。树木郁闭度是划分林地的一个重要指标，在调查工作中需要实际测定。

04——草地：指长期生长草本植物为主的土地，不包括沼泽草地。草田轮作制中，根据轮作的需要种植了草本作物的土地，不能划为草地，仍应划为耕地。

草林混杂种植的地块，在判别其为林地还是草地时，首先应判定其是否达到了林地的基本标准（即树木郁闭度是否达到了0.1以上）。若林地标准达不到，又生长着草本植物的地块，方可判定为草地。

草地包括3个二级地类：天然牧草地、人工牧草地和其他草地。

05——商业服务业用地：指主要用于商业、服务业的土地。商业服务业用地包括2个二级地类：商业服务业设施用地和物流仓储用地。详见表2-3。

06——工矿用地：指主要用于工业、采矿等生产的土地，不包括盐田。工矿用地包括2个二级地类：工业用地和采矿用地。详见表2-3。值得注意的是：用于为农业服务的农机站、修车场等用地，按工业用地判定。

07——住宅用地：指主要用于人们生活居住的房基地及其附属设施的土地，包括居住小区、居住街坊、居住组团、单位生活区和零星的居住用地。住宅用地包括2个二级地类：城镇住宅用地和农村宅基地。详见表2-3。值得注意的是：城镇住宅用地不含配套的商业服务设施用地。

08——公共管理与公共服务用地：指用于机关团体、新闻出版、科教文卫、公用设施等的土地，包括：①科学研究、技术服务和地质勘查业；②水利、环境和公共设施管理业；③居民服务和其他服务业；④教育；⑤卫生、社会保障和社会福利业；⑥文化、体育和娱乐业；⑦公共管理和社会组织；⑧国际组织等用地。

此一级地类包括4个二级地类：机关团体新闻出版用地、科教文卫用地、公用设施用地、公园与绿地。详见表2-3。

09——特殊用地：指用于军事设施、涉外、宗教、监教、殡葬、风景名胜等的土地。

10——交通运输用地：指用于运输通行的地面线路、场站等的土地，包括民用机场、汽车客货运场站、港口、码头、地面运输管道和各种道路以及轨道交通用地。它主要是占用土地的表层。

此一级地类包括9个二级地类：铁路用地、轨道交通用地、公路用地、城镇村道路用地、交通服务场站用地、农村道路、机场用地、港口码头用地、管道运输用地。这里主要介绍以下3个二级地类：

1001——铁路用地：指用于铁道线路及场站的用地，包括设计内的路堤、路堑、道沟、桥梁、林木等用地。铁道线路、场站（站台、候车厅）的用地，同时与铁路有关的给水、砂石等运输生产用地及辅助生产用地和生活设施，也都属于铁路用地范围。

1002——轨道交通用地：指用于轻轨、现代有轨电车、单轨等轨道交通用地，以及场站的用地，包括线路、车站（站台、候车厅）、车辆基地、联络线及城市轨道交通相关设施等用地。其中，车辆基地包括停车场、车辆段和车辆综合维修基地，以及车辆进出场段的出入线；相关设施主要包括控制中心、主变电站等。

1003——公路用地：指用于国道、省道、县道和乡道的用地，包括征地范围内的路堤、路堑、道沟、桥梁、汽车停靠站、林木及直接为其服务的附属用地。国道是指具有全国性政治、经济意义的主要干线公路，包括重要的国际公路，联结首都与各省份的公路，联结各大经济中心、港站枢纽、商品生产基地和战略要地的公路。省道是指具有全省政治、经济意义，联结省内中心城市和主要经济区的公路，以及不属于国道的省际的重要公路。县道是指具有全县经济区的公路，联结县城和县内主要乡镇、主要商品生产和集散地的公路，以及不属于国道、省道的县际间的公路。乡道是指主要为本乡镇内部经济、文化、行政服务的公路，以及不属于县道的乡与乡之间或乡与外部联系的公路。

必须注意对以下3种特殊情况的处理：①由单个坑塘（坑塘水面或养殖水面）组成的连片坑塘，坑塘之间的堤，若其主要功能为通行车辆机具之用，则按交通运输用地判定和表示，否则记入坑塘；②高速公路转盘内的林地、草地均按交通运输用地判定；③已征收的运输管道用地，无论其宽度大小如何，均按运输管道用地判定和表示。

11——水域及水利设施用地：指陆地水域、沟渠、水工建筑物等用地，不包括滞洪区。陆地水域是指地面的水体，包括海洋、湖泊、水库、坑塘等。滞洪区是分洪区发挥调洪性能的一种区域，这种区域具有"上吞下吐"的能力，其容量只能对河段分泄的洪水起到削减洪峰或短期阻滞洪水的作用。

此一级地类包括7个二级地类：河流水面、湖泊水面、水库水面、坑塘水面、沟渠、水工建筑用地、冰川及永久积雪。这里主要介绍水工建筑用地。

1109——水工建筑用地：指人工修建的闸、坝、堤路林、水电厂房、扬水站等常水位岸线以上的建（构）筑物用地。按功能可分为通用性水工建筑物和专门性水工建筑物两大类。

通用性水工建筑物主要有：①挡水建筑物，如各种坝、水闸、堤和海塘；②泄水建筑物，如各种溢流坝、岸边溢洪道、泄水隧洞、分洪闸；③进水建筑物，也称取水建筑物，如进水闸、深式进水口、泵站；④输水建筑物，如引（供）水隧洞、渡槽、输水管道、渠道；⑤河道整治建筑物，如丁坝、顺坝、潜坝、护岸、导流堤。

专门性水工建筑物主要有：①水电站建筑物，如前池、调压室、压力水管、水电站厂房；②渠系建筑物，如节制闸、分水闸、渡槽、沉沙池、冲沙闸；③港口水工建筑物，如防波堤、码头、船坞、船台和滑道；④过坝设施，如船闸、升船机、放木道、筏道及鱼道等。

关于常水位岸线的确定方法，可通过当地群众调查出现的水位来确定；也可直接从岸线植被、波浪冲击岸边形成的较稳定的岸线来确定。必须注意对以下两种特殊情况的处理：①河流、湖泊等常水位线以下的耕地，按滩涂判定，但必须提供主管部门的有关常水位图件等资料；②农田水利用地也包含国家兴建的水利设施。

12——其他土地：指上述地类以外的其他类型的土地。

此一级地类包括 7 个二级地类：空闲地、设施农用地、田坎、盐碱地、沙地、裸土地、裸岩石砾地。

必须注意对以下 5 种特殊情况的处理：①固定的堆粪场，按晒谷场等用地判定；②自然形成的垃圾场，按荒草地判定；③铁路、公路等穿过隧道的，铁路、公路等断在隧道两侧的，隧道按地表现状判定；④对于由单个盐田组成的连片盐田，每个盐田须单独调查和表示，盐田之间的堤如果其主要功能为通行时，按交通运输用地判定和表示，否则计入盐田面积；⑤如果是下列情况之一的，则按现状判定，包括固定的苗圃；耕地已被征用于取土、采煤（矿）等的塌陷地、垃圾场（按独立工矿判定）矿渣堆放地、石油化工等污染用地、违章建筑物，以及公路两侧耕地用于种草绿化已满 3 年的，自然灾害破坏且由自然资源部组织评估在 3 年内不能恢复为耕地的。

13——湿地：指红树林地，天然的或人工的、永久的或间歇性的沼泽地、泥炭地、盐田、滩涂等。湿地一般指暂时或长期覆盖水深不超过 2m 的低地、土壤充水较多的草甸以及低潮时水深不过 6m 的沿海地区，包括各种咸水淡水沼泽地、湿草甸、湖泊、河流以及洪泛平原、河口三角洲、泥炭地、湖海滩涂、河边洼地或漫滩、湿草原等。按《国际湿地公约》（1971 年订立，1982 年修正）的定义，湿地是指不论其为天然或人工、长久或暂时的沼泽地、湿原、泥炭地或水域地带，带有静止或流动的淡水或半咸水或咸水水体者，包括低潮时水深不超过 6m 的水域。

根据地上生长的湿生植物、土地经营及利用方式的不同，此一级地类包括 8 个二级地类：红树林地、森林沼泽、灌丛沼泽、沼泽草地、盐田、沿海滩涂、内陆滩涂、沼泽地。这里主要介绍红树林地。

0303——红树林地：指沿海生长红树植物的林地。红树林是一种稀有的木本胎生植物，它生长在陆地与海洋交界带的滩涂浅滩，是陆地向海洋过渡的特殊生态系。调查研究表明，红树林是至今世界上少数几个物种最多样化的生态系之一。

土地分类是人类认识事物的重要手段，人类认识事物的能力不断提高，土地分类工作的水平也在不断提升。随着社会经济的发展和科学技术的不断进步，土地利用的复杂性和多样性不断增强，人类对土地的认知能力不断提高，土地分类也在不断地发展和完善。但是，土地分类永远不会达到尽善尽美的程度，土地分类的发展变化将是长期存在的。同时，由于土地分类的目的不同、思想方法不同、详略要求不同，多种土地分类体系的共存也将是长期的。因此，对土地分类的认识也应该更加客观、更加全面。

复习思考题

1. 土地分类的目的和内涵是什么？

2. 什么是土地分类标志？简述研究土地分类标志的意义。

3. 在科学研究和实际工作中常见的土地分类体系有哪些？

4. 什么是土地利用分类系统？简述 2017 年《土地利用现状分类》的具体内容。

5. 2017 年的土地利用现状分类系统与 2019 年的第三次全国国土调查工作分类系统有何异同？

6. 试对我国现行土地分类系统进行评述。

第三章

土地利用现状调查

|**本章提要**|土地利用现状调查是土地调查的一种，它以查清土地资源家底为基本宗旨，其首要目标是为土地管理服务。土地利用现状调查的整体技术方案是以县为调查单位，通过严密的协调组织和以县级成果为基础的自下而上的汇总，查明土地资源现状。因此，县级调查的基本技术方案和手段方法是本章的主要内容。从整体上明确整个调查工作的阶段构成、各阶段的工作内容和工作目标，以及各项作业的技术标准，不仅对学会调查工作十分必要，对于组织、设计类似的调查工作也具有举一反三的意义。具体的作业方法、技术手段以及合格标准对于组织调查人员、设计调查人员以及实际作业人员都是必要的基本知识和技能，必须加以牢固掌握。但其中许多内容与测绘学知识密切相关，在学习本章的时候有必要复习和补充学习相关的误差理论和测量学与制图学的知识。

第一节　土地调查总述

一、土地调查的概念

土地调查是指以土地为对象，对土地的地类、位置、面积、分布等自然属性和土地权属等社会属性及其变化情况，以及永久基本农田等土地保护、建设状况进行的调查、监测、统计、分析的活动。

土地是客观存在的一种事物，土地调查最基本的是要查清土地的客观存在、土地的实际状态或者土地与其相关事物的关系，以利于调查者能获得正确的认识。因此，土地调查是一个有着十分广泛含义的名词，是许多工作中都需要开展的一项活动。不同的专业、不同的行业和不同的项目在开展土地调查时有着不同的目的和要求，因此其调查的项目、内容、深度、广度以及调查的视角是不一样的。

土地作为一种自然事物，它有着繁多的自然属性指标，如形态、质地、色彩、密度、平整度、高程、质量、界限、地点、酸碱度、空隙度等；土地作为人类社会活动中的一种要素，它同样有着丰富的社会经济属性指标，如土地的归属、价值、用途、利用方式、规模、利用程度、区位优势等。此外，土地也蕴含着众多的自然和社会经济相交融的性状指标，如水土流失、土地保护、土地承载、土地弹性、土地清洁等。土地的每类指标乃至每个指标都可以成为调查的对象，并就此而开展土地调查。

各个专业、各个行业、各个项目开展土地调查都按调查成果应用的需要，选取必要的指标，构建能满足调查目的的指标体系。例如，常见的关于土地自然属性方面的调查有土地类型调查、土地利用现状调查、土地利用潜力调查、土地质量调查等，这些调查在主要指标方面是有区别的。同样的，关于土地的社会经济属性方面的调查，出于不同的需要，也存在着多种调查，如地价调查、土地利用程度调查、土地权属调查、土地收益调查等，这些调查的主要指标也是有差别的。对土地的自然和社会经济相交融的性状方面的调查，也存在着多种调查项目，如永久基本农田调查、土地开发整理复垦调查、土地保护及生态治理调查等。

土地是一种无所不在、绵延连片的事物，自然也可以按不同的地域单元开展调查，如农村土地调查、城镇土地调查，经济发达地区土地调查、经济欠发达地区土地调查，长江三角洲地区土地调查、珠江三角洲地区土地调查、黄淮海地区土地调查等。

土地显然也可以按照某些（特定）调查对象（指标或指标群）开展调查。

二、土地调查的目的和内容

土地调查在土地管理中，是一项重要的基础工作，它有着自己特定的调查目的和内容。

1. 土地调查的目的　2018 年修正的《土地调查条例》第二条指出："土地调查的目的，是全面查清土地资源和利用状况，掌握真实准确的土地基础数据，为科学规划、合理利用、有效保护土地资源，实施最严格的耕地保护制度，加强和改善宏观调控提供依据，促进经济社会全面协调可持续发展。"

不同时期土地调查的目的会因社会经济发展和土地管理的需求而不同。根据《第三次全国国土调查技术规程》，三调的目的是："在第二次全国土地调查成果基础上，全面细化和完善全国土地利用基础数据，掌握翔实准确的全国国土利用现状和国土资源变化情况，进一步完善国土调查、监测和统计制度，实现成果信息化管理与共享，满足生态文明建设、空间规划编制、供给侧结构性改革、宏观调控、自然资源管理体制改革和统一确权登记、国土空间用途管制、国土空间生态修复、空间治理能力现代化和国土空间规划体系建设等各项工作的需要。"

2. 土地调查的内容　依据《中华人民共和国土地管理法实施条例》，土地调查应当包括下列内容：①土地权属调查；②土地利用现状调查；③土地条件调查。土地权属调查是以土地权属的状况为主要调查内容的调查，即以地籍调查为主，以获取土地权属、界址、面积等地籍要素为主要内容；土地利用现状调查是以获取土地利用的现实信息（即土地的地类、位置、分布、数量、用途和利用状况）为主的调查；土地条件调查则主要在于调查获取与推进土地利用相关的土地自然要素和社会经济要素的信息资料。

依据《土地调查条例》规定，土地调查包括下列内容：①土地利用现状及变化情况，包括地类、位置、面积、分布等状况；②土地权属及变化情况，包括土地的所有权和使用权状况；③土地条件，包括土地的自然条件、社会经济条件等状况。进行土地利用现状及变化情况调查时，应当重点调查永久基本农田现状及变化情况，包括永久基本农田的数量、分布和保护状况。从《土地调查条例》规定的调查内容不难看出，这与《中华人民共和国土地管理法实施条例》规定的调查内容基本是一致的。

三、我国土地调查发展近况

中华人民共和国成立后，土地调查一直受到重视。在土地改革时期，进行了全面的土地清丈、划界工作。1951 年，财政部为合理征收农业税，进行了查田定产。1958 年前后，全国掀起了一场进行农村人民公社土地规划的热潮，为此在全国范围内开展了土壤普查、荒地调查等调查工作。在荒地普查的基础上，1961年一些地方还对国营农场和军垦农场、劳改农场、地方农场以及部分人民公社周围的成片荒地进行复查，重点查清稍加改良即可开垦的荒地位置、面积和垦前需实施的改良建设措施等。1979年，国务院批准了由农业部和全国土壤普查办公室统一部署开展的以乡为单位、以村为基础、逐丘逐块进行的全国第二次土壤普查。1979—1985年，农业部（1982年与其他相关机构合并为农牧渔业部）土地管理局、全国农业区划委员会办公室结合全国第二次土壤普查，组织开展了全国县级土地利用现状概查，调查得到的数据是中国在当时条件下所能得到的比较接近实际、比较完整的数据。

土地调查在我国有着悠久的历史，但是过去的土地调查往往是分散的、局部的、分部门的、不全面的。直到20世纪80年代初，我国才开始开展较为系统的、较为全面的、全覆盖的土地调查。

自土地管理纳入国家管理以来，开展全国性的土地调查就成了国家实施土地管理的一项基础工作。1984年5月，国务院下发通知，决定在全国开展土地资源调查工作（一调）。这是我国历史上第一次以查清土地资源家底和查清土地权属状况为目的的土地调查，是我国第一次展开的覆盖全国范围的、有着统一的指标和规程的、采用大比例尺图件和现代技术的实地调查，当时称为"土地利用现状调查"，也称"土地详查"。它以查清我国土地资源家底和土地权属状况为重点任务，吸纳了50多万人员的参与，投入了10多亿元资金，历时12年。从此结束了我国土地资源家底不清、土地利用状况不明、土地权属状态不详的局面，历史上第一次向世界公布了由中国人自己查清的，有史以来最为全面、最为系统、最为权威的土地数据。这一次调查的成果，在国民经济各行各业得到了广泛的应用，成为我国制定国民经济发展规划、土地利用规划等工作的重要基础资料，为制定国家资源安全战略和相关行业发展计划提供了依据，为制定土地管理政策、为土地参与国民经济宏观调控提供了科学依据，也为在我国建立和完善土地市场奠定了基石。

土地调查的实践在我国有了开端，但当时尚未形成一种法定的制度。1998年修改的《土地管理法》中增补了"国家建立土地调查制度"的条款，从此，土地调查在我国成为一种为法律所规定的制度。

随着我国国民经济的发展，国家经济实力不断提高、壮大，各行各业对土地的需求也越益高涨，对行政管理（包括土地管理）能力的要求也日益深化，一调成果和其他已有的调查成果不能满足国民经济发展的需要。土地资源的调查数据与真实地反映每一部分土地全面情况的需要之间存在着一定的差距，土地数据的指标难以满足土地的精细管理和对土地管理措施进行科学严密的跟踪管理的需要，不能充分发挥土地参与国民经济宏观调控的应有作用，土地调查的方法手段过于陈旧，调查成果的获取环节过多、耗时过久，精度受方法手段的影响较大，调查成果的变更频率满足不了管理实践对它更替速度的需要。这些缺陷已经不是经过一次全面的变更调查或简单地采用原有的方法手段重新进行一次土地调查所能改变的。

为适应社会经济发展的需要，国务院决定自2007年7月1日起开展第二次全国土地调查（二调）。为此，国土资源部用了半年时间进行了调查方案的编制、基础资料的准备、调查规程的制定、技术培训和试点工作的开展等准备工作，下半年全面铺开调查工作。国务院于2008年2月颁布了《土地调查条例》，规定今后每10年进行一次全国土地调查。从此，土地调查在我国成为一项有法律条文规定的、需要定期进行的一项工作，成为一项法定的重要制度。

根据《土地管理法》《土地调查条例》的有关规定，国务院决定自 2017 年起开展第三次全国土地调查。为适应新时代生态文明建设和自然资源管理的新要求，加快推进国土与水、草原、森林、湿地等自然资源调查的实质性融合，国家将"第三次全国土地调查"调整为"第三次全国国土调查"（三调）。三调要求，按照国家统一标准，利用遥感、测绘、地理信息、互联网等技术，以正射影像图为基础，实地调查土地的地类、面积和权属，全面掌握各地类分布及利用状况；通过细化耕地调查全面掌握耕地数量、质量、分布和构成；开展低效闲置土地调查全面摸清城镇及开发区范围内的土地利用状况；同步推进相关自然资源专业调查，整合相关自然资源专业信息；建立互联共享的覆盖国家、省、地、县四级的集影像、地类、范围、面积、权属和相关自然资源信息为一体的国土调查数据库，完善各级互联共享的网络化管理系统；健全国土及森林、草原、水、湿地等自然资源变化信息的调查、统计和全天候、全覆盖遥感监测与快速更新机制。与以往的土地调查相比，三调具有调查技术手段更先进、调查内容更丰富、调查分类更精细、要求成果服务范围更广泛等特点。

这些年调查的成果为土地资源管理、土地资产管理、土地权益保护以及社会经济宏观决策提供了科学依据，在我国土地利用规划的编制、城镇建设发展的用地审定、耕地和永久基本农田的保护、土地市场的建设和发展、国民经济的宏观调控以及土地科学研究和发展等方面都提供了有力的科学依据和论证。

按照《土地调查条例》的规定，土地调查的内容主要有 3 项：土地利用现状及变化情况的调查、土地权属及变化情况的调查和土地条件的调查。目前由于经济、技术和管理需要的不同，农村地区和城镇地区在土地调查的内容上存在一定的差异，在手段和方法上差异更大。因此，在农村范围内主要开展土地利用现状调查（兼顾土地权属调查），而在城镇范围内主要开展地籍调查（包括土地利用的调查）。

本章与第四章将分别对土地利用现状调查和土地权属调查加以介绍。土地条件调查在相关的自然科学和社会科学的相关教材中均有论述，本教材不作专章论述。

第二节　土地利用现状调查概述

一、土地利用现状调查的目的与任务

1. 土地利用现状调查的目的　土地调查在土地管理中是一项重要的基础工作，是我国一项法定的制度，是全面查实查清土地资源的重要手段。开展土地利用现状调查的目的不仅是摸清土地资源家底，更是为国家有效实施土地管理、落实各项政策措施、服务土地市场、编制相关规划、推行各项改革提供依据和基础。

2. 土地利用现状调查的任务　土地利用现状调查以县为单位进行，其主要任务是：查清土地利用现状的地类（类型）、面积、位置、分布等状况并查清土地权属界线、权属界址等情况。在此基础上，按行政辖区、权属单位、所有制性质或部门等要求，逐级汇总出各乡、县、市（地）、省（自治区、直辖市）和全国总面积及土地分类面积，并使之保持良好的现势性。查清土地利用现状及权属，可为开展不动产登记、不动产估价、土地变更更新、土地统计、土地分等定级、建立土地档案以及制定国民经济政策等提供基础。

二、土地利用现状调查的意义

1. 为依法和科学管理土地提供基础　土地是人类赖以生存的重要资源，是农业生产最基本的生产资料。人口多、耕地少是我国的基本国情。"十分珍惜、合理利用土地和切实保护耕地"是我国的一项基本国策，采取最严格的措施管理土地是我国管理土地的方针。土地调查是我国的一项重要法定制度，是重大国情国力的调查，是全面查清土地资源的重要手段。通过土地利用现状调查，能够全面摸清土地资源的家底，包括土地资源的位置、数量、质量、生态、利用类型、利用水平以及土地权属界线，从而为建立健全土地调查、监测、登记和统计制度，强化土地资源信息社会化服务，为开展地籍管理乃至全面展开科学有效的土地管理提供基础。

2. 为科学编制土地利用规划乃至国土空间等规划提供服务　通过土地利用现状调查，可查清从基层到全国各级各地全面、真实的土地资源家底，掌握各类土地利用状况和空间分布，从而为科学、合理地组织开展土地利用规划乃至国土空间等规划提供准确的基础数据。例如，土地利用总体规划的编制要求是：在土地利用现状调查的基础上，根据自然条件、社会经济状况和国民经济发展规划的要求，通过调整和确定土地利用类型的空间结构，恰当安排农业、工业、交通、城建等用地比例，实现土地资源利用的合理配置。

3. 为土地利用动态监测提供基础数据　随着社会生产发展和科学技术水平的提高，人类利用土地的方式及土地的用途、面积、分布等都将发生变化。这些变化有些是符合自然规律和人类需要的，有些则可能是不符合的，甚至是有破坏性的。为了保护土地资源，为了可持续地利用土地资源，国家站在人民群众最根本利益的出发点上，需要对土地资源动态变化进行监测，对最珍贵的生态用地、永久基本农田加以切实的保护，防止建设用地过度扩张，同时必须进行土地利用动态监测，更新土地利用的数据资料，保持土地资源资料的现势性，其基本手段和中心环节就是土地利用现状调查。

4. 为编制国民经济计划和制定落实相关政策提供依据　在国民经济计划中合理安排一二三产业的比例关系，确定各产业的发展任务和投资方向，都必须以土地利用调查数据作为计划决策的依据。实施土地利用现状调查有着不可代替的作用。土地利用现状调查可为服务国家供给侧结构性改革，促进耕地数量、质量、生态"三位一体"保护，实现国土资源节约集约利用，实施不动产统一登记，推进生态文明体制改革和健全自然资源资产产权制度提供基础和支撑。土地资源调查的成果和土地权属状况的态势是各级政府制定许多政策的重要依据，尤其是土地政策在现实生活中往往成为影响国民经济许多部门发展的关键因素之一。而新土地政策的出台必须依据翔实的土地调查数据。

三、土地利用现状调查的主要内容

因开展土地利用现状调查的目的和时期不同，土地利用现状调查的主要内容也会有所不同。土地利用现状调查的主要内容通常由以下 3 个部分组成：

1. 土地权属调查　土地权属调查要求以宗地为单位，查清楚农村各级各部门包括农村的厂矿、机关、团体、部队、学校等企事业单位以及河流、湖泊、道路等的土地权属范围界线、权属性质、归属情况和各级行政辖区范围界线，查清城镇村内部每宗土地的位置、权属、界址和地类等情况，以满足登记不动产、保障土地市场安全活跃、保护各项合法权益的需要。

2. 土地利用现状调查　开展土地利用现状调查的主要任务是查清调查范围内各种土地资源的种类、数量、分布、利用状况，以满足编制国民经济计划、制定和落实国家相关政策措施、实施土地管理的需要。

三调将土地利用现状调查划分为农村土地利用现状调查和城镇村庄内部土地利用现状调查。

（1）农村土地利用现状调查。以县（市、区）为基本单位，以国家统一提供的调查底图为基础，实地调查每块图斑的地类、位置、范围、面积等利用状况，查清全国耕地、园地、林地、草地等农用地的数量、分布及质量状况，查清城市、建制镇、村庄、独立工矿、水域及水利设施用地等各类土地的分布和利用状况。具体工作包括：①地类调查，包括图斑调查、线状地物调查、图斑标注等内容；②调查接边；③田坎调查；④海岛调查；⑤图斑举证；⑥面积计算等。

（2）城镇村庄内部土地利用现状调查。通过利用地籍调查和不动产登记等成果资料，对城市、建制镇、村庄内的土地利用现状开展细化调查，查清城镇村庄内部服务业用地、工矿用地、物流仓储用地、住宅用地，公共管理与公共服务用地、特殊用地等土地利用状况。具体工作包括：①收集资料；②制作调查底图，包括城镇内部土地利用现状底图和村庄内部土地利用现状底图；③地类调查，包括图斑调绘、外业核实、图斑标注等；④城乡土地利用现状图斑衔接。

3. 专项调查　专项调查内容根据调查开展时的具体情况确定，如三调要求的耕地细化调查、批准未建设的建设用地调查、永久基本农田调查、耕地质量等级调查评价和耕地分等定级调查评价等。

土地利用现状调查的上述几项内容是紧密相连的。要掌握各权属单位、各行政辖区及各地类的面积，首先必须查清土地权属界线、行政区域界线、地类界线，然后通过自下而上逐级汇总，才能得出各地类面积和土地总面积。为直观反映各种地类分布状况和便于后续工作开展（如不动产登记、国土空间规划等），还必须建立土地利用现状数据库，编制土地利用现状图、土地权属界线图（地籍图的一种）等各类图件。

四、土地利用现状调查的原则

为保质保量顺利完成调查任务，必须遵守下列根据客观规律总结出来的调查原则：

1. 实事求是　调查工作必须遵守《土地调查条例》，严格按照调查技术规程要求和实地状况如实进行，确保图件、实地和数据三者始终一致。坚决防止调查中的不正之风，如调查的数据不如实上报、随意更改调查数据等；调查中不得有意缩小某个地类面积，扩大其他地类面积；不得对违法改变土地用途及非法改变土地权属界线持认可态度等。

2. 全面科学调查　所谓全面科学调查，是指土地利用现状调查必须面向全域土地，严格按照调查技术规程的技术要求进行，调查中要尽量采用最新的科学技术和手段，建立和实施严格的检查、验收制度。

3. 一查多用　所谓一查多用，就是要充分发挥土地利用现状调查成果的作用，不仅为土地管理部门提供利用，而且要为其他部门和行业服务，成为多用途、多目的的土地信息系统。

五、土地利用现状调查的技术方案与基本程序

1. 土地利用现状调查的技术方案 历史上开展土地利用现状调查有土地概查和土地详查两种技术方案。土地概查是以较小比例尺的图件为基础，对土地进行比较简单的分类，面积量算上采用简易的或者数理抽样（或推算）的办法来完成的调查；土地详查是以较大比例尺图件为基础，开展全面的实地调查，采用较详尽的或统一的土地分类系统，运用周全和较高精度的面积量算方法来完成的调查。

20 世纪 70 年代末至 80 年代初，我国曾开展过土地利用概查。虽然应用了卫星影像，但当时的卫星影像精度较低；一些大城市虽然采用了小比例尺的地形图，但土地分类较为简单；面积量算采用了分层抽样的方法。这样得出的数据显然无法满足土地管理（尤其是不动产登记和土地资产流转）的需要。要真正摸清土地资源家底，全面开展科学的土地管理，为国家和社会提供可信度高的土地资源和资产数据，必须开展土地利用详查。

20 世纪 80 年代初，我国开始进行较为详细全面的土地利用现状调查。土地利用现状调查的工作可分为基础调查和变更调查两个阶段。基础调查是指通过全面的、周详的调查，获取所有调查对象的全部调查内容，形成一整套能反映调查时点土地资源、土地资产全面情况的完整资料。我国 1984—1996 年所开展的就是此类调查。有时由于新的任务的需要，或由于原调查成果不能满足管理的需要，可以重新开展新的基础调查或修补性的基础调查。2007 年开展的二调便是一次新的基础调查。而在 2004—2009 年的 6 年间，一些地区开展了更新调查，基本上属于修补性的基础调查。为适应新的形势对土地资源管理的要求，2017 年国家又启动了新一轮的基础调查，即三调。变更调查是指在基础调查之后，为及时发现和调查那些发生了变化的部分，并用变化后的资料去修正原来的资料，与没有变化的资料整合在一起，从而形成一整套能反映变更后（或某一约定时点的）全面情况的具有现势性的完整资料。

土地利用现状调查以较大比例尺的影像图（航空照片或卫星影像，以下简称航片或卫片）和地形图为基础，开展全覆盖的调查。航片或卫片能给调查提供丰富的遥感信息源，结合实地调查，开展调绘工作，能形成真实反映土地利用和土地权属界线实地情况的具有相当精确度的图件。以图件为基准，结合对调查对象的实地观察、访问、测量来确定调查对象的性质、用途、权属、数量和利用状况，从而获得基本的土地信息。将这些信息用较先进的方式（成图或建数据库）加以表达，以满足土地管理的需要。

从我国已经开展过的土地调查来看，有两种影像图可以作为调查底图的基础：一种是未纠正航片或卫片，另一种是经过正射改正了的航片或卫片（或图）。前者在成图时需经历航片转绘纠偏的过程，较为费时费工，精度也低；后者不需要经历这一过程，快速简便，精度较高。

为了保证调查的质量和便于实际应用，调查工作应在全国统一的技术规程和实施方案指导下进行，调查开展之前，一定要经过认真的人员培训和试点。面积量算应选用先进、稳定、可靠的方法，而且要确立以图幅理论面积控制的有控制的量算体系。面积的汇总同样应当是合理的、周全的、实用的。这些对顺利完成调查工作、提高调查精度（成果质量）、保障调查成果的高度统一将起到重要的作用。

为了能按时并保质保量地完成土地利用现状调查，凡要开展调查的县级单位必须具备 3 个基本的条件：①有符合调查技术规程规定的比例尺要求的基础图件或影像资料；②有一定的技术力量，要有技术上能把关的技术骨干和一支能战斗的、稳定的作业队伍；③有足够的经费。

2. 土地利用现状调查的基本程序　土地利用现状调查工作一般分为 3 个阶段进行，即准备阶段、实施阶段和成果验收归档阶段。各阶段的主要工作见图 3-1。

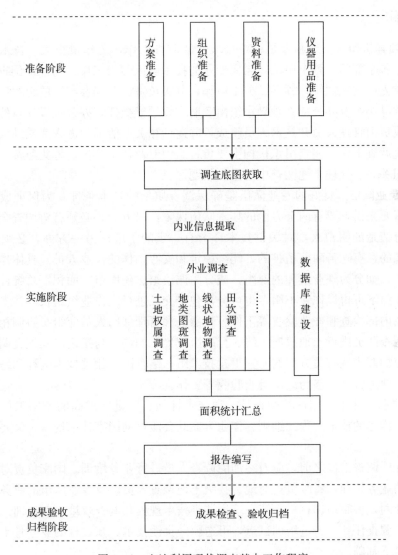

图 3-1　土地利用现状调查基本工作程序

第三节　土地利用现状调查的准备工作

土地利用现状调查的准备工作包括方案准备、组织准备、资料准备、仪器用品准备等内容。

一、方案准备

各地在开展土地利用现状调查时,省级自然资源管理部门应当依据国家的调查总体方案和实施方案编制省级土地利用现状调查实施方案,报请国家级调查领导机构审查。方案主要内容包括调查区基本概况、目标与任务、技术路线与方法、调查准备工作、内业数据处理、外业实地调查、内业整理建库、成果质量控制、调查主要成果、计划进度安排、组织方案实施等。

二、组织准备

1. 建立领导机构 土地调查是一项全域性的调查工作,工作量很大,技术性较强,涉及各行各业、各个部门、各个单位,需要专业的技术队伍参与工作。为保证调查各项工作的顺利开展,首先应按照"统一领导、分工协作、分级负责、共同参与"的组织原则建立组织机构,成立领导小组及办公室。领导小组由政府主管领导担任,办公室设在自然资源主管部门,办公室成员由管理人员和技术人员组成,并邀请相关职能部门派人实质性参与,共同负责本地区土地调查工作。调查组织机构主要负责组织专业技术队伍、筹集经费、审定工作计划、协调部门关系、处理土地调查中的重大问题等。

2. 组织专业队伍 良好的专业队伍是确保调查质量的基本条件。为保证成果质量,就专业技术的需要来讲,要有两个方面的技术队伍保障:一方面,必须有对调查全过程和各个技术环节十分清楚的明白人,对关键技术环节有一定的了解;另一方面,必须有数量足够的、经过培训的、有吃苦耐劳精神的、能够稳定和安心工作的作业人员。具体作业组可按作业程序来分工,如分为外业组和内业组,或分为调绘组、建库组、面积汇总统计组、图件编绘组等。作业组下可再设作业小组,也可分片包干交叉进行。作业组组长为技术负责人,负责作业成果及内部检查和作业验收等工作。自然资源管理部门人员应组织协调相关部门或人员配合专业调查队员进行土地权属界线、行政区域界线的调查与接边以及地类调绘等。县以上管理部门应抽调当地有关方面的专家组建技术组,结合国家相关技术规程和地方实际,开展技术指导、业务咨询,参与成果检查验收等工作。

3. 技术准备 土地利用现状调查是一项技术性强、质量要求高的技术工作,要有规范的作业方案、详尽的技术规程或细则。作业方案既要能贯彻国家技术规程,又要适用于本地实际。

在全面开展调查工作之前,应对参加的调查人员进行业务培训。国家负责对省级土地调查技术人员的业务培训,省级负责对地、县级土地调查人员以及专业队伍的业务培训。培训需制订培训计划,编制培训材料,统一培训调查技术规程和调查政策等。培训人员经考试合格后方可承担调查任务。通过培训试点,可造就一批懂技术、知过程的业务骨干,为全面开展调查工作打下基础。

4. 制订工作计划 根据任务要求和技术规程,结合调查地区的实际条件,制订工作计划。其内容一般包括:目的要求,预期成果,工作阶段的划分,拟采取的技术路线、工作方法和步骤,经费预算,物资装备和实施方案等。

经验表明,为增强调查人员责任感,还应建立各种责任制,如技术承包责任制、阶段检查验收制、资料保管责任制等。可采取合同方式,责、权、利分明,以保证调查工作顺利圆满完成。

三、资料准备

1. 基础调查资料 包括：①界线资料，如国界线、陆地（含海岛）与海洋的分界线、行政区域界线等资料；②遥感资料，如近期航空、航天遥感图件和数据等资料；③基础地理资料，如收集整理得到的地形图、数字高程模型（DEM）、地名等基础地理资料。

2. 权属调查资料 包括：①农村集体土地所有权确权登记成果；②城镇国有建设用地以外的国有土地使用权登记成果；③土地权属界线协议书、土地权属界线争议原由书等调查成果；④其他相关资料。

3. 地类调查资料 包括土地调查数据库、土地利用现状图、调查手簿、田坎系数测算原始资料、林地调查数据库、湿地调查数据资料等相关图件、表格、文本和数据库资料。

4. 城镇村庄内部土地利用现状调查资料 包括城镇村庄调查范围内的地籍调查、地名地址、城镇村规划、城镇村大比例尺地形图、土地审批、土地供应、不动产登记、国土执法监测等其他相关资料。

5. 土地管理有关资料 包括永久基本农田、土地利用规划、建设用地审批、土地执法、土地整治、林地保护、耕地质量调查，以及农村土地承包经营权、林权调查及草原调查成果等图件、数据和文字报告资料。

四、仪器用品准备

土地利用现状调查应配备必要的仪器用品。仪器用品应根据调查基础资料和手段进行准备，应尽可能配备较为先进、高效的仪器工具，如全球导航卫星系统（GNSS）定位测量设备、全站仪、手持激光测距仪、钢（皮）尺、台式计算机、平板电脑（PAD）、软件系统、通信设备等。还要准备各种备用表格，如外业调绘记载表、权属界线协议书、争议原由书、检查验收用表和土地统计用表等。此外，还应包括交通工具、必备的生活和劳动保护等用品。

第四节　土地利用现状调查的实施

一、调查底图获取及调查界线和控制面积的确定

1. 调查底图获取 从 20 世纪 80 年代初到如今，受技术条件的影响，土地利用现状调查曾采用过地形图、航片、卫片等作为调查工作的底图。若采用未纠正航片作调查底图，为保证调查成果的精度，成图时需进行航片的转绘，做纠偏处理。这是因为未纠正航片是中心投影的影像资料，存在着倾斜误差和投影误差，不同航片之间、同一航片内部各部分之间比例尺差异很大，必须采用一定的方法消除倾斜误差、控制投影误差并统一比例尺。根据条件，航片纠偏可采用图解转绘或仪器转绘的方法进行。

1984 年—1996 年的一调中，基础图件资料由各县自行收集。有少数县以未纠正航片为基础，还有少数县应用了数字正射影像图（DOM）作为基础资料，另外有极少数县应用了多光谱红外彩色航片或早期的卫片。由于各地条件不同，收集到的基础资料差别很大，实际的调查工作过程和具体的作业方法差异较大，成果的精度也就不一致。

2007 年开始的二调规定，由国家负责统一购置提供 1∶10 000 比例尺以及小于 1∶10 000 比例尺的遥感影像及正射影像图，用于农村土地调查。这些基础图件资料是经过统一规范的技术处理的正射影像资料，无疑为全国各地按统一的技术方案开展调查、形成同精度的调查成果奠定了良好的基础。

2017 年开始的三调规定，由国务院第三次全国国土调查领导小组办公室（以下简称全国土地调查办）组织统一采购优于 1m 分辨率、覆盖全国的遥感影像制作正射影像图，用于农村土地利用现状调查。同时，也允许各地自行采购更高分辨率的遥感影像制作正射影像图，用于辅助开展实地调查。开展城镇村庄内部土地利用现状调查，要求地方自行收集 2014 年以后、优于 0.2m 分辨率、覆盖城镇村庄范围的已有航空遥感正射影像数据；对原有 0.2m 分辨率的航空遥感数据不能全覆盖城镇村庄的区域，可采用优于 1m 分辨率的卫星数据作为补充；地方也可自行采购最新的 0.2m 分辨率航空遥感数据制作正射影像图，开展城镇村庄内部土地利用现状调查。

2. 调查界线和控制面积的确定　调查界线以国界线、零米等深线和各级行政区界线为基础标绘，统一确定各级调查控制界线、控制面积，自上而下逐级提供调查使用。土地调查控制界线采取以下方式：①国家总体控制，国家负责统一组织制作以省级行政区域界线为基础的调查界线，确定省级控制面积；②地方分级负责，省级负责省以下县级行政区域调查界线和控制面积制作与确定，县级负责县以下行政区域调查界线制作与确定。

一般调查界线应继承最新年度土地变更调查界线。各级调查界线如果发生变化需要调整，必须依据相关主管部门的批准文件，报全国土地调查办批准后调整。

二、内业信息提取

内业信息提取就是根据遥感影像的成像规律与特征以及其他有关的可靠资料（包括地形图、土地利用现状图、不动产登记资料、征地批准文件等），通过在影像图上建立地类解译标志，按照土地分类系统，逐地块判读土地利用类型，提取土地利用图斑，标注相关信息（如图斑编号、地物、地名等）。通过内业信息提取，可以比较有把握地判定土地的诸多属性（包括地类、界线、单位归属、是否永久基本农田等），全面了解调查区土地利用的状况；对易于判定的地类和界线加以确定，对无法准确预判的和已经预判而疑问较大的土地利用地类图斑进行标注，明确疑难点，以便为筹划野外调查线路和调查重点提供依据。内业信息提取得好，能大大提高工作效率和成果精度。

三调要求将最新正射影像图（包括国家和地方统一制作的正射影像图）与全国土地调查数据库套合，以县级行政区域为单位，按照 2017 年的《土地利用现状分类》国家标准，逐图斑对比分析数据库地类与正射影像图上地物特征的一致性，根据对比核查结果提取图斑信息。具体做法如下：

1. 解译标志建立　根据区域自然地理、地形地貌特征、植被类型及土地利用结构、分布规律与耕作方式等情况，建立调查区典型地类解译标志。

2. 信息提取　通过逐地块分析在正射影像图上的纹理、色调、位置、形状、范围和周围环境，按照信息提取分类标准判读土地利用现状地类，提取土地利用图斑，并对比原土地调查数据库地类，将提取的土地利用图斑分为与数据库地类一致的图斑和与数据库地类不一致的图斑。

3. 变化信息表达　首先，以县级行政辖区为单元，按照从左到右、自上而下、由"1"开始的统一顺序对每个不一致的图斑进行编号，要求编号均具有唯一性；然后，编制图斑属性表，建立与正射影像图数学基础相一致的图斑矢量数据层级属性表，并按要求全面记录提取图斑的相关属性。

4. 调查底图制作　以县级行政辖区为单位，在数字正射影像图（DOM）上套合内业提取的土地利用图斑及区（县）行政区域界线、集中建成区界线，制作标准化调查底图。

三、外业调查

（一）基本方法

外业调查是在土地利用现状调查中取得最现实的土地利用信息资料的主要工作，其具体工作内容是：在野外实地把工作底图上作业面积范围内的调查内容全部都调查清楚，并加以正确标绘和标注。

各种地物在影像图片上都具有各自的形状、大小、色调、阴影等特征。这些特征按成像规律在影像底图上呈现各自的影像特征，成为区别物体的特定标志，即判读特征。借助这些特征有利于识别各种不同物体的性质、位置和它们的范围界线。另外，利用判读对象与其他地物的相关位置也是野外调绘中常用的重要手段。外业调查的基本方法是：

（1）选好站立点。站立点选得好坏关系到调绘效果。站立点要选在地势高、视野广，且前后两次停顿所画的地物能联起来的明显地物点上。判读方法应由远到近，从总貌到细部，先用航片或卫片上最明显的影像去找实地上相应的地物，然后再逐步扩展开。

（2）确定影像方位。调查时，一定要使影像图片的方向与实地相一致。为此，需要在影像上判读出站立点的位置，并应找一至两个明显地物点的相关位置校核方向，确保方位正确。

（3）抓住特征地物。远看、近判相结合，有利于对地物的综合取舍和描绘的准确性。

（4）掌握影像比例尺。建立实地物体与影像之间的比例关系。

（5）边走边判读。沿着地形特征或应用影像、地形图和实地逐一对照判读。

（6）地类的判定和土地权属界线的判定应当依据访问和证据的收集。

（7）借助立体观察。正确调绘山丘地区和影像不明显的地物，以确保调绘精度。野外调绘一般只是做一种记述性的标绘，返回室内还需再在工作底图上进行清绘。

（二）调查内容

1. 行政区域界线和土地权属界线的调查　行政区域界线是指国界线、省（自治区、直辖市）界线、地（市、州）界线、县（市）界线、乡界线。土地权属界线是指村、农、林、牧、渔场，以及居民点以外的厂矿、机关团体、学校等单位的土地所有权和使用权界线。这是两种不同性质的界线。但就界线的级别而言，从行政管理的角度划分，土地权属界线的级别低于行政区域界线。

判断行政区域界线属于哪一级，无法只凭在实地观察来完成，也不能简单地只凭随意的现场查问来完成，必须要把调查访问和查阅的有关资料相结合，并通过界线相邻各方的认可来确认。因此，无论是行政区域界线还是土地权属界线的调查都应组织界线有关各方派出法人代表到现场进行指界，接受调查人员的查访。指界不应是远离界线的概述指界，必须由指界人陪同调查人员踩踏界线边走边陈述，而调查人员则边踩界边标绘。各级界线的图例符号，必须按规定标绘。当有不同级别界线重合时，只标绘最高一级界线。

当界线（行政区域界线或土地权属界线）在实地与线状地物重合时，界线的标绘方法十分重要，这将关系到面积量算和地籍管理工作。总体而言，界线的标绘不能影响线状地物的准确调查。在发生矛盾时，界线应做适当移位或选用其他标绘方式。当线状地物在图上为双线线状地物，界线与其中心线相重，且图上能清晰地标绘出来，则在其应在的位置上标绘；若无法清晰表示，或者线状地物在图上为单线线状地物，则界线采取隔段跳绘（或称交错标绘）于线状地物的两侧（图上相距线状地物0.2mm）；如果界线与线状地物（无论在图上是双线还是单线）实地的一侧相重合时，界线在线状地物相应的一侧移位0.2mm标绘。

进行土地权属界线野外调查后，应及时填写土地权属界线认可书，绘制好附图（只标土地权属界线，不标行政区域界线），由界线相邻各方签章认可。对于有争议的界线段，按实际情况标绘未定界符号，填写土地权属争议原由书，由争议各方签章认可。

乡级行政区域界线由同一作业队完成，由全县统一组织整个调查工作，因而不存在不协调的情况。县级行政区域界线的确定是通过民政部门的协调和认可来解决的。

飞地（插花地）的调查应给予格外重视，外业调查时对飞地的疏忽有时会导致大规模的返工。飞地外围界线用哪一级的界线符号来表示？由于飞地的情形千差万别，相关规程对此未做出统一的规定。在以往的调查中，有的地方用了如下办法：如果一块飞地的范围就是一个完整的行政单位，则可用该行政级的界线表示；如果一块飞地的范围是一个完整的权属单位或大于一个权属单位，但又小于末级行政单位，可用末级行政单位的图例符号标绘其外围界线；如果一块飞地的范围小于一个行政单位，则用其范围所不及的邻近级别的行政级界线标绘。

无论是行政区域界线还是土地权属界线均应标绘准确，任何一个点在调查底图上的位移图上不应超过0.3mm。在界线与线状地物重合情况下，界线的标绘精度依线状地物标绘精度而定，界线本身只起到符号的作用。

如果调查作业范围在调查底图上只是其中的一部分，为了便于接边，行政区域界线调绘到作业面积边缘时应向外延伸1～2cm（不可任意延长，应当按正确走向延伸），并在延伸线两侧分别写上单位名称。行政区域界线、土地权属界线的标绘在底图上表示时一定要十分注意对三方或多方交界时交界点和界线走向的说明，表示不当会给转绘和其他工作带来不良后果。

江河、海岛的边界线（包括海岸线）往往是土地权属界线，甚至是行政区域界线所在，对其调查要重视可靠的依据。例如江河入海口陆海分界线、海岛范围线等的确定，应当由全国土地调查办统一收集后，提供给各有关省份应用。

对于土地权属界线的调查，三调要求将已完成的集体土地所有权登记和城镇国有建设用地范围以外的国有土地使用权登记成果落实在国土调查成果中。结合相关资料，对土地权属发生变化的，按照集体土地所有权和不动产调查相关规定，开展土地权属界线补充调查。土地权属调查原则以各行政村为基本单位，但对集体土地确权到村民小组的，也可按村民小组进行。

2. 地类调查 地类调查工作主要是在室内地类图斑信息解译预判的基础上，在实地对照调查底图上的影像，辅以调查访问，将不同的土地类型和图斑界线判辨清楚，并将它们准确地标绘出来，做好相应的注记和记录。

（1）地类图斑调查。地类图斑是指实地为同一地类的连片土地，在外业调查底图上形成的一个斑状图块。但同一图斑的土地必须归属于同一行政单位、同一权属单位。《第三次全国国土调查技术规程》规定：单一地类地块，以及被调查界线、土地权属界线或地类界线分割的单一地类地块为图斑。地类图斑是调查工作、内业成图、面积量算的基本单元，在日后土地管理的许多工作中也是十分重要的基本单元，一定要严肃对待，认真调查。

在调查中对调查底图上地类的判别，一般按土地分类标准（除有特殊规定以外）进行。

为了充分详细地反映土地利用的实际情况，同时也为了避免图面负载过大和制图的不便，不同时期制定的全国土地调查技术规程对最小上图图斑的面积都做了相应的规定。一调规定，居民地为 $4.0mm^2$，耕地、园地为 $6.0mm^2$，林地、草地为 $15.0mm^2$；二调规定，城镇村及工矿用地为 $4.0mm^2$，耕地、园地为 $6.0mm^2$，林地、草地等其他地类为 $15.0mm^2$；三调规定，建设用地和设施农用地实地面积超过 $200m^2$ 的、农用地（不含设施农用地）实地面积超过 $400m^2$ 的、其他地类实地面积超过 $600m^2$ 的需调查上图，荒漠地区可适当减低精度，但不得低于 $1\,500m^2$。为满足精细化调查的需要或反映某一（些）地类的分布特点，各省（自治区、直辖市）可统一提高最小调查面积或对个别地类的上图标准做补充规定。

调查中对达到规定最小上图规模的相应地类图斑，均应依据实地情况准确地加以标绘。界线的标绘应十分认真仔细。为了保证成图、量算和图件应用的需要，地类界线均应用实线标绘。当数字正射影像图（DOM）反映的界线与实地一致时，应严格按数字正射影像图反映的界线标绘；当数字正射影像图反映的界线与实地不一致时，应严格按实地情况进行界线标绘。当各种界线重合时，依据行政区域界线、土地权属界线的高低，只表示高一级的界线。地类图斑界线必须闭合，不应有大于 $0.3mm$ 的断缺点。调绘图斑的明显界线与数字正射影像图上同名地物移位不得大于图上 $0.3mm$，不明显界线不得大于图上 $1.0mm$。若调绘中发现有新增地物未在数字正射影像图上反映，应进行补测。

图斑的地类判定必须严格地按相关技术规程确定，按实地利用现状实事求是逐图斑核实判定图斑地类及标注信息，调绘图斑边界，记录土地权属等相关属性信息。同时，图斑的地类判定也需注意一些特别的规定。例如，二调对农村地区的城镇村及工矿用地的调查分类有特别的规定，不同于城市地区的调查。又如，三调不再新认定可调整地类，并对原有可调整地类图斑调查做出规定：实地为耕地的，按耕地调查；实地现状为非耕地的，经所在县自然资源管理部门和农业农村部门共同认定实地仍可恢复为耕地的，可继续保留可调整地类属性，难以恢复为耕地的，按实地现状调查。此外，三调还规定，对批准未建设的建设用地，按实地利用现状调查认定图斑地类；根据《土地管理法》临时使用的土地，按图斑原来的利用现状调查认定地类。

（2）地类图斑标注。对调查好的图斑应给予编号，并将编号、地类、利用状况等载入调绘外业手簿。在图斑编号的方式上要为成图和面积量算等工作提供方便。图斑编号可采取固定编号或临时编号两种办法。其中，固定编号不但需要统一规定编号方式，还需做好大量协调或者交换调查底图的工作；临时编号则要防止调绘底图上出现重号和编号缺乏连续性。上述两种图斑编号各有其利弊之处，重要的是各地应当统一，不能由调绘人员各行其是，应做出明确规定，并做好工作记载。图斑编号是调查工作之间和成果应用中的一个技术接口，必须予以重视。三调规定最终地类图斑编号统一以行政村为单位，从左到右、自上而下、由"1"开始顺序编号。

从土地调查的最终成果来讲，在最终形成的土地利用现状图上和数据册里必须做到：同一个基层土地权属单位（如一个村或者一个村民小组）内的所有图斑号不能出现重号，且最好没有轮空的号。

调查时在图斑内是标注地类符号好，还是填写地类编号好？各地可根据情况采取不同的方式。在图斑内标注地类符号，易于读图、用图；在图斑内标记地类编号，也在一定程度上便于读图、用图，但有些地区大量图斑十分细小，每个图斑都标注上图斑编号后，再标记地类编号，必然会使许多编号无法在本图斑内完成，而要靠指示线引到相邻图斑中去标记，从而导致图的易读性减弱。

根据《第三次全国土地调查技术规程》的规定以及 2019 年 3 月 19 日发布的《国务院第三次全国国土调查领导小组办公室关于调整第三次全国国土调查有关内容与要求的补充通知》的规定，在对耕地、园地、草地、工业仓储用地、城镇村及工矿用地进行调查标注时，要求进行更细的图斑属性标注，具体规定如下：

A. 耕地种植属性标注。根据耕地的实际利用状况，将《第三次全国国土调查实施方案》《第三次全国国土调查技术规程》规定的耕地种植属性标注调整为"种植粮食作物""种植非粮作物""粮与非粮轮作""休耕""林粮间作"和"未耕种"6 种。其中，种植粮食作物（谷物、豆类、薯类）的，标注"种植粮食作物"属性；种植非粮食作物（蔬菜、棉花、油料、糖类、饲草、烟叶等）的，标注"种植非粮作物"属性；用于粮食作物与非粮作物轮种、间种和套种等情况耕地，则标注"粮与非粮轮作"属性；对有计划地"休养生息"的耕地，标注"休耕"属性；对林粮间作的耕地，标注"林粮间作"属性；对近三年连续无种植行为且无休耕计划的耕地，标注"未耕种"属性。

对于二调为耕地的图斑，三调调查时实地为种植园用地、林地及坑塘水面的，不再按耕地调查，按实际现状调整地类，应分别调整为果园、茶园、其他园地、乔木林、灌木林、其他林地、坑塘水面等地类。这些地类中，对经清理后即可恢复为耕种的，标注"即可恢复"属性；对经清理后仍需要采用工程措施才能恢复耕种的，标注"工程恢复"属性。

三调要求全部耕地图斑均应标注种植属性。对细化调查为"河道耕地""湖区耕地""林区耕地""牧区耕地""沙荒耕地"和"石漠化耕地"的耕地，应同步标注"种植粮食作物""种植非粮作物"和"粮与非粮轮作"属性。

B. 种植园用地细化标注。对位于林区内的种植园用地图斑，标注为"林区种植园用地"。

C. 草地细化标注。对灌木覆盖度大于等于 30%、小于 40% 的草地图斑，标注为"灌丛草地"。

D. 工业用地细化标注。根据工业用地的实际利用状况，用规定代号按照细化类型标注为"火电工业用地""钢铁工业用地""煤炭工业用地""水泥工业用地""玻璃工业用地"和"电解铝工业用地"。

E. 城镇村及工矿用地标注。对城市、建制镇和村庄范围内的地类图斑，按三调工作分类所规定的编号进行标注：城市（201）、建制镇（202）、村庄用地（203）。城镇村外部的盐田、采矿用地、空闲地和特殊用地应按实地利用现状调查标注：盐田及采矿用地（204）、特殊用地（205）。城镇村内部的盐田、采矿用地、空闲地和特殊用地根据其坐落标注：城市（201）、建制镇（202）、村庄用地（203）。对城市、建制镇和村庄范围内的独立工业用地分别标注"201A""202A"和"203A"。

F. 对于已拆除的存量建设用地，按实地现状调查标注。拆除图斑未复耕或复绿，且原数据库为20×（×为一级地类编码为20下属的某个二级地类编码）地类的，可按空闲地调查，标注20×属性；未拆除到位的拆除图斑，实为违法用地应拆除恢复原地类的，按原地类调查地类，原地类为耕地的，按耕地调查，标注"未耕种"属性；不论拆除图斑的原数据库是否是20×地类，实地已是农用地，一律按实地利用现状调查，不能标注20×属性；如拆除图斑的原数据库不是20×地类，不能标注20×属性。

G. 原有农村居民点范围内的耕地、林地等农用地图斑按实地利用现状调查，标注203属性；村庄周边耕地、林地等，达到上图面积的，按实地利用现状调查，原则上不标注203属性，如原数据库是203且确属农村宅基地范围的，可标注203属性；空闲地、公园绿地等按实地利用现状调查，标注203属性。

H. 城镇城乡结合部大片的林地、水面等应按利用现状调查，不标注201或202属性；城镇内部的农用地、水面等原则应按现状调查，标注201或202属性；城镇内部的公园及其附属的林地、绿地、水面等按公园与绿地调查，标注201或202属性。

I. 对于废弃的公路、铁路和尾矿，分别按公路用地、铁路用地和采矿用地调查的基础上，增加标注"废弃"属性。

（3）变化图斑调查举证。按照以实地现状认定地类的原则，三调要求对全国土地调查办内业提取的变化图斑进行调查核实。地方实地调查认定与全国土地调查办内业判读不一致的图斑，原则上需全部实地举证。影像未能反映、地方补测的新增地物也须全部举证。重点地类变化图斑原则上由地方全部举证，包括相对原数据库新增的建设用地图斑、原有耕地内部二级地类发生变化的图斑、原有农用地调查为未利用地的图斑等。

但存在下列情况的变化图斑可不举证：①涉及军事禁区及国家安全要害部门所在地的，不得举证；②城镇村内部建设用地细分类型的图斑，无须举证；③原地类为耕地，国家判读为其他农用地的，经地方调查仍为耕地的，标注种植属性与国家判读地类一致的，可不举证；④依据遥感影像特征能够准确认定为住宅小区、规模化工厂、水工建筑等新增建设用地的图斑，可不举证；⑤因纠正精度或图斑综合等原因造成的偏移、不够上图面积或狭长地物图斑，可不举证；⑥对原有线状地物面状化的图斑，可不举证；⑦未硬化且未贯通的农村道路未调查上图的，可不举证；⑧无人类生活活动的区域，如沙漠、戈壁、森林等无人区，影像可以判定地类的，可不举证。

举证照片是地方对变化图斑调查情况的补充说明材料，地方需重点对调查地类与影像不一致以及影像特征不明显、无法判读地类的图斑进行实地举证。举证照片需在实地拍摄，拍摄方向正确，拍摄效果应能够举证说明调查地类与影像特征不一致区域的土地利用情况。举证照片包括图斑全景照片、局部近景照片、建构筑物内部和设施农用地及未利用地的利用特征照片3类。

3. 线状地物的调查　线状地物是指铁路、公路、农村道路、河流、沟渠、林带、管道用地等。对于线状地物的调查，不同阶段开展的土地调查，其调查标准有所不同。

二调规定，线状地物宽度北方≥2m、南方≥1m时，需进行调绘并实地丈量其宽度。线状地物的宽度图上≥2mm的，按图斑调查；线状地物的宽度图上＜2mm的，按其中心线用单线表示，称为单线线状地物。单线线状地物的宽度按实地丈量，并标注在线段上，归入所在图斑内。对于宽度不一的线状地物，当其宽度变化大于20％时，应分段选取具有代表性的丈量点丈量其宽度，同时应查明线状地物的归属，其宽度和归属填写于外业调查手簿中。线状地物应按规定的图例符号注记在调查底图上。

三调规定，铁路、公路、农村道路、沟渠和河流等线状地物，应根据外业调查结果和影像特征重新矢量化，以图斑的形式表示，即线状地物图斑化。线状地物只有在权属、坐落、宽度、走向、地类5个属性均基本一致的情况下，方可划为一个线状地物图斑。道路范围界线按照实地现状进行调查。道路范围界线与审批范围界线不一致的，不得直接采用道路审批范围界线调查上图。在农村范围内，南方宽度1～8m、北方宽度2～8m（上下均含）的道路，调查为农村道路或公路用地；大于8m的道路或纳入乡镇级及以上级别道路网规划的道路，一律按公路调查。对于堤坝上修筑的堤路，按水工建筑用地调查。城镇村庄内部道路调查主干路、次干路及支路，其他道路可与相邻图斑合并。线状地物被土地权属界线分割的，按不同图斑上图。线状地物交叉的，地面线状地物连续表示。但对于农村道路、过街天桥等线状地物跨越公路、铁路等，应保持公路、铁路贯通。线状地物平面交互时，应保持高等级的道路贯通。线状地物穿过隧道时，线状地物断在隧道两端。线状地物交叉重叠情况十分复杂，在能满足国家要求上报调查成果的前提下，各地可制定相应表达规则，开展细化调查。

4. 田坎调查　耕地中的田埂、地坎，统称田坎。田坎在现状图上一般都没有表示出来。为了使耕地面积计算得更可靠，掌握耕地图斑内真正的耕地面积，就需要调查计算出相应的田坎面积，并从图斑面积中将其扣除，从而获得耕地净面积。

田坎依附于耕地而存在，单个面积很小，但数量浩瀚，总量很大，实地逐条量测及图上量测都是难以实现的。为了尽可能测准田坎的面积，依据田坎占地规律，调查中采用广泛全面的抽样、实地量测样方的方法，测算不同区域、不同具体条件下最具代表性的田坎系数，根据系数推算田坎面积。田坎系数测算具体步骤如下：

（1）划分类型。据调查分析，田坎占耕地图斑面积的比重主要与地貌类型、地形部位、地面坡度、土地利用方式、人口密度、生产水平、种植方式以及土壤质地、田块宽度等因素有关。其中，最为直观的影响因素是地面坡度和土地利用方式（水田还是旱地），还有许多因素对田坎的占地面积影响较为宏观，从大范围来讲有较强的影响，如地貌类型区域、人口密度、土壤母质和土壤类型、地面起伏和破碎程度、社会经济条件等。因此，通常通过选取主要的宏观要素对调查区域（县或省）进行分区，在分区的基础上，再按直观因素划分成一些组，在每一个组内选取足量的样方，逐一进行详细的分类量测，取得第一手资料，然后测算出田坎系数。

在分区时不宜选取过多的因素，一般选取对当地田坎占地最有影响的2～4个因素。由于每个因素内部存在多个类型，因此，不同因素的不同类型之间的交叉组合是一个很大数量的类型组合。根据一些县过去的经验和个别省的试验，一个县级单位只选取两个因素，最终将组合出4～7个区，每个区内再按旱地或水田和坡度级进行组合，最终组合成的类型组的数量就会很大。一个省仅取3个因素将组合出类型区40多个，类型组约300个。

一调规定，各县自行分区分组，分别测算田坎系数，这些系数在本县范围内应用。二调规定，田坎系数由各省（自治区、直辖市）统一组织测算，即由省（自治区、直辖市）统一组织分区分组测算，各类型区按区应用田坎系数。三调规定，若二调的田坎系数无特殊变化可继续沿用，也可由省统一组织重新测算本省田坎系数，测算方案及结果上报备案。

（2）布设样点。样点是指对于分析测算田坎系数具有代表性的一个测算样方。为了使田坎系数的测算更接近于实际，在样方的分布、样方的数量和样点的选取上都应有一定的要求，且必须符合统计学的基本原理。

在每个类型区内进行分组，组内布设样点。根据规定，每个区内根据不同的坡度级和耕地类型（梯田和坡地）进行分组。将耕地分为 $\leqslant 2°$、$2°\sim 6°$（含 $6°$）、$6°\sim 15°$（含 $15°$）、$15°\sim 25°$（含 $25°$）和 $>25°$ 5 个坡度级。其中，可将坡度 $\leqslant 2°$ 的耕地视为平地，不用测算田坎系数；其他 4 个坡度级的耕地按耕地类型分为梯田和坡地两种，两者的组合使每一个区内最多可能出现 8 个类型组。

样点内地类应当一致，样点的数量一般应保证每一个类型组内所选的样方数量不少于30 个。样点的布设可按类型区、组均匀布点，但更应服从具有代表性的原则。每个样点的规模按二调的规定应不小于 $0.4hm^2$。同时，应将样点的布设情况应绘制成样点分布图，以利于分析检查分布的合理性。

（3）测量样点。样点布设好后，需实际丈量样点内全部耕地面积及田坎面积。为此，多数地区都设计对每个样方用测量仪器按照 1∶500 地形图测量标准进行全解析测量，绘制成样方图，测出样方的周边及其内部所有南方宽度 $\geqslant 1.0m$、北方宽度 $\geqslant 2.0m$ 的田坎和包括不属于线状地物的散布田间的非耕地等。每一条田坎均应编号（每个样方内部分别从 "1" 号起编号），田坎长度的丈量应当往、返测量，田坎宽度应量至坎脚，同一田坎各部位宽度不一致时，应分段量测。

样点内田坎总面积的计算方法是样点周边田坎面积的一半与内部全部面积之和，计算公式为

$$S_i = \sum S_内 + \frac{1}{2} \sum S_边 \qquad (3-1)$$

式中：S_i 为样点内田坎总面积；i 为某样点编号；$\sum S_内$ 为样点内部各田坎（不包括周边田坎）面积之和；$\sum S_边$ 为样点周边田坎面积之和。

（4）计算田坎系数。田坎系数（K_i）的计算公式为

$$K_i = \frac{S_i}{S} \qquad (3-2)$$

式中：K_i 为样点田坎系数；S_i 为样点田坎总面积；S 为样点总面积减去内含线状地物面积再减去零星地物面积后的面积余额。

如果同一组内各样点之间的系数差异过大（最大值超过最小值的 30%），则应去掉一个最大值和一个最小值，直到不出现差异过大的情况为止。

同类型组的样点田坎系数的平均值为该类型组的田坎系数。当同组样方田坎系数相对集中、最大值不超过最小值的 30% 时，取其算术平均数，作为该组田坎系数。

5. 城镇村庄内部土地利用现状调查　三调要求，依据地籍调查和不动产登记等成果资料，对城镇村庄内部土地利用现状依据《三调工作分类》所规定的末级地类，按最小上图图斑面积标准划分土地利用现状图斑，开展细化调查，查清城镇村内部土地利用状况。其具体工作程序为：

（1）制作调查底图。

A. 制作城镇内部土地利用现状调查底图。以满足城镇内部土地利用现状调查的数字正射影像图为基础，结合城镇地籍调查、地名地址、城市规划及地形图等资料，采用数据转换、抽取或数字化等方法制作城镇内部土地利用现状调查底图。

B. 制作村庄内部土地利用现状调查底图。以正射影像图为基础，结合村庄地籍调查、地名地址、土地整治等资料，采用数字化或数据转换、抽取等方法，绘制村庄调查范围内的公用道路、水塘、成片林地等村庄土地利用框架，制作村庄内部土地利用现状调查底图。

（2）图斑调查。

A. 城镇内部土地利用现状调查。以城镇调查底图基础，按《三调工作分类》的规定，依据城镇宗地用途，参照城镇规划功能分区等，结合影像特征，综合判定土地利用类型，合并土地利用类型一致的宗地，初步调查城镇内部土地利用现状图斑。对于特大型企事业单位，其内部土地利用类型明显不同，且被道路、河流等线状地物明显分割，可以调成多个图斑。城镇内部快速路、主干路、次干路及支路，按道路用地图斑调查。行政机关、企事业单位、住宅小区等，其内部道路归并到坐落图斑。临街门面，归并到城镇道路外相邻的图斑。城镇内部符合上图面积要求的耕地、种植园地、林地、草地、水域、其他土地，按土地利用现状图斑调查。城镇内部的全部图斑，属于城市的，标注"201"属性；属于建制镇的，标注"202"属性。

B. 村庄内部土地利用现状调查。以村庄调查工作底图为基础，依据村庄地籍调查（宅基地及集体建设用地使用权调查等）成果，按《三调工作分类》的规定，结合影像特征，判定土地利用类型，初步调绘土地利用现状图斑。村庄内部超过上图面积的耕地、种植园地、林地等土地，按土地利用现状图斑调查。房前屋后不够上图的空地、晒场、树木及宅基地之间的通道等，可归并到相邻宅基地图斑。村庄内部符合上图面积的水塘宜按照使用特征分别归并，以生活用水为主的水塘可归并到相邻的建设用地图斑，以农业生产用水为主的水塘应调查成坑塘水面。穿越村庄的公路、河流、铁路等宜按线状地物要求调查，不宜作为村庄内部的图斑进行调查。村庄内部的全部图斑应标注"203"属性。

（3）外业核实。

A. 城镇内部土地利用现状图斑核实。参考城镇地形图单位注记、土地审批、土地供应、不动产登记、土地整治、国土执法监察和其他资料，结合实地踏勘，核实城镇土地利用现状图斑的准确性。针对外业核实发现的问题，修正城镇土地利用现状图斑边界和地类属性等内容。

B. 村庄内部土地利用现状图斑核实。利用村庄地籍调查、土地承包经营权登记、林权登记、土地整治、国土执法监察和其他资料为依据，结合实地勘查，核实村庄内部土地利用现状图斑的准确性。针对外业核实发现的问题，修正村庄内部土地利用现状图斑边界和地类属性等内容。

对城镇内部、村庄内部地籍调查数据库未覆盖的区域，以及城镇、村庄新扩区域，可参考最新的影像图、近期规划图和地形图，由当地调查主管部门组织相关人员配合技术人员，采用内业勾绘和实地核实相结合的方法，确定城镇村庄内部每个图斑的土地利用类型。

（4）城乡土地利用现状图斑衔接。为保证城乡土地利用现状调查的无缝衔接和全覆盖，准确统计各类型土地利用面积，需在城乡土地利用现状调查工作完成的基础上，实施城乡土地利用现状图斑的衔接。以调查底图为基础，图斑衔接应重点做好城镇村庄调查范围与农村土地利用现状调查范围的国有土地图斑与国有土地图斑、国有土地图斑与集体所有土地图斑、集体土地所有图斑与集体土地所有图斑、城镇村庄道路图斑与农村道路图斑界线位置和属性内容的衔接。衔接要求：①城镇村庄调查范围、界线与农村土地利用现状调查范围、界线应无缝衔接；②城镇村庄内部土地利用现状图斑和农村土地利用现状图斑的地类应无缝衔接；③土地利用现状图斑相互衔接时，应以低精度图斑界线服从高精度图斑界线为原则，在允许误差范围内，应综合考虑图斑衔接的圆滑性和协调性；④城镇村庄道路与农村道路相互连通时，应各自独立划定图斑，同时要保持道路表现时的完整性。

5. 专项调查　不同时期开展的土地调查，根据当时土地调查背景和土地管理的特殊要求，也会开展一些相应的专项调查。

（1）零星地物调查。零星地物是指小于规定的最小上图图斑规模的土地。例如，耕地中的非耕地（如零星坟地、耕地中的单家独院）、非耕地中的耕地（如林中的小块耕地），其面积均达不到最小上图图斑的规模。

对于零星地物的调查，在不同的时期和不同的地方有不一样的规定和要求。例如，一调规定各地应将实地大于 0.02hm² 以上的零星地物调绘上图；二调规定各地可根据实际情况自行规定是否实施零星地物调查，若要实施调查，各地要在调查实施方案中针对调查标准做出具体的规定；三调对零星地物未要求开展调查。

根据过去一些地方对零星地物调查的经验，若不论零星地物种类和规模大小均予调绘，即使每一处用一个小圆点表示，也会使图面负载量过大，同时工作量也大大增加，投入、产出不协调。因此，在过去的调查中不少地方做了一些规定，比较一致的方面是：①以耕地为重点，对耕地中的非耕地、非耕地中的耕地、耕地中的不同类型耕地（如旱地中的水田）做零星地物的调查；②对单个规模或多个十分邻近（基本连片）的规模达不到最小上图图斑规模的，做零星地物调查；③调查方法是在调查底图上在零星地物中心位置处用小圆点表示，并依图斑进行编号；④对零星地物的规模在实地进行测量，计算面积，记入外业调绘手簿（也有的地方规定可将邻近的同类零星地物合成一个点，记一个面积，但需记清由几片构成）。

（2）耕地细化调查。为精确掌握耕地空间分布状况，实现耕地精细化管理，三调要求收集和参考相关部门的有关资料，根据耕地的位置和立地条件，实地开展细化调查，并标注相应属性。耕地细化调查包括位于河道内或滩涂上的河道耕地、位于湖区或滩涂上的湖区耕地、林区耕地、牧区范围内过度开垦的耕地、受土地沙化或荒漠化影响退化的沙荒耕地、受石漠化影响的石漠化耕地，并要求细化类型耕地图斑属性分别标注为"河道耕地""湖区耕地""林区耕地""牧区耕地""沙荒耕地"和"石漠化耕地"，同时也要求根据耕地种植属性标注相应的"种植粮食作物""种植非粮作物"及"粮与非粮轮作"属性。

（3）永久基本农田调查。永久基本农田是最为宝贵的农田，是保证我国粮食安全和社会安定的基本物质保证，必须要落到实处。永久基本农田调查是二调要求调查的重要内容之一，要求调查具体确定永久基本农田的图斑，在图件上标注清楚，具体计算清楚每一块永久基本农田的实际面积（即减去田坎等非耕地面积后的真正的耕地面积），并按要求在农村土地调查数据库中建立永久基本农田数据层，标注相关属性，编制出永久基本农田的数据表册，落实永久基本农田的保护责任人和合同。三调也要求将永久基本农田划定成果落实在国土调查成果中，要求查清永久基本农田范围内的土地的实际利用状况，以实现对永久基本农田的精准保护和建设。

（4）其他专项调查。为满足国土资源精细化管理、节约集约用地评价及相关专项工作的需要，三调还要求根据土地利用现状、土地权属调查成果和国土管理已形成的各类管理信息，开展批准未建设的建设用地调查、耕地质量等级调查评价和耕地分等定级调查评价等专项用地调查工作。

四、外业补测

1. 补测的内容 由于实际地物发生变化，个别地物或者部分地物的影像在调查底图上与实地不符，且用一般的方法无法准确调绘时，需要通过补测的办法将变化了的情况标绘到调查底图上。运用测绘知识将需要补测的实地地物按调查底图比例尺缩小在调查底图相应位置上的过程，称为地物补测。

补测的内容通常有：①地面信息在摄影后发生了变化，出现了新增的和变化了的地物需要补测；②山区或特殊环境条件下由于阴影的影响，调查底图上的影像无法辨认清楚的地物界线需要补测；③由于调查底图质量的原因，存在漏洞、云块等，致使地面信息残缺需要补测。

2. 补测的方法和要求 补测可直接在工作底图上进行，也可单独进行。补测方法可采用简易补测法、仪器补测法和大比例尺图件缩小转绘法等。

简易补测法不动用仪器，仅借助钢（皮）尺、标杆等工具测定补测对象的外部特征点的位置，并标绘在底图上。用皮尺或钢尺丈量距离时，单位为米（m），保留 1 位小数。往、返测量或单程两次丈量的相对误差不大于 1/200。常用的简易补测法包括比较法、截距法、垂距法、交会法、延长线截距法等。

仪器补测法是借助测量仪器（如全站仪、GPS 等），运用图解或解析方法测定补测对象的外部特征的点位，并标绘在底图上。

大比例尺图件缩小转绘法是指如果残缺的或要补测对象的有关内容在其他更大比例尺图件上已很清楚或者大部分已测绘成图，则可直接将更大比例尺图件缩小后转绘在片（或图）上，或者先在更大比例尺图上将残缺部分补测齐全，再缩小后转绘。

为了提高调查的效率和成果精度，三调要求有条件的地区采用卫星定位仪器补测法，无条件的地区可采用简易补测法。补测地物点相对邻近明显地物点距离的中误差，平地、丘陵地不得大于 2.5m，山地不得大于 3.75m，最大误差不超过 2 倍中误差。

第五节　图件绘制与面积量算

通过对土地利用现状外业调查成果进行加工整理，绘制出具有现势性的分幅土地利用现状图、土地权属界线图等基本成果图件，也是土地调查一项重要的工作。外业调查的资料是内业成图的基础。依据外业调查的基础资料和方法的不同，成图的过程和方法也有所不同。

土地调查的成果要求通过调查绘制出的图件主要有：分幅土地利用现状图、分幅土地权属界线图、乡（镇）土地利用现状图、县土地利用现状图、永久基本农田分布图、耕地坡度级分布图等。这些图件中，最基本的图件是分幅土地利用现状图和分幅土地权属界线图，其他图件均需以它们为基础形成。

按三调规定，所有图件的坐标系均应采用 2000 国家大地坐标系和 1985 国家高程基准。

一、利用正射影像材料调绘成图

目前，土地利用现状调查均使用已纠正后的正射影像，解决了以前采用未纠正影像为基础作为调查底图的倾斜误差和投影误差的问题。只要采用的各正射影像图的比例尺一致，利用调查好的调查底图形成土地现状利用图就比较容易。通常将分散的调查底图的内容转绘到标准分幅的正射影像图上，然后通过矢量化和适当的整饰，便可形成分幅土地利用现状图或分幅土地权属界线图；或者将调查底图分别进行扫描，并在计算机软件控制下，依据坐标关系，将它们拼接起来，通过统一的矢量化和适当的整饰，形成完整的分幅土地利用现状图或分幅土地权属界线图。

利用正射投影像材料调绘成图，由于基础资料好，又有成熟的软件系统，成图工作比较容易，精度也较高。

二、分幅土地利用现状图和分幅土地权属界线图的绘制

1. 分幅土地利用现状图的绘制　分幅土地利用现状图是一种用以反映土地的类型、数量、质量、空间分布和利用现状的专题图，它是土地利用现状调查要求的重要图件成果，也是进行土地利用面积测算汇总和编制其他土地利用现状图的基础。

分幅土地利用现状图是以外业调查成果资料（包括调绘底图、外业记录手簿等）为基础，经过转绘或透绘、扫描仪扫描和矢量化等过程，通过传统方式或计算机成图方式按调查统一规定的制图技术要求和规范的图式图例表达形式绘制而成。

分幅土地利用现状图要求绘制的主要内容包括：行政区域界线、土地权属界线、线状地物（如道路、水系等）、地类界线、地类符号、图斑编号、图名、图号、图例、接图表、比例尺、指北针以及相关名称和必要注记等。绘制分幅土地利用现状图时，不但要按相应的制图规程或标准把握绘制内容的精度，有的还要注意其绘制的顺序。例如，线状地物应按照河流、铁路、高速公路、国道、省道、干渠、县乡道、农村道路、沟渠、林带、管道的顺序逐次降低绘制；又如，境界线也应按由高到低的级别进行绘制。

2. 分幅土地权属界线图的绘制　土地权属界线是土地权属确权的表达形式，是不动产登记发证的重要法定依据。分幅土地权属界线图与分幅土地利用现状图一样，也是土地利用现状调查要求的重要图件成果之一，是地籍管理的基础图件。分幅土地权属界线图表达的主要内容包括：土地权属界线（含争议界线）、权属界线拐点（界址点）、行政区域界线、权属单位及行政区域名称、具有重要方位指示意义的地物（如道路、河流等）或地貌等。

分幅土地权属界线图与分幅土地利用现状图的比例尺相同，它们都是以土地利用现状调查成果资料（调查工作底图、外业调查记录等）为依据进行绘制，其制图方法（式）基本相同。分幅土地权属界线图绘制在数学基础、几何精度上应与分幅土地利用现状专题图保持一致；在内容表达上应以突出土地权属关系为主，土地权属界线、界址点、行政区域界线等内

容可依据调查工作底图或土地利用现状图进行转绘，根据需要，可增绘对判定土地权属界线定位或定向有用的有关特征地物或地貌。

分幅土地权属界线图的土地权属界线、权属界线拐点、行政区域界线以及权属单位和行政单位名称等按相应的制图技术规定进行表达和标注。

三、图斑编号

图斑编号是成图工作中的重要一环。良好的编号能使图件易读、实用，成为人们交流的媒介。图斑编号也是土地面积量算工作的需要，是面积汇总工作的需要和管理的基础。

编号的基本原则是分单位（一般为当地管理中的最基层单位，例如村）进行编号，从上到下、从左到右连续编号。为了便于应用，在进行编号前应对以下方面有所考虑：

（1）对于分布在不同图幅上的同一单位的图斑的编号，大多数地方都采取统一编号、不重号、不漏号的办法。这样可以一目了然地知道该单位共有多少个图斑。但有的地方只强调不重号，但不强调不漏号。

（2）实地上的同一个地类图斑在图上被图廓线分割成两块或多块，在量算面积时，它们按原则不能拼接量算、而应分别量算的，量算记录表上也是分别记录的。但它们的编号如何处理？各地对此的规定不一样。实践中出现过3种方式：①分别作为一个独立图斑编号；②都编成同一个号；③主号相同，支号相异。编成同一个号，可以体现它们是同一个地类图斑，但不能反映出它们分属于不同的图幅；各部分独立编号，则不利于反映出它们同属一个地类图斑的性质。

（3）图斑编号采用的数码应当位数越少越好，过于冗长会给制图、表达带来不便，不利于用图。

（4）图斑的编号还应考虑到今后变更调查后，图斑出现被分割（或合并），能够保证图斑编号的继承性和连续性。

图斑编号在开展调查前应当做出统一的详细规定。

四、土地面积量算

（一）面积量算的方法

土地面积量算的方法很多，目前普遍采用计算机量算的方法。与过去采用的解析法、图解法、器械法相比，计算机量算法有着更大的优越性，具体表现为：

（1）与原始调查底图的矢量化联系在一起，可以与量测图斑面积后的其他工作（如闭合差计算、平差工作、数值取整等）连贯地进行，不必单独设立一个面积量算的过程。

（2）可以对成批量的图斑进行持续量算，省工、省时、快速、高效。

（3）不受或少受人为取值、记录、计算、取位等过程中可能出现误差的影响。

计算机面积量算方法是目前国内外较先进的图形面积量算方法，充分发挥了计算机处理速度快，量算、平差、存储、建库等过程可自动连贯完成的优点。依托电子计算机硬件系统和相应专业软件系统（包括数据采集管理软件、计算软件、平差软件、制表软件、分类软件、查错和纠错软件等），图件处理和面积量算工作可系统连贯完成。

（二）土地面积量算的原则

土地面积量算工作的目的是通过对每个图斑面积及其内部构成要素（地类、线状地物、田坎等）占地面积的计算，并汇总统计出县域范围内各类土地的面积、土地总面积、权属规模、行政区域面积等。

面积量算的总原则是：以图幅理论面积为基本控制，分幅进行量算，按面积比例进行平差，自下而上逐级汇总。

1. 以图幅理论面积为基本控制　土地利用现状调查中，面积量算工作都是在分幅土地利用现状图上进行的，每一幅图都有一定的理论面积。根据图幅编号或图廓的经纬度，从高斯投影图廓坐标表中可以查取到图幅理论面积，因为这一面积值不受测量工具、方法的影响，精度很高，可以看作该图幅内土地总面积的标准值。

以图幅的理论面积为基本控制，是指一切量算工作最终都要吻合于图幅理论面积，这样使各部分面积的可靠性最高。

图幅理论面积是根据图廓经纬度计算的椭球面积。对于同一纬度带的图廓来讲，同比例尺的每一幅图，图廓大小是相同的，其理论面积也是一样的。图幅理论面积（P）的计算公式为

$$P = \frac{4\pi b^2 \Delta L}{360 \times 60}\Big[A\sin\frac{1}{2}(B_2 - B_1)\cos B_m - B\sin\frac{3}{2}(B_2 - B_1)\cos 3B_m +$$

$$C\sin\frac{5}{2}(B_2 - B_1)\cos 5B_m - D\sin\frac{7}{2}(B_2 - B_1)\cos 7B_m + \tag{3-3}$$

$$E\sin\frac{9}{2}(B_2 - B_1)\cos 9B_m \Big]$$

其中，A、B、C、D、E 为常数，按下式计算：

$$e^2 = \frac{a^2 - b^2}{a^2} \tag{3-4}$$

$$A = 1 + \frac{3}{6}e^2 + \frac{30}{80}e^4 + \frac{35}{112}e^6 + \frac{630}{2\,304}e^8 \tag{3-5}$$

$$B = \frac{1}{6}e^2 + \frac{15}{80}e^4 + \frac{21}{112}e^6 + \frac{420}{2\,304}e^8 \tag{3-6}$$

$$C = \frac{3}{80}e^4 + \frac{7}{112}e^6 + \frac{180}{2\,304}e^8 \tag{3-7}$$

$$D = \frac{1}{112}e^6 + \frac{45}{2\,304}e^8 \tag{3-8}$$

$$E = \frac{5}{2\,304}e^8 \tag{3-9}$$

式中：a 为椭球长半轴，单位为米（m）；b 为椭球短半轴，单位为米（m）；ΔL 为图幅东西图廓的经差，单位为弧度（rad）；$B_2 - B_1$ 为图幅南北图廓的纬度差，单位为弧度（rad）；B_m 为图幅南北图廓的纬度平均值，即 $B_m = \dfrac{B_1 + B_2}{2}$，单位为弧度（rad）。

2. 分幅进行量算　由于每幅图都有其自身的理论面积，因而面积量算工作应当一幅一幅地进行。即使一个行政单位的土地分布在相邻的两张图内，也必须先将它们视为两块，分别在所在图幅理论面积的控制下量算出正确的面积，然后再加总在一起。不应将工作底图拼接在一起后，在拼接图上量算一个单位的总面积。

运用分幅进行量算不仅有利于将分布在不同图幅的单位汇总出可靠的总面积，也有利于

同一图幅内相邻单位量测面积的闭合工作。

3. 按面积比例进行平差 凡在同一图幅内作为独立图斑存在的图形（不包括图斑内的地类、线状地物和田坎等要素的面积），都应参加量算、平差。由于面积量算存在误差，因此一幅图内各部分量算面积之和与图幅理论面积之间总会出现闭合差。当闭合差超过允许误差时，需要重新量算；当闭合差小于允许误差时，方可进行平差。为了简便且比较合理地进行配赋，可采取按面积比例平差的办法，将不符值按各部分面积大小进行分配、改正，直到消除不符值为止。

例如，二调规定，计算机量算的一幅图内，所有图斑面积的加和与理论面积之差在 $\pm 1 hm^2$ 范围内时，可将理论面积作为控制面积进行平差。

4. 自下而上逐级汇总 在分幅量算工作全部结束后，应自下而上，按村、乡、县（行政系统）逐级将分布在相邻图幅上的同一单位的面积汇总成整体面积，同时按地类进行汇总。自下而上的汇总保证了全部量算面积处于同等精度，且次序顺畅、有条不紊。

在应用计算机进行图斑面积量算时，上述原则均贯穿在作业过程和运作程序之中，成为一个连贯的作业过程，不再单独列为工作步骤。

（三）控制面积和图斑面积量算

在土地面积量算的过程中存在着控制面积和图斑面积两个概念。

1. 控制面积量算 控制面积是指由一群图斑集聚而成的一个较大范围的图形面积，其规模可以是若干个相邻图斑的总面积，也可能是一个完整的权属（或行政）单位土地面积构成的较大图形面积或者一个完整的图幅的总面积，是一个相对的、较为宏观的图形面积的概念。图斑面积是指外业调绘时按照图斑地类调绘的要求勾绘而成的具体的图斑面积。

当一个标准分幅图的面积被称为控制面积时，该控制面积如前所述，是通过按图幅的经纬度计算出来的。在土地面积计算中经常需要将一个行政区域的总面积作为控制面积，甚至以某一群图斑聚合而成的一片图斑群作为一个控制单元，这个单元的总面积也称为控制面积。

如果一个县从未进行过土地调查，其土地总面积的求得一般是通过求算分布在各分幅图幅中的正确面积后，合计而成的。而分布在各图幅中的正确面积，则是在前述土地面积量算原则的指导下求算出来的，即：在明确一个图幅的理论面积之后，量算该图幅内本县土地范围的面积，同时也量算非本县范围土地面积（只要不是本县的范围，既可以合并在一起量算，也可分别量算），在图幅理论面积的控制之下，按面积比例进行平差，从而得到本县在该幅图内的正确土地面积。再将本县在各图幅内正确量得的土地面积加总起来，便形成本县的土地总面积。

在经过土地调查的情况下，为了使土地面积量算更为科学、合理，应当充分利用已有的量算成果资料。为此二调和三调均规定，为保证全国面积汇总的准确，采用逐级、逐图幅面积控制方法，即：全国土地调查办下达省级行政区域调查界线和控制面积，在此基础上，省级土地调查办公室负责制作县级行政区域调查界线的标准分幅矢量界线图，确定县级行政区域控制面积。为了正确地得到全县土地总面积，可以通过制作图幅理论面积与控制面积接合图表（表 3-1）来实现。

表 3-1　××县图幅理论面积与控制面积接合图表（示例）

单位：m²（0.0）

界内横向累加值

纬度	1:2 000 破幅个数	破幅面积	整幅个数	整幅面积	总面积	1:5 000 破幅个数	破幅面积	整幅个数	整幅面积	总面积
32°25′00″	3	1 187 545.2	0	0	1 187 545.2					
32°24′35″	1	139 416.7	2	1 509 295.6	1 648 712.3	1	4 611 750.0	0	0	4 611 750.0
32°24′10″	1	163 416.7	2	1 509 409.4	1 672 826.1					
32°23′45″										
横向合计	5	1 490 378.6	4	3 018 705.0	4 509 083.6	3	6 805 375.8	0	0	6 805 375.8
										11 417 125.8
界内总面积		15 926 209.4								1592 6209.4

图幅理论面积与地图网格

图幅理论面积	1:5 000	1:2 000	纬度	110°00′	110°037.5″	110°1′15″	110°1′52.5″	110°3′45″
	6 791 830.1	754 590.8	32°25′00″	673 057.5　149I517193　(81 533.3)	163 924.4　149I517194　(590 666.4)	239 245.3　149I517195　(515 345.5)	×× 县	
		754 647.8	32°24′35″	(139 416.7)　149I518193	149I518194	(4 611 750.0)　149I518195	149H173066　2 180 080.1	×× 县
		754 704.7	32°24′10″	615 231.1 (163 416.7)　149I519193　195 589.6 / 395 738.4	149I519194	149I519195	×× 县	999 318.2 (3257681.8)　149H174066　2 536 367.3
	6 793 367.3		32°23′45″	3 245 673.3 (354 7694.0)　149H174065	×× 县			

界内纵向累加值

纬度	经度	110°00′	110°037.5″	110°1′15″	110°1′52.5″	110°3′45″
界内纵向累加值	1:2 000	384 366.7	2 100 018.9	2 024 698.0		
	1:5 000	3 547 694.0		7 869 431.8		
纵向合计		15 9262 09.4				

注：①表题中"××"位置填写具体行政区域名称。
②括号内的数值为界内面积。

表 3-1 的中心部分是一个县所涉及的图幅及其界线范围。凡是整幅图全是本县的土地，则该幅图内不标任何数据（如图中的 1∶2 000 的 I49I518194、I49I518195、I49I519194、I49I519195 分幅图）；将每一幅图内量得的土地面积写在该图幅中本县的范围内，相邻县的面积书写在其界线范围外，使每一幅图内所标记的各部分（包括本县和相邻县）的面积之和严格等于图幅的理论面积；依照图表界内的横向累加值和纵向累加值之和应相等并为界内总面积，即全县的总面积。

如前所述，有时需要以某一群图斑聚合而成的一片图斑群作为一个控制单元，这个单元的总面积也称为控制面积。目前这种情况主要发生在变更调查之中。为了在一个比较小的范围内正确地反映变更的情况和统计地类变化的情况，仅就变化了的部分做变更，将已发生变更部分的总面积作为一个控制单元的控制面积，从而对其内部的各个新图斑面积的量算起到控制作用。

2. 图斑面积量算 图斑面积量算是指对每一个地类图斑面积的量算。为了使每幅图中各个部分土地面积都能量算清楚，使量算工作不重、不漏，量算过程准确、可靠，量算结果便于汇总，能符合地籍管理及其他管理工作的需要，应当将图上各个需要量测面积的对象（不管是斑状的、线状的，还是点状的）都归入某一个面状图形（图斑）中，对这些图斑进行量算之后，再将非斑状的量测对象（如耕地图斑中的田坎）从所在图斑内扣除出去，从而获得地类的准确面积。也就是说，在开展正式的面积量算工作之前，必须先明确量测图斑，即明确每一个图斑的求积线。图斑的求积线主要依靠外业调绘的图斑界线或其他界线符号来确定。

按二调和三调规定，图斑的椭球面积可用拐点坐标按以下公式进行计算：

（1）高斯投影反解变换（x，$y \to B$，L）公式。

$$B = B_f - \frac{1}{2}(V^2 t)\left(\frac{y'}{N}\right)^2 + \frac{1}{24}(5 + 3t^2 + \eta^2 - 9\eta^2 t^2)(V^2 t)\left(\frac{y'}{N}\right)^4 -$$

$$\frac{1}{720}(61 + 90t^2 + 45t^4)(V^2 t)\left(\frac{y'}{N}\right)^6 \tag{3-10}$$

$$L = \left(\frac{1}{\cos B_f}\right)\left(\frac{y'}{N}\right) - \frac{1}{6}(1 + 2t^2 + \eta^2)\left(\frac{1}{\cos B_f}\right)\left(\frac{y'}{N}\right)^3 + \frac{1}{120}(5 + 28t^2 + 24t^4 +$$

$$6\eta^2 + 8\eta^2 t^2)\left(\frac{1}{\cos B_f}\right)\left(\frac{y'}{N}\right)^5 + 中央子午线经度值（弧度）$$

$$\tag{3-11}$$

式中：$y' = y - 500\,000 - 带号 \times 1\,000\,000$；$E = K_0 x$；$B_f = E + \cos E(K_1 \sin E - K_2 \sin^3 E + K_3 \sin^5 E - K_4 \sin^7 E)$；$t = \tan B_f$；$\eta^2 = e'^2 \cos^2 B_f$；$N = C/V$；$C = a^2/b^2$；$V = \sqrt{1 + \eta^2}$。

其中，e'^2 和 K_0、K_1、K_2、K_3、K_4 为与椭球常数有关的量。使用式（3-10）和式（3-11）时应注意：若坐标为没有带号前缀格式，则不需要减去"带号 $\times 1\,000\,000$"；若坐标为有带号前缀格式，则需要减去"带号 $\times 1\,000\,000$"。

（2）计算图斑椭球面积。

$$S = 2b^2 \Delta L \left[A \sin \frac{1}{2}(B_2 - B_1)\cos B_m - B \sin \frac{3}{2}(B_2 - B_1)\cos 3B_m + \right.$$

$$C \sin \frac{5}{2}(B_2 - B_1)\cos 5B_m - D \sin \frac{7}{2}(B_2 - B_7)\cos 7B_m + \tag{3-12}$$

$$\left. E \sin \frac{9}{2}(B_2 - B_1)\cos 9B_m \right]$$

式中：S 为图斑椭球面积，单位为平方米（m^2）；其余符号含义同式（3-3）至式（3-9）；e^2、A、B、C、D、E 的计算同式（3-4）至式（3-9）。

3. 图斑地类面积计算　一个图斑的求积线内往往包含有其他地类的小图斑、线状地物和零星地物等，耕地图斑内则还包含着一定数量的田坎面积。为了能准确统计各地类面积，应从图斑量测面积中扣除内含小图斑面积（大图斑中套有小图斑的情况下）、线状地物面积、零星地物面积和田坎面积，余额才是该图斑地类面积。因此，图斑地类面积应按下列公式计算：

$$图斑地类面积＝（图斑面积－内含小图斑面积－线状地物面积－$$
$$零星地物面积）×（1－田坎系数）\qquad(3-13)$$

式中：小图斑面积和线状地物面积按规定的方法量得；零星地物面积可从外业手簿中查取；田坎系数的计算和应用，见本节相关内容。

由于三调对小于规定最小上图图斑的线状地物、零星地类等未做单独调查，它们相应的面积应包含在相应的图斑面积之中。

4. 耕地分坡度级面积的量算　耕地的坡度是耕地质量的一个指标，准确掌握不同坡度级别耕地数量和质量以及它们的空间分布状态，对开展土地质量评价、实施土地整治、编制国土空间规划、进行土地生态保护等工作都具有重要的意义。因此，按不同坡度分级统计耕地的面积也是土地调查的一项重要内容。三调规定，根据地面倾角大小将耕地划分为 5 个坡度级（表3-2）。其中，可将坡度≤2°的耕地视为平地，其余各坡度级别的耕地再分为梯田和坡地两种耕地类型进行面积分别统计。

表3-2　耕地坡度分级及代码

坡度分级	≤2°	>2°～6°	>6°～15°	>15°～25°	>25°
坡度级代码	1	2	3	4	5

耕地坡度的判定有两种方法：①将土地利用现状图与同比例尺的地形图进行套合，通过对每一个图斑内通过的等高线条数和图斑的顺坡长度（借助坡度尺）来计算得到；②利用数字高程模型（DEM）生成一个区域的坡度图，再将此坡度图与土地利用现状图进行套合，从而获取出耕地图斑的坡度。

数字高程模型的现势性对于计算坡度级很重要，数字高程模型较差的区域，特别是对于那些人为改造地形的活动较大、较多的区域（如采石场经长期采石之后、大规模平整土地之后等），数字高程模型已不能很好地反映该地区的原始地形，这些地区用陈旧的数字高程模型计算的坡度误差往往很大，无法满足精度要求。因此，在利用数字高程模型计算坡度之前必须检查数字高程模型的精度和现势性，发现问题应及时用最新地形图或其他数据来弥补。

三调要求，进行耕地分坡度级时原则上不打破图斑界线，一个图斑确定一个坡度级。当一个图斑含两个或两个以上坡度级时，原则上以面积大的坡度为该图斑坡度级；但不同坡度级界线明显的，也可按照界线分割图斑并分别确定坡度级。

当整个耕地图斑属同一坡度级时，将该地类图斑面积扣除各项内部扣除要素（三调主要指田坎，一调和二调还包括线状地物、零星地物）的面积后的余额即为该坡度级的耕地面积。当一个耕地地类图斑面积属于两个或两个以上坡度级时，如果一部分很大而另一部分很小，则可按面积占比较大部分的坡度级来统计；对坡度级分级界线明显的图斑，应分别量测各部分面积，并用图斑面积扣除各扣除项面积后的余额作为控制面积进行配赋，从而求得各坡度级的面积。

第六节　成果的形成

根据《第三次全国国土调查技术规程》规定，县级调查成果应包括：①实施方案（或技术设计书）；②调查底图及相关调查记录表（簿）；③土地权属调查成果；④坡度图有关成果；⑤田坎系数测算成果；⑥图幅理论面积与控制面积接合图表；⑦国土调查数据库与数据管理系统；⑧成果质量检查报告、表格等；⑨各类统计汇总表；⑩县级土地利用图、城镇土地利用图；⑪耕地细化调查、批准未建设的建设用地调查、耕地质量等级和耕地分等定级等专项图；⑫工作者报告、技术报告、成果分析报告及相关专题报告等。

一、数据库建设

对外业调查成果进行系统整理，并以县区为单位，按照国家统一的土地利用数据库标准和技术规范，逐图斑录入调查记录，并对土地利用图斑的图形数据和图斑属性的表单数据进行属性联结，形成集图形、影像、属性、文档为一体的土地利用数据库。二调时建立了农村土地调查数据库，该数据库主要包括土地权属、土地利用、永久基本农田、基础地理、影像、数字高程模型等信息。农村土地调查数据库的图形数据采集，参照农村土地调查记录手簿，矢量化调查底图上的土地权属界线、地类图斑界线和线状地物等。为适应国土新的管理形势，三调要求根据调查结果重新建立土地调查数据库，其主要内容包括基础地理信息、土地利用数据、土地权属数据、永久基本农田数据、专项调查数据等矢量数据，数字高程模型（DEM）数据、数字正射影像图（DOM）数据、扫描影像图数据等栅格数据和元数据。

建设土地利用数据库，以地理信息系统为图形平台、以大型的关系型数据库为后台管理数据库，存储各类土地调查成果数据，实现对土地利用的图形、属性、栅格影像空间数据及其他非空间数据的一体化管理；借助网络技术，采用集中式与分布式相结合的方式有效存储与管理调查数据；考虑到土地变更调查需求，应采用多时序空间数据管理技术，实现对土地利用数据的历史回溯。另外，由于土地调查成果包括了土地利用现状数据、遥感影像数据、权属调查数据以及土地动态变化数据等，数据量庞大，记录繁多，需要采用数据库优化技术，提高数据查询、统计、分析的运行效率。

土地利用数据库建设所采用的地理信息系统应满足矢量、栅格和与之关联的属性数据的管理，具有数据输入、编辑处理、查询、统计、汇总、制图、输出以及更新等功能。运用土地调查数据库，可以获得采用所需比例尺的土地利用现状图，满足农用地转用、土地征收、不动产登记、土地规划、土地开发整理复垦、土地利用、基础地理、影像等信息。

二、土地面积汇总统计

土地面积汇总统计是土地面积量算工作中的最后环节，主要是对图斑面积量算结果资料进行整理并按资料应用的要求进行汇总，是为土地统计和不动产登记奠定基础的一项工作。

土地面积汇总只是土地利用现状调查成果汇总的一部分，全面的汇总包括数据汇总、图件汇总及文字材料的汇总。但在县级汇总工作中，汇总主要是指数据汇总，对图件和文字一般不称汇总，而是编制图件和编写文字成果。县级汇总只是最基层的汇总，之后尚需按行政级别向上逐级汇总，直至全国的汇总。对于县以上各级的汇总，都有专门的汇总技术要求，对数据汇总、图件汇总及文字汇总均做了具体的规定。

在整个汇总体系中，县级汇总是最基本的，汇总工作的各项基本技术原理在县级汇总工作中均有体现。本节着重就县级数据汇总、县级图件编制和县级文字报告编写加以阐述。

1. 汇总系统　在图幅理论面积和图斑面积量算工作完成之后，得到的是图斑面积量算结果，这仅是原始资料，离满足土地管理应用的需要尚有较大差距。根据行政管理体系，从村到乡到县乃至再向上汇总，显然是十分必要的，由此可以汇总出各级的土地总面积以及各地类面积。但这在整个汇总体系中仅能满足一个方面的需求或者说只是一个汇总系统，远非汇总的全部要求。

从调查成果的应用要求来讲，以县级而言需要实现以下几个方面基本的数据汇总成果：①县辖范围内土地利用现状分类面积及总面积汇总；②县辖范围内分权属、分地类汇总；③县辖范围内耕地按坡度级分地类汇总；④县辖范围内飞地、争议地分类汇总。

除上述几类基本数据汇总成果以外，不同调查时期还规定了一些专项数据汇总。例如，二调还要求对永久基本农田调查情况、工业用地、开发园区、房地产用地等进行数据汇总，三调还要求对地类细化（耕地、园地、林地、城镇村等）调查、批准未建设的建设用地调查、永久基本农田调查等结果进行数据汇总。

上述各类汇总应按规定汇总到各自系统。这些系统在结构上并不完全一样：有的需要从图斑到村，再按乡汇总，最后汇总到县；有的认为乡一级汇总是没有实际用途的，是可以减少的一个环节，而村一级的汇总几乎是各个系统都需要的。为此，在建立数据库时，必须为每个数据配赋相关的属性，以便于满足汇总的需要。

在不同的汇总系统中，按土地利用现状、权属性质进行汇总的系统是最基本的，其成果应用也是最广泛的。

不同的汇总系统并非孤立无关的。在汇总工作中应充分应用各系统之间的内在关系，对汇总结果进行检核，以保证汇总的正确无误。

2. 村、乡、县土地面积汇总与校核

（1）汇总的原则。

A. 以调查数据为基础。土地面积汇总工作都是在建立基本统计台账的基础上进行的。因此，首先要在调查获得数据的基础上建立各村的土地统计台账。土地统计台账以地类图斑为记录单元，同时又按权属性质进行分册（或分页）统计，也可另设表册进行。其基本原理是以地类图斑为单位，以地类类目为项目，进行列表统计，最终合计出各地类面积和土地总面积。这些工作在计算机上利用数据库是很容易实现的。

B. 辖区面积控制。在土地面积量算中要坚持以图幅理论面积为基本控制的原则，在汇总中则应以辖区面积为控制。这两个控制体系，从实质上来讲是一致的和统一的，因为辖区面积是在图幅理论面积控制之下求得的。因此，面积汇总前，首先应做到辖区范围和面积与上级统一提供的范围和面积一致。只有以此为控制，才能保证全国的汇总不重不漏、全面可靠。

C. 逐级控制汇总。土地面积的汇总必须遵循自下而上逐级汇总的基本思路。依据各种汇总系统的需要，"逐级"的理解应当根据实际需要而定。例如，对县辖范围内土地总面积及分类面积进行汇总，应从村级到乡级再到县级汇总，而飞地和争议地的汇总在乡一级没有多大意义，可以跳过这一级进行汇总。

（2）汇总的基本要求。土地面积汇总的总要求是要汇总出各级各类土地面积和总面积。然而，每一次的汇总也有一些具体的不同要求，在汇总中应予以满足。就二调和三调而言，土地面积汇总有以下一些不同要求：

A. 土地面积都必须采用椭球面积计算。

B. 图斑地类面积是由图斑面积扣除了应当扣除的面积（二调包括内含的小图斑、线状地物和田坎面积，三调为内含的田坎面积）后的面积。

C. 地类汇总面积是由汇总范围内所有的图斑地类面积、田坎面积等统一按地类汇总统计的。汇总中要就土地分类的各个级别类型进行汇总，即分别按一级类和二级类汇总。

D. 飞入地的面积统计在本辖区的行政区域面积内，飞出地的面积统计在飞出地所在辖区的行政区域面积内。

E. 面积统计所用单位，在量算图斑面积时采用平方米（m^2），汇总统计中采用公顷（hm^2）或亩。

F. 因小数位取舍造成的误差应当强制调平。

（3）汇总数据的校核。

A. 县级辖区汇总面积必须等于上级下达的本辖区的控制面积。

B. 乡级总面积之和应当等于县辖区总面积。

C. 同一乡内村级总面积之和应当等于该乡总面积。

D. 同一个一级地类，下属各二级地类分类面积之和应等于本一级地类总面积。

E. 本县内所有集体土地与国有土地面积（包括暂存的争议地面积）之和应等于本县的辖区总面积。

F. 各种坡度级的耕地面积之和应等于耕地总面积。

三、成果图件编制

土地利用现状调查的成果图件除包括土地利用现状图、土地权属界线图外，还应包括专题图件（如耕地坡度分级图、永久基本农田分布图、耕地细化专项调查图等）。土地利用现状图从成图的形式来看可分为两种类型：一类是分幅土地利用现状图，是基本图件，它是以调查工作底图为基础形成的，可作为资料留档使用；另一类是按行政区域编制的土地利用现状图（如乡级土地利用现状图、县级土地利用现状图），此类图是在分幅土地利用现状图的基础上编制而成的，具有整体性、易读性、使用便捷性等特点。土地权属界线图只需制作分幅土地权属界线图，不编制其他的土地权属界线图。分幅土地利用现状图和分幅土地权属界线图的绘制在本章前面相关章节已做了阐述。本节主要阐述乡级土地利用现状图和县级土地利用现状图的编制。

乡级土地利用现状图和县级土地利用现状图具有宏观整体反映行政区域土地利用现状的特点，多用作挂图使用。它们均以分幅土地利用现状图为基础，采取缩小套合、综合取舍的方法编制而成。乡级土地利用现状图和县级土地利用现状图编制的比例尺，可根据其行政区域的大小和形状来确定，乡级土地利用现状图一般选用与调查工作底图相同的比例尺，县级土地利用现状图一般选用1：50 000至1：100 000的比例尺。由于比例尺不同，图件编制的具体程序和方法也不尽相同。

1. 乡级土地利用现状图的编制　乡级土地利用现状图的比例尺与调查工作底图一般是相同的，与分幅土地利用现状图的比例尺也是一致的。这是一种编图资料与成图比例尺完全一样的编图作业，因而简化了成图方法。只要把乡级土地利用现状图的数学基础构建好，再将相应的分幅图套合拼接而成即可。拼接时，要以内图廓点和公里网作为控制，确保编制图件的数学基础良好，相邻图幅能精密地衔接起来，并对接边处的地物逐个检查。

这里基本上不存在制图综合的问题，也不需要为突出某些内容而进行加工，但要解决绘制中的清晰、美观等形式上的问题。

各要素表示方法以土地调查技术规程规定的图示、图例、色标为准。制图技术与编制分幅土地利用现状图所采用的技术相同。

2. 县级土地利用现状图的编制　县级土地利用现状图是在分幅土地利用现状图的基础上通过编绘而成的。由于县级土地利用现状图一般比例尺比较小，就产生了专题要素缩小套合、制图综合取舍的问题。

制图综合取舍就是按一定的规则对图件内容进行简化和概括，其实质是留下主要的，去掉次要的，将制图区域内各类要素的基本特征和典型特点反映在图件上。根据土地利用类型的区域特征，对各种地类要素进行科学分析，从水系综合、图形碎部综合、面积综合和线状地物位移 4 个方面对图斑进行简化和概括：①河流水系应根据其宽度决定其取舍。②对图形碎部的一些小的弯曲部分，在不影响图斑的基本特征情况下可以去掉。③面积综合的内容主要是小图斑的舍去和合并。④当线状地物相互挤压在一起时，可以采取位移的方法，移动的要素应是社会经济要素或稳定性较差的要素。例如，铁路与公路相重叠，移公路；小河与道路相重叠，移道路。总之，通过制图综合，既可使图形清晰、美观、可读，又力求保持地貌单元的完整性，反映土地利用现状的区域特征。

在综合取舍中，一方面要努力使综合取舍的结果在图斑的图形上基本保持原样，另一方面要尽量使各地类面积的结构与调查实际结果基本保持一致。这是土地利用图件综合取舍的一个专业特点，必须予以十分重视。

还有一些地区，为了能较好地反映当地土地利用的特点，不能简单地按一般的规律进行综合取舍。例如，在丘陵地区，农田灌溉的水源有很大一部分是靠散布在山湾里的坑塘蓄积水来保证的。这些地区的坑塘一般规模都不大，如果按一般的综合取舍标准，很可能全部都被综合掉，导致图上几乎没有水源分布，同时却有大面积的水田分布。这样的制图综合就是不够合理的，会在土地利用图上呈现出既不符合土地利用结构的分布规律、又不符合当地客观实际的状况。

四、调查报告的编写

土地利用现状调查报告是对现状调查的综合陈述，是极为重要的文字成果资料之一。编写调查报告的目的，在于对调查工作进行全面总结。一方面，反映调查工作的全过程（包括调查工作的组织实施、技术路线、检查验收和取得的主要成果等），汇报调查成果质量的控制体系，分析土地调查的质量精度，为调查成果的应用和日后的调查成果完善提供技术接口；另一方面，也应对利用的程度进行分析，总结土地利用的经验和存在的问题，提出充分合理利用土地的建议，使土地调查的成果更有利于土地利用的改进。

土地调查开展情况的报告主要包括从组织和技术角度进行的总结。从整个调查工作的组织开展来讲，除县一级必须编制报告外，县以上的各级也应编制相应的报告。二调和三调要求分县级、市（地）级、省级、国家级四级编写报告。报告的类型有：工作报告、技术报告、数据库建设报告、成果分析报告和专题报告。

1. 工作报告 工作报告的内容主要包括调查区的地理位置、行政区划和总面积，自然、经济、社会等概况，调查的目的、意义、目标、任务，组织实施与保障措施，质量管理措施，完成的主要成果，经验体会及其他需要说明的情况等。

2. 技术报告 技术报告的内容包括结合本地特点采取的技术路线、采用的主要技术方法及作业流程、新技术应用情况、质量把关体系、技术检查制度等，同时还包括总结技术上出现和存在的问题、技术上所做过的探讨试验和经验教训等。

3. 数据库建设报告 数据库建设报告的内容包括数据库建设流程、软硬件配置、数据库内容与功能、数据库维护和更新等，同时总结数据库建设中存在的问题、数据库应用中存在的缺陷和问题，分析与土地管理需要之间的差距等。

4. 成果分析报告 成果分析报告的内容包括土地利用结构分析、地类分布和利用程度的分析、调查成果与当地土地利用实际情况的吻合程度分析、与以往调查成果的对比分析、调查成果的质量分析等，以及合理利用土地资源的政策、措施与建议等。

5. 专题报告 专题报告的种类很多，依据需要而定，例如三调的耕地细化调查、批准未建设的建设用地调查、耕地质量等级和耕地分等定级等专项调查成果报告等。

五、县级以上调查成果汇总

县级调查成果是地（市）级、省级和全国成果汇总的原始基础。汇总工作包括数据的汇总、图件的汇总和文字的汇总。

1. 汇总工作开展的基本条件和基本原则 县级调查成果是成果汇总的原始基础。任何一级成果汇总必须在下辖各单位完成成果检查验收并对验收中发现的问题进行了处理后方可进行。

（1）正式汇总前必须解决好相邻下辖单位图幅的接边和控制面积接边以及对飞地情况的处理，这些方面应当不再存在遗留问题。争议地段应划定量算面积的暂定工作界，绘制图件，量测面积，反映争议各方的认识和意见。

（2）下辖各单位的数据应完整、齐全，闭合良好，逻辑无误。

（3）下辖各单位图件比例尺应符合规定，内容齐全，精度合格，图面清晰，签章齐全、有效。

（4）下辖各单位文字报告应内容全面、文字通顺、特色明显、素材丰富、典型突出。

汇总工作是对下辖单位成果的组合和综合概括，既不是简单叠加，也不能偏离基础，应遵循如下基本原则：数出有据、图出有源；文字报告内容翔实，图、文、表并茂；体现成果的科学性、完整性和实用性。

2. 汇总的关键技术要求 汇总工作的关键在于行政区域界线接边、图幅接边和相应数据的接边，因此接边是汇总工作的要害。汇总的基础图件是分幅土地利用现状图，基础数据是每幅基础图件相应的数据。

下辖相邻单位在相邻边境涉及的同一图号的图幅上边界的标绘必须一致，应将各方同一图号的边界图进行套合检查。下辖相邻单位的面积和应当与下达的控制面积一致。

如果由于界线发生调整，对相应部位的控制面积应在上级主持下做出相应的调整，甚至部分碎部图斑面积须重新量算及调整。调整量不大的，尽量在一个较小的范围内来调整。

如果接边双方应用的图件比例尺不同，会为行政区域界线的套合和控制面积的接边带来困难。根据有关规程规定，控制面积要以较大比例尺图件上量算的数据为准，即小比例尺图件上量算的数据必须按大比例尺图件上量算的数据进行调整。具体做法是：将大比例尺图件上调绘的行政区域界线，按小比例尺的调查精度要求，准确地转绘到小比例尺图件上。如果两种比例尺图件坐标系相同，则以图廓和坐标公里网为控制来转绘；如果坐标系不同，则首先要统一坐标体系，进行坐标系转换后，方可转绘。转绘后小比例尺图件上的控制面积计算方法是：小比例尺分幅面积量算工作底图上的界外控制面积，采用大比例尺图件上量算的数据，将其视为"真值"；小比例尺图件的图幅理论面积减去界外的"真值"，即为界内控制面积。

编制图幅理论面积与控制面积接合图表（见本章第五节的"控制面积量算"部分）是保证汇总工作顺利进行的又一重要环节，其制作原理与乡、县级接合图表相同。全面掌握图件接边和数据接边对汇总总面积十分有用。

复 习 思 考 题

1. 土地调查的基本概念是什么？土地调查包括哪些内容？
2. 简述土地利用现状调查的概念和开展的历史背景。
3. 土地利用现状调查的任务和内容是什么？
4. 勾绘出土地利用现状调查的程序框图，并阐明各阶段在整个调查中的作用。
5. 外业调绘要完成哪几项工作？各有什么要求？
6. 简述田坎系数测算的操作步骤。
7. 土地面积量算的基本原则是什么？量算面积的控制体系是什么？
8. 县级调查成果有哪些？数据汇总统计的系统有哪些？
9. 土地利用现状图既要形成分幅图，又要形成分乡图，而且比例尺都是相同的，有无必要？它们各起什么作用？

第 四 章

地籍调查

|本章提要| 地籍调查是一项国家土地管理的基本措施，是土地调查的组成部分，其直接作用是为不动产登记奠定基础。地籍调查的两大关键环节是土地权属调查和地籍测量。本章首先对地籍调查的概念、类型、内容和程序做了阐述；然后重点介绍了土地权属调查的内容、程序、单元划分、地籍编号、界址调查及宗地草图绘制和地籍调查表填写，同时就地籍测量的控制测量、界址点测量、地籍图测绘、面积量算等内容做了阐述；最后对地籍调查报告编写、成果检查验收、资料整理归档进行了简要介绍。

第一节　地籍调查概述

一、地籍调查的概念、目的和意义

1. 地籍调查的概念　地籍调查是指国家为满足不动产登记及其证书核发等的要求，依照法定程序，查清每一宗土地及其附着物的位置、权属、界址、数量、质量和用途等基本情况，并以图表、文字、簿册、数据等手段表示结果的一项调查工作。地籍调查既是一项政策性、法律性和社会性很强的基础工作，又是一项集科学性、实践性、统一性、严密性于一体的技术工作。

地籍调查是一项由国家行使的措施，是不动产进行法律登记行为的必要前提，也是不动产登记必要的法律程序之一。其调查结果经过登记后，具有法律效力。地籍调查的对象遍布城镇及农村。农村土地利用现状调查中兼有地籍调查的业务。地籍调查的实质是对国家土地权属的调查，也是对土地资产的调查。

2. 地籍调查的目的和意义　地籍调查成果资料是地籍管理的依据。地籍调查是在不动产登记之前进行的，其主要目的就是查清、核实被调查对象的相关信息，建立起地籍基础档案，从技术和法律方面为不动产登记、权属证书核发等奠定基础，以满足国家对不动产的科学管理及税收、规划、房产等国民经济各部门的需要。

随着社会经济的发展，各行各业对土地的需求与日俱增，然而土地资源供给是有限的，位置是固定的。珍惜和合理利用土地是土地管理的根本目的。为了搞好土地科学管理，必须及时掌握土地最详尽的、最全面的、最新的基本信息，主要包括：①土地的权属状况及其空间分布；②土地的数量及其在国民经济各部门、各权属单位间的分布状况；③土地的质量及用途。因此，必须根据科学的地籍制度，全面进行地籍调查，收集基本信息。地籍调查的根本目的是为维护土地制度、保护土地产权、制定土地政策和合理利用土地等提供基础资料。

地籍调查作为国家获取基础资料的一项调查工作，所获得的成果资料不仅对加强土地权属管理、保护土地权利人合法权益、解决土地产权纠纷有着十分重要的意义，而且对全面收集、了解和掌握土地利用类型、利用状况、数量、分布等其他基本信息也有着十分重要的作用。因此，地籍调查不仅可为开展土地权属管理提供基本凭据资料，同时也可为合理利用保护土地、科学制定土地利用规划及有关政策、调控土地供求、规范土地市场等提供基础资料。

二、地籍调查的类型

为适应土地管理和社会经济发展的需求，必须掌握能清晰、准确反映土地资产权利现状的地籍资料，而且这些资料要保持良好的现势性和准确性，这就必须注意及时掌握土地的最新信息，特别是权属状况的动态变化情况。可见，地籍调查不是一次性的静态的工作，而是需要随着土地资产的变动，及时不断地开展更新的经常性工作，以确保基础资料的客观现势性。

1. 根据地籍调查时期和任务划分　现行《地籍调查规程》将地籍调查分为地籍总调查和日常地籍调查。

地籍总调查，有的文献资料称之为初始地籍调查，它是指在一定时间内，对辖区内或特定区域内土地进行的全面地籍调查。地籍总调查不是指历史上的第一次地籍调查，它一般是在地籍工作长期间断或地籍资料十分散乱、严重缺失、陈旧、无法使用的状况下开展的，是为了建立起基础地籍资料，从而开展科学的地籍管理工作。地籍总调查工作具有涉及部门多（如自然资源、住房和城乡建设、司法、税收、财政等）、调查范围广、内容繁杂、花费巨大等特点。

日常地籍调查，有的文献资料称之为变更地籍调查或经常地籍调查，它是指在完成了地籍总调查（已经建立起基础地籍资料）之后，为保持地籍资料的现势性，及时掌握地籍信息的动态变化而进行的经常性的地籍调查，是土地变更登记前对变更对象的调查，是地籍管理的经常性工作。

2. 根据地籍调查区域范围和功能划分　地籍调查可以分为城镇地籍调查和农村地籍调查。

城镇地籍调查是指以城镇及村庄内部土地为调查对象，主要对城镇、村庄范围内部土地的权属、位置、数量、质量和利用等状况内容进行的调查。城镇土地在国家土地资产中占有特殊的地位，考虑到城镇土地对整个国家发展政治、经济、科技的影响地位，以及城镇经济的实力和科技能力，国家统一部署，在全国各省（自治区、直辖市）的城镇开展地籍调查。为开展好城镇（包括村庄内部）地籍调查，1993年国家制定了《城镇地籍调查规程》（TD 1001—1993）（该规程已作废），为城市、建制镇和农村集镇、村庄等地开展地籍调查做出了统一的技术规范。为适应地籍管理新的发展形势，2012年发布了由国土资源部制定的适用于城乡地区开展地籍调查的《地籍调查规程》（TD/T 1001—2012），对地籍调查的内容、程序、方法、要求、成果管理及信息化建设等做出了统一的规定。

农村地籍调查是以农村和城镇郊区土地为调查对象，是结合土地利用现状调查进行的。土地调查规程中规定了各级行政区域界线和土地权属界线（村界线，农、林、牧、渔场界线，以及居民点以外的企事业单位的土地所有权和使用权界线）等地籍要素的调查内容和调查方法。

城镇地籍调查和农村地籍调查要互相衔接,既不要重复又不要遗漏,调查的内容应覆盖调查区域的每一块土地。其中,土地权属调查是地籍调查的核心,城乡一体化是地籍调查未来的发展趋势。

三、地籍调查的内容

1. 地籍调查的具体内容　地籍调查是为了地籍管理和土地管理的需要而开展的。通过调查,对调查区范围内的所有地籍要素[权属性质、权属主名称、界址(界址点和界址线)、坐落(位置)、数量(规模)、质量等级、编号、注记等]都要逐一查清并记载清楚,为登记打下基础。

所谓查清,是要求在实地做到各宗地界址清楚、权属关系明确,并有必要的具有法律性质的文书、数据或图件加以记载。

所谓记载清楚,就是要求在现场调查清楚的基础上,按实地情况加以详尽记载。记载可以采取文字、数据、图件、影像等多种方式,甚至实地标注,且要求记载应具有一定的法律性或法律考证性,有的还应具有一定的精度保障。

查清和记载清楚是保障登记可靠、准确的必要基础,使地籍调查成果准确实用,有利于登记,有利于解除权属纠纷,有助于界址恢复(在界址被破坏的时候)。

2. 地籍调查的内容随地籍制度的变迁而不断得到丰富　以财政税收目的为主的税收地籍,地籍调查主要需解决以下两个问题就够了:①向谁收税的问题,即纳税人的情况,包括姓名或单位名称、地址等;②收多少税的问题,即核算税额所需的土地面积和土地质量(等级)。

以法律为目的的产权地籍,除了具有为财政税收服务的功能外,还具有更重要的权益保护功能,即保护权属主体的合法权益。地籍调查的重要内容包括:①权利主体的信息,包括姓名或单位名称、地址等;②权利客体的信息,包括多少土地、什么样的土地、土地的质量等级等;③权利的内容,包括权利的性质、有无他项权利等。

以多功能为目的的多用途地籍,除了具有财政税收服务、产权保护功能的依据以外,还要为土地利用、土地保护、土地规划、土地管理及其他各种经济建设和社会管理服务。因此,地籍调查的内容也更加丰富,不仅要调查土地及其附着物的权属(权利人状况、土地权属性质及来源、权利限制等)、位置(地理位置、四至关系、界址等)、数量(土地面积、建筑占地面积、总建筑面积等),还要调查土地及其附着物的质量(土地等级、基准地价等)、利用状况(土地类型、容积率、建筑密度等)。同时,对作为地籍调查成果的图件也要求应具有较高精度,并附有相应的高程、地形等图示资料。此外,还要求地籍图、簿册等资料的内容反映也应该是多方面的。

四、地籍调查的原则

为了保证地籍管理工作规范、顺利开展,避免引发不必要的矛盾,地籍调查应遵循以下原则:

(1)依法依规。调查必须依据国家土地、房地产、城市规划等不动产的有关法律法规进行。

（2）实事求是。调查时做到依法与现状相吻合，同时应充分考虑土地使用的历史背景。

（3）符合地籍管理的基本要求。调查必须按照国家统一规定的制度进行，在调查的内容、方法、地籍册簿、图件的格式、项目填写内容及详细程度等方面，均应按国家统一规定操作，这样才能保证所调查的地籍资料的现势性和系统性、可靠性和精确性、概括性和完整性。

（4）适合多种用途。为了使地籍调查的成果可以适合多种用途，地籍调查应该做好以下几项工作：①调查前应收集有关测绘、土地、房地产产权产籍、规划、建筑物报建等资料，并应用于调查之中；②应采用空间上全覆盖的调查方法，全面覆盖调查区域的每一块土地，每一个调查对象的情况都要全面调查清楚，包括道路、桥梁、河流、水面、山地、农田等；③地籍调查结果要做到图形、簿册、数据之间具有清晰的对应关系。

第二节　地籍调查的基本程序

地籍调查是一项综合性的系统工程，政策性、法律性和技术性都很强，工作量大，难度高，必须在充分准备、周密计划、精心组织的基础上进行。要结合本地的实际，提出任务，确定调查范围、方法、经费、人员安排、时间和实施步骤。地籍调查的程序可概括为准备工作、土地权属调查、地籍测量、资料整理、检查验收和成果归档6个环节，如图4-1所示。

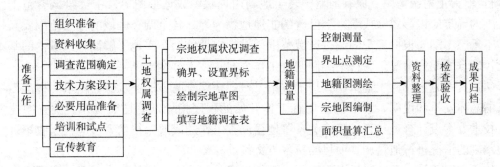

图4-1　地籍调查工作程序

1. 准备工作　地籍调查是一项综合性的系统工程，在开展地籍调查前，应做好充分的准备工作，以便确保工作的顺利进行，确保调查成果质量符合要求。特别是开展地籍总调查前的准备工作应细致、周密。准备工作主要包括：组织准备、资料收集、调查范围确定、技术方案设计、必要用品准备、培训和试点、宣传教育等。

（1）组织准备。由于地籍的建立是政府行为，因此地籍调查工作应由当地的政府组织开展，包括成立专门的领导机构、组织专业队伍、建立工作责任机制等，以保障地籍调查工作的顺利进行。

地籍调查通常由县级以上地方人民政府组织进行。开展地籍调查的市、县，应由县级以上的人民政府成立专门负责地籍调查、不动产登记的领导小组。领导小组负责组织制订工作计划、设计技术方案，负责培训和试点、宣传教育等工作，研究处理地籍调查、不动产登记中的重大问题，尤其要及时研究、确定、仲裁土地权属问题。在土地管理机构中设立专门办公室，负责组织实施。领导小组必须责令调查辖区内各级自然资源部门和行政部门成立相应的工作机构，落实各级组织机构负责人，做到职责明确、分工有序、确保质量，在本辖区内进行地籍调查和不动产登记工作，并对辖区内的地籍调查工作进行技术指导、组织协调及检查验收。

鉴于地籍调查是一项涉及面广、政策性强、技术性高的工作，调查队伍必须既是一支技术过硬的队伍，也是一支政策水平较高、有一定群众基础的队伍，这样在调查的过程中才能得到社会的积极响应、理解、支持和协助。同时，在地籍调查前应制订周密的工作计划、设计详细的技术方案，以保证调查工作有序、顺利地进行，避免在人力、物力、财力等方面产生不必要的浪费。

（2）资料收集。将已有地籍调查的相关资料尽量收集齐全，并进行分析、整理。收集的资料主要包括：①有关的政府文件、技术规程和规定；②原有地籍资料、权属来源资料；③测绘资料，包括航空航天正射影像图、控制点和其他已有图件资料等；④土地调查、土地规划、非农业建设用地清查等资料；⑤调查区域内的各种用地资料和建筑物、构筑物的产权资料；⑥房屋普查及工业普查中有关土地的资料；⑦土地征收、划拨、出让、转让等档案资料；⑧不动产登记申请书及其权属证明材料；⑨其他有关资料。在许多县（市），由于规划、国土、建设由多个部门管理，应分别收集资料。收集的资料越多，调查的工作量就越少，确定权属的准确性和真实性就越高。

（3）调查范围确定。为测算工作量，科学制订工作计划，可预先在可得的影像或图件（如航空航天正射影像图、原有地籍图、土地利用现状图或地形图等）上标绘调查范围。调查范围的确定应以影像（或图）上已有的实地地物为界，各个调查区域的标绘范围要互相衔接，不重、不漏。根据标定的调查区域范围，进行实地踏勘，实地了解调查区域内的基本情况及控制点的完好情况，为科学编制调查工作方案、技术方案提供基础。

（4）技术方案设计。地籍调查技术方案是对地籍调查的方法、步骤、质量、标准、精度要求的总体安排和说明，它不但是调查工作开展的程序指导，更是如何开展调查的技术指导。技术方案设计合理与否，直接关系着地籍调查工作的成败。技术人员应根据收集资料和实地踏勘的情况进行地籍调查项目的技术方案设计。

技术方案设计通常应包括以下几个方面的内容：①调查区域的基本情况。主要内容包括调查区域的地理位置、范围、行政隶属、用地特点、技术方案编写的依据、地籍调查工作程序、人员组成、经费安排、时间计划等。②土地权属调查方案。主要内容包括确权的规定（依据）、工作用图、调查区的划分、地籍编号要求、调查指界方法和要求、界标设置要求、宗地草图勘丈方法和要求。③地籍测量技术设计。主要内容包括已有控制点及其成果资料的分析和利用、控制网采用的坐标系统、控制网的布设方案、控制点的埋设要求、各项技术参数的改正、观测方法、计算方法、采用的数据采集软件、界址点的观测方法及精度要求、地籍图的成图方法、地籍图的比例尺选择、面积量算方法及精度要求等。④土地权属调查和地籍测量的分工与衔接。⑤应提交的地籍调查成果。主要内容包括地籍调查成果的质量标准、精度要求和依据的确定，以及需上交的成果资料。

技术方案原则上由上一级自然资源主管部门审批，也可由省级自然资源主管部门统一审批。对审批后的技术方案，在实施过程中没有大的原则性变动的情况下，实施单位可对技术方案进行少量的修改和补充；若有重大变动、修改时，还须经原审批机关批准。

（5）必要用品准备。包括地籍调查所需表格、簿册（如地籍调查表、野外测量手簿等）、影像及图件资料、测绘仪器、勘丈工具、电子计算机及移动设备、专业软件、交通工具等必要用品的准备。

（6）培训和试点。组织地籍调查人员系统培训学习，使其熟悉地籍调查有关法律、法规和政策，熟悉地籍调查的技术规程和程序，掌握地籍调查技术和方法，明确调查内容和任务。这是确保地籍调查成果质量的关键之一。

在全面展开调查之前，必须先进行小范围试点。通过试点，可积累经验，学会正确处理作业过程中出现的问题。要求选择的试点区用地情况要有代表性，能反映当地的用地特点。调查人员经试点获得一定经验并达到技术要求后，方可全面开展地籍调查工作，这样可减少不必要的返工。

（7）宣传教育。地籍调查工作涉及千家万户、各行各业，需要用地单位的密切配合，否则工作很难开展。因此，在调查之前，需充分利用报社、电台、电视台、网络等新闻媒体进行全面宣传和报道，各级政府机关应召开镇、街道或街坊、行政村、自然村社（组）及辖区内大的用地单位领导参加的动员大会，要求他们向广大土地权属单位和个人讲明地籍调查的重要性和意义，并派专人协助地籍调查工作。一般来说，地籍总调查往往采用全面通告的形式，明确告知地籍调查的范围、时间、要求及具体条款，以及界桩、符号的设置和保护等。

2. 土地权属调查　土地权属调查是地籍调查的核心内容，界址调查又是土地权属调查的关键。土地权属调查其主要任务是对被调查对象的土地权属来源、权属性质以及被调查对象的界线、位置、数量、用途、质量等基本情况的实地调查与核实。首先，在进行土地权属调查前应准备好调查底图和调查表。按接受登记申请人员转来的申请文件，将文件上的各种数据和资料逐项过录到地籍调查表上，以便在现场进行调查核定。调查底图可用高清晰影像、原有地籍图或大比例尺地形图等的复制图。如果没有高清影像或图件，应按街坊或小区现状绘制宗地关系位置草图作为调查工作的底图。其次，在调查工作底图上划分地籍区和地籍子区，预编被调查对象的代码，并向被调查单位（或个人）发放指界通知单，通知有关的土地权利人按时到现场指界，并出示相关证件。最后，对所有被调查对象逐个进行实地调查，现场对申请书申报内容进行审核，确定界址位置，填写地籍调查表，绘制宗地草图。

3. 地籍测量　地籍测量是在土地权属调查的基础上，将被调查对象的土地权属界线、界址点、地类界线及其他地籍要素测绘成图，并准确确定其位置和面积的一项专门测绘工作。其主要工作内容包括地籍控制测量、界址点测量、地籍图测绘、图件编制、面积量算及汇总统计等。

4. 资料整理　首先，应就调查过程中形成的所有资料间的一致性进行检查核实；其次，以每一被调查对象为单元进行归档，按档案管理的要求加以组合；最后，在此基础上进行文字总结，主要是就地籍调查工作开展的技术路线、方法、完成情况、成果质量等内容撰写技术总结报告和工作报告，形成完整的检查验收成果资料。

5. 检查验收　检查验收是地籍调查工作的一个重要环节。其任务在于保证地籍调查成果的质量并对其进行评定。检查验收实行作业人员自检、作业队（组）互检、作业单位专检和自然资源主管部门验收的多级检查验收制度，通常称之为"三检一验"制度。

6. 成果归档　经检查验收合格后的地籍调查成果资料，应按照统一的规格、要求进行整理、立卷、组卷、编目、归档保存，以供利用。

地籍调查不是一般的调查，它的调查结果将用于进行不动产登记。从而确定权属主体的权属规模，权利范围，权属性质等。因此，地籍调查实际上还是具有法律性质的调查，它的成果既澄清了土地权利人的权利状况，也维护了法律的尊严、政府的威望和土地管理部门的信誉。在地籍调查的工作程序中，权属调查和地籍测量是关键环节。通过土地权属调查和地籍测量可以对土地权属状况做出科学记载和准确定位，这样既能确保权利人的土地财产安全，也能保证管理上的科学、合理。

土地权属调查和地籍测量的工作内容存在紧密的联系。土地权属调查主要是实地明确宗地的权属和权属关系，认定权属界址，做好法律性的文书、草图等文件资料；地籍测量主要是运用测绘手段将调查内容加以记载和标定，并保证一定的精度，以利于解除权属纠纷和进行界址的复原。

土地权属调查和地籍测量虽有着密切的联系，但也存在着本质的区别。土地权属调查主要是遵循规定的法律程序，根据相关政策，利用行政手段，对权属单位的界址点和土地权属界线进行现场认定的工作，土地权属调查不仅要进行界址实地的认定，查证土地权属的法律依据，而且还要为随后的地籍测量提供依据和基础；地籍测量则主要是运用测绘技术手段将地籍相关要素按一定比例尺和图示绘制于图上的技术性工作。

第三节　土地权属调查

一、土地权属调查的任务和内容

1. 宗地的概念　宗地是指土地权属界线封闭的地块或空间。它是进行土地权属调查和进行地籍管理的基本单元。宗地具有明确的权利边界和固定的位置。根据宗地的地籍资料还可辨认出它的权利、利用、质量和时态等土地及权属的基本要素。

2. 土地权属调查的任务　土地权属调查是指以宗地为单元和对象，对土地权属单位的土地权属来源及权利所及的位置、界址、数量和用途等属性进行的调查和确认，是不动产进行登记前从法律视角上的初步确认。

土地权属调查一方面是地籍调查的重要环节，另一方面又是地籍测量的前期准备工作。土地权属调查的基本任务是调查核实土地权属单位的权属要素，即土地的权属性质、权属界线（包括界址点和界址线）、权源证明文件、面积、位置、用途及地上建筑物及其他不动产权属状况等。权属要素未经确认，地籍测量就无法进行；权属要素确认不准，精确的地籍测量就无法实施，也就不能保障地籍管理的有序进行。因此，土地权属调查在地籍调查工作中发挥着核心地位的作用，必须给予高度重视。

3. 土地权属调查的内容　土地权属调查主要是明确土地及相关不动产的权籍状态、范围、利用状况等，具体调查内容包括：

（1）权利人（即权利主体）。调查核实土地权利人（个人）的姓名或者土地权利人（单位）的名称、单位性质、行业代码、组织机构代码、法定代表人（负责人）姓名及其身份证明、代理人姓名及其身份证明等。

（2）土地权属性质及来源。查明土地权属性质，核实土地的权属来源证明材料、使用权类型、使用期限等。

（3）土地位置。对土地所有权宗地，调查核实范围包括所在乡（镇）、村的名称，以及宗地四至、所在图幅等；对土地使用权宗地，主要调查核实土地坐落、宗地四至、所在图幅等。

（4）土地用途。调查核实土地的批准用途和实际用途。集体土地所有权宗地，其权属性质在土地利用现状调查章节中已有阐述，宗地内各种地类面积及其分布可直接引用已有土地利用现状调查结果；土地使用权宗地，根据土地权属来源材料或用地批准文件确定批准用途，需进行现场调查确定实际用途。

（5）其他。包括土地的共有共用、建筑物及构筑物、其他不动产和土地的权利限制等情况。

二、土地权属调查的一般程序

土地的权属调查，尤其是地籍总调查中的土地权属调查，是一次全域性的普查，是调查人员对某一行政辖区内申请登记的全部宗地进行全面现场调查，工作量较大。因此，要保证调查成果按质、按量、按时完成，不仅需要有统一的技术规范和庞大的调查队伍，还必须精心组织，按一定的调查程序有条不紊地进行。土地权属调查一般包括以下 8 个程序：

1. 拟订调查计划　调查计划是保障调查工作各个环节有序开展的行动指南。在拟订的调查计划中，应明确调查任务、范围、方法、时间、步骤、人员组织以及经费预算等相关内容，然后组织专业队伍进行技术培训，开展试点。

2. 准备必要用品　按技术要求统一制定、印刷调查所需的各类表格和簿册，配备各种仪器设备和绘图工具、生活交通工具和劳保用品等。

3. 选择调查底图　根据不同条件和调查技术要求恰当选择调查工作底图，是保证成果精度的基础。调查工作底图一般要求选择现势性较强、近期测绘的地形图、地籍图、土地利用现状图、航空航天正射影像图等。对土地所有权调查，其调查底图的比例尺可在 1：500 至 1：50 000 之间选择。其中，集体土地所有权调查的图件，要求其基本比例尺为 1：10 000；有条件的地区或城镇周边的区域可采用 1：500、1：1 000、1：2 000 或 1：5 000 的比例尺；人口密度很低的荒漠、沙漠、高原、牧区等地区可采用 1：50 000 的比例尺。对城镇村土地使用权调查，调查底图的比例尺可在 1：500 至 1：2 000 之间选择。其中，最常用的基本比例尺为 1：500；村庄用地、采矿用地、风景名胜设施用地、特殊用地、铁路用地、公路用地等区域可采用 1：1 000 和 1：2 000 的比例尺。

4. 划分调查区　在确定调查范围和选定调查工作底图后，根据调查区行政区域界线、宗地分布密度、道路网络等具体情况，可将调查区划分成若干街道和街坊作为调查区。划分调查区，有利于调查区域工作的统筹部署，不重、不漏地分配各作业组的任务，大大提高工作效率。

5. 发放调查通知书　在调查人员进入实地调查前，必须按照工作计划、工作进度，确定实地调查的时间，提前向土地所有者或使用者发出通知书，同时对其四至发出指界通知，并要求土地所有者或使用者（法人或法人委托的指界人）及其四至的合法指界人按时到达现场配合调查工作的开展。

6. 收集、分析和处理土地权属资料　在进行实地调查前，调查员应到各土地权属管理部门，收集土地权属资料，并对这些资料进行分析处理，确定实地调查的技术方案。在进行资料分析处理时，对能完全确权的宗地，在调查的底图上标绘出各宗地的范围线，并预编宗地号，及时建立地籍档案；对不能根据资料确权的宗地，按街道或街坊将宗地资料分类，预编宗地号，在工作图上大致圈定其位置，以备实地调查。

7. 实地调查　实地调查是土地权属调查工作的关键环节。根据资料收集、分析和处理的情况，逐宗地进行实地调查，现场确定界址位置，填写地籍调查表，绘制宗地草图。

8. 整理资料　在资料收集、分析、处理和实地调查的基础上，编制宗地号，建立宗地档案，准备地籍测量所需的资料。

三、土地权属调查的主要工作

（一）调查工作底图的选择与制作

为便于土地权属调查工作的开展以及与地籍测量工作的衔接，选择与制作调查区合适的工作底图是一项必不可少的、重要的基础工作。根据调查区域的具体情况，用于土地权属调查的工作底图应按以下要求进行选择与制作：

（1）工作底图的比例尺宜与测绘制作的地籍图成图的比例尺一致。

（2）工作底图的坐标系统宜与测绘制作的地籍图成图的坐标系统一致。

（3）已有土地利用现状图和地籍图等图件可作为调查工作底图。

（4）已有地形图和航空航天正射影像图等可作为调查工作底图。

（5）无图件的地区，可参考土地登记申请书中的草图，在地籍子区范围内绘制所有宗地的位置关系图形成调查工作底图。

（6）工作底图上应标绘地籍区和地籍子区的界线。

（7）除第（5）项的情形外，工作底图都应该是数字化的，同时还要输出纸质工作底图用于土地权属调查和地形要素的调绘或修补测。

（二）地籍调查区的划分

将那些要调查的土地进行划分是为了满足土地管理工作分空间层次进行的需要。根据我国国情，为便于土地管理，土地划分的空间层次应与行政管理系统相一致。

每个城镇可以划分为一个区，也可将其划分为区和街道两级，在街道内划分宗地（地块）。如果街道范围较大，可在街道区域范围内，根据现状地物（如街道、马路、沟渠或河道等）为界划分为若干街坊，在街坊内划分宗地（地块）；如果城镇范围较小，无街道建制时，也可在作为一个区域镇的管辖范围内，划分为若干街坊，在街坊内划分宗地（地块）。根据目前我国城镇行政管理系统，城镇土地完整的层次划分应是：××省××市××区××街道××街坊××宗地（地块）。

根据目前我国农村行政管理系统，农村地区土地完整的层次划分应是：××省××市（县级市）××乡（镇）××行政村××宗地（地块）××图斑。

1. 地籍区和地籍子区　地籍区和地籍子区是为方便地籍工作开展的需要而设立的。

利用从最新数据库（变更调查数据库和城镇地籍数据库）中提取的界线［县、乡（镇）、村、街道、街坊等的界线］与最新高分辨率数字正射影像图叠加形成的图件作为划分地籍区和地籍子区的工作底图。在县级行政辖区内，以乡（镇）、街道界线为基础结合明显线性地物（如道路、河流）和土地权属界线等划分地籍区。其中，根据工作需要，一个乡（镇）、街道可划分为多个地籍区，也可将多个相邻的乡（镇）、街道归为一个地籍区；若由多片不相邻行政辖区组成的同一乡（镇）、街道，宜按乡（镇）辖区单独划分地籍区；飞地宜在飞入地所在行政区划范围内单独划分地籍区；开发区、经济开发区等跨两个以上县级行政辖区时，宜分别在所在辖区划分地籍区；县级行政区划内的公路、铁路等线状地物，可单独划分线性地物地籍区。

在地籍区内，以行政村、居委会或街坊界线为基础结合明显地物划分地籍子区。其中，根据工作需要，一个行政村、居委会或街坊可划分为多个地籍子区；也可将多个相邻行政村、居委会或街坊划分为一个地籍子区；若一个行政村、居委会或街坊由多片不相邻的区域组成时，每片区域宜单独划分地籍子区；飞地宜在飞入地所在的地籍区内划分地籍子区；线性地物地籍区可不划分地籍子区。

地籍区的划分应保持乡（镇）、街道级行政辖区的完整性，覆盖整个县级行政辖区。地籍子区的划分应基本保持行政村、居委会或街坊辖区的完整性，覆盖整个地籍区。相邻地籍区或地籍子区的划分界线应相互接边和衔接，避免划分界线切割宗地。无论地籍区还是地籍子区的划分，其划分过程都需对划分界线进行反复调整，才能满足要求。

地籍区、地籍子区划定后，其数量和界线宜保持相对稳定。

2. 地籍调查区 根据地籍调查工作需要，可把几个地籍子区（如街坊）组成一个调查区。调查区是指为了工作方便，将一个地籍区根据工作进程划分成几个分片调查区域。调查区不应分割地籍子区。调查区的确定应考虑工作量及计划进度，并注意不要出现重复或遗漏调查。一般调查区的划分应与不动产首次登记的划分结合进行。

（三）宗地的划分与界址

1. 宗地的划分 在地籍子区范围内，依据土地权属证书、土地出让合同、划拨决定书、土地承包合同以及符合土地确权规定的资料等权属来源证明，结合土地使用现状和相邻权利人的确认，划分为土地所有权宗地和土地使用权宗地。

在实际工作中，依照我国法律法规，一般只调查国有土地使用权宗地、集体土地所有权宗地和集体土地使用宗地。

（1）宗地划分的基本原则。无论是国有土地使用权宗地，还是集体土地所有权和集体土地使用权宗地，宗地的划分应以方便地籍管理为前提，其划分的基本原则如下：①由一个权属主所有或使用的相连成片的用地范围划分为一宗地，也称为独立宗；②如果同一个权属主所有或使用不相连的两块或两块以上的土地，则分别划分为两个或两个以上的宗地；③如果一个地块由若干个权属主共同所有或使用，实地又难以划分清楚其权属界线的，划分为一宗地，称为共有宗或共用宗；④对一个权属主拥有的相连成片的用地范围，如果出现用地范围过大，或土地权属来源不同，或土地利用状况相差太大，或楼层数相差太大，或存在建成区与未建成区（如住宅小区），或用地价款不同，或使用年限不同等情况，可划分成若干宗地。

（2）宗地划分原则的应用。依据土地权属来源，将宗地划分为国有土地使用权宗地、集体土地所有权宗地和集体土地使用权宗地。

A. 国有土地使用权宗地的划分。国有土地使用权宗地包括国有建设用地使用权宗地（地表、地上、地下）、土地承包经营权宗地（耕地、林地、草地）、林地使用权宗地（承包经营权外的）、农用地的使用权宗地（承包经营权外的、非林地）以及其他使用权宗地等。

大多数情况下，宗地划分依据土地权属来源和范围界线来划分，但有时也依据不动产权属范围（如房屋）来划分。

B. 集体土地所有权宗地的划分。根据《土地管理法》的规定，农村可根据集体土地所有权单位〔如村民委员会、农业集体经济组织、村民小组、乡（镇）农民集体经济组织等〕的土地范围划分集体土地所有权宗地。

一个地块由几个集体土地所有者共同所有，其间难以划清权属界线的，划为共有宗地。共有宗地不存在由国家和集体共同所有的情况。

C. 集体土地使用权宗地的划分。在集体土地所有权宗地内，划分集体建设使用权宗地、宅基地使用权宗地、土地承包经营权宗地（耕地、林地、草地）、林地使用权宗地（承包经营权外的）、农用地的使用权宗地（承包经营权外的、非林地）以及其他使用权宗地等。

依据宗地划分的基本原则，农村居民点用地可按村民建房用地（宅基地）和其他建设用地的范围来划分宗地，亦可按居民点内集体土地的使用权单位的用地范围划分宗地。

D. 城镇以外的国有土地使用权宗地的划分。城镇以外，铁路、公路、工矿企业、军队等用地，都是国有土地，这些国有土地使用权界线大多与集体土地的所有权土地相邻，有着共同的界线，其宗地的划分方法与前述相同。

E. 争议地、间隙地、飞地的宗地划分。争议地是指有争议的地块（地段），即两个或两个以上土地权属主都不能提供有效的权源证明，却又同时主张拥有该地块（地段）的所有权或使用权。间隙地是指在城镇建成区内，小块不归属于邻近任一个土地权属单位的未利用的、不规则的（一般为长条形状）国有土地。飞地是指镶嵌在另一个土地所有权地块之中的土地所有权地块。

土地权属未确定或争议地、间隙地、飞地地块均实行单独立宗。

F. 特殊情况的宗地划分。在实际工作中，宗地划分若遇如下特殊情况，应作如下相应处理：

（a）几个使用者共同使用一块地，且相互间界线难以划清，应按共用宗地处理。

（b）几个使用者共同使用一幢建筑物，可按各自使用的建筑面积分摊宗地面积。宗地内，几个建筑物分别属于不同的使用者，除建筑占地外，其他用地难以划分的，应视为一宗地。这时应确定每个使用者独自使用的面积和每个使用者分摊的共用面积，共用面积一般按各自的建筑面积或建筑物占地面积分摊。

（c）对于只有一个法人代表的特大宗地，如宗地内有明显不同用途，且面积较大，可利用明显的土地类别界线或线状地物划分成若干宗，每宗作为独立的调查单元进行调查。

（d）对大型工矿、企业、机关、学校等特大宗地，如中间被线状地物（如公用道路、河流等）分割，则应划为若干宗地，作为调查单元。

（e）公用广场、停车场、市政道路、公共绿地、市政设施用地、城市（镇、村）内部公用地、空闲地等可单独划分为宗地。

（f）如果根据上述原则划分出的面积过小，或虽面积不小，但形状不佳，且又不是公共通道的空闲地，不宜辟为一个独立建筑用地，则应尽量将其划归相邻的宗地，有利于土地利用。

2. 界址 界址是土地权属界址的简称，包括界址线和界址点。

　　界址线是土地权属界址线的简称，是指相邻宗地之间的分界线，或称宗地的边界线。宗地的界址线有的与明显地物重合，如道路、沟渠、河流、围墙等，但应注意的是界址线的位置可能是它们的内边线、外边线或中心线。

　　界址点是指界址线的转折点或拐点。界址点被用于确定土地的权属、面积、位置与分布范围的特定点。

　　界标是指在界址点上设置的标志物。界标不仅能确定土地权属界址或地块边界在实地的地理位置，还能为今后可能产生的土地权属纠纷提供直接依据，同时也是测定界址点坐标的位置依据。在《地籍调查规程》（TD/T 1001—2002）中设计了适用不同条件的 5 种类型界标：用于地面埋设的混凝土界址界标（图 4-2）和石灰界址界标（图 4-3），用于坚硬地面钉设的带铝帽的钢钉界址界标（图 4-4），用于房、墙（角）浇筑的带塑料套的钢棍界址界标（图 4-5），用于墙上喷漆的喷漆界址界标（图 4-6）。各类界标设计参数如图 4-2 至图 4-6 所示，图中标注尺寸数值单位为毫米（mm）。

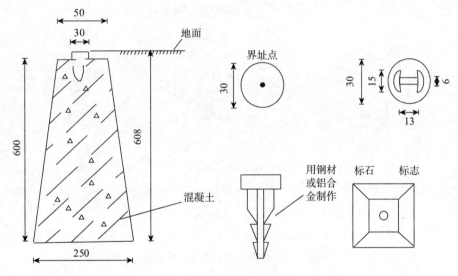

图 4-2　混凝土界址界标

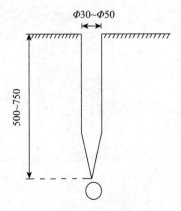

图 4-3　石灰界址界标

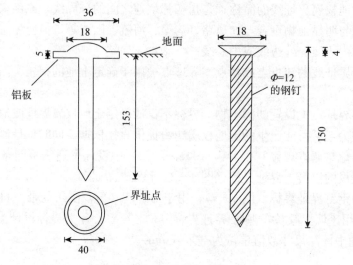

图 4-4　带铝帽的钢钉界址界标

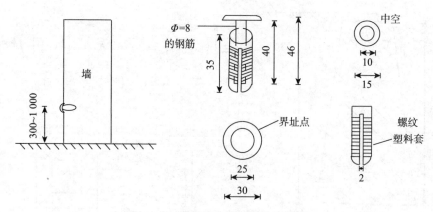

图 4-5　带塑料套的钢棍界址界标

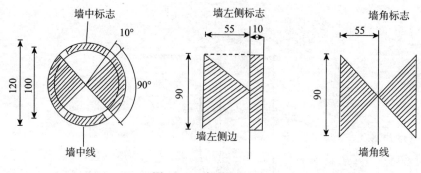

图 4-6　喷漆界址界标

(四) 地籍编号

地籍编号是地籍档案管理的基础。建立统一的地籍编号系统，不仅可为收集、整理、使用、保管、查询地籍资料提供服务，也是出于建立便于计算机管理的地籍信息系统的需要。

为适应现代地籍管理的需求，国家在地籍调查、不动产代码等相关规程和规范中，对宗地代码和界址点编号进行了相应的规定。

1. 宗地代码

（1）代码结构。宗地代码是一个以地域空间层次为主，同时体现地籍特色的编码体系。宗地代码采用五层19位层次码结构，按层次分别表示县级行政区划代码、地籍区代码、地籍子区代码、宗地特征码（土地权属类型代码）、宗地顺序号。其中，由土地权属类型代码和宗地顺序号组成宗地号。宗地代码结构如图4-7所示。

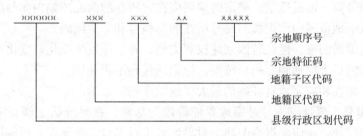

图4-7　宗地代码结构

（2）编码方法。

A. 第一层次为县级行政区划代码，码长为6位阿拉伯数字，采用《中华人民共和国行政区划代码》（GB/T 2260—2007）及2017年发布的《中华人民共和国行政区划代码》国家标准第1号修改单。

B. 第二层次为地籍区代码，码长为3位阿拉伯数字，码值为000～999。

C. 第三层次为地籍子区代码，码长为3位阿拉伯数字，码值为000～999。

D. 第四层次为宗地特征码，码长为2位。其中，第一位表示土地所有权类型，用G、J、Z表示，"G"表示国家土地（海域）所有权，"J"表示集体土地所有权，"Z"表示土地（海域）所有权未确定或有争议；第二位表示宗地（宗海）特征码，用A、B、S、X、C、D、E、F、L、N、H、G、W、Y表示，"A"表示集体土地所有权宗地，"B"表示建设用地使用权宗地（地表），"S"表示建设用地使用权宗地（地上），"X"表示建设用地使用权宗地（地下），"C"表示宅基地使用权宗地，"D"表示土地承包经营权宗地（耕地），"E"表示土地承包经营权宗地（林地），"F"表示土地承包经营权宗地（草地），"L"表示林地使用权宗地（承包经营权以外的），"N"表示农用地的使用权宗地（承包经营权以外的、非林地），"H"表示海域使用权宗海，"G"表示无居民海岛使用权海岛，"W"表示使用权未确定或有争议的宗地，"Y"表示其他土地使用权宗地，用于宗地特征扩展。

E. 第五层次为宗地（宗海）顺序号，码长为5位阿拉伯数字，码值为00001～99999，在相应的宗地（宗海）特征码后编码。

（3）编码操作。按一定原则对宗地进行编码，有利于宗地的调查、统计与管理，也有利于建立易于检索、修改、储存、保管和使用的现代电子地籍信息管理系统。宗地编码应以工作底图上预编的宗地编码为基础，在土地权属调查中调整预编宗地编码，形成正式宗地编码。

虽然调查工作底图上的宗地预编码是临时的，但是为了保证预编码能顺利过渡到正式宗地编码，临时编码也应遵循适应性、唯一性、统一性、可扩展性、可更新性和实用性的编码原则。

当划定调查区地籍区、地籍子区后，原则上应尽量保持其数量和界线的稳定，不随所依附的界线或线状地物的变化而调整。任何一级的缺位，该级编号均赋值"0"，相应的位数不变，例如在地籍区内未划定地籍子区，地籍子区编码应用"000"表示。调查区若有连续跨地籍区或地籍子区的公路、铁路、河流等线状地物，可将其单独划为一个地籍区或地籍子区。

宗地编码顺序一般以地籍图为单位，采用自左至右、由上而下的顺序编号。如果一宗地被两个以上图幅分割，形成破宗。破宗的编码应在它所在的西北图幅内参与统一编码，并在其他相邻图的该宗地范围内注记参与编号所在的图幅号和宗地编码。

为保证宗地编码的唯一性，若因宗地权利类型、界址等发生变化，变化后的宗地编码在相应宗地特征码的最大宗地顺序码后续编，原宗地代码不再使用。

新增宗地编码在相应宗地特征码的最大宗地顺序码后续编。

2. 界址点编号　界址点编号是宗地界址管理的基础。在界址认定调查结束后，除需现场设置界址标桩以外，还应根据有关规定对界址点进行编号。根据调查所使用的图件资料及采用的测量方法，从便于工作、利于管理的原则出发，可选择不同的界址点编号方法。根据规程，界址点编号应按如下要求进行：

（1）在地籍子区的范围内，应对界址点统一编号，并保证界址点号唯一。

（2）在地籍调查表和宗地草图中，可采用地籍子区范围内统一编制的界址点号；也可以宗地为单位，从左上角按顺时针方向，从"1"开始编制界址点号。

（3）解析界址点编号可采用 J_1、J_2 等表示，图解界址点编号可采用 T_1、T_2 等表示。

（4）界址点变更后，新增界址点号在地籍子区内最大界址点号后续编，废弃的界址点号不再使用。

（五）界址调查

界址调查是权属调查的核心。所谓界址调查，是指对相邻双方的界址状况进行实地调查。界址调查时要求调查人员、本宗地及相邻宗地的土地权利人共同到现场，由本宗地及相邻宗地权利人指界、认定界址点和界址线。宗地界址调查结果经相邻双方和调查人员认可，方可由后续的测绘人员实施测绘工作。实践表明，大多数土地纠纷都是界址纠纷。土地使用者最关心的就是土地权属界址的认定。因此，界址认定调查时，必须向土地权属主发放指界通知书，明确土地权属主代表到场指界时间、地点、需带的证明和权源材料。界址调查包括指界、界址点和界标设置、界址边勘丈等工作。

1. 指界　对土地权属来源资料合法，界址明确，经实地核实界址无变化的宗地，可直接利用已有资料填写地籍调查表，原土地权属来源资料复印件作为地籍调查表的附件。对于土地权属来源资料中的界址不明确的宗地，以及界址与实地不一致的宗地，需要现场指界，并将实际用地界线和批准用地界线标绘到工作底图上，并在地籍调查表的相应权属调查记事栏中予以说明。无土地权属来源资料，根据法律法规及有关政策规定，经核实为合法拥有或使用的土地，可根据双方协商、实际利用状况及地方习惯现场指界。

（1）现场指界。在开展现场指界调查工作之前，需根据调查计划，将指界通知书送达调查宗地和相邻宗地权利人并留存回执。对土地权利人下落不明，无法送达指界通知书的，可采用公告方式，告知其在规定的时间到指定地点出席指界。

现场指界必须由本宗地及相邻宗地指界人亲自到现场共同指界。权利人是单位的，须由单位法人代表（或负责人）出席指界，且需要出示法人代表证明；如法人代表（或负责人）不能亲自出席指界的，应由委托的代理人指界，并出具委托书和身份证明。权利人是个人的，则由权利人或委托代理人指界，并出具身份证明或委托人身份证明和指界委托书。由多个土地所有者或使用者共同所有或使用的宗地，应共同委托代表指界，并出示委托书和身份证明。农民集体所有土地的指界，应由该农民集体依法推举产生、经公告推举结果的代表人指界，并出具证明。

调查员、本宗地指界人及相邻宗地指界人应同时到场。正式指界前，调查员应查验指界人身份证明。如相邻双方代表同指一界，为无争议界；如双方所指界线不同，则两界之间的土地为争议土地。调查人员对有争议的界址应现场调解处理。现场调解不了的，在调查记事栏上写明双方争议的原因，并画出有争议的地段，呈报地籍调查领导小组处理。

相邻宗地指界人对现场指界无争议的界址点和界址线，要及时埋设界标，填写宗地界址调查表，各方指界人要在宗地界址调查表上签字盖章，对于不签字盖章的，按违约缺席处理。对面积较大、界线复杂的集体土地所有权宗地和国有土地使用权宗地，宜签订土地权属界线协议书并签字盖章。界址线有争议的土地，填写土地权属争议原由书并签字盖章。

集体土地所有权宗地的调查结果应送达指界人，并要求指界人在村民会议或村民代表大会上说明指界结果，同时以张贴公告的形式公示指界结果。如果有异议，必须在指界结果送达之日起 15 日内提出申请，并负责重新划界的全部费用；异议期间届满后，指界结果即为生效。

（2）违约缺席指界处理。对于违约缺席指界者，根据不同情况可按如下办法处理：①如一方违约缺席，其宗地界址线根据土地权属来源资料及另一方指定的界址线确定。②如双方违约缺席，其宗地界址线由调查员根据土地权属来源资料、实际使用现状及地方习惯确定。③将现场调查结果及违约缺席指界通知书送达违约指界者。违约缺席者如有异议，须在收到调查结果之日起 15 日内重新提出划界申请，并负责重新划界的全部费用；如逾期不申请，经公告 15 日后，则①、②确定的界线自动生效。

（3）权属主不明确的界线认定调查。对于权属主不明确的界线认定调查，应按以下办法处理：①征地后未确定使用者的剩余土地和法律、法规规定为国有土地而未明确使用者的，在综合考虑国有土地使用权、乡（镇）集体土地所有权和村集体土地所有权界线调查的基础上，根据实际情况划定土地界线；②暂不能确定使用者的国有公路、水域的界线，一般按公路、水域的实际使用范围确定界线；③不明确或暂不确定使用者的国有土地与相邻权属单位的界线，暂时由相邻权属单位单方指界，并签订土地权属界线确认书，待明确土地使用者并提供权源材料后，再对界线予以正式确认或调整。

2. 界址点和界标设置

（1）界址点设置。经双方现场指界共同确认无争议的宗地应当场设置界址点。界址点设置时应注意以下几个方面：①界址点的设置应能准确表达界址线的走向；②相邻宗地的界址线交叉处应设置界址点；③土地权属界线依附于沟、渠、路、河流、田坎等线状地物的交叉点处应设置界址点；④在一条界址线上存在多种界址线类别时，变化处应设置界址点。

（2）界标设置。在界址点上应按规定设置界标。设置的界标要便于保存和查找。界标的类型（图 4-2 至图 4-6）由界址线双方的土地权利人因地制宜确定。设置界标有困难时

（如界址点在水中），应在地籍调查表或土地权属界线协议书中，采用标注界址点位和说明土地权属界线走向等方式描述界址点的准确位置。对于损坏的界标，可根据已有解析界址点坐标和界址点间距、宗地草图、土地权属界线协议书等资料，采用现场放样、勘丈等方法恢复界址点。

在界址点上设置界标主要有以下几个方面的作用：①界标是界址在实地的法律凭证，是处理土地权属纠纷的依据；②可防止土地权属调查、宗地草图勘丈绘制与地籍测量对界址点的判别差错，保证准确勘丈、绘制宗地草图及进行地籍测量；③便于对地籍测量成果进行实地检查；④便于土地使用者依法利用土地，能减少违法占地和土地纠纷；⑤有利于地籍的日常管理工作。

3. 界址边勘丈　原则上所有界址边均应进行实地勘丈。界址边勘丈要求：①采用解析法测量的界址点，每个界址点至少丈量一条界址点与邻近地物的相关距离或条件距离；②未采用解析法测量的界址点，每个界址点至少丈量两条界址点与邻近地物的相关距离或条件距离；③确实无法丈量界址边长、界址点与邻近地物的相关距离或条件距离的（如界址点在水中等特殊情况），应在界址标示表的说明栏中说明原因；④采用钢尺（尺段规格为 30m 或 50m）丈量界址边长时，应控制在 2 个尺段内。超过 2 个尺段时，采用解析法测量的界址点，可采用坐标反算界址边长，并在界址标示表的说明栏中说明。

（六）宗地草图绘制和地籍调查表填写

1. 宗地草图绘制　宗地草图是描述宗地的位置、形状、界址和相邻宗地关系的实地勘丈记录草图，是对宗地的原始描述，是地籍调查表的一个组成部分，要求现场绘制。宗地草图具有图上数据实地量测精度高、界址准确、图形现场近似绘制、相邻宗草图不能拼接等特点。经权属调查实地核实，如果宗地实际状况与原有地籍调查表中的宗地草图一致的，则无须绘制；如果不一致或没有宗地图，在实地确定了界址点位置、设置界标、勘丈界址线边长后，需要现场绘制宗地草图。宗地草图可以利用正射影像图、地形图、土地利用现状图、地籍图等，依据实地丈量的界址边长、界址点与邻近地物的相关距离和条件距离绘制。宗地草图示例如图 4-8 所示。

如果宗地是面积较大、界线复杂的集体土地所有权宗地和国有土地使用权宗地，可不绘制宗地草图，宜利用正射影像图、地形图、土地利用现状图、地籍图等绘制土地权属界线附图。

（1）宗地草图的作用。宗地草图记载了宗地的原始信息，对维护宗地权利人合法权益、有效实施地籍日常管理具有重要的作用。具体表现为：①作为地籍调查的原始资料，可用于处理土地权属纠纷，恢复界址点和界址线；②可用于检核地籍原图，检查各宗地的几何关系、边长、面积、界址坐标等，以保证地籍原图的质量；③可用于计算宗地面积；④可用于变更地籍测量及其他地籍日常管理。

（2）宗地草图的内容。宗地草图绘制应包括以下相关内容：①本宗地号、坐落地址、权利人；②宗地界址点、界址点号及界址线，宗地内的主要地物；③界址边、界址点与邻近地物的相关距离和条件距离；④确定宗地界址点位置、界址边长及方位所必需的建筑物或构筑物；⑤丈量者、丈量日期、检查者、检查日期、概略比例尺、指北针等。

（3）宗地草图绘制要求。宗地草地绘制时，应按以下要求进行：①选用适宜长期保存、质量较好的纸张绘制，纸张规格可为 32 开、16 开或 8 开，也可直接在地籍调查表上绘制，

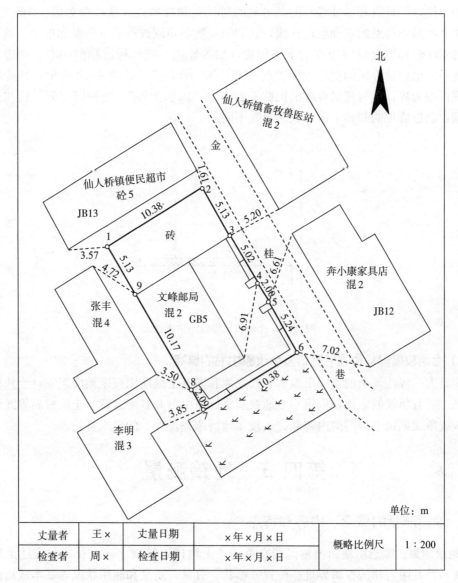

丈量者	王×	丈量日期	×年×月×日	概略比例尺	1：200
检查者	周×	检查日期	×年×月×日		

图 4 - 8　宗地草图示例

特大宗地可分幅绘制；②草图用 2H～4H 铅笔按概略比例尺绘制，线条要均匀，字迹要清楚，数字、注记字头向北向西书写，斜线字头垂直斜线书写；③本宗地相邻界址点之间的距离等所有勘丈数据、几何条件都要进行注记。界址边全长注记在界址线外，分段长注记在界址线内，注记过密的部位可移位放大表示；④宗地草图应在实地绘制，不得涂改、复制注记数字。

　　2. 地籍调查表填写　在宗地权属调查过程中，调查人员应当场将调查结果填写专门用于权属调查的统一格式的地籍调查表上。地籍调查表由封面、基本表、界址标示表、界址签章表、宗地草图、界址说明表、调查审核表和共有/共用宗地面积分摊表等组成。地籍调查表式样、填写说明见附录 F。

　　填写地籍调查表时，要特别注意对土地权属界线的记载。土地权属界线是连接相邻两个界址点的连线，界址点和界址线有的是可见的特征点和有形的线状地物如墙、沟、渠、路、河等，也有的是不可见的点和点位连线，它们的位置必须调查得非常清楚和准确。填写调查表时应特别注意标明界址线应在的准确位置，如界址点（线）标志物的中心、内边、外边等。因此，土地权属界线的记载应为"点—线—点"的方式。如图4-9所示，某砖场与李家营之间以坝为界，但对权属界线的记载不能记为"以坝为界"，这种以"面"代"线"的错误记载，会造成坝的归属不清、权属界线不明。

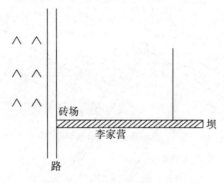

图4-9　土地权属界线不清图例

（七）土地权属界线协议书签订及争议原由书的填写

面积较大、界线复杂的集体土地所有权宗地和国有土地使用权宗地应当签订土地权属界线协议书。对有争议的宗地，应填写土地权属争议原由书并签字盖章。土地权属界线协议书和土地权属争议原由书填写的内容和方法按《地籍调查规程》的要求进行。

第四节　地籍测量

一、地籍测量的概念、内容和特点

1. 地籍测量的概念　地籍测量是指在查清了土地权属基础上，为获取和表达土地（宗地或地块）及其附着物的权属界址、位置、形状、数量、质量和利用状况等基本地籍信息所进行的测绘工作。它是服务于地籍管理的一种专业测量，主要工作包括地籍控制测量、界址点测量、地籍图测绘和面积量算汇总统计等。

2. 地籍测量的内容　地籍测量主要任务是对土地及其附着物的空间定位，测绘相应的图件，通过测绘采集宗地权属界址的准确位置和数据等信息，绘制出确切反映各宗地间相互关系的标准地籍分幅图、宗地图，并在图上进行各宗地的面积量算，汇总出界址点成果表和面积统计表以及各级土地分类统计表等，为政府提供精确的统计数字，为土地管理部门进行不动产登记等管理工作提供依据。另外，一旦实地失去标记后，能依照地籍测量所绘制的图件在实地复原标志。地籍测量的内容包括：①地籍控制测量，它是进行地籍细部测量和变更地籍测量的基础，主要包括地籍基本控制测量和地籍图根控制测量；②界址测量，包括测定行政区域界线和土地权属界线及界址点的坐标；③地籍图测绘，包括测绘地籍分幅图、宗地图等；④面积量算与统计，即对地块和宗地的面积进行测算、平差和统计；⑤动态监测，为维持地籍资料现势性和正确性进行变更地籍测量，包括地籍图的修补测、重测和地籍簿册的修编等。

3. 地籍测量的特点 地籍测量同其他测量工作一样，也遵循先控制后碎部、由高级到低级、从整体到局部的原则。但它与其他专业测量有着明显的不同，具体表现为：①地籍测量是一项基础性的、直接为行政管理服务的测绘工作，是政府行使土地行政管理职能的、具有法律意义的行政性技术基础；②地籍测量可为土地管理提供精确、可靠的地理参考系统；③地籍测量具有勘验取证的法律特征；④地籍测量的技术标准必须符合相关土地法律法规的要求；⑤地籍测量工作有非常强的现势性；⑥从事地籍测量的技术人员应有丰富的土地管理知识。

二、地籍控制测量

1. 地籍控制测量的原则 地籍控制测量是对整个地籍测量区域实施控制性测量的工作，是确保地籍测量精度、控制测量误差累积和传递的一项基础性工作。地籍控制测量与其他控制测量一样，需按相关测量规范布设控制网，控制网布设也必须遵循从整体到局部、分级布网的原则。

地籍控制网分为地籍首级控制网和地籍图根控制网，两者构成了测区控制网的两个不同层次，既能保证测区控制精度，又能满足测区设站的实际需要。地籍首级控制网点包括国家各等级平面控制网点和高程控制网点，控制网点类型可以是三角点、GPS 点、导线点、水准点。根据《地籍调查规程》（TD/T 1001—2012）的要求，地籍首级平面控制网点的等级分为三、四等或 D、E 级和一、二级，首级高程控制网点的等级分四等或等外水准。目前，地籍首级平面控制网普遍采用 GPS 网、导线网或边角网的形式布设，三角网已极少采用。

2. 地籍控制测量的精度 地籍控制测量的精度是以界址点的精度和地籍图的精度为依据而确定的。《地籍调查规程》（TD/T 1001—2012）对地籍平面控制网的基本精度规定为：①四等网或 E 级网中最弱边相对中误差不得超过 1/45 000；②四等网或 E 级以下网最弱点相对于起算点的点位中误差不得超 ±5cm。不同的控制测量方法，各等级地籍基本控制网点的主要技术指标也不相同。表 4 - 1、表 4 - 2 分别为各等级 GPS 测量和导线测量的主要技术指标。

表 4 - 1 GPS 测量主要技术指标

等级	平均边长（km）	固定误差（mm）	比例误差系数（1×10^{-6}）	最弱边相对中误差
三等	5	≤5	≤2	≤1/80 000
四等	2	≤10	≤5	≤1/45 000
一级	1	≤10	≤5	≤1/20 000
二级	<1	≤10	≤5	≤1/10 000

表 4 - 2 导线测量主要技术指标

等级	附合导线总长（km）	平均边长（km）	每边测距中误差（mm）	测角中误差（"）	方位角闭合差（"）	导线全长相对闭合差
一级	3.6	0.3	±15	±5.0	$\pm 10\sqrt{n}$	1/14 000
二级	2.4	0.2	±12	±8.0	$\pm 16\sqrt{n}$	1/10 000

注：n 表示导线转折角个数。当导线布设网状，结点与结点、结点与起始点间的导线长度不超过表中的附合导线长度的 0.7 倍。

地籍图根控制点是直接为地籍图测绘和界址点测量以及日常地籍管理等服务设置的控制点，它是以地籍首级控制点为基础，采用 GPS 快速静态测量、GPS 实时动态（RTK）测量、图根导线测量等方法加密而成。地籍图根控制点精度与地籍图的比例尺无关。界址点坐标精度通常以实地具体的数值来标定，一般要求界址点坐标精度不得低于其地籍图的比例尺精度。因此，如果地籍图根控制点的精度能满足界址点坐标精度要求，则也能满足地籍图测绘的精度要求。

3. 地籍控制点的密度　地籍控制点的密度应综合测区的大小、测区内的界址点总数和要求的界址点精度进行综合考虑。与地形测量相比，地籍测量要求控制点有较大的密度。地籍控制点的密度通常要求应满足地籍下一级控制加密或地籍图根测量的需要。一般情况下，地籍控制网点的密度为：①城镇建城区，100～200m 布设二级地籍控制；②城镇稀疏建筑区，200～400m 布设二级地籍控制；③城镇郊区，400～500m 布设一级地籍控制；④旧城居民区，区内巷道错综复杂，建筑物多而乱，界址点非常多，在这种情况下应适当地增加控制点和标石（标志）埋设点的密度和数目，才能满足地籍测量的需求。

地籍控制点若需要作为永久保存的就必须在地上埋设标石（以下简称埋石）。为满足日常地籍管理的需要，在城镇地区，应对一、二级地籍控制点全部埋石；在乡（镇）府所在地，至少有两个等级为一级以上的埋石点，埋石点至少和一个同等级以上（含同等级）的控制点通视。控制点的选点、埋石、标石类型、点名和点号等按照《城市测量规范》（CJJ/T 8—2011）执行。

为便于寻找和管理控制点，地籍控制点在选点、埋石后，要求对每一控制点应绘制一份点之记，用图示和文字描述控制点位与四周地形和地物之间的相互关系以及点位所处的地理位置。同时，为了解测区控制点分布情况和检查控制网布网的合理性，还必须根据控制点坐标绘制测区控制网略图。

4. 地籍控制测量的基本方法　根据测区条件、控制测量等级、仪器设备状况、地籍成果精度要求的不同，控制测量可选用不同的测量方法进行。根据目前测绘科技的发展，对于三、四等或 D、E 级和一、二级地籍首级平面控制测量，主要采用 GPS 静态测量方法建立地籍平面控制网。一、二级地籍平面控制网也可采用导线测量的方法施测。

对已有首级平面控制网的测区，可采用 GPS 静态、快速静态方法加密二级以上的地籍平面控制网点，也可采用导线测量方法加密一、二级地籍平面控制网点。加密各等级平面控制网点时，应联测 3 个以上高等级平面控制网点。

对于地籍图根控制测量，可采用 GPS 动态、静态、快速静态测量或常规导线测量的方法。

地籍首级高程控制网点可采用水准测量、三角高程测量等方法施测。根据《地籍调查规程》（TD/T 1001—2012）规定，地籍测量原则上只测设四等或等外水准点的高程。要求在首级高程控制网中，最弱点的高程中误差相对于起算点不大于±2cm。在首级高程控制网的基础上，根据测图或其他工作的需要，图根高程控制网点可用图根水准、图根三角高程测量的方法加密，要求高程线路与一、二级图根平面导线点重合。

无论是地籍的首级控制测量还是加密控制测量，观测和计算的技术要求均需按相应等级的测量规范执行。

三、界址点测量

1. 界址点测量方法　界址点坐标是确定宗地（地块）地理位置的依据，是量算宗地面积的基础数据。界址点坐标对实地的界址点起着法律上的保护作用。解析法和图解法是界址点坐标测量常用的两种基本方法。

解析法是指用全站仪、GPS 接收机、钢尺等测量工具，通过野外测量技术获取界址点坐标和界址点间距的方法。根据界址点观测环境和条件，解析界址点测定可选用极坐标法、直角坐标法（正交法）、截距法（内外分点法）、距离交会法、角度交会法、GPS 测量等不同的方法进行。

图解法是指采用标示界址、绘制宗地草图、说明界址点位和说明土地权属界线走向等方式描述实地界址点的位置，由数字摄影测量加密或在正射影像图、土地利用现状图、扫描数字化的地籍图和地形图上获取界址点坐标和界址点间距的方法。

与解析法相比，图解法获取的界址点坐标精度相对较低，一般不能用于放样确定实地界址点的精确位置。图解法适用于农村地区和城镇街坊内部隐蔽界址点的测量，并且是在要求的界址点精度与所用图解的图件精度一致的情况下采用。

2. 界址点的精度　解析界址点的精度是由选择的具体测量方法和数据处理的手段决定的，而图解界址点的精度由其所在图上位置的精度决定。界址点的坐标精度代表了地籍资料宗地权属界址的定位精度。为保证界址定位更加精确，理论上要求界址点应有较高的精度，但若精度要求过高，自然会增加获取界址点坐标的成本。因此，界址点坐标的精度，应根据区域地价（土地经济价值）、地理区位（如城镇和农村）、界址点重要程度及其测定费用等因素综合考虑后确定，划分不同精度档次或级别。《地籍调查规程》（TD/T 1001—2012）对解析法和图解法获取界址点的精度做了具体的规定，见表 4-3 和表 4-4。

表 4-3　解析界址点的精度

级别	界址点相对于邻近控制点的点位误差，相邻界址点间距误差（cm）	
	中误差	允许误差
一	±5.0	±10.0
二	±7.5	±15.0
三	±10.0	±20.0

注：①土地使用权明显界址点精度不低于一级，隐蔽界址点精度不低于二级。
②土地所有权界址点可选择一、二、三级精度。

表 4-4　图解界址点的精度

项目	图上中误差（mm）	图上允许误差（mm）
相邻界址点的间距误差	±0.3	±0.6
界址点相对于邻近控制点的点位误差	±0.3	±0.6
界址点相对于邻近地物点的间距误差	±0.3	±0.6

四、地籍图测绘

1. 地籍图测绘的基本要求　地籍图测绘工作开展之前，首先应了解清楚地籍图测绘的精度要求，根据地籍调查区域的具体情况选择成图的比例尺、坐标系及地籍图的分幅编号。

根据不同的条件，地籍图测绘可采用全野外数字测图、数字摄影测量和编绘法等方法。无论采用哪种方法进行地籍图测绘，均要求地籍图图面内容主次分明、清晰易读，其基本精度应符合表 4-5 的规定。

表 4-5　地籍图平面位置精度

项目	图上中误差（mm）	图上允许误差（mm）	备注
相邻界址点的间距误差	±0.3	±0.6	
界址点相对于邻近控制点的点位误差	±0.3	±0.6	荒漠、高原、山地、森林及隐蔽地区等可放宽至 1.5 倍
界址点相对于邻近地物点的间距误差	±0.3	±0.6	
邻近地物点的间距误差	±0.4	±0.8	
地物点相对于邻近控制点的点位误差	±0.5	±1.0	

地籍图成图的比例尺可根据区域的繁华程度、土地价值、建设密度、细部精度、采用的测量方法等因素来确定。针对不同情况，地籍图比例尺可在 1∶500 至 1∶50 000 之间选择。例如，有条件的地区或城镇周边的区域可采用 1∶500、1∶1 000、1∶2 000 或 1∶5 000 的比例尺，人口密度很低的荒漠、沙漠、高原、牧区等区域可采用 1∶50 000 的比例尺。

通常情况下，地籍图测绘宜采用国家规定的 2000 国家大地坐标系和 1985 国家高程基准。若因特殊情况采用了其他坐标系统，则应与国家统一坐标系统进行联测或建立转换关系。

根据地籍图测绘成图比例尺的大小，地籍图分幅可采用矩形分幅也可采用梯形分幅。若测绘 1∶500、1∶1 000、1∶2 000 的地籍图，可采用正方形（50cm×50cm）或矩形（50cm×40cm）分幅，图幅编号按图廓西南角坐标千米数编号，X 坐标在前，Y 坐标在后，中间用短横线连接。若地籍图测绘成图比例尺小于 1∶5 000（含 1∶5 000），地籍图宜采用按一定经差和纬差的梯形分幅法进行分幅和编号。若测区已有相应比例尺地形图，地籍图的分幅与编号方法宜沿用地形图的分幅和编号。

2. 地籍图测绘的内容　地籍图表达的内容包括以下 5 项要素：

（1）行政区划要素，包括行政区域界线和行政区划名称。

（2）地籍要素，包括地籍区界线、地籍子区界线、土地权属界线、界址点、图斑界线、地籍区号、地籍子区号、宗地号（含宗地特征码和宗地顺序号）、地类编码、土地权利人姓名、坐落地址等。

（3）地物要素，包括界址线依附的地物要素（如围墙、道路、房屋、垣栅、构筑物、铁路、公路、河流等）、主要地理要素（如居民地、建筑物、道路、水系、地理名称等），以及需要表示的地貌（如等高线、高程注记、悬崖、斜坡、独立山头等）。

（4）数学要素，包括内外图廓线、内图廓点坐标、坐标格网线、控制点、比例尺、坐标系统等。

（5）图廓要素，包括分幅索引图、密级、图名、图号、制作单位、测图时间、测图方法、图式版本、测量员、制图员、检查员等。

地籍图表达的内容，一部分可通过实地调查得到，如街道名称、土地权利人、宗地四至、道路名称等；另一部分内容则要通过测量获得，如各级行政区域界线、界址位置、建筑物、构筑物等。

3. 地籍图测绘的方法 按地籍测量采用的仪器设备、要求达到的精度和调查区已有资料完整情况的不同，地籍图的测绘方法可选用全野外数字测图、数字摄影测量成图和编绘法成图。

（1）全野外数字测图。全野外数字测图是利用全站仪在野外对界址点和地物点的坐标和高程数据进行实地采集，然后设置地图符号、界址点及地物点之间的连接方式等信息码，通过计算机进行数据处理、图形编辑，生成数字地籍图和宗地图。与传统模拟测图相比，数字测图具有自动化、集成化程度强，成果精度高，适用性强的特点。此方法适用于采用解析法测定界址点的地籍细部测量，常用于测绘1∶500、1∶1 000、1∶2 000大比例尺地籍图的测绘。采用全野外数字测图时，测定界址点的坐标可以与测图同步进行，但测定界址点时，应满足界址点点位规定的精度要求。

（2）数字摄影测量成图。数字摄影测量是基于数字影像和摄影测量的原理，应用计算机技术、数字影像处理、影像匹配、模式识别等多学科的方法，通过对所获取的数字或数字化影像进行处理，自动（半自动）提取被摄对象用数字的方式表达的几何与物理信息，从而获得各种形式的数字化产品和目视化产品的一种测量方法。

数字摄影测量成图现已在土地利用调查中得到了广泛应用，可用于不同比例尺地籍图的测绘。如果地籍测量界址点精度要求达到解析界址点的精度，则界址点坐标应采用解析法施测。首先，将解析法测量的界址点坐标文件导入数字摄影测量系统，解析界址点与数字摄影测量的地物点实地为同一位置时，应以解析界址点坐标代替地物点坐标。然后，根据工作底图、土地权属调查成果和地形要素，对相关规定的内容和表示方法等进行编辑处理生成地籍图。

地籍图的数据内容、数据质量、数据分层、要素代码等应符合数据库建设的要求。正射影像制作、野外调绘、照片控制以及数字摄影测量的技术应根据测图比例尺，按照地形图航空摄影测量内业、外业及数字化测图的规范、标准等执行。

（3）编绘法成图。编绘法成图是指在已有大比例尺地形图、土地利用现状图、航空航天正射影像等资料的地区进行地籍测图时，利用已有图件资料编绘地籍图。这不失为一种快速、经济、有效的方法。

编绘地籍图时应选择符合规定要求的图件或影像制作成工作底图。以工作底图为基础，采用全野外数字测量的方法或数字摄影测量的方法修补测地形要素。对需要满足表4-5规定精度的界址点应采用解析法测量其坐标。在工作底图上根据宗地草图的丈量数据、解析界址点的坐标和修补测的地形要素，按地籍图需表达的内容和方法进行编辑处理，生成地籍图。地籍图的数据内容、数据质量、数据分层、要素代码等应符合数据库建设的要求。以数字正射影像图为基础，可依据土地权属调查成果编绘地籍图。

编绘法成图是在原图的基础上制作新的地籍图，虽然成图周期快，但成图精度相对较低。因此，编绘时，应对采用的原图进行精度检查，如果达不到要求，不能用于编绘。

4. 宗地图的绘制 宗地图是以宗地为单位编绘的地籍图，是不动产登记证书和宗地档案的附图，是处理土地权属问题的图件。它是以地籍要素为基础，利用地籍数据依照一定的比例尺编绘而成的反映宗地实际位置和有关情况的一种图件。宗地图与宗地草图相比，图形与实地具有严密的数学相似关系，同比例尺相邻宗地图可以互相拼接。宗地图示例见图4-10。

宗地图描述内容包括：①所在图幅号、宗地代码；②宗地权利人名称、面积和地类号；

③本宗地界址点、界址点号、界址线和界址边长；④宗地内的图斑界线、建筑物、构筑物及宗地外紧靠界址点线的附着物；⑤邻宗地的宗地号及相邻宗地间的界址分隔线；⑥相邻宗地权利人、道路、街巷名称；⑦指北方向和比例尺；⑧制图者、制图日期、审核者、审核日期等。

宗地图图幅规格根据宗地大小选取，一般用 32 开、16 开、8 开图纸绘制。如果宗地过大或过小，可采取按比例缩小或放大的方法绘制。根据宗地图绘制的基础条件可选择蒙绘法、缩放绘制法、复制法和计算机输出法绘制。

5. 地籍索引图的编制 为便于检索和使用，一个测区的地籍调查工作结束后，应以县级为单位编制地籍索引图。地籍索引图的内容主要包括：本调查区内地籍区、地籍子区界线及其编号，不同比例尺测图区域的分区界线，主要道路、铁路、河流和地名等。

地籍索引图是在地籍图分幅接合图表的基础上参照地籍图缩小编制而成的。地籍索引图的比例尺要根据一幅图所能包含的全部调查区范围来确定。

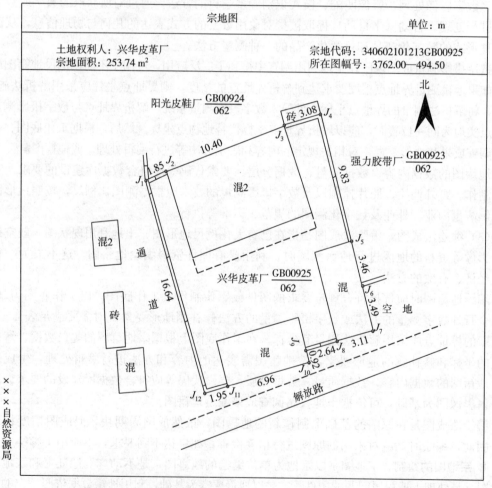

图 4 - 10 宗地图示例

五、面积量算

1. 面积量算的方法 面积量算是地籍测量中一项必不可少的工作内容。面积量算包括县级行政辖区面积、乡级行政辖区面积、行政村面积、地籍区面积、地籍子区面积、宗地面积、地类图斑面积、建筑占地面积和建筑面积等的量算。面积量算的方法与地籍测量的方法相对应，分为解析法和图解法。利用解析法获取的界址点坐标或界址点间距计算出的面积，称为解析法计算面积；利用图解法获取的界址点坐标或界址点间距计算出的面积，称为图解法计算面积。用图解法计算面积的宗地，应在地籍调查表的说明栏注明："本宗地面积为图解法计算面积。"土地登记时，应在登记卡和土地证书的说明栏注明："本宗地面积为图解法计算面积；条件许可时，可采用解析法计算面积代替图解法计算面积。"

面积量算方法的选择主要由面积量算的精度要求、所量图形的形态及设备条件来决定，可单独采用一种方法来量算面积，或综合选用多种方法来量算面积。目前，面积量算越来越多的是采用计算机来处理。其优点是可以很快得到图形的面积，不但省时，还可成批量地进行。

2. 面积量算中的控制和限差 为提高面积量算的精度，检核面积量算、统计的正确性，面积量算必须遵循从整体到局部、层层控制、分级量算、块块检核、逐级按面积成比例平差的原则，即分级控制、分级测算、分级平差的原则。

面积量算通常按两级控制、三级测算的程序进行：①以图幅理论面积为首级控制，当各区块（街坊或村）面积之和与图幅理论面积之差小于限差值时，将闭合差按面积比例配赋给各区块，得出平差后各区块的面积；②以平差后的区块面积为二级控制，当测算完区块内各宗地（或图斑）面积之后，其面积之和与区块面积之差小于限差值时，将闭合差按比例配赋给各宗地（或图斑），则得宗地（或图斑）面积的平差值。

采用图解法计算面积时，宜采用两级控制。首先，以图幅理论面积作为首级控制，图幅内各区块（街坊或村）面积量算之和与图幅理论面积之差的限差值$\leqslant \pm 0.002\ 5\ P$（$P$表示图幅理论面积，单位为$m^2$）时，将闭合差按比例配赋给各区块（街坊或村），获得平差后的区块（街坊或村）面积；其次，用平差后的各区块（街坊或村）去控制本区块（街坊或村）内各宗地（地块）面积，各宗地面积量算之和与区块（街坊或村）面积的较差$\leqslant 1/100$时，将闭合差按比例分配给各宗地（地块），得出平差后各宗地（地块）的面积。

图解法量算面应在地籍原图上进行，并考虑图纸变形的影响。要求独立两次量算，两次量算的较差$\Delta P \leqslant 0.000\ 3 \times M \times \sqrt{P}$（$P$表示量算面积，单位为$m^2$；$M$表示地籍图比例尺的分母）。量算结果满足限差要求的，取中数作为最后结果。否则，应重新量算。

当采用部分解析法计算面积时，先用解析法求出每个区块（街坊或村）面积，然后以各区块（街坊或村）面积控制本区块（街坊或村）内各宗地（图斑）面积之和。当闭合差小于限差时，可将闭合差按面积比例配赋给区块（街坊或村）内各宗地（图斑），平差之后各宗地（图斑）之和应与解析法求出的各个区块（街坊或村）面积相等。

在图幅或区块（街坊或村）内，采用解析法计算的地块面积，只参加闭合差的计算，可不参加闭合差的配赋。

无论采用何种方法计算面积，均应独立两次量算，两次量算的较差在限差范围内取中数。

3. 面积汇总统计 面积量算工作结束之后，要对量算的原始资料加以检查、整理，在确保面积量算成果无误的基础上，开展面积汇总统计工作。整理、汇总后的宗地面积才能为不动产登记、土地统计提供基础数据，为社会提供服务。

面积汇总统计与面积量算的程序及原则有关。汇总内容取决于社会对资料的需求。汇总工作可分两个阶段进行：第一阶段为村、乡、县土地面积汇总，可在控制面积量算之后进行，它是第二阶段的控制基础；第二阶段为村、乡、县分类面积汇总，在碎部面积量算之后，按权属单位及行政单位汇总统计分类土地面积，它是第一阶段工作的继续。两个阶段的工作不一定相继进行，但两个阶段的汇总结果应起到相互校核的作用，发现问题应及时处理。面积汇总统计均应以宗地为基础，采取纵向统计、横向校核的原则，逐级向上汇总。

在建立地籍调查数据库后，可由系统软件自动生成报表，人工只需指定所生成的报表数据的范围［区（县）、地籍区、地籍子区、宗地］，所有的计算、统计和汇总均由软件完成，避免了许多人为差错，大大提高了工作效率。

第五节 地籍调查成果检查验收和整理归档

一、调查报告的编写

地籍调查工作结束后，需对调查区地籍调查技术路线的选择、技术方法的实施及成果资料的质量、工作中的问题加以全面总结分析，形成地籍调查技术报告和工作报告。报告的编写，目的在于对调查工作中遇到的工作、技术问题进行全面的总结，将从中获得的经验、教训如实地反映出来，并对调查成果进行分析和说明，对成果的质量做出恰当的评价，为成果的更新提供技术接口，也便于成果的应用。

调查报告编写要求材料属实、数据准确、分析严密、评价恰当。此外，编写的调查报告也是成果检查验收的必备材料，在编写时必须要做到层次清楚、内容翔实、文理通顺、文图表并茂，提供一个全面、科学的工作成果。

1. 地籍调查技术总结报告编写 地籍调查技术总结报告是对地籍调查工作的具体内容、程序、方法及成果等所做的系统性技术总结，具体包括以下内容：

（1）调查区概况。内容主要包括：①调查区地理位置、行政隶属、面积大小、用地特点、宗地密度、自然及社会经济状况等；②调查工作依据，如政府文件、技术规程或标准等；③调查队伍，包括承担权属调查、地籍测量的单位情况和技术力量配备，参与调查人员的组成、培训及分工情况，仪器设备条件及使用情况；④工作完成情况，例如各项工作完成的起止日期和投入力量、完成的具体工作量等；⑤形成成果，包括调查区面积和各类土地面积、完成宗地权属调查宗数、处理宗地权纠纷件数、各类面积汇总统计份数、形成地籍图和宗地图的图幅数等；⑥其他相关情况。

（2）权属调查实施情况。内容主要包括：①权属调查工作程序；②调查工作底图选用绘制、调查范围的确定、地籍区和地籍子区及宗地的划分、宗地及界址点号编制规定等；③界址点实地确定、设置界标类型及管理情况；④界址边长的勘丈方法、精度及宗地草图绘制的内容和方法；⑤界址调查中出现的权属纠纷的种类、原因及解决办法；⑥地籍调查表填写、签章及各种证件提供情况。

（3）地籍测量实施情况。内容主要包括：①坐标系统的选择，起始控制点等级、精度及可靠性；②控制点布设方法、等级、精度指标和技术要求，控制点布设和埋石的数量或密度，测量设备检测及使用情况，测量采用的观测方法，观测成果记录、检查、平差处理及精度情况；③界址点测定的方法和精度情况；④地籍图测绘比例尺选择、分幅与编号方法、测绘内容、测绘方法、精度指标，宗地图、索引图制作方法；⑤面积量算方法及限差控制，宗地面积汇总和分类统计结果；⑥地籍数据库建设要求及方法。

（4）成果质量评价。根据质量检查结果进行分析和评价，总结其经验和教训，并提出建议。

2. 地籍调查工作报告的编写 地籍调查工作报告主要阐述的是地籍调查工作的进展、人员组成、取得的经验教训、成果应用前景、调查存在的问题等内容。报告应准确反映整个工作过程的组织、计划、程序等。报告语言应简练，经验教训分析应具体、确切和深入。地籍调查工作报告通常包括以下几部分：

（1）基本情况。应阐述地籍调查的目的、任务、调查依据，上级地政部门对地籍调查技术方案的批示，调查工作的起止时间、进度安排、经费来源和使用情况，以及其他必要说明。

（2）工作组织。应说明地籍调查工作的行政性、复杂性、技术性、重要性以及加强领导的必要性，地籍调查领导班子的形成、职责分工，承担权属调查、地籍测量工作的单位和技术负责人，调查小组其他成员的分工情况，为保障调查的组织和实施而建立的管理制度。

（3）执行情况。应列明工作计划预计的时间、经费和实际完成所用的时间、经费，以及调查工作的流程、完成的工作量、取得的成果及质量评价。

（4）经验及教训。对地籍调查工作中所取得的经验做出客观、系统的总结，对工作中遇到的问题应逐一分析原因，提出解决办法和建议。

二、检查验收

1. 组织实施 检查验收是地籍调查工作的一个重要环节。其任务在于保证地籍调查成果质量并对其评定。检查验收工作依据《地籍调查规程》（TD/T 1001—2012）和相关地籍调查验收办法进行。地籍调查成果实行三级检查、一级验收的"三检一验"制度，即作业人员的自检、作业队（组）的互检、作业单位的专检和自然资源主管部门的验收。"三检"工作由作业单位组织实施，接受县级自然资源主管部门的监督和指导。检查、验收过程应有记录，专检和验收结束后应编写检查（验收）报告。地籍调查成果的验收由省级自然资源主管部门组织实施。

2. 检查验收的内容 检查验收一般按"作业人员自检—作业队（组）互检—作业单位专检—自然资源主管部门验收"的程序逐级进行。

（1）自检。要求作业人员在作业过程中或作业阶段结束时对下列相关内容的质量进行100％的检查。

A. 土地权属调查检查。检查内容包括：①地籍区、地籍子区的划分是否正确；②权源文件是否齐全、有效、合法，权属调查确认的权利人、权属性质、用途、年限等信息与权源材料上的信息是否一致，认定界址的法律手续是否完整、规范，界址点的实地位置是否设立了固定标志，界址边的走向是否合理，界址点有无错误、遗漏等；③地籍调查表填写内容是否齐全、规范、准确，与地籍图上注记的内容是否一致，有无错漏；④宗地草图与实地是否相符，要素是否齐全、准确，四邻关系是否清楚、正确，注记是否清晰合理。

B. 地籍控制测量检查。检查内容包括：①坐标系统的选择是否符合要求；②控制网点布设是否合理，埋石是否符合要求；③起算数据是否正确、可靠，施测方法是否正确，各项误差有无超限；④各种观测记录手簿记录数据是否齐全、规范，成果精度是否符合规定，资料是否齐全。

C. 界址测量与地籍图测绘检查。检查内容包括：①界址点坐标测定或采集的方法、精度、记录手簿是否符合规定，界址点成果表有无错漏；②地籍图的图幅编号、坐标注记等图外整饰是否正确，图廓、坐标方格网、控制点、界址点展绘及图幅接边精度是否符合规定要求，图上宗地形状与宗地草图、实地是否一致，房屋及地类号、结构、层数、坐落地址等有无错漏，宗地号编列是否符合要求，有无重漏，图上标注相关地籍要素是否与调查表相符，地形要素有无错漏，图面表达内容、采用符号以及图面精度是否符合相关规程的规定；③面积量算方法及结果、分类面积汇总统计是否正确。

（2）互检。互检是指作业组内人员对作业成果质量的互相检查。主要检查项目内容与自检相同。先进行内业检查，后进行外业检查。内业检查出的问题应做好记录，待外业检查时重点核对，需纠正、改动的，由检查人员会同作业人员确认后实施。互检要求内业按 100% 检查，外业可根据内业检查发现的问题进行有针对性的重点检查，但实际操作的检查比例不得低于 30%，巡视检查比例不得低于 70%。

（3）专检。专检是指由作业单位质量管理机构组织的对自检和互检后的成果质量进行的检查。专检内容和程序与自检基本相同，重点检核原始调查记录和原始测量数据的正确性，检查地籍调查成果的图、表、册中对应内容的一致性及其与实地宗地权属状况的一致性。检查后需提出专检记录，对需要修改、纠正的问题，会同作业人员确认后实施。专检要求内业按 100% 检查，外业实际操作的检查比例不低于 20%，巡视检查比例不低于 40%。

专检除按规定内容和比例进行检查外，还应对自检和互检的全检记录、技术方案执行情况、技术总结报告、工作报告等是否符合要求进行检查。

3. 成果验收　地籍调查成果质量评定等级分为优、良、合格 3 个等级，并采用"一验评定制"。验收组先进行成果质量抽检，内业随机抽检 5%～10%，外业实际操作的抽检比例视内业抽检情况决定，但不得低于 5%，然后根据抽检情况进行质量评定。对抽检发现的问题，作业单位应积极采取解决措施，及时进行返工。如果问题较多或较严重，质量评定为不合格的，要求作业单位整改后再申请验收。

有下列情况之一的，应评定为不合格：①作业中有伪造成果行为的；②实地界址点设定不正确比例超过 5% 的；③控制网点布局严重不合理，或起算数据有错误，或控制测量主要精度指标达不到要求的；④界址点点位中误差或间距中误差超限或误差大于 2 倍中误差个数超过 5% 的；⑤面积量算错误的宗地数超过 5% 的。对评定不合格的，应不予验收，待退回整改后再申请验收。

验收工作结束后，验收组应出具验收报告和存在问题的书面处理意见，要求内容具体、表述清晰、数据准确、结论可靠。验收报告一份交被检单位，一份由自然资源主管部门存档。如果被验收单位对验收结果有异议，可向上一级管理部门申请复验。上一级管理部门的复验和评定为最终评定结果。

三、成果资料整理归档

地籍调查成果资料是指在调查过程中直接形成的文字、图、表、数据的总称。地籍调查成果是土地管理的重要基础资料，是地籍信息资料（档案）的重要组成部分，是不动产登记、分等定级估价和土地统计的基础资料。因此，地籍调查成果资料经检查验收合格后，需要及时整理分类，存入地籍信息库归档保存。同时，自然资源主管部门应建立地籍调查档案管理制度，明确地籍调查档案整理、归档、管理和使用。

地籍调查成果资料若按介质不同划分，可分为纸质等实物资料和电子数据。若按类型不同划分，可分为文字、图件、簿册和数据等资料。其中，文字资料包括工作方案、技术方案、工作报告、技术报告等；图件资料包括地籍工作底图、地籍图、宗地图等；簿册资料包括地籍调查外业记录手簿、地籍控制测量原始记录与平差资料、地籍测量原始记录、地籍调查表册、各级质量控制检查记录资料等；电子数据包括地籍数据库、数字地籍图、数字宗地图、影像数据、电子表格数据、文本数据、界址点坐标数据、土地分类面积统计汇总数据等。

成果资料整理应查核资料是否齐全、是否符合要求，凡发现资料不全、不符合要求的，应进行补充修正。成果资料应按照统一的规格、要求进行整理、立卷、组卷、编目、归档等。

复习思考题

1. 什么是地籍调查？开展地籍调查有何目的和意义？

2. 地籍调查的类型如何划分，调查应遵循什么原则？

3. 地籍调查工作主要程序包括哪些？

4. 什么是宗地代码？宗地代码如何编制？

5. 土地权属调查的任务是什么？包括哪些内容？

6. 土地权属调查工作底图的选择与制作有哪些要求？

7. 地籍调查表包括哪些内容？填写有什么要求？

8. 界址点测量方法有几种？各种方法测量对界址点精度有何要求？

9. 为什么要绘制宗地草图？宗地草图有何作用？宗地草图应具备哪些基本内容？

10. 地籍图测绘应包括哪些基本要素？各要素应包含哪些基本内容？

11. 面积量算应遵循什么原则？采用图解法量算面积时，限差如何控制？量算精度有何要求？

12. 何谓地籍调查成果的"三检一验"制度？地籍调查成果的检查验收主要包括哪些内容？

第五章

变更调查

│**本章提要**│变更调查是维护土地利用信息现势性的重要手段。土地利用信息只有及时得到更新，才能高效、持久地成为土地管理乃至国家管理的良好基石。因此，必须及时对土地利用各类变化信息加以调查分析，更新土地利用成果，掌握土地利用变化态势。目前，变更调查工作主要由土地变更调查、日常地籍调查和动态遥感监测等工作构成。土地变更调查是土地利用现状调查的继续，日常地籍调查是地籍总调查的延伸，两者在技术上都应延续基础性（初始）调查的规范和工作体系，通过变更调查更新、充实、修正原有的调查成果，以维持土地利用各类成果的现势性。土地利用动态遥感监测以其效率高、周期短、更新快、能及时发现土地利用变化的优势，为土地利用动态监测提供了先进的技术手段。

第一节　土地变更调查

一、土地变更调查的任务、内容和特点

1. 任务　土地变更调查是指在完成土地利用现状基础调查之后，为满足日常土地管理工作的需要而进行的土地权属、类型、位置、数量等变更情况的调查。

随着社会经济的发展、土地利用的变迁，原有土地利用调查资料逐渐失去其现势性。为全面维护土地利用调查资料的价值，推进土地管理工作的深入，实现国家对土地的宏观调控，土地利用现状调查不能停留在基础调查上，必须不断地开展土地变更调查。通过变更调查，更新土地利用资料，不仅可以保持土地调查资料和国土资源综合监管平台基础信息的准确性和现势性，还可以改正、补充原有土地利用调查资料中的错误和遗漏，提高数据精度，逐步完善地籍内容，以满足经济社会发展和国土资源管理的需要，为制定土地利用政策及进行土地利用的科学研究提供基础数据。

土地变更调查在本质上是一种土地利用动态监测。它要求在土地利用现状调查的基础上，定期或随时对土地利用变化的情况进行调查、监测、核查、汇总、统计和分析，是一项全面更新、提高土地利用资料的工作（或活动）。土地变更调查已经成为日常地籍管理的主要工作之一。

当前开展土地变更调查的主要任务是：

（1）更新土地利用数据，保持土地利用资料的现势性。更新资料无疑是变更调查的核心任务。对实地发生的变化加以调查、记载，在此基础上更新原有相关部分资料，从基层资料起在汇总系统中自下而上逐项更新有关资料，从而形成新的与实地变化状况相一致的资料。

这是开展土地变更调查最基本的核心任务。

（2）改正、补充土地利用调查资料中的错误和遗漏。土地利用现状基础调查成果除了因土地利用发生变化致使其失去现势性外，还由于当初基础性（或前期变更）调查中可能存在着一些差错，从而使调查成果不能真正反映土地资源和土地利用的现实状况。这些差错在实际应用资料时会逐渐被发现，或者在监察等其他土地管理活动中逐渐被发现。这些差错的改正，同样是变更调查的任务之一。

土地利用现状调查（包括基础调查和变更调查）是一项工作量十分庞大的系统工程，工作环节繁复，相互关联度大，参与人员众多，调查对象千差万别，调查内容属性广泛，调查中难免存在疏忽遗漏的情况。这些遗缺现象同样会影响成果的全面性和真实性。因此，变更调查又肩负着补遗的任务。

（3）实现土地利用调查资料的同步与统一。我国土地利用现状调查虽然从一开始就有统一的技术要求来保证各县调查成果的质量，但是各县基础调查开展的时间先后不一，因而所反映的土地资源和土地利用状况在时段上是不太一致的，数据形成是不同步的。对于不同步的基础数据，只有通过变更调查实现它们的同步性，才能实现同步汇总，从而充分发挥调查成果的应用价值。因此，在每次全面开展基础调查之后，总需要做一个规定，以统一的时点为准，将各地调查的结果都调整到这个统一的时点现状水准上。例如，一调规定 1996 年 10 月 31 日为统一时点，二调规定 2009 年 10 月 31 日为统一时点，三调规定 2019 年 12 月 31 日为统一时点。从 2010 年以后，国家将年度土地变更调查时点统一为每年的 12 月 31 日。只有经过按统一时点要求调整了的变更调查数据，才能为实现全国各地调查数据的同步性和全面统一性奠定基础。

（4）完善和提高土地利用调查资料的水准。每一次的土地利用调查，都是依据当时的管理需要和技术能力设计规范的，每一轮调查工作的完成通常都需要花费 2～3 年甚至更久。调查所得的结果，某些方面很快就会不能满足管理工作的需要，急需细化、增添一些内容。同时，调查技术手段也在不断更新。因此，开展土地变更调查便成为十分必要的工作。

（5）形成系统的土地利用资料，能够为制定土地利用政策及进行相关科学研究提供基础数据。上述内容仅仅是从静态意义上认识的土地变更调查的任务。从动态意义上来讲，从基础调查到一次又一次的变更调查，每一次的调查成果都反映了某一时点或某一时段的土地资源和土地利用状况。若将这些各自反映一个时段（或时点）的资料进行有序排列，便可组合成一个反映土地资源和土地利用变化过程的历史写照，可科学、客观、真实地显现土地利用的变化规律与变更趋势，为科学地制定土地利用政策及进行土地科学研究提供服务。

2. 内容　所有从各方面反映土地资源和土地利用状态属性的各个层面的信息，都是变更调查的内容，这些信息在基础调查时都逐一地得到了调查、记载、整理、汇总。但在基础调查之后，这些属性有的发生了变化。正是这些变化使得变更调查成为必不可少的工作。变更调查与基础调查一样，涉及内容繁多，主要有：

（1）界线调整。调查界线调整实际上意味着对原有行政范围进行分割或合并的调整，调整中有可能还包含着土地利用其他方面（如地类、图斑）的变化。行政区域界线的调整无论是分割还是合并，往往伴随着成片的大量图斑群的转移（分割、合并）。从技术上来讲，似乎仅是一群图斑群的转移或者一定种类和数量地类的移交。然而由于过去的调查中没有预料到这种变化出现的可能，没有做好必要的技术准备和铺垫，当出现因行政区域界线调整而引起原属不同行政范围的调查资料实行合并或分割时，在技术上会出现许多衔接上的困难，致使分割和合并工作十分困难，因此必须对一部分甚至全部行政区域进行重新调查。只有这样才能形成一套新地区（行政范围）的土地利用现状调查成果。

（2）权属变化。包括集体土地所有权和国有土地使用权的权属性质变化、权属界线变化和权属单位名称变化。土地权属变迁是必然的，这种权属变迁往往推动着土地利用向合理化和高效化发展。土地权属变化常常不是独立的单纯的发生，而是伴随着地类变化和图斑变动而发生。例如，在土地征收中，不仅权属主体发生了更替，土地权属性质也发生了变化，而且在土地利用上一般也发生了变化，如原有的农业用地图斑被建设用地图斑所替代等。

（3）地类变化。地类的变化具体表现为原来的土地用途或利用方式发生了改变。引起地类变化的原因十分多样。有时一些变化的直接原因和表现形式并不是改变土地用途，如土地权属的变动、土地的征收或者土地权属界线的调整等，然而其中往往包含着土地用途或利用方式的变化，即地类的变化。

（4）图斑举证。为客观准确反映和核实变更图斑信息，土地变更调查要求对遥感监测图斑和重点变更图斑进行实地采集影像举证。利用统一的"互联网＋举证软件"，实地拍摄包含定位坐标和拍摄方位角等信息的举证照片，加密报送国家统一举证平台。

（5）永久基本农田变化。永久基本农田变化具体表现为永久基本农田空间位置、数量规模的变化。受永久基本农田补划、调整或被合法占用等因素的影响，会涉及调查区域有些永久基本农田图斑的空间位置、图斑形状、规模大小、甚至权属性质的变化。

3. 特点　与基础性的土地利用现状调查相比，土地变更调查具有以下特点：

（1）变更情况复杂，工作难度大。土地变更调查涉及的类型复杂多样，既包括土地用途或利用方式的改变，也包括土地权属界线的变化，或是几种情况同时存在。单从地类的变化看，一种地类的增加或减少并非只是单纯地对应着另一种地类的减少或增加，有时与土地权属界线的变化、行政区域界线的变动联系在一起，既有多种来源，又有多个去向。因此，整个土地变更调查工作需要进行复杂的图形与数据处理，工作难度较大。

面对错综复杂的变化，在开展土地变更调查时，要尽力将发生变化的土地与不存在变化联系的土地分割开来，各自形成一个独立的变更单元，然后再在变更单元内完成变更工作。只有这样，方能保证变更工作条理清楚、有条不紊。

（2）变更频繁，工作连续性强。土地在利用过程中，其自然与社会状况在不断地发生改变。这种变化会经常地发生，只有通过连续性的土地变更调查工作，才能将这些变化真实地记录下来，从而将历史与现状表述清楚。将这些变化资料积累起来，便能清楚地掌握土地利用的状态、变化规律与变化趋势，为科学管理土地、可持续地利用土地资源提供基础数据。

对于频繁和连续发生的变化，需建立一定的制度，定期开展变更调查，"定期"的期限可以随管理的需要而定，通常为一年，也可能另行规定期限，以利于调查资料的应用。同时，变更工作应该尽量做到条理清晰，例如尽量按变更内容分别进行变更并做出记录，不要只追求结果而不反映过程（包括数据和图件），否则将大大降低调查资料的应用价值。

（3）多种工作方式密切结合。在土地变更调查过程中，土地利用调查与地籍调查工作是相结合的，不仅要将土地利用方式的变化调查清楚，还要对土地的权属等内容进行实地调查。多项调查内容一次完成，可以节省时间与费用，提高工作效率。

（4）变更调查与上一轮调查的间隔有时是固定的（如一年），有时是不固定的。

二、土地变更调查的程序、方法和要求

土地变更调查是一项系统的土地利用资料更新的工作。首先，需通过利用基础资料（调查底图、数据库等）发现、标示出土地利用变化信息；其次，到实地逐一调查核实并做好记录；最后，利用经核实无误的变化信息对土地利用资料进行更替，并实施面积量算汇总、统计和分析，更新相关土地利用资料。土地变更调查有其相应的程序、方法和要求。

1. 程序　土地变更调查目前主要采取国家全覆盖遥感监测与地方实地调查相结合的调查方式进行，通过省级全面检查与国家抽样核查的分级质量控制体系把控调查成果质量，实行现状调查与管理信息套合标注分阶段推进的工作程序。土地变更调查的具体程序为：

（1）开展遥感监测。国家采集本年覆盖全国的最新遥感影像数据，提取本年度土地利用遥感监测图斑，形成县级行政区域本年度遥感监测成果。

（2）准备工作。包括制作土地变更调查工作底图，开展资料收集、人员培训及仪器设备准备等。

（3）界线调整调查。调查各级行政区域调查界线位置和走向的变化情况。

（4）权属调查。调查土地的权属单位、权属性质及权属界线变化情况。

（5）地类调查。调查各类土地利用现状的变化情况。

（6）永久基本农田上图。依据永久基本农田划定成果及永久基本农田占用（减少）、补划（调整）等资料，对永久基本农田变化情况上图。

（7）成果质量检查。对调查成果，逐级开展地类一致性和数据库质量检查。

（8）数据库更新。按照年度土地利用变化状况，更新各级土地调查数据库。

（9）用地管理信息套合标注。国家将用地管理信息与土地利用现状变更结果空间叠加，自动分类标注新增建设用地和新增耕地管理信息，计算各分类面积。

（10）城镇村土地利用现状调查。调查城市、建制镇和村庄内部土地利用现状的变化情况。

（11）数据汇总。逐级汇总年度土地利用现状及变化数据。

（12）报告编写。分析土地利用变化情况，编写各级年度土地利用变化情况分析报告。

（13）成果归档。包括对调查过程中形成的图、表、文档、数据库等成果资料，按照档案管理要求进行整理归档。

2. 方法　综合调绘法是土地变更调查较常用的方法之一。其操作程序是：①变化信息标注。将本年度遥感监测成果与上一年度土地调查数据库套合，依据影像通过目视解译，标注土地利用变化信息；②实地调查核实。对标注的变化信息进行实地全面核实、调整和补充调查，将确认的变化图斑、界线的位置、地类和其他属性，调绘到土地变更调查底图上，作为更新土地调查数据库的依据；③新增地物补测。对新增地物或地类变化边界进行补测，可通过使用定位测量设备实测拐点坐标并更新到土地调查数据库中，也可采用目视内插法、距离交绘法、直角坐标法、截距法等方法直接补测到底图上，作为更新土地调查数据库的依据。

无论采取何种方法进行土地变更调查，按《土地变更调查技术规程（试用）》的规定，变更调绘的各类界线与数字正射影像图（DOM）上的同名地物间应满足明显界线位移不得大于图上 0.3mm、不明显界线位移不得大于图上 1.0mm。补测地物点对四周明显地物点的

限差要求在平地、丘陵不得大于图上 0.5 mm，在山地不得大于图上 1.0 mm。

近年来，随着 3S 技术、网络技术与无人机、大数据、云计算、人工智能等新技术、新方法集成在土地变更调查工作中的应用，土地变更调查对各种空间信息和环境信息的收集和识别、处理和更新显得更快速、机动、准确、可靠。例如，利用奥维互动地图技术，可在具有 GPS 定位功能的平板电脑、智能手机上高效率、高质量地完成变更调查工作；又如，利用在线巡查技术，可准确、快速地实现变更调查工作中的图斑举证信息采集工作。在线巡查技术主要是依靠外业调查人员携带的具有 GPS 定位功能的地理信息系统（GIS）采集器，将快速精准采集获得的信息（地块用途、坐标、影像等）通过无线网络实时上传服务器返回后台进行分析，然后将分析结果反馈给外业调查人员以开展后续相关工作。该技术能准确、快速地确定对象位置，并通过移动终端拍摄的照片记录站立点和方向，能有效避免弄虚造假的现象，掌握最真实的信息，能够更加准确、全面地反映实地情况。

3. 要求　2017 年发布的《土地变更调查技术规程（试用）》，对土地变更调查开展的基本调查单位、土地分类、时段与时点等都提出了基本要求：①基本调查单位。土地变更调查以县级行政辖区为基本调查单位。②土地分类。变更调查采用的土地分类原则上与全国土地基础调查采用的分类一致。目前土地调查采用的土地分类以《土地利用现状分类》（GB/T 21010—2017）为基础。③调查比例尺。土地变更调查图件的比例尺原则上与全国土地基础调查的比例尺一致，有条件的地区可根据需要采用更大的比例尺。④数学基础和计量单位。原则上与全国土地基础调查一致。

三、土地变更调查的实施

土地变更调查与基础调查一样，以县为单位开展。整个土地变更调查可以划分为以县为单位开展的基层土地变更调查和从县到省乃至全国逐级统计汇总两个部分。通过基层土地变更调查以及在此基础上开展的逐级汇总，全面更新原有土地资料。

基层土地变更调查的作业程序与基础调查是基本相同的。主要包括：①准备工作；②外业调查；③数据库更新和用地管理信息套合标注；④数据统计汇总及分析报告编写；⑤成果检查验收及归档。

从技术上、组织实施上来看，整个土地变更调查工作与基础调查的不同之处主要表现在外业调查工作、数据库更新及数据统计汇总工作上。

（一）准备工作

土地变更调查的准备工作包括资料收集整理、工作底图制作、调查表格及设备工具准备、人员技术培训等。

1. 资料收集整理　主要包括对界线资料、土地利用资料和遥感监测资料的收集。界线资料主要包括国界线、大陆沿海（包括海岛沿海）零米等深线、行政区域界线、土地权属界线的调整资料；土地利用资料包括近期土地利用现状资料（图件、影像、文字、数据库），年度土地利用计划、执行情况资料，年度建设用地审批资料，永久基本农田占用、补划、调整资料，土地利用执法监察资料，土地整治（开发、整理、复垦）验收资料，以及其他土地利用相关资料；遥感监测资料主要包括数字正射影像图（DOM）、遥感监测图斑信息资料。调查人员对所收集的资料信息进行归类整理，以确保资料的完整性和准确有效性。

2. 工作底图制作　利用国家下发的遥感监测成果、土地整治项目区数据、上年度土地调查数据库、相关用地审批信息以及其他相关资料，初步确定变化信息，制作土地变更调查工作底图。

3. 调查表格及设备工具准备　按调查规程和技术要求，根据需要准备相应记录表格。需要准备的调查设备工具主要包括定位测量设备、钢（皮）尺、电子计算机、平板电脑、数码相机和软件系统，以及交通工具、劳保用品等。

4. 人员技术培训　根据《土地变更调查技术规程（试用）》，在实施土地变更调查之前，需要加强变更调查技术人员外业调查、数据库更新等相关专业技能培训，统一土地变更调查的要求、方法和程序等。

（二）外业调查

土地变更调查要求以日常变更为基础，按照实地现状认定地类的原则，依据土地变更调查工作底图，对年度内实际变化的每一块土地进行实地调查，在工作底图上标绘变化图斑的位置、范围、地类和权属等信息，如实填写土地变更调查记录表（表5-1）。

表 5-1　土地变更调查记录表（示例）

（××××年）

土地坐落：　　乡（镇）　村　所在图幅号：　　长度单位：m（0.0）　面积单位：m²（0.00）　　NO：

变更前图斑							变更后图斑							地类变更部分					备注
														地类编码		新增耕地来源类型	建设用地类型		
权属单位名称	图斑号	地类编码	面积	权属性质	耕地坡度分级	耕地类型	权属单位名称	图斑号	地类编码	面积	权属性质	耕地坡度分级	耕地类型	变更前	变更后	面积			
1	2	3	4	5	6	7	8	9	10	11	12	13	14	15	16	17	18	19	20

草图：

填表人：　　　　　填表日期：　　　　　检查人：　　　　　检查日期：

外业调查是土地变更调查获得第一手现场资料的重要手段，能够为土地变更调查后续工作提供基础数据支撑。在获取国家下发的遥感监测影像和监测图斑后，县级自然资源部门组织人员开展外业调查，实地调查土地利用、土地权属及行政区划变更情况，并及时整理外业调查成果，经本级自然资源部门审查同意后向上级自然资源主管部门上报外业调查成果。

外业实地调查是土地变更调查的关键环节，土地变更调查是一项时间紧、任务重、技术含量高、工作周期长的年度性土地管理工作，外业调查进度直接受到自然资源部遥感监测成果下发时间、遥感监测影像质量以及遥感监测图斑数据等各种因素的影响。

外业调查的主要任务是要快速、准确地发现并详细核实调查对象变化了的信息，通过一定的技术手段准确、全面地确定有用变化信息的界线、规模、位置、性质等，并把这些变化信息标绘在图件资料上，记载入相应的材料上，以便进一步加工整理。

外业调查内容包括界线调查、权属调查、地类调查、图斑举证、永久基本农田调查和城镇村土地利用现状调查等内容。外业调查成果包括土地变更调查记录表、外业调查底图、实地测量结果、权属调查资料、永久基本农田调查资料、界线调查资料、图斑举证材料等。

1. 界线调整　主要是调查各级行政区域调查界线位置和走向的变化情况，以上年度土地变更调查形成的各级控制界线、控制面积和各地类面积作为本年度土地变更调查的基础。如果各级调查界线发生变化（包括名称、代码、界线位置变化等）需要调整，应依据相关主管部门的批准文件，采用分级负责的方法进行。

国界、零米线及省级行政区域界线原则上不得变动。若有变化，国家将会依据主管部门的最新资料更新并下发。

县级行政区域界线发生调整（控制面积、行政区域界线和土地调查数据库），应依据省级及以上主管部门界线调整的批准文件进行。对于县级行政区域界线发生调整的，需要重新上报自然资源部备案，并将调整后的县级区域控制界线、涉及界线调整的县级土地调查数据库（调整后）、界线调整前后的面积对比表和相关说明材料上交，经审核通过后，方可作为本年度变更调查的初始数据库。按《土地变更调查技术规程（试用）》规定，经批准在县域内局部调整界线的，控制面积不变。如果县级间行政区域界线发生局部调整，不涉及地类变化时，应满足以下要求：①涉及调整的县调整前后分幅控制面积之和应一致；②面积对比表中总面积应与控制面积相等，同一地类面积之和调整前与调整后的差值不得大于 $1hm^2$；③调整后的土地调查数据库图斑地类属性不能发生变化。

对于乡（镇）级行政区域界线发生调整的，应依据主管部门界线调整的批准文件在年度土地变更调查中进行。所有涉及乡（镇）级行政区域界线调整的，应在本年度土地变更调查中，提取由于界线变化产生的变化信息，随本年度县级年度更新数据包一并上报。

2. 权属调查　主要是调查土地的权属性质（集体土地所有权和国有土地使用权）变化、土地权属界线变化和权属单位名称的变化等情况。其中权属性质发生变化的，应按照实际情况变更；土地权属界线发生变化的，界线双方应依法重新签订土地权属界线协议书，将变化后的界线调绘在土地变更调查工作底图上，同时提取涉及界线变化的信息；权属单位名称发生变化的，应按照实际情况变更。

3. 地类调查　依据调查区域的调查工作底图，结合建设用地审批、土地整治等相关资料，对照实地现状，逐地块对内业解译的变化图斑及属性信息进行全面核实、调整和补充调查，予以确认。对实地变化与遥感正射影像图范围一致的，直接把变化后的地类标注在调查底图上，填写土地变更调查表；对与正射影像图范围不一致的或提供的影像不清晰的地物，以及影像未反映的新增地物，应通过实测手段开展补充调查，详细记录变化图斑的形状、范围以及变化地类等内容，并填写土地变更调查表。

地类变更调查包括变化了的线状地物、图斑等的调查。其调查原则与土地利用现状调查一样，均按实地现状调查地类和界线。

（1）线状地物及图斑调查。无论是对变化了的线状地物还是变化了的图斑实施变更调查，其采用的技术标准应与土地利用现状调查的标准一致，即按《第三次全国国土调查技术规程》（TD/T 1055—2019）的相关规定执行。变更图斑编号按照现状调查编号规则在最大图斑号后续编。对只有属性变更无图形变化的地类图斑，图斑编号应仍沿用变更前图斑编号。

（2）监测图斑核实及新增建设用地调查。对照实地现状，结合日常变更，对遥感监测图斑的位置、范围、地类、权属等逐一进行核实和确认，并填写相应的核实记录表。

对实地已动工建设的，确认为新增建设用地的按建设用地变更；确认为设施农用地的按设施农用地变更；确认为临时用地的，不作为建设用地变更，维持原地类不变，但应调查该地块的范围和面积，以单独图层方式，录入土地调查数据库，并纳入更新数据包，其变更范围不得与本年度其他变更图斑的变更范围相重叠。

对于年度变更时点前已拆除的遥感监测图斑，维持原地类不变。对上年度卫片执法检查和土地督察中查处的建设用地结果，如实纳入土地变更调查。对上年度土地变更调查已经调查为建设用地的图斑，经依法查处并拆除的，按恢复原貌的地类变更。对路基未确定的新增道路可纳入下一年度变更。本年度遥感监测图斑，在第二年1月15日之后下发的，可纳入下一年度变更。对遥感监测影像拍摄时段后新增的建设用地，在部综合监管平台备案的，可在本年度变更；未在部综合监管平台备案的，应纳入下一年度变更。对土地调查数据库中"批而未用"的土地，本年度实地已建设的，按实地建设位置、范围、地类进行变更。

（3）新增耕地及田坎调查。主要涉及开展土地整治（包括土地整理、土地复垦、土地开发）、农业结构调整以及其他方式新增耕地变化的调查。

根据土地变更调查有关规定，耕地变化情况主要调查新增耕地的来源、类型等信息。新增耕地坡度分级与现状调查耕地坡度分级标准一致，共分为5个级别。仍然将坡度≤2°的耕地视为平地，将坡度>2°的耕地分为梯田和坡地两种类型。

因新增耕地来源不同，田坎系数和新增耕地面积确定的方法也不一样。在非耕地上，经土地整治工程形成的新增耕地，当坡度>2°时，新增耕地图斑中的田坎系数采用本地区同类型耕地田坎系数，新增耕地面积等于新增耕地图斑面积减去田坎等其他非耕地面积之值；在耕地上的土地整治项目经竣工验收，耕地中的田坎面积不再按系数方式扣除，田坎按线状地物调查要求逐条调绘，通过内业计算田坎面积。土地整治项目新增耕地面积等于土地整治前田坎等非耕地面积减去土地整治后田坎等其他非耕地面积之值，土地整治前耕地面积与新增耕地面积之和应小于等于耕地图斑面积。土地整治项目区范围内，未实施土地平整工程措施的耕地不得变更。

4. 图斑举证 按《土地变更调查技术规程（试用）》的要求，各地需对遥感监测图斑和重点变更图斑进行举证，使用统一的互联网＋举证软件，实地拍摄包含定位坐标和拍摄方位角等信息的举证照片，加密报送至国家统一举证平台。

原则上遥感监测图斑都需要举证，但对于依据遥感影像特征能够准确认定为住宅小区、规模化工厂并在数据库中变更为建设用地的，以及面积较小或地处偏远实地举证确有困难的图斑可不举证。

需要举证的重点变更图斑包括自主变更新增建设用地图斑、灾毁耕地图斑和农用地变更未利用地图斑。其中，自主变更新增建设用地图斑主要是指遥感监测图斑范围外，自主调查新增的建设用地图斑。依据监测图斑调查新增的建设用地图斑无须重复举证。

图斑举证照片包括全景照片、局部近景照片和利用特征照片，《土地变更调查技术规程（试用）》对各类照片拍摄的要求都做了相应的规定。

5. 永久基本农田调查 依据永久基本农田划定成果及永久基本农田占用（减少）、补划（调整）等资料，调整数据库中永久基本农田图斑的位置和范围，将永久基本农田变化情况标绘在调查底图上，按相关技术要求更新形成永久基本农田数据层，然后汇总永久基本农田面积，并在土地利用变化情况分析报告中说明永久基本农田变化情况和依据。

6. 城镇村土地利用现状调查 以城镇村地籍调查成果为基础，结合日常地籍调查，获取城镇村土地利用现状成果，对数据进行统计汇总，实现城镇村土地利用数据的图数一致和年度更新。

（三）数据库更新和用地管理信息套合标注

1. 土地调查数据库更新 数据库更新也是土地变更调查技术流程中非常重要的环节。数据库更新要求以自然资源部下发的上一年度县级土地调查数据库为基础，利用本年外业调查成果作为土地变更调查辅助数据源，首先通过县级土地调查数据库建库软件创建本年度土地变更调查现势数据库，然后对历史数据库和现势数据库进行比对分析，生成并输出增量数据及相关统计报表，最后利用国家统一下发的更新上报软件，将导出的增量数据通过检查后，生成用于上报的更新数据包。

数据库更新工作可分成现状信息变更和管理信息变更两个阶段。现状信息变更阶段的主要工作内容是由内业人员将外业调查成果录入县级土地调查数据库，实现数据变更，形成新县级数据库，并对该年度变更情况进行汇总统计，形成各类统计报表，同时输出更新数据包（现状）；管理信息变更阶段的主要工作内容是依据国家下发的通过审查的用地管理信息控制数据库，在通过了国家内业核查的更新数据包（现状）基础上，将用地管理信息录入土地调查数据库中，更新经国家确认的土地利用现状数据库，对该年用地管理信息变更情况汇总统计，形成各类统计报表，同时输出最终更新数据包（管理）。

（1）更新内容。县级数据库的内容结构应符合土地利用数据库标准及相关技术规定的要求，数据库更新包括空间数据和属性数据更新两个方面。其中，空间数据更新包含行政区域界线、土地权属界线、线状地物、地类界线、地名等数据及相关地类数据的更新；属性数据更新主要涉及由空间范围更新带来的属性数据更新以及其他属性更新。

（2）更新方法。以上一年度土地调查数据库为基础，依据土地变更调查内业外业成果，变更土地调查数据库，提取变化图斑，生成更新数据包。

（3）数据采集要求。在县级数据库更新时，对数据采集应注意以下几点：①土地变更调查工作底图与数据库套合，明显的同一界线移位不得大于图上 0.6mm，不明显界线不得大于图上 1.5mm；②数据应分层采集，与更新前数据库分层保持一致，并保持各层要素叠加后应协调一致；③单线线状地物采集点的密度，应保持几何形状不失真，点的密度应随着曲率的增大而增加；④公共边，只需矢量化一次，其他层可用拷贝方法生成，保证各层数据完整性；⑤数据采集、编辑完成后，应使线条光滑、严格相接，不得有多余悬线，所有数据层内应建立拓扑关系，相关数据层间应建立层间拓扑关系；⑥图斑接边，即行政区域界线、土地权属界线两侧的图斑之间地物应进行接边，明显地物接边误差小于图上 0.6mm、不明显地物接边误差小于图上 2.0mm 时，双方各改一半接边，否则双方应到实地核实接边。

（4）数据库变更要求。在县级数据库更新时对数据库变更应注意以下要求：①土地变更调查所用的基础数据库应与上一年度国家确认的数据库保持完全一致；②通过数据库变更生成的更新数据包结构应符合数据更新有关技术规定；③数据库变更过程中，涉及发生变更图斑，应保证变更前图斑总面积与变更后图斑总面积完全一致，未变更图斑面积不得改变；④严格依据土地变更调查记录表采集属性数据；⑤变更后形成的数据库所有地类面积之和，应等于相应行政辖区、权属单位控制面积，同时等于上一年度数据库汇总的总面积；⑥数据库更新所生成各项统计汇总表，应保证图数一致、符合汇总逻辑要求，同一数据在不同表格中应一致；⑦本年新增的"批而未用"信息，作为一个单独图层存储（"批而未用"图层）；⑧往年批准本年建设图斑变更（PJ 图斑变更），应根据实际建设情况，在"批而未用"图斑（P 图斑）的批准范围内，按照批准地类变更，并在数据库中标注"建设年份＋PJ"属性。"批而未用"图层中 P 图斑范围内的地类图斑、线状地物与零星地物，除批准用途外不得变为其他地类。

（5）更新成果。包括更新后的县级土地调查数据库和县级年度更新数据包。

（6）质量检查。土地调查数据库质量检查对象为基础数据库和更新数据包。质量检查主要包括：①数据完整性检查。检查数据覆盖范围、图层、数据表、记录等成果是否存在多余、遗漏内容；检查数据有效性，能否正常打开、浏览、查询。②逻辑一致性检查。检查土地调查数据图形和属性表达的一致性，包括图层内部图形和属性描述的一致性，以及图层之间数据图形和属性描述的一致性等。③空间定位准确度检查。检查土地调查数据图斑、线状地物等图形空间位置的正确性，以及图层间和图层内是否存在重叠、相交、缝隙等拓扑错误。④属性数据准确性检查。检查土地调查数据属性描述的正确性。⑤数据汇总检查。检查由土地调查数据库汇总所得的各类汇总表表内数据逻辑、表间汇总逻辑，以及表格汇总面积和数据库汇总面积的一致性。⑥数据库拓扑容差。土地调查数据库及更新数据包拓扑容差为0.000 1。

2. 用地管理信息套合标注　用地管理信息套合结果的标注和入库工作，是土地变更调查工作的重要环节，关系到年度变更调查工作的全面完成，是确保土地变更调查数据真实准确的重要措施，也是全面掌握土地利用现状调查数据的真实性、用地管理信息数据可靠性的技术手段。自然资源部通过综合监管平台的用地备案信息与土地利用现状变更成果进行空间矢量套合比对，标注相应的用地管理信息，并下发地方。地方根据下发的套合结果作为控制数，在土地现状变更库中标注入库，并通过相应的数据库变更维护软件提取增量数据，结合更新数据上报软件，生成土地利用更新数据包（管理）。用地管理信息套合标注主要包括新增建设用地图斑套合标注和新增耕地管理信息套合标注两个方面。

（1）新增建设用地图斑套合标注。

A. 用地管理信息内容。新增建设用地管理信息包括国务院建设用地审批（单独选址、城市分批次）、省级政府批准建设用地、城市用地实施方案等空间和属性数据，以及城乡建设用地增减挂钩项目中的建新区、工矿废弃复垦项目建新区、低丘缓坡等未利用地开发项目场地平整区等空间位置和属性数据。

B. 套合标注方法。将本年度变更调查新增建设用地图斑（即现状更新包中提取的新增建设用地图斑和新增建设用地线状地物层）与监管平台建设用地备案数据空间套合，进行符合性标注。新增建设用地管理信息套合标注的判别标准为空间位置重合率、新增建设用地面积和审批备案数据批准面积等 3 项要素。其中，空间位置重合率是指审批备案数据批准面积占变更调查新增建设用地图斑面积的比率。经套合判别，标注涉及以下几种情况：①土地变更调查新增建设用地图斑与用地管理信息空间位置基本重合，标注为"本年度批准本年建设"（B），其中，属于之前年度批准用地的，标注为"B＋年度"；②新增建设用地图斑与用地管理信息空间位置未重合，标注为"本年度未批先建"（W）；③农用地转为建设用地批准用地空间范围（年度批准建设用地空间范围扣除范围内现状为建设用地的图斑）与本年度土地变更调查新增建设用地图斑进行比对，批准建设用地信息空间范围超出新增建设用地图斑的部分，标注为"本年度批准本年度未建设"（P），即"批而未用"，P图斑作为单独的图层保存。

C. 分类统计。对用地管理信息套合标注结果进行分类统计，同时还需要单独根据批准项目名称和土地用途等，统计P图斑变更后地类面积，对P图斑与前一年度现状数据库叠加生成的P图斑变更前地类面积也要进行统计。

（2）新增耕地管理信息套合标注。

A. 用地管理信息内容。新增耕地管理信息主要包括已验收土地整治项目的空间位置和属性数据，以及城乡建设用地增减挂钩项目中的拆旧区、工矿废弃复垦项目拆旧区空间位置和属性数据。

B. 套合标注方法。利用综合监管平台各项目区信息，对现状变更中的新增耕地图斑开展套合标注。套合标注涉及以下几个方面：①新增耕地图斑与历年增减挂钩拆旧项目区、工矿废弃地复垦项目区套合，基本重合的，分别标注为增减挂钩新增耕地（ZJG）和工矿废弃地复垦新增耕地（GKF）；②对未标注为ZJG、GKF的新增耕地图斑，与已验收的土地整治项目区套合，基本重合的，分别标注为往年验收本年变更新增耕地（ZZWB）、本年验收本年变更新增耕地（ZZB）；③对未标注为ZJG、GKF、ZZWB、ZZB的新增耕地图斑，变更前地类为园地、林地、草地或坑塘水面等农用地的，标注为农业结构调整增加耕地（TZ）；④对前述3种标注方法以外的新增耕地图斑，标注为其他方式增加耕地（QT）；⑤对土地整理田坎等新增耕地（ZZL）、土地整治本年验收往年变更新增耕地（ZZW）进行套合检查。

C. 分类统计。按照数据库实际变更面积计算，统计汇总新增耕地管理信息分类面积。

（四）数据统计汇总及分析报告编写

1. 数据统计汇总

（1）总体要求。土地变更调查数据统计汇总总体要求如下：①按行政调查区域进行统计；②年初面积应与上一年度国家数据库中面积保持完全一致；③各地类面积之和等于行政调查区控制面积；④权属性质统计面积之和等于行政调查区控制面积；⑤县级土地变更调查统计表应由县级数据库生成；⑥更新后数据库统计结果、增量更新统计结果与逐级上报的统计表应保持一致；⑦各级上报的统计报表表内、表间逻辑关系正确；⑧县级以下的数据统计汇总，可根据本地区实际情况，由省级机构统一开展。

（2）县级统计汇总。县级土地变更调查数据统计汇总按以下要求进行：①依据土地变更调查记录表、土地变更调查工作底图更新数据库，按表5-2格式，由数据库直接生成土地变更一览表；②依据土地变更一览表，由数据库直接生成土地利用现状变更表；③依据土地变更一览表，由数据库直接生成农村土地利用现状一级分类面积按权属性质、耕地坡度分级、可调整地类面积统计汇总表、土地利用现状变更表（"三大类"总表）；④依据用地管理信息套合标注结果，生成建设用地类型面积统计汇总表、耕地来源类型统计汇总表；⑤依据更新后的数据库，汇总永久基本农田统计汇总表；⑥填写城镇土地利用现状数据汇总表和村庄土地利用现状数据汇总表。

表5-2　土地变更一览表（示例）

（××××年）

第　页　共　页

行政代码：　　　行政单位：

单位：m² （0.00）

记录表号	变更前坐落代码	变更前地类编码	变更前图斑编号	变更前权属性质	变更前耕地坡度分级	变更前地类类型	变更后坐落代码	变更后地类编码	变更后图斑编号	变更后权属性质	变更后耕地坡度分级	变更后耕地类型	变更面积	新增耕地来源类型	建设用地类型
1	2	3	4	5	6	7	8	9	10	11	12	13	14	15	16

（3）县级以上数据汇总。以县级统计汇总数据为基础，逐级汇总生成地（市）级、省级、国家级土地利用现状变更表，逐级汇总生成农村土地利用现状一级分类面积按权属性质、耕地坡度分级、永久基本农田、可调整地类面积统计汇总表、建设用地类型面积统计汇总表、耕地来源类型统计汇总表、土地利用现状变更表（"三大类"总表），逐级汇总生成城镇土地利用现状数据汇总表和村庄土地利用现状数据汇总表。

2. 分析报告编写　土地变更调查数据统计工作完成后，依据生成及汇总的各种表格资料进行数据分析，按照土地利用变化情况编写年度土地利用变化分析报告，按照城镇村土地利用数据编写年度城镇村土地利用数据分析报告。

年度土地利用变化分析报告的主要内容应包括：①本年度土地变更调查开展情况；②土地变更调查数据检查抽查情况；③本年度各主要地类变化情况，如耕地、建设用地、未利用地、永久基本农田等的变化情况等；④土地利用管理取得的成效和存在的问题，以及对解决存在的问题提出的措施和建议。

年度城镇村土地利用数据分析报告的主要内容应包括：①本年度城镇村土地利用现状调查开展情况；②城镇土地利用现状、结构分析，包括对城镇土地利用现状及变化、结构统计与分析和权属状况的分析；③城镇土地利用效率分析，主要是对城镇土地利用的产出效益和利用合理性的分析；④村庄土地利用结构及变化情况分析；⑤存在的问题，以及有关政策、措施和建议。

（五）成果检查、主要成果及成果归档

土地变更调查成果的检查主要分为县级自检、地（市）级检查、省级检查和国家级核查。本节主要以县级变更调查成果的检查、形成的主要成果和成果归档备案进行简要阐述。

1. 县级成果检查

（1）检查内容。对县级变更调查成果的检查内容包括：①行政区域界线与土地权属界线；②变更图斑、线状地物的位置、范围及地类认定；③设施农用地、临时用地及拆除图斑批准和核实的文件及现场照片等举证材料；④农用地变为未利用地证明文件等材料；⑤相关表格，包括土地变更调查记录表、土地变更一览表、土地利用现状变更表、土地变更调查各类面积统计汇总表，以及遥感监测图斑信息核实记录表等各类图斑信息核实记录报表；⑥土地调查数据库、更新数据包；⑦土地利用变化情况分析报告；⑧城镇村土地利用数据分析报告。

（2）检查要求。成果质量检查采用常规检查和专业软件检查相结合的方式进行。常规质量检查主要检查成果的缺漏和规范性，专业软件检查主要检查矢量数据的图形属性关系正确性与图表逻辑一致性。成果检查主要从以下 3 个方面进行：①检查变更内容是否齐全、完整、规范，是否符合规程要求；②检查实地、调查记录表、数据库三者是否一致；③按统一的质量检查标准开展各级数据库及更新包的检查。

2. 主要成果　县级变更调查成果主要包括以下几项：

（1）遥感监测成果。包括遥感数字正射影像图（DOM）和遥感监测图斑。

（2）外业调查成果。包括外业调查图件、地物补测资料、图斑举证数据包（含举证照片）。

（3）数据库成果。包括更新后的县级土地调查数据库和土地调查数据库更新数据包。

（4）各类图斑信息核实报表。包括遥感监测图斑信息核实记录表、农用地变更为未利用地图斑核实记录表、设施农用地图斑信息核实记录表、临时用地图斑信息核实记录表、拆除图斑核实记录表等。

（5）各类统计汇总表。包括土地变更调查记录表、土地变更一览表、土地利用现状变更表、农村土地利用现状一级分类按权属性质统计汇总表、耕地坡度分级面积统计汇总表、永久基本农田面积统计汇总表、可调整地类面积统计汇总表、建设用地类型面积统计汇总表、耕地来源类型统计汇总表、土地利用现状变更表（"三大类"总表）、城镇土地利用现状数据汇总表、村庄土地利用现状数据汇总表等。

（6）文字成果。包括土地利用变化情况分析报告和城镇村土地利用数据分析报告。

3. 成果资料归档与数据库备份

（1）成果归档。按照档案管理的有关要求，对土地变更调查过程中形成的图、表、文档、数据库等成果资料及时进行整理归档。

（2）数据库备份。按照信息安全管理的有关规定，采用本地或异地备份方式，定期备份土地调查数据库。

四、土地变更调查的主要技术环节

1. 变更的判定　实地土地利用变化发生的种类和原因是各式各样的，对于发生了的变化需要首先做出一个判断，即判断所调查的变化是否属于变更调查的对象。这里不仅要判断这一变化是不是土地资源或土地利用变化的内容，更进一步的意义在于判断发生的变化是否属于正常的、有效的变更。例如，涉及权属关系的变更必须是法律有效的，涉及行政管辖的变更必须是有行政决议的，涉及永久基本农田减少的变更必须有批准机关文件为据。

行政区域界线发生变化在实地是看不出来的，主要通过贯彻行政决定来实现。因此是否属于变更对象，关键是检查其有无政府的有关决议。在基础调查时，曾对相邻的行政区域界线都逐段进行了双方认定，制有边界图和相应的协议书，甚至对相邻单位在同一幅图内有关各方的面积也进行了协调。在土地变更调查中发生行政区域界线变动时，必须对上述有关图件和文件做相应变更，而且应形成新的图件、文件，并由有关各方签字盖章。

近年来各地陆续开展民政勘界工作，这是一次行政区域界线的法定认定工作。土地变更调查中如果发现原调查资料与之不相符时，应以民政勘界资料为准进行变更。土地权属变更，无论涉及范围变动与否，必须严格审查其有无合法的变更依据。未签订土地权属界线协议书的，未经县级以上人民政府批准的，以及其他不具备法律效力证明文件的，不应列为变更的范畴，而是应当作为土地监察的信息资源提供给当地监察部门。集体土地经征收转变为国有土地，这是广泛可见的变更现象，从原则上来讲，应当以征地后土地登记凭证作为土地变更的依据。

图斑界、地类、线状地物的变化，以及不涉及权属关系的土地利用变化，均以现场调查、核查结果为准。这些变化均属变更调查的对象。

2. 变更单元　变更单元是一个图斑或者一群相邻的图斑，其内部发生了变化，且变化是整体性的（各部分的变化是相关联的），是无法分割的。从形态上来讲，变更单元外围是原有图斑未发生变动部分界线的连线。实际上一切土地利用变更最终都呈现为图斑的变化。图斑是调查工作的基本落脚点，是基本的调查单元。任何地类、地物都包含在图斑之中，而各种界线也都依附于图斑界而存在。分析图斑的变化，可以归纳为下列 4 种情况：

（1）图斑属性发生变化。这是指图斑界线不发生变化，仅其内部某一（或某些）属性发生变化。如地类整体发生变化、权属发生更替、内部线状地物增加（减少）等。

（2）原图斑发生分割。原来的一个图斑被分割成两个（或多个）独立的图斑。

（3）原图斑发生合并。原来相邻的两个（或多个）图斑因变化而合并成一个较大的图斑。

（4）图斑发生重组。原有的相邻图斑之间，既有图斑分割的情况，同时又存在部分图斑合并的现象。

实际变化中，上述变化时常是混合出现的。例如，大片农田经土地整理，调整了土地的权属，改变了原有的田块分布形态，重新布置了渠道、道路，从而扩大了有效耕地面积、改善了农田生态环境、提高了土地生产能力。这里既有图斑的重组，又有图斑属性的变化。如果发生的变化只涉及一个图斑的内部，而与相邻图斑无关（不管相邻图斑是否另外也发生了变化），则其外围界线并不发生变动；如果相邻图斑共同发生变化（它们之间的变化使它们相互关联），则它们之间的界线发生了变化，而它们共同的外围界线并不发生变动。这种没有发生变动的界线范围内部发生了变化的区域范围，被称为一个变更单元。变更单元是调查的一个基本范围，是图件变更的基本作业范围，也是变更调查中土地面积量算的控制单元。当图斑变化与行政区域界线变化同时发生时，变更单元的划分首先应按行政区域界线变动后的情况来划分。即同一个变更单元内不应包括变更后的不同行政单位的土地。

3. 平衡　变更调查的众多工作过程中都贯穿着平衡的技术环节。从最基本的变更单元到各行政单位、各汇总系统乃至全国变更后新资料的形成，无不把平衡作为一个重要的技术环节。

平衡是一个工作过程，是变更调查内在关系的要害，是防止差错的一种方法手段，是一项技术要领。

土地变更单元是变更调查的基本作业范围，也是平衡工作的基本范围。一个变更单元内变更前的总面积与其变更后的总面积必须相等。在对土地统计台账做变更时，在形成新的土地统计簿账页时，也都需按各自的内在关系，维护平衡关系。而且变更调查最终以编制年度土地利用现状变更表（是一种平衡表）而告终。

第二节 日常地籍调查

一、日常地籍调查的内容、作用和特点

在地籍管理工作中，日常地籍调查作为其中非常重要的一项内容，是不动产登记的重要依据和基础。日常地籍调查是地籍总调查工作的继续，通过开展日常地籍调查工作，能够有效地利用地籍总调查成果，并对地籍总调查成果进行更新，提高地籍资料的现势性，进一步丰富和完善地籍成果，为土地资源、土地资产的有效、安全利用奠定良好的基础。只有做好日常地籍调查工作，对地籍信息进行及时更新，才能更好维持社会秩序和保障经济活动正常运行。因此，日常地籍才是地籍的生命所在，也是地籍得以存在几千年的理由。例如，在德国，有近200年的完整的地籍记录，现已毫无遗漏地覆盖了全部国土，地籍记录的最小地块只有几平方米，在两次世界大战中，其地籍资料仍得到有效的保护。地籍为德国的经济发展做出了重要的贡献。

1. 日常地籍调查的概念和内容　日常地籍调查是指因宗地设立、灭失、界址调整及其他地籍信息的变更而开展的地籍调查，或在完成地籍总调查之后，为了适应日常地籍管理工作的需要，使地籍数据能保持现势性而进行的土地及其附属物的权属、位置、界线、数量、质量及土地利用现状的调查。其主要工作包括准备工作，日常土地权属调查，日常地籍测量，成果资料的检查、整理、变更与归档等工作。日常地籍调查的对象主要为城镇和村庄，根据国家有关规定，日常地籍调查应当根据土地权属等变化情况，以宗地为单位，随时调查，及时变更地籍图件和数据库。

2. 日常地籍调查的作用　日常地籍调查的作用主要体现在以下几个方面：

（1）可使实地界址点位置逐步得到认真的检查、补测和更正，以确保地籍资料的正确性，从而为土地权属的确认、权属纠纷的调处提供准确的资料。

（2）使地籍资料中的文字部分逐步得到核实、更正和补充，以确保地籍资料的完整性，从而使地籍档案详尽、清晰、完整、准确。

（3）逐步消除地籍总调查成果中可能存在的差错，以确保地籍资料与实际状况的对应，从而保证地籍的法律效力。

（4）使地籍调查成果的质量逐步提高，以确保地籍资料的不断更新。随着科学技术的发展和应用，要逐步用高精度的调查成果替代原有精度较低的成果，使地籍资料跟上社会经济的发展，使其满足新的需求。

3. 日常地籍调查的特点　日常地籍调查与地籍总调查的数学基础、内容、技术方法和原则是一样的，但又有以下特点：

（1）主动申请。变更调查无论是否发生界址变更，均由变更单位（土地使用者）申请提交合法变更的缘由证明。

（2）任务紧急。使用者提出变更申请后，需立即进行权属调查、变更测量，才能满足使用者的要求。由此可见，变更地籍测量是地籍管理的一项日常性工作。

（3）目标分散、发生频繁、调查范围小。地籍总调查之后，日常地籍调查更多地体现局部而分散的特点，且变更发生的原因众多，次数也更频繁。

（4）调查与变更连锁进行。进行变更调查后，与本宗地有关的图、数、表、卡、册文均需要进行变更。

（5）政策性强、精度要求高。

二、日常地籍调查的准备工作

日常地籍调查的准备工作主要包括资料准备和技术准备两个方面。

1. 资料准备　根据日常地籍调查任务和要求，做好土地权属来源等相关资料的收集、整理和分析工作。

按有关规定，调查人员应制作、发送地籍调查资料协助查询单，到自然资源、住房和城乡建设等行政主管部门的档案室或在数据库中查询、核对并获取被调查对象的档案资料和数据，并要求出具证明或在资料复印件上加盖档案资料专用章。档案查阅资料包括：①不动产登记、抵押、查封、地役权和土地权利限制等情况；②集体土地征收、转用和审批情况；③土地供应情况；④相邻土地权利人的情况；⑤土地勘测定界、不动产权籍测量的相关控制点、界址点坐标；⑥其他需要了解的情况。

2. 技术准备　根据已准备的资料，调查工作人员开展调查前应进行如下技术准备：①对收集的资料、数据进行分析与整理；②向土地权利人发放指界通知书；③涉及新增和界址发生变更的调查的，计算测量放样数据；④地籍调查表、绘图工具、测量仪器及用品等；⑤调查人员身份证明等。

3. 地籍变更申请　日常地籍变更申请一般有两种情况：①间接来自社会的申请，这主要是指自然资源部门接到不动产权利人提出的申请或法院提出的申请后，根据申请书由自然资源部门的业务科室向地籍变更业务部门提出地籍变更申请；②来自自然资源部门的日常业务申请，这主要是指自然资源部门的业务科室在日常工作中经常会产生新的地籍信息，如开发利用部门、空间规划部门、执法大队等，这些业务科室应向地籍变更业务主管确权登记部门提出地籍变更申请。

三、日常土地权属调查

日常土地权属调查是指调查人员在接受经不动产登记人员新审的日常不动产登记或设定不动产登记申请文件后，对宗地权属状况及界址进行的调查，它是依据土地权属变更的形式和内容而进行的调查。日常土地权属调查的基本单元是宗地。宗地权属调查分为土地使用权设定登记、土地使用权类型变更、土地使用权转让变更、土地用途变更、土地使用者信息变更、土地他项权利设定登记等。

开展日常土地权属调查时，调查人员首先应核实指界人的身份，然后对照权属来源资料和档案资料、数据，现场核实土地权属状况。并对界址线有争议、界标发生变化和新设界标等情况进行现场记录并拍摄照片。若遇到因行政区域界线变化引起宗地代码变化的，在确定新移交宗地的地籍区和地籍子区后，应重编宗地代码，并在原地籍调查表复印件的宗地代码位置上加盖"变更"字样印章，在地籍调查变更记事栏中注明新的宗地代码。

日常土地权属调查采用的具体调查方法和技术要求，均应按地籍总调查中土地权属调查的相关规定执行。

根据宗地界址的变化情况，日常土地权属调查可分为界址未变化的土地权属调查和新设界址与界址变化的土地权属调查两种。

1. 界址未变化的土地权属调查　下列情况将会引起界址未变化的土地权属调查：①继承土地使用权；②交换土地使用权；③收回国有土地使用权；④违法宗地经处理后的变更；⑤宗地内新建建筑物、拆迁建筑物、改变建筑物的用途及房屋的翻新、加层、扩建、修缮；⑥房地产的转移、抵押等；⑦精确测量界址点的坐标；⑧精确测算宗地的面积。通常是为了转让、抵押等土地经济活动的需要；⑨宗地内地物、地貌的改变等；⑩土地权利人更名；⑪土地利用类别和土地等级的变更；⑫地籍区和地籍子区名称的改变；⑬宗地编号和不动产登记册上编号的改变；⑭宗地所属地区的区划变动，即地籍区的变动、乡、镇边界的变动；⑮宗地位置名称的改变等。

针对以上界址未变化的土地权属调查，调查人员根据不动产登记申请书，查询分析相关档案资料和数据，确定是否需要进行实地调查。如不需要到实地进行调查的，在复印后的地籍调查表内变更部分加盖"变更"字样印章，并填写新的地籍调查表，不重新绘制宗地草图。

经实地调查，若发现土地权属状况与相关资料完全一致的，只需要填写新的地籍调查表；若发现丈量错误，则必须在宗地草图的复制件上用红线划去错误数据，注记检测数据，重新绘制宗地草图，并填写新的地籍调查表。对于土地权属类型发生变化的宗地，原宗地代码不再使用，新宗地代码在该地籍子区内宗地特征码的最大宗地顺序号后续编。

2. 新设界址与界址变化的土地权属调查　对新设界址与界址变化的土地权属调查，调查人员根据不动产登记申请书，查询档案资料、数据，按地籍总调查的方法、内容和要求重新进行土地权属调查。

因界址发生变化而引起的土地权属变更调查，主要情况有：①征收集体土地；②城市拆迁（如老城区、城市内的原有工业用地）改造；③划拨、出让、转让国有土地使用权，包括宗地分割转让和整宗土地转让；④土地权属界址调整、土地整治后的宗地重划；⑤宗地的边界因地质灾害而发生的变化等；⑥由于各种原因引起的宗地分割或合并。

对于新设宗地、界址发生变化的宗地，原来的宗地代码不再使用，新宗地代码在该地籍子区内宗地特征码的最大宗地顺序号后续编，新增界址点号在地籍子区内的最大界址点号后续编。

新设或变更宗地草图的绘制，应按照地籍总调查中宗地草图绘制的规定进行。新设宗地要求重新绘制宗地草图。对宗地界址发生变化的，根据实际情况可重新绘制宗地草图，并将其与原宗地草图复印件一并归档，也可在原宗地草图复印件上修改制作成变更后的宗地草图。

利用原宗地草图复印件修改、制作变更宗地草图，其方法如下：①废弃的界址点、界址线打上"×"，变化的数据用单红线划去，废弃的界址线用"×"标记；②新增的界址点用界址点符号表示，新增的界址线用单实线表示，注明相应的丈量距离；③变化和新增部分使用红色标记。

四、日常地籍测量

日常地籍测量是在日常土地权属调查基础上进行的，是为确定依法变更后的土地权属界址范围、宗地形状、面积及使用情况而进行的测绘工作，主要内容包括界址检查、界址放样与测量、宗地面积计算和日常地籍测量报告编制等。理论上来说，日常地籍测量时不重新布设控制网，直接使用地籍总调查测量的控制成果进行测绘。但实际上由于种种原因宗地变更地籍测量时的坐标系和地籍总调查时的坐标系可能不一致，这就要求在进行日常地籍测量时严格按照国家相关规程，针对具体问题进行具体分析。

1. 界址检查　采用解析法测量的界址点，如检查值与原值的差数在《地籍调查规程》规定的允许误差范围内，则不修改原来数据，并做检查说明；如检查值与原值的误差超过规程规定的允许误差，经分析确系原有技术原因造成的，经相关土地权利人同意后，应按照界址点测量有关的规定，重新进行界址测量，并说明原因。对界标丢失、损坏或移位的，应恢复原界址点位置，并说明原因。有解析坐标且精度满足规程规定要求的，应按照原解析界址点精度的要求进行界址放样，并重新设立界标；但对只有图解坐标的，不得通过界址点图解坐标放样恢复界址点位置，应根据宗地草图、土地权属界线协议书、土地权属争议原由书等资料，采用放样、勘丈等方法放样复位，重新设立界标。

2. 界址放样与界址测量　对于新设界址点按照界址点测量的有关规定进行界址测量。若界址发生变化的，经现场指界后，按照界址点测量的有关规定进行界址测量。涉及宗地分割或界址调整的，可根据给定的分割或调整几何参数，计算界址点放样元素，实地放样测设新界址点的位置并埋设界标；也可在权利人的同意下，预先设置界标，然后测量界标的坐标。

3. 新增宗地的地籍测量　新增宗地的调查工作也应按《地籍调查规程》的要求进行。新增宗地的变更地籍测量应尽量采用解析法。若新增的宗地已进行了建设用地勘测定界，且成果符合《土地勘测定界规程》（TD/T 1008—2007）的要求，应充分利用土地勘测定界成果进行日常地籍测量。新增宗地工程竣工后，可利用工程竣工图和土地勘测定界图编绘宗地图和地籍图，也可以直接测绘宗地图和地籍图。

4. 宗地面积计算与变更　根据实际情况，宗地面积的计算可采用坐标法或几何要素法进行，但面积计算和变更时应注意以下几个方面：

（1）面积变更采取高精度代替低精度的原则，即用高精度的面积值取代低精度的面积值。原面积计算有误的，在确认重新量算的面积值正确后，须以新面积值取代原面积值。

（2）变更前为图解法量算的宗地面积，变更后为解析法量算的宗地面积，用解析法量算的宗地面积取代原宗地面积。

（3）变更前后均为解析法量算的宗地面积，如原界址点坐标或界址点间距满足精度要求，则保持原宗地面积不变。

（4）变更前后均为图解法量算的宗地面积，两次面积量算差值满足规定限差要求的，保持原宗地面积不变；两次面积差值超限的，应查明原因，重新量算获取正确值。

（5）对宗地进行分割，分割后宗地面积之和与原宗地面积的差值满足规定限差要求的，将差值按分割宗地面积比例配赋到变更后的宗地面积，获取正确的宗地面积；如差值超限，则应查明原因，重新量算获取正确值。

5. 报告编制　日常地籍测量结束后还应编制日常地籍测量报告，报告主要内容应包括：①宗地概况；②测量技术依据；③控制点坐标来源及坐标、高程系统；④界址放样（检测）坐标来源和放样参数计算；⑤外业测界址点和控制点检测、测量（放样）的方法和过程；⑥附表（如界址点和控制点坐标检测成果表、界址点和控制点间距检测成果表、界址点和控制点测量成果表等）；⑦宗地图；⑧现场照片。

五、成果资料的检查、整理与归档

自然资源确权登记部门应按照《地籍调查规程》（TD/T 1010—2012）的规定对纸质或电子的日常地籍调查成果进行检查，并给出检查意见。

经检查认定成果资料正确，按照土地调查数据库更新标准的要求，利用日常地籍调查所产生的变更数据对数据库成果进行更新，保持地籍数据库成果的现势性，满足地籍调查成果为政府机关、企事业单位和社会公众服务的需要。同时，按照成果资料整理与归档的要求整理调查资料，上交档案管理部门归档，并用于不动产登记等相关工作。经检查认定成果资料不正确，责成任务承担单位检查修正成果资料，直到符合要求为止。

上述日常地籍调查工作完成后，才可履行不动产变更登记手续，在不动产登记簿中填写变更记事，然后换发不动产权属证书。

第三节　土地利用动态遥感监测

一、动态遥感监测及其技术要求

1. 动态遥感监测

（1）动态遥感监测的概念。土地利用动态监测就是将不同时相（至少两个时相）的土地利用数据进行对比，从空间和数量上分析其动态变化特征和未来发展趋势。土地利用动态遥感监测是指基于同一区域不同时相的图像间存在着光谱特征差异的原理，应用遥感技术，对特定目标或区域土地利用状况及其动态变化信息进行连续监测，以获取其动态变化信息的过程。其本质是对图像系列时域效果进行量化，通过量化多时相遥感图像空间域、时间域、光谱域的耦合特征，来获得土地利用变化的类型、位置和数量等内容。

和其他监测手段相比，动态遥感监测具有速度快、精度高、范围广等特点，能为自然资源调查、规划、管理、保护与利用提供动态更新的、基于事实影像的各土地利用类型的数量、质量、空间分布等监测信息。

（2）土地利用动态遥感监测的目的。土地利用动态遥感监测有两个目的：①利用多时相遥感数据监测土地利用的动态变化情况；②利用监测数据对影响土地利用变化的因素、变化过程、变化趋势进行分析。

近年来，随着遥感技术、地理信息系统、全球定位系统、无人机技术、互联网技术、人工智能技术和大数据技术在土地利用动态监测领域应用的不断深入与发展，我国土地利用遥感监测体系已逐步建立，目前已形成了较成熟的航空、航天遥感监测技术路线、流程和方法。从 2010 年起，国家将土地变更调查与遥感监测工作统一起来，把土地利用动态遥感监测作为全国土地变更调查的一项重要组成部分，为快速、准确完成土地利用变更工作提供了有力的支撑。

我国目前主要是通过土地利用动态遥感监测对耕地和建设用地等土地利用变化情况进行及时、直接、客观的定期监测，以检查土地利用总体规划及年度用地计划执行情况。其重点是：一方面，核查每年土地变更调查汇总数据，为国家宏观决策提供比较可靠的依据；另一方面，对违法或涉嫌违法用地的地区及其他特定目标等进行日常快速监测，可为违法用地查处及地质灾害等突发事件处理提供依据。

（3）监测区与监测内容。根据具体任务确定监测区，监测区原则上应不小于县级行政辖区。监测内容是指以土地变更调查数据库为基础，应用遥感技术，监测一定时间段、特定区域内的土地利用变化信息。从近年来看，土地利用动态遥感监测内容主要是将本年度数字正射影像图与上年度数字正射影像图及上年度土地调查数据库三者套合，提取上年度土地调查数据库中"非建设用地"及"批而未用"区域内疑似新增建设图斑。同时，对照本年度数字正射影像图，对上年度土地变更调查"临时用地"和"拟拆除用地"等用地图斑拆除情况进行跟踪监测。

（4）监测周期和种类。监测周期是根据土地利用变化速率、变化趋势和监测内容来确定的。按监测的时间和内容的不同，可分为定期监测、日常监测和专项监测等几种形式。定期监测是指在全国监测网点上，开展每年一次对建设用地和耕地变化的监测。日常监测是指随时监测违法用地、自然灾害等突发事件以及关注的热点问题。专项监测分几种情况：对主要农业基地，重点监测耕地流失、盐碱化、灾毁及人为破坏耕地的情况，监测耕地数量、种类的动态变化及空间分布；对国家级自然保护区，重点监测自然保护区面积、占用、灾毁及人为破坏的情况；对全国土地环境变化的重点地区，主要监测林地及草地数量、种类的动态和空间分布以及被占用、灾毁及人为破坏的情况。

2. 技术要求　为保证监测成果的质量，《土地利用动态遥感监测规程》（TD/T 1010—2015）对用于土地利用动态遥感监测采用的遥感数据质量、数字正射影像图（DOM）比例尺、数据基础、采样间隔、精度指标都提出了相应的技术要求。

（1）遥感数据。遥感数据相关要素包括数据时相、覆盖范围、单景云雪量、成像侧视角、噪声、缺行、灰度范围、相邻景间的重叠度、水雾气、产品级别、产品格式、纠正参数和雷达数据基本设置等。用于土地利用动态遥感监测的遥感数据重点要素的质量应满足以下要求：①光学数据单景云雪量不应超过 10%，且不得覆盖重点监测区域；②成像侧视角小，宜保证数字正射影像图精度，一般小于 15°，最大不应超过 25°；③监测区内不应出现明显噪声和缺行；④灰度范围总体呈正态分布，无灰度值突变现象；⑤相邻景影像间的重叠范围不应少于整景的 2%；⑥雷达数据宜选择全极化方式，入射角在 30°~45°，相邻轨道同为升轨或降轨、同侧成像。

（2）数字正射影像图比例尺。作为监测底图的数字正射影像图比例尺与高程数据比例尺及影像空间分辨率的对应关系应满足表 5-3 的要求。

表 5-3　不同比例尺数字正射影像图对应数据关系

数字正射影像图比例尺	高程数据比例尺	影像空间分辨率（m）
1∶5 000	≥1∶10 000	≤1.0
1∶10 000	≥1∶10 000 或≥1∶5 000	≤2.5
1∶25 000	≥1∶50 000	≤5.0
1∶50 000	≥1∶50 000 或≥1∶100 000	≤10.0

（3）数学基础。

A. 平面坐标系统。宜采用 2000 国家大地坐标系，横坐标加带号。若采用 1980 西安坐标系、地方坐标系统或独立坐标系统，应与 2000 国家大地坐标系联测或建立转换关系；

B. 高程系统。宜采用 1985 国家高程基准。

C. 投影方式。采用高斯-克吕格（Gauss-Kruger）投影，当成图比例尺≥1：10 000 时，采用 3°分带；当成图比例尺＜1：10 000 时，采用 6°分带。当监测区跨带时，应进行换带处理，以面积较大的区域为基准，统一到一个分带之中；当面积相近时，应移动中央子午线，使其位于监测区中央区域，处理方法有实时跨带处理、脱机处理。

（4）采样间隔。采样间隔是指处理后的数字影像相邻像素中心点间的距离。采样间隔应根据原始影像分辨率，按 0.5m 的倍数就近采样。

（5）精度指标。

A. 控制点残差。平地、丘陵地纠正控制点和配准控制点残差的中误差不应大于 1.0 像素；山地、高山地不应大于 2.0 像素；特殊地区（大范围林区、水域、阴影遮蔽区、沙漠、戈壁、沼泽或滩涂等）可放宽 0.5 倍，取中误差的两倍为其限差。

B. 数字正射影像图平面精度。平地、丘陵地数字正射影像图上特征地物点相对于基础控制数据上同名地物点的点位中误差不应大于 2.0 个像素；山地、高山地不应大于 3.0 个像素；特殊地区可放宽 0.5 倍，取中误差的两倍为其限差。

C. 镶嵌重叠误差限差。平地、丘陵地相邻影像重叠误差限差不应大于 2.0 个像素，山地、高山地不应大于 4.0 像素。

D. 最小监测图斑面积。根据卫片的不同分辨率确定最小监测图斑面积，具体要求应满足表 5-4 的规定，特定目标监测可根据遥感影像分辨率与实际应用需求进行调整。

E. 图斑勾绘精度。相对于数字正射影像图上同名地物点的位移不应大于 1.0 个像素。

表 5-4　最小监测图斑面积与影像空间分辨率对应关系

最小监测图斑面积（m²）			影像空间分辨率（m）
建设用地	耕地、园地	其他地类	
25	40	100	≤0.5
100	150	375	≤1.0
400	600	1 500	≤2.5
2 500	3 800	9 500	≤5.0
10 000	15 000	37 500	≤10.0

二、动态遥感监测的方法与工作内容

1. 动态遥感监测的方法　我国土地利用动态遥感监测的方法主要有目视解译法、计算机动态信息提取自动分类法和目视解译与计算机图像处理相结合等 3 种方法。

目视解译法又称目视判读法或目视判译法，是指专业人员依靠自身的知识、经验和掌握的相关资料，通过大脑分析、推理、判断，直接通过眼睛观察或借助辅助简易判读仪器在遥感图像上获取特定目标地物信息的过程。由于目视解译方法对解译者要求较高，且该方法速度慢、费工费时，一般不采用此方法。

计算机动态信息提取自动分类法是对多时相、多源遥感数据进行分析并作纠正配准融合等预处理，然后利用处理结果进行计算机自动分类和人工判读目视解译，得到各时相的土地利用分类结果，比较分类结果便可发现土地利用中的变化情况。这种方法的优点是可以利用分类结果来制作并辅助更新土地利用情况数据库；缺点在于作土地利用分类时工作量较大，分类精度不高，而且由于要对不同时相影像都要作分类处理，所以在进行比较确定土地利用变化时已经积累了两次的分类误差。

目视解译与计算机图像处理相结合的方法是直接利用多时相、多源遥感数据来寻找变化，通过图像处理和影像判读来确定变化属性及进行统计分析，这样就大大减少了对无变化区域作分类时作业人员的工作量，有效提高了监测的精度，这种方法对应的土地利用动态遥感监测技术流程见图5-1。

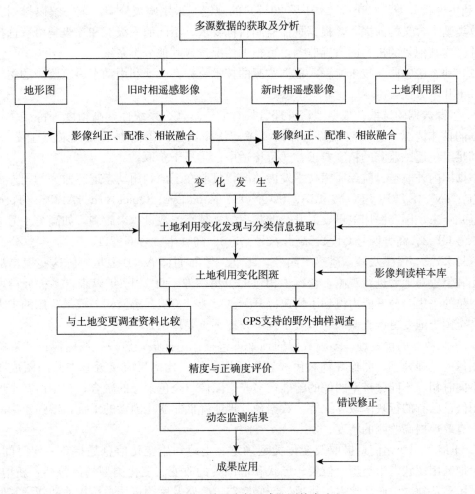

图5-1 土地利用动态遥感监测技术流程

2. 遥感监测工作内容

（1）准备工作。

A. 制订工作计划。遥感监测前，必须周密地计划监测的范围、遥感数据源、监测方法、步骤、时间、人员及组织等。

B. 收集有关资料。相关资料包括：①收集有关农、林、牧业生态、物候及农时资料，特别是耕地作物的物候及长势等资料；②收集时相、云量、范围等均符合要求的航天遥感资料；③收集监测区测量基础控制以及接近基本监测图成图比例尺的最新地形图等相关资料；④收集最新土地利用现状图和数据库资料；⑤收集有关永久基本农田保护及城镇村建设资料；⑥收集土地规划、年度用地计划等资料。

C. 编制技术设计书。技术设计书包括：监测任务概述，监测区概况，已有资料的分析和利用，监测的技术依据，监测的主要内容、技术指标及技术要求，监测方法和作业流程，组织与实施，监测成果质量控制方法，提交的成果等。

D. 制定动态分类系统。依据遥感图像上的光谱信息及纹理结构对土地用途、经营特点、利用方式和覆盖特征等的反映进行分类。分类原则上与全国土地利用现状要求一致，执行《土地利用现状分类》（GB/T 21010—2017）的规定。采用两级分类，统一编码排列。在不改变分类基本含义的前提下，根据具体监测目标要求，不同的一级类和二级类可有选择地进行合并。为其他目的进行的遥感监测，可根据情况选择其他分类系统。

（2）动态遥感监测技术流程。根据监测的技术流程，土地利用动态遥感监测的主要内容包括以下几个方面：

A. 多源数据的选取。根据地籍管理所具有的连贯性、系统性、高精度等特点并结合遥感数据的具体情况，遥感数据源选择需要考虑 4 个因素：①数据及资料来源连续、稳定；②能满足卫星遥感监测的精度要求；③价格适中；④易于获取。

根据国内外航空、航天遥感技术发展情况，目前在土地利用动态遥感监测的国外数据源主要有：TM、ETM、SPOT、IRS、IKONOS、RapidEye、QuickBird、ALOS、TerraSAR等。近几年来，国产民用卫星发射升空的频率越来越高、数量越来越多，如高分一号 GF-1、高分二号 GF-2、高分四号 GF-4、高分八号 GF-8、高分十一号 GF-11、资源一号 ZY1-02C、资源三号 ZY-3、遥感八号、遥感十四号、北京一号和 HJ-1A/1B 卫星等。这些卫星从不同的时相和位置对地表进行观测，获得了相应的卫星图像。自 2010 年以来，多种分辨率国产遥感卫星的采集与分发能力得到了快速提升，已成为全覆盖遥感监测与成果应用的主力数据源，在全国土地变更调查监测与核查工程中发挥了重要作用。

B. 多源数据的预处理。多源数据的预处理包括：选择最佳波段，按模拟自然真彩色合成；图像的增强处理；图像几何精度校正，所用地形图比例尺应接近基本监测图成图比例尺；不同时相、不同分辨率图像的配准；多光谱图像与全色图像的融合；利用最新土地利用现状图修正已有的行政区域界线等。数据预处理能降低非变化因素的干扰，增强影像的可判读性，有效地提高监测的精度。

C. 土地利用变化信息提取及变化类型确定。土地利用变化信息是指在一定时间段内，各种土地利用现状发生类型、位置、形状和范围等的改变。变化类型具体包括：新增城镇、农村居民点及独立工矿用地占用耕地，新修铁路、公路及民用机场占用耕地和新增其他建设用地占用耕地；耕地转变为坑塘水面以及其他非建设用地；耕地增加；新增城镇、农村居民点及独立工矿用地占用非耕地，新修铁路、公路及民用机场占用非耕地和新增其他建设用地占用非耕地；抛荒耕地以及闲置建设用地等。

土地利用变化信息提取的方法有目视解译法、直接提取法和影像分类比较法等。其中，目视解译法是指对两个时相的融合图像进行目视判读，获取土地利用变化信息，该方法适用于两个时相间隔较短、变化较小以及变化图斑较小的地区；直接提取法是指对两个时相的遥感图像进行点对点的直接运算，通过对变化特征的发现、分类处理，获取土地利用变化信息，发现变化特征的方法主要有多时相主成分变换法、植被指数-亮度指数变化向量分析法、差异主成分变换法、特征变异信息分析法等；在精度要求不高的情况下，变化信息的提取可采用影像分类比较法，影像分类比较法是指对两个时相的遥感影像分别进行分类，比较分类结果，以获取变化信息，计算机自动分类常用方法有最大似然法、最小距离法、神经元法、光谱角法等，也可采用阈值法提取变化图斑。

D. 外业核查。当土地变更调查在变化信息提取之后进行时，可以根据变化信息提取的结果缩小核查的范围，减少野外土地变更调查的工作量，而核查的结果可以提高遥感监测的精度；当变化信息提取之前已经有土地变更调查资料时，则可根据调查资料定性指导、定量判读，支持并确认变化信息提取结果。内外业相互验证，从而提高遥感监测的精度和可靠性。

对大于最小量算面积的变化图斑须实地逐个核查，核查变化图斑的位置、范围及其变化前与变化后的土地类型。同时，实地调查还需要确定耕地等地类的光谱特征图斑。

E. 变化信息后处理。根据外业核查提供土地利用变化的真实信息，在核查的基础上，借助有关统计资料和专题资料，对遥感监测提取的变化信息进行处理，修正变化后图斑位置、范围和变化类型等，辅助解决原内业工作中的疑难问题。

F. 面积量算与统计汇总。量算时应逐个对变化图斑进行面积量算，然后按要求分别进行统计汇总。

G. 监测精度评定。重点是利用实地外业核查以及监测的变化图斑数据，与实地测量面积进行比较，按图斑大小分档进行统计分析及精度评定。

（3）监测成果整理及提交。

A. 制作土地利用动态遥感监测图。图面基本内容包括：①最新时相数字正射影像图；②监测区和经修正的行政区域界线；③注记；④经核实与补充的实际变化图斑界线；⑤整理后的图斑编号；⑥图廓整饰（图名、图例、监测时段、数据源、公里格网、比例尺、版权单位等）。

B. 填写图斑信息记录表。根据图斑整理结果，按表5-5的格式填写变化图斑信息记录表。

表5-5 变化图斑信息记录表（示例）

监测区：　　　　　　　　　　　　　　　　　　　　　　　　　　　　　　第　页 共　页

序号	监测图斑号	中心点坐标		影像时相		图斑地类		图斑面积（m²）		备注
		X	Y	前时相	后时相	变化前	变化后	监测	实地	
1										
2										
3										
...										
合计										

C. 建立信息管理文件夹。监测成果一般以县级行政区为单位，以文件夹形式统一管理。成果管理文件夹命名采用"年度＋监测标识码＋县级行政代码＋任务批次数编号＋县级辖区名称"的形式，任务批次数编号为两位数，不足则前面加0，建立最终监测成果信息管理文

件夹，其内容、命名与格式见表 5-6。

表 5-6　监测信息管理文件夹内容、命名与格式

内容	命名	格式
图廓整饰	ts	Shapefile
行政区及监测区界线	jx	Shapefile
注记	zj	Shapefile
变化图斑	bhtb	Shapefile
前时相数字正射影像图	××时相"数据源"DOM	img
后时相数字正射影像图	××时相"数据源"DOM	img
遥感监测图	jct	tiff
图斑信息记录表	jlb	xls

D. 编写技术报告。对每一个监测区，着重从采取的技术方法以及成果质量评价等方面编写动态监测技术报告。报告内容包括：监测内容、监测区简介、资料收集、技术指标、技术路线及方法、精度评价、变化面积统计与分析、成果资料等。

E. 提交监测成果。包括：①技术设计书及技术报告；②土地利用动态遥感监测图和监测信息管理文件；③统计数据资料；④其他。

三、变化信息监测

变化信息监测实际包括以下 4 个过程：

1. 主要地类解译标志的建立　根据监测区自然地带、地形地貌特征、植被类型及土地利用结构、分布规律与耕作方式等情况，结合实地调查建立监测区典型地类提取解译标志。目前主是通过专业人员对监测区域主要土地利用类型的光谱、空间和时间特征以及不同地类在影像上所表现的几何形状、大小、色彩、色调、阴影、反差、位置等特征信息的分析，结合当地的社会经济情况，通过归类对比、比较推理、外业调查、综合分析等各种方法，建立监测区域主要地类的解译标志，使图像上的信息和实际地物特征间通过解译标志有效地联系起来，避免存在人为错误的监测变化信息。

2. 变化信息的发现　变化信息的发现是指将两个时相的遥感影像经过融合、主成分变换、代数运算、影像组合、分类后比较等数据处理过程。采用计算机自动识别与人机交互相结合的方法，客观对比分析前后时相影像的纹理、色调、位置、形状、范围和土地利用类型等特征发生的实际变化，使土地利用方式发生变化的地块从复杂的环境信息中区别出来，参考土地利用数据库，确定待实地核实的土地利用变化信息。其判别依据是：两个时相的遥感影像上对应像素的灰度差值大于某阈值，或者经过两个时相的影像运算处理的影像上的图斑灰度、亮度、颜色与周围环境有明显区别。

变化信息自动发现的方法传统上可分为两类：一类是分类后比较法；另一类是逐像元比较法，包括光谱特征变异法、差异主成分法、假彩色合成法、代数运算法、图像差值法、变化矢量分析法、波段替换法等。分类后比较法可以同时获得变化信息和前后时相地类属性，但精度受分类精度的影响较大；逐像元比较法一般能较为灵敏地探测出已经发生变化的像元，但不能同时获得土地利用变化类型信息。由于遥感影像本身的空间分辨率、光谱分辨率

及时间等因素的影响，导致"同物异谱、同谱异物"现象在遥感影像上大量存在，导致各种自动发现变化信息的方法各具优缺点，各方法所检测到的变化信息可能会不一致。因此，在目前土地利用动态遥感监测中，在变化信息自动发现的基础上，需再结合土地利用现状图、人工目视解译、野外验证等方式对变化信息进行确定。下面将对几种主要提取变化信息的方法进行介绍。

（1）光谱特征变异法。光谱特征变异法是运用多源数据的融合技术，将来自不同传感器的遥感数据进行融合，使变化区域呈现特殊的影像特征的一种方法。例如，同一地物反映在SPOT影像上的信息与其反映在 TM 影像上的光谱信息是一一对应的，因此将 TM 和 SPOT 影像融合时，可以如实地显示出该地物的正确光谱属性。但如果两者信息表现为不一致时，那么融合后影像的光谱就表现得与正常地物有所差别，此时就称地物发生了光谱特征变异。这部分影像在整个的影像范围内是不正常和不协调的，可以通过目视的方法将它们选择出来。这种变化信息提取的方法具有物理意义明显、简洁的特点。

（2）差值法。差值法就是将两个时相的遥感图像相减。其原理是：图像中未发生变化的地类在两个时相的遥感图像上一般具有相等或相近的灰度值，而当地类发生变化时，对应位置的灰度值将有较大差别。因此在差值图像上发生地类变化部分的灰度值会与背景值有较大差别，从而使变化信息从背景影像中显现出来。该方法的优点是简单、快速。其不足之处在于：①对图像的时相要求较高，最好是属于同一季节；②由于是通过点对点运算，所以一般差值图像存在很多噪声；③由于存在同谱异物和异物同谱现象，所以一般会得到很多假的变化信息。尽管该种方法存在一定缺陷，但是当地物类型比较单一、色调纹理比较均匀、变化特征比较明显时还是有效的。而当影像特征比较复杂时，该种方法还可以配合其他方法综合使用。

（3）差异主成分法。两个时相的影像经纠正、配准融合及精确的空间叠置之后，先做差值运算并取绝对值，从而得到一个差值影像。显然，这个差值影像集中了原来两个时相的影像中绝大部分的变化信息，而滤除了影像中相同的背景部分。在此基础上，再对差值影像进行主成分分析变换。根据变换的特性，第一个波段值将集中主要的变化信息，以此波段作为提示发现变化信息模板，对照原始不同时相影像设定合适阈值，从而可以达到提纯变化模板、指导确认变化的目的。

（4）波段替换法。首先融合前一时相的多光谱影像与全色影像，将融合影像分解为红、绿、蓝波段，然后将融合影像与后一时相的全色影像进行精确配准，用后一时相的全色波段影像代替融合影像的红色波段，生成新的影像，在新影像上能够比较容易地发现红色区域为发生变化的区域。

3. 变化信息的提取 当变化信息在图像上被增强显示出来以后，就可以通过人机交互解译等方法确定变化发生的位置、大小和范围，并将其从遥感图像中分离出来。

现阶段变化信息提取主要采用以人机交互解译为主的方法进行。通过人机交互解译，从变化信息特征增强的图像中手工描绘出变化区域，准确勾绘成闭合图斑界线，提取土地利用变化信息，并结合土地利用现状图和实地调查确定变化类型。人机交互解译方法的最大优点是灵活，并且由于加入了解译者的思考和判断，信息提取精度相对较高。

4. 变化信息的表达

（1）确定土地利用变化类型的方法。

A. 目视解译法。目视解译法最大优点是方便灵活，解译者在解译过程中能够充分利用影像解译标志和其他辅助信息（地貌，地形等）识别地物。但解译者的经验和专业知识（包括对所研究地理区域的熟悉程度）以及影像本身的差异或限制，都会导致解译结果的不一致。因此，在目视解译之前，要注意收集监测区域的土地情况、作物生长特性和地物的光谱特征等信息，以便辅助判读解译正确进行，提高监测精度。

B. 计算机自动解译分类。目前较多的方法是多元统计识别分类方法。该方法主要优点是处理速度快，并且可重复性强，其中，最大似然法有着严密的理论基础，对于呈正态分布的数据具有很好的统计特性，而且判别函数易于建立，是目前最常用的分类方法。

（2）提高变化类型的确定精度。

A. 利用多源数据。在确定了变化范围之后，接下来就是对变化属性的判断。影像判读的准确性一方面有赖于判读经验的积累和判读相关知识的辅助，另一方面还要充分结合各种已有数据资料来协助判读进行。判读中利用到的多源数据包括：监测地区的人文地理情况、农作物生长情况，监测区域接近于监测年度的土地利用现状图以及地形图等资料。凭借这些资料，在影像判读和变化信息类型的确定上，可以做出更合乎事实、清晰的判断，增加内业工作的可信度和准确性。

B. 使用区域生长方法。在变化判读时还存在这样一种情况，由于影像空间分辨率和光谱分辨率的限制造成了混合像元的产生，在变化区域内虽然可以判断出主要变化信息的类型，但是其他影像信息却不能判读出变化类型。对此，可以采用区域生长办法，结合已有光谱特征库内影像信息，设定一定的选择极限值来自动地生长出相同变化信息边缘及确定变化属性。

C. 使用计算机自动分类和人工解译相结合的方法。分辨率越低的影像所提供的信息量越少，所以要通过影像融合（例如多光谱影像与全色影像的融合）增加影像信息量；通过数字栅格地图的辅助，降低问题的不确定度；通过数字栅格地图与影像的叠加比较分析，来实现定性指导、定量解译，以进一步降低问题的不确定度，并且使知识辅助（也是降低不确定度）手段得以有效利用。变化信息的发现可以通过计算机自动分类和人工解译相结合的方法进行，监测精度将会大于只用某种方式进行变化信息的提取。不仅如此，在确定和勾画变化边界时，也要将计算机自动选取变化区域和人工勾画边界的方法结合起来，这样既能提高工作效率，又能提高监测精度。

（3）建立变化图斑信息数据库。以县级行政区或监测区为单元，首先，对提取的变化图斑（监测图斑）按照自上而下、从左到右的顺序进行统一编号，并保证每个变化图斑编号均具有唯一性；然后，基于地理信息系统软件按相关规定建立与数字正射影像图数学基础相一致的变化图斑矢量数据图层及属性表，形成县级行政辖区变化图斑信息管理系统。

四、外业核查及变化信息后处理

1. 核查准备　外业核查准备内容主要包括：①调查底图。以完整覆盖监测区的最新时相数字正射影像图为影像底图，图面内容包括行政境界、监测图斑（变化图斑）界线及编号、注记与整饰等。②调查记录表。变化图斑外业调查记录表的基本内容包括图斑编号、中心点坐标、变化前后地类、面积和影像时相等。③信息管理文件夹。以文件夹的形式统一管理矢量、栅格与文件等遥感监测成果。文件夹基本内容包括前后时相影像、监测图斑界线、外业调查底图、调查记录表、境界、注记和图廓整饰等内容。④人员、仪器工具。开展外业调查前，应从人员组织、技术要求、调查资料与仪器设备等方面进行准备，并根据总体监测要求制订外业调查实施计划。

2. 核查基本内容　外业实地核查使用人工调查方法或者 GPS/PDA 自动化方法，逐图斑实地调查，每个图斑都要拍照并如实填写记录。核查内容包括：①实地核查确认遥感内业判读变化图斑的实际变化情况（包括变化前后地类和变化范围），删除非变化图斑；②填写外业调查表相应内容，修正与实地不一致的图斑界线、补充监测时段的遗漏图斑；③收集监视区内发生了变化的行政区域界线和注记等资料；④对影像上有云影遮盖的范围作补充调查；⑤实测用于精度评价的图斑面积。

实际工作中，核查还要借助 GPS 等一些较高精度的测量手段，以提高外业核查的准确性。此外，在核查中还要注意实地记录当地典型地物的光谱特征，对照遥感影像，选取出这种地物对应的影像块，为建立当地影像特征库积累资料。通常，某一地区的地物特征和属性都比较稳定，而且有不同于其他地区地物的性质，当建立了该地区影像特征库之后，就能减少后续动态监测的外业工作量，并能为将来变化监测提供一定的预测分析和判读指导。北方旱地的光谱特征和南方同类地物相比差别比较明显，因此在利用人工智能专家系统或是人工目视判读等方法进行变化检测和类型确定时，两处地物对应的判读条件是不一样的，需要利用不同的影像特征先行检验。

3. 核查变化信息后处理　变化信息后处理的目的是根据外业核查结果核对外业调查底图、调查记录表与实地的一致性，检查遥感信息提取的质量，保证遥感监测结果的可靠性。变化信息后处理的最基本原则是对照经野外分析整理的记录手簿、收集的变更调查图或变更调查野外记录手簿以及监测图和前后影像的光谱与纹理特征，对室内提取的变化信息做进一步分析处理，以实现监测图保留的是实际变化的所有图斑。

变化信息后处理主要包括以下几项工作内容：

（1）外业资料整理与分析。

（2）变化小图斑的归并。对于变化提取确认的图斑，当图斑大小低于最小量算度时，按最大相邻法合并。

（3）图斑范围、边界、类型确定，并标定对应的注记，一般要参考监测区融合影像图、土地利用专题图以及土地变更调查记录手簿等多源数据共同进行。

（4）选取特征图斑，为建立影像特征数据库提供典型影像资料，并可用来指导判读其他同类变化图斑的土地利用变化情况。

（5）面积计算与汇总统计分析。首先，依据遥感监测成果与应用需求，以监测区为单元，利用计算机逐像素统计，对变化图斑进行面积计算；然后，以监测区为单元，按土地利用类型、图斑面积分档和数量以及土地利用结构等进行分类统计和汇总分析，以便核对监测数据的合理性与一致性，同时也便于后续工作能按照不同的面积档次进行精度统计和评估。

4. 监测精度评定　监测精度的评定，除了要对图斑面积精度评定外，还包括数字正射影像图精度评价和图斑提取精度的评定。数字正射影像图精度评价采取的是相对精度评定方法。其程序是：首先，在基础控制数据和纠正后的数字正射影像图上读取一定数量（一般不少于 25 个，视监测区地形类别和面积规模，检查点数量可适当增加）、均匀分布的同名特征地物点坐标；然后，采用计算点位中误差的方法评价数字正射影像图的相对精度（当然这部分工作应在影像纠正配准后就得进行，评定只是最后的一个总结工作）。点位中误差计算见式（5-1）和式（5-2）。图斑提取精度评价可从正确率和遗漏率两个方面来分析。其中，正确率是以最终监测成果为依据，利用实际变化图斑的数量或面积占所有监测图斑数量或面积的比例，计算监测区图斑提取正确率；遗漏率是以最终核实的补充变化图斑为依据，分别统计监测区内遗漏图斑的数量或面积占所有变化图斑数量或面积的比例，计算监测区图斑提取的遗漏率。

$$M = \pm \sqrt{M_X^2 + M_Y^2} \tag{5-1}$$

其中，
$$M_X = \pm \sqrt{\frac{\sum\limits_{i=1}^{n} (x_i - X_i)^2}{n}} \ , \ M_Y = \pm \sqrt{\frac{\sum\limits_{i=1}^{n} (y_i - Y_i)^2}{n}} \tag{5-2}$$

式中：M 为检测点点位中误差；M_X，M_Y 分别为检测点在 X、Y 方向的点位中误差；x_i，y_i 分别为数字正射影像图坐标值；X_i，Y_i 分别为检测点的坐标值；n 为检测点的个数。

对图斑面积精度进行评定，首先，需选取一定比例的监测图斑进行实地量测，记录实际的属性变化，统计整理核查的结果；其次，将测量的监测图斑按面积≤700 m²、700 m²＜面积≤2 000 m²、2 000 m²＜面积≤10 000 m²、10 000 m²＜面积≤20 000 m²、20 000 m²＜面积≤33 000 m²、面积＞33 000 m² 的档次进行分级；最后，在每一档次内，分别随机抽取约 25% 的图斑，利用外业实测图斑面积或土地利用数据库相应图斑面积作为真值，进行精度评价。要求面积小于或等于 700m² 图斑允许的面积相对较差不应超过 20%，面积大于 33 000 m² 图斑允许的面积相对较差不应超过 5%。图斑面积精度评价的 i 档图斑面积和的相对中误差（δ_{m_i}）为

$$\delta_{m_i} = \frac{d_{m_i}}{\sqrt{n_i}} \tag{5-3}$$

式中：δ_{m_i} 为 i 档图斑面积和的相对中误差；d_{m_i} 为 i 档图斑相对中误差；n_i 为 i 档图斑数。面积和的中误差（M）的计算公式为

$$M = \sqrt{\frac{\sum (A_i \times \delta_{m_i}^2)}{\sum A_i}} \tag{5-4}$$

式中：M 为面积和中误差；A_i 为 i 档图斑面积和；其余符号含义同式（5-3）。

复 习 思 考 题

1. 为什么土地利用变更和地籍变更必然发生？
2. 土地变更调查的主要技术环节有哪些？
3. 土地变更调查和日常地籍调查各有何特点？
4. 在土地变更调查中如何进行用地管理信息标注？
5. 简述土地利用动态遥感监测的技术流程和方法。监测精度如何评定？

第 六 章

土地分等定级

│**本章提要**│土地分等定级以土地质量状况为评价对象，评价结果揭示出土地质量高低及分布状况。土地分等定级是土地管理的一项基础工作，其成果为政府部门调整土地利用结构、进行土地利用空间优化决策、实现土地资源优化配置以及土地的可持续发展提供依据。

土地分等定级工作以土地调查为基础，其结果又成为不动产登记与土地统计的基础。本章主要讲述了土地分等定级的原理和方法。土地分等定级采用"等"和"级"两个层次的工作体系，土地分等是对大的区域范围之间的土地质量差异的研究，而土地定级研究较小区域范围内土地质量的差异。其中，土地定级所涉及的工作面较广，是本章阐述的重点。

第一节　土地分等定级总述

一、土地分等定级的含义和对象

1. 土地分等定级的含义　土地分等定级在我国有着悠久的历史，早在上古时代就有按土壤色泽、质地和水分状况来划分土地等级，并依其等级差别制定田赋等级标准的记载。古代土地分等定级均指农用土地分等，主要目的是征收税赋和解决国家财政收入。目前，我国分别对城镇用地和农用土地开展分等定级。

土地分等定级的定义可以理解为在特定目的下，对土地的自然和经济属性进行综合鉴定，并使鉴定结果等级化的过程。土地分等定级是一种土地经济评价，它反映了不同土地利用方式的经济效果。这种评价结果在地籍管理和土地管理工作中具有广泛的用途。

2. 土地分等定级的对象　土地分等定级的目的是全面掌握土地质量及利用状况，为科学管理和合理利用土地服务，所以它是以土地质量状况为具体工作对象的。土地质量高低受自然、经济多种因素综合影响。由于土地具有位置固定性、用途多样性，不同地域、不同土地利用方式对土地质量的影响因素种类和作用强度各不相同。土地等级评价就是在综合分析这些因素对土地质量影响规律的基础上，对土地质量进行鉴定的过程。因此，准确选定影响土地等级质量的因素，并判断其对土地质量影响的程度，是保证土地分等定级工作质量和水平的重要环节。

3. 土地分等定级工作的基本情况　1982年我国实行城镇土地使用制度改革，土地使用从无偿、无期限、无流动转变为土地有偿、有期限使用，而且土地使用权可以流转。为配合城镇土地使用费的征收，开始从理论和实践中探索城镇土地分等定级的技术方法。1989年在总结各地理论探索和实践经验的基础上，国家出台《城镇土地定级规程（试行）》，在土地分等定级体系部分提出城镇土地采用"等""级"两个层次的划分体系。但由于城镇土地分等未形成统一的技术路线和操作方法，所以没有同期出台城镇土地分等规范。1998 年修改的《土地管理法》规定，全国各城镇要"评定土地等级"，于是全国各城镇土地分等工作随即开始启动。2001 年 11 月国家质量监督检验检疫总局发布了《城镇土地分等定级规程》（GB/T 18507—2001），并于 2002 年 7 月 1 日施行，在法规上确定了城镇土地分等的技术路线和工作内容。随着我国土地使用制度改革的深入，土地市场、地价管理和地价评估技术出现了新的变化和需求，为与现行法律法规相衔接，国土资源部组织专家对原规程进行修订，并于 2014 年 7 月 24 日发布实施新的《城镇土地分类定级规程》（GB/T 18507—2014）。城镇土地分等定级是我国土地使用制度改革的产物，由于我国土地市场欠发达，缺少土地的价格信息，为促进土地有偿使用，有必要对城镇土地质量进行经济评价。

中华人民共和国成立后的农用土地分等定级始于 1951 年的查田定产工作，属于简单的土地经济评价。1986 年，农牧渔业部土地管理局和中国农业工程研究设计院等单位研究制定了《县级土地评价技术规程（试行草案）》，主要以水、热、土等自然条件为评价因素，划分农用地自然生产潜力的级别，其土地评价方法和体系都属于土地自然评价，经济分析考虑较少。在推行联产承包制的过程中，为了分配承包地，各地普遍开展了群众性的土地定等估价，这些都属于土地经济评价的范畴，但缺乏科学的评价指标，村与村之间、不同地域之间没有可比性。20 世纪 90 年代以来，随着土地使用制度改革的深入，为满足我国农用土地税收、补偿和流转的需要，国家土地管理局在原农牧渔业部县级评价试点工作的基础上，完成了《农用土地分等定级规程（征求意见稿）》（1989 年），并进行了试点。1999 年，农用地分等定级与估价项目被列入新一轮国土资源大调查"土地资源监测与调查工程"，拟通过开展农用地分等定级与估价工作，全面掌握和科学量化耕地质量与价格状况，实现土地管理由数量管理为主向数量、质量、生态管护相协调的管理转变。2003 年 8 月，《农用地分等规程》（TD/T 1004—2003）、《农用地定级规程》（TD/T 1005—2003）和《农用地估价规程》（TD/T 1006—2003）作为国土资源行业标准正式颁布实施。在这三项行业标准的指导下，我国于 2009 年完成了全国农用地分等与定级估价工作，首次汇总形成全国统一可比的农用地分等成果。2012 年 6 月 29 日，原国家质量监督检验检疫总局与国家标准化管理委员会正式颁布《农用地质量分等规程》（GB/T 28407—2012）、《农用地定级规程》（GB/T 28405—2012）和《农用地估价规程》（GB/T 28406—2012）。相关规程由行业标准上升为国家标准，有助于进一步提高社会对耕地质量保护与建设重要性的认识，更好地指导开展耕地质量等级调查评价工作。

国外的土地质量评价工作开展较早，也比较系统。俄罗斯、美国、德国、联合国粮食及农业组织（FAO）的研究较为具有代表性。国外早期的土地评价也主要是用于税赋，例如在 15～17 世纪莫斯科地区的税册中就有关于土地登记和土地质量等级的记述。各国的土地所有制不同、社会经济条件存在差异，形成了不同的土地质量评价模式。例如，德国的土地评价已经有近 200 年的历史。德国财政部于 1934 年就提出《农用地评价条例》，由德国财政部负责的农用地分等工作，其主要目的是为税收服务。之后服务对象扩展，分等成果广泛应用于规划、估价等其他目的。目前德国使用的农用地分等定级方法，是以土壤初步评分为基础，进行自然条件的校正以调整区域差异，得出产量值；在产量值的基础上，再经过社会和内部条件的校正，得到经济值，从而得到农用地价格及其等级。在美国、日本等土地私有制国家中，地价评估与土地分等定级工作的方法体系与管理制度都比较成熟和完善。美国的土地评价是随着资源调查和土地利用规划而发展起来的。1937年，由美国人斯托利（Storie）提出的指数分等法对英语国家的土地分等产生了重要影响，目前已经成为一个重要的农用地分等理论分支。

二、土地分等定级体系

我国土地分等定级采用"等"和"级"两个层次的体系（图6-1），土地分等和土地定级有着既相互区别又相互联系的不同工作内容。土地分等以某一较大区域内全部城镇或某一区域内全部农用土地为对象，评定各城镇或不同区域农用地之间整体土地质量的等次。而土地定级则是对某一城镇或某一区域农用土地内部各局部范围土地质量的评定。土地分等定级按涉及对象的不同分为城镇土地分等定级和农用土地分等定级。

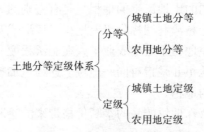

图6-1　土地分等定级体系

1. 城镇土地分等定级体系　城镇土地分等反映一定区域内不同城镇之间土地质量的地域差异，它将各城镇看作一个点，研究整个区域内各城镇从整体上表现出的土地质量差异，城镇土地分等的顺序在各城镇间排列。我国地域辽阔，不同城镇具有不同的自然条件、经济基础和资源状况，这种地域上的差异决定了城镇之间土地利用方式和地租地价水平存在较大差异，而城镇土地分等正是以反映城镇间宏观的区位级差收益为核心的评价方法，它为政府制定宏观的地价政策和区域城镇体系规划提供依据。

城镇土地定级是根据城镇内部各部分土地的经济和自然属性及其在社会经济活动中的地位与作用，对城镇内部土地使用价值进行综合分析，揭示城镇内部土地利用效益的区位差异，从而评定土地级别的过程。城镇是一个复杂的空间系统，其用地质量受市政设施建设状况、经济繁华程度和诸多区位因素的影响，在地域空间上存在着显著差异。城镇土地定级是以反映城镇内土地的微观级差收益为核心的评价方法，土地级别表明了城市内部土地区位条件和利用效益的差异。

城镇土地分等和城镇土地定级是既有联系又有区别的工作。两者的目的都是运用级差地租为经济杠杆，充分发挥土地的使用效率，为国家和各级政府制定各项土地政策和调控措施，为房地产估价、土地税费的征收提供科学依据。

2. 农用土地分等定级体系　农用土地分等，主要反映不同质量农用地在不同利用水平、不同效益条件下收益的差异。农用土地等的划分是以构成土地质量长期稳定的自然条件差异以及土地生产潜力的现实利用水平和土地利用经济效益的差异为依据，按全国农用地间的相对差异进行比较评定。

农用土地分级，主要反映土地等影响下的土地差异。土地级的划分是以影响土地质量、易变的自然条件的差异，以及土地利用水平、利用效益上的微观差异为依据，按地方（通常为县）范围内土地的相对差异进行比较、评定。

农用土地分等和农用土地定级工作不在同一体系之中，不是续分关系，两者可独立进行评价和运用。农用土地分等定级显示了农用土地资产量，并揭示了农用地质量分布状况，其成果为农用地生产力核算、耕地占补平衡的质量考核、土地整理项目权属调整、农用地流转等提供科学依据。

三、土地分等定级的理论基础

1. 地租理论　地租是土地所有权在经济上得以实现的方式。马克思地租理论认为，地租从形式上可以区分为绝对地租、级差地租和垄断地租。

（1）绝对地租。不管租种任何等级的土地都必须缴纳的地租称为绝对地租。

（2）级差地租。等级不同的土地产生的地租量是有差别的。由于经营较优土地而产生并归土地所有者占有的那一部分超额利润称为级差地租。按形成基础不同，级差地租又分为级差地租Ⅰ和级差地租Ⅱ。级差地租Ⅰ是指农业工人在肥沃程度和位置较好的土地上所创造的超额利润转化的地租；级差地租Ⅱ是指对同一地块上连续追加投资，使各次投资的生产率不同而产生的超额利润所转化的地租。

（3）垄断地租。由某一特殊地块产品的垄断价格带来的垄断超额利润所形成的地租称为垄断地租。

在这3种地租中，级差地租与土地利用效率的高低最为相关，土地分等定级的理论依据也主要来源于级差地租理论。就农用地来讲，其等别差异的形成主要是基于土地的自然条件，即耕作土壤的肥沃程度、地块距离市场的远近以及对于农用地的追加投资不同。对于城镇内部土地，不同地段受不同的具体地理位置及周边环境条件的影响，其土地质量和使用价值不断变化，由此形成的地租量的差异即为级差地租Ⅰ；城镇中即使区位条件相似、面积相同的两宗土地，由于对土地投入的不同，也可以导致土地质量和收益的巨大差异，由此带来的超额利润形成级差地租Ⅱ。例如，修建新的城市道路、进一步完善的城市基础设施、不断提高土地的环境质量，不仅可以使土地本身增值，还可改善土地的区位条件，促使级差地租Ⅱ向级差地租Ⅰ转化。城镇之间，由于地理位置差异和国家基本建设投入的不同，各城镇土地创造的利润也相差很大，因此城镇之间也存在级差地租，这是对不同城镇进行分等的理论基础。

2. 区位理论　区位是空间区域的综合体，包括自然区位和经济区位。自然区位指自然条件及其构成对某种生产的影响。例如，农业生产的状况与其自然区位关系密切，它在相当大的程度上制约着农业生产。经济区位则指社会经济条件，例如交通运输、劳力资源、生产资料、销售市场等与生产部门分布和布局的关系。区位理论是研究特定区域内关于人类经济活动与社会、自然等其他事物或要素间的相互内在关系和空间分布规律的理论。关于经济活动的区位理论，最早有屠能（Thünen）的农业区位论，随着经济社会发展，先后又产生工业区位论、商业区位论和住宅区位论，它们分别揭示了不同用地的区位选择规律。20世纪60年代，美国土地经济学家阿兰索（W. Alonso）在杜能的农业区位论基础上，把级差地租理论应用到城市土地利用，并引入区位边际均衡和区位边际收益等空间经济学理论，提出竞标地租观点，即以竞标地租函数来求取个别厂商的区位结构均衡点，解释商业服务业、金融业、住宅、工业、郊区农业等各类土地利用在城市空间内所形成的模式，从而形成城市区位论。竞标理论认为，在完全竞争的市场机制中，城市各种活动的区位取决于它们能支付地租的能力。不同用途支付地租的能力不同，从而通过土地供求决定的土地市场地租的变化便决定了土地利用的同心圆分布模式。由于不同用途支付地租的能力不同，必然有适合各种用途的最优区位，这是土地分类定级的理论依据。此外，区位论者认为，城市内部各处的人口和经济密度服从于距离衰减原理。因此，距市中心越远，土地使用强度越低。这一理论和模式是正确计算级差地租的基础。

区位理论在土地分等定级中的应用主要体现在建立土地分等定级的基本思路上。区位对土地起着极其重要的作用，土地区位既是影响地租、地价最重要的因素，实际上也是划分土地级别的重要因素。由于土地区位不同，产生不同的使用价值和价值，使得同类行业在不同区位上获得的经济收益会相差很大，不同行业在同一位置上的经济收益也会相差很大。这种由于土地区位条件的差异而对土地的社会经济效果产生不同的影响，导致了级差地租的形成。所以，将各种已有的地理要素和社会经济活动的空间配置作为区位条件，分析研究这些条件在土地上的分布和变化特点以及它们相互组合对土地经济收益状况产生的综合影响和作用，就可以揭示土地的空间变化规律及其数量特征。换句话说，就可以根据土地区位条件造成的区位空间差异，划分出土地质量等级。

区位具有宏观区位和微观区位两个层次，土地等别与级别就是分别从这两个层次出发来划分的。城镇土地级是从微观角度来研究城镇内部不同地段之间的收益差异。一些土地经济学者认为，在不完全市场竞争的机制下，土地的收益水平和资本价值（地租、地价）几乎完全取决于土地的微观区位条件，如一个城镇内部的商业服务业繁华程度、交通条件、基础设施完备程度、公用设施完善程度、绿地覆盖度等。城镇土地等是从宏观角度来研究城镇之间的收益差异，这种差异也是导致城镇间地价差异的重要原因，而城镇宏观区位的优劣主要通过各种宏观区位要素反映出来，如空间位置、交通运输、城镇职能和国家政策等，此外，宏观区域的集聚程度、经济水平等也会对城镇土地价格造成影响。

3. 土地可持续发展理论　土地可持续利用的思想是 1990 年在首次国际土地持续利用研讨会上正式确认的，其内容就是要实现土地生产力的持续增长和稳定性，保证土地资源潜力和防止土地退化，使土地利用具有良好的经济效益和社会效益，即达到生态合理性、经济合理性和社会可接受性。1993 年联合国粮食及农业组织颁布了《可持续土地利用管理评价大纲》，将土地的可持续利用定义为：将技术、政策和旨在同时关心社会经济原理与环境的活动结合在一起。同时，要考虑以下几点：

（1）生产性。保持和提高土地的生产力，包括农业的和非农业的土地生产力以及环境美学方面的效益。

（2）安全性。降低生产风险的水平，使土地产出稳定，要求选择可以降低风险概率的土地利用方式。

（3）保护性。保护自然资源的潜力和防止土壤与水质退化，即在土地利用过程中保护土壤与水资源的数量和质量，以公平地给予下一代。对保持遗传基因多样性或保护单个植物和动物品种等问题给予优先考虑。

（4）可行性。经济上可行。人们开发利用土地的目的在于获得经济利益，如果某一土地利用方式在当地是可行的，那么这种土地利用一定有经济效益，否则不可能存在下去。

（5）接受性。社会可以接受。如果某种土地利用方式不能为社会所接受，那么这种利用方式必然失败。

在土地开发利用过程中，物质利益的驱动会激励土地产权主体收集土地价值信息，选择资金流向，确定土地利用最佳方向，尽量以最小的用地成本实现投资收益最大化，从而提高土地生产率，增加经济收益。一般而言，土地开发利用的收益大于投资成本的利用方式能使土地利用持续下去，而这正符合土地可持续利用对经济可行性的要求。土地分等定级成果是反映土地质量分布的敏感信号，它在一定程度上体现了土地的经济价值。因此，土地分等定级必须在遵从土地可持续利用的原则下，能够准确揭示土地价值信息，为合理高效地利用土地，优化产业结构，实现生态合理、经济可行及社会公平的土地可持续利用目标服务。

4. 土壤肥力理论 土壤肥力理论主要应用于农用土地的分等定级。土壤肥力是指土壤为植物生长提供养分、水分、热量以及优良环境条件的能力，它是构成土地生产能力的物质基础。农用土地的质量高低主要取决于土壤肥力水平，土壤的肥沃程度也是导致农用地级差地租 I 量的差异的主导因素。因此，对农用地质量进行等级评价，土壤肥力是首选因素。

土壤肥力种类很多，其中最重要的是要清晰地了解自然肥力、人工肥力以及由这两者相结合形成的经济肥力。自然肥力是指由土壤母质、气候、生物、地形等自然因素作用所形成的土壤肥力，主要体现在土壤养分、土壤理化性质和生物特征等方面。人工肥力是指通过耕作、施肥、灌溉、土壤改良等人为因素作用而形成的土壤肥力。经济肥力是自然肥力和人工肥力的统一，是由同一土壤上的两种肥力相结合而形成的。土壤具有自然肥力与人工肥力结合形成的经济肥力，才能最大限度地产出农产品。土壤肥力经常处于动态变化之中，土壤肥力的发展趋势既受自然气候等条件影响，也受栽培作物、耕作管理、灌溉施肥等农业技术措施以及社会经济制度和科学技术水平的制约。因此，农用地的等级评定及更新必须以土壤肥力理论为基础。

5. 土地质量观 确立全面、准确的土地质量观是认识土地质量、衡量土地质量的前提。土地质量是一个综合的指标，取决于土地的综合特征，它是土地全部组成要素以及相关环境条件因素相互组合、彼此作用所构成的生产利用的综合效应。全面准确的土地质量观应当包括以下 4 个观点：

（1）针对性观点。土地质量是与土地用途互相对应、不可分割的。同一块土地的不同用途，对应着不同的土地质量水平，也对应着不同的土地质量内容。因此，土地质量是针对土地的特定用途而言的。

（2）效益性观点。土地质量与土地利用效益两者之间具有直接的因果关系。土地质量最终应体现在土地利用的效益上，接受土地利用效益的检验。而土地利用效益是土地质量的外在表现和直观反映。离开土地质量谈效益和离开效益谈质量都是无法想象的，两者是不可分割的。

（3）综合性观点。土地质量是土地的一种综合属性，是众多影响土地质量的因素相互作用的一种总体体现。具体而言，土地质量是土地利用过程中土地的自身特性以及影响土地质量的自然因素、社会经济因素共同作用、互相影响、互相制约全部过程的集中体现。要准确认识土地质量，就必须全面分析土地因素及其质量因子，剖析它们的组合方式，研究它们互相影响、互相制约及其与土地质量的关系，使土地质量与土地质量因子的具体指标、组合方式之间的关系具体化和定量化。只有这样，才能使土地质量的评价工作成为可能。

（4）动态性观点。土地质量是不断变化的，随着自然力的作用和变迁、人类社会经济活动的不断变化，土地的自身特性和影响土地质量的自然因素和社会经济因素也是不断变化的。因此，土地质量是一个具有动态属性的概念。

综上所述，只有深刻理解和认识土地质量的针对性观点、效益性观点、综合性观点和动态性观点，才能树立起全面正确的土地质量观。

四、土地分等定级的基本原则

土地分等定级的基本原则是指在分等定级工作中，采用的技术方法所应遵循的依据和标准。土地分等定级的基本原则一般包括以下几点：

1. 综合分析 土地是自然经济综合体，土地的生产力和利用效益是土地自然属性、社会经济因素综合作用的结果。土地在其形成和利用过程中，各种因素以不同的方式，从不同的侧面，按不同的程度，独立地或综合地影响着土地的综合特征，从而影响土地的功能和用途。在土地这个综合体中，土地各组成因素都有其不可替代的地位和作用，土地的性质和用途取决于全部组成因素的综合作用，而不从属于任何一个单独的因素。因此，土地分等定级应综合分析各因素的作用，使成果能客观反映不同级别土地综合效益的差异。

2. 主导因素 在影响土地质量的众多因素中，往往有若干因素或因子起主导作用，它们的存在和组合在很大程度上决定着土地的质量和价值。而且，对于不同用途、不同地域的土地而言，这些因素、因子的具体类型是不一样的。因此，应在综合分析的基础上，根据影响因素或因子及其作用的差异，重点分析对土地质量具有重要作用的主导因素，突出主导因素对分等定级结果的作用。

3. 区域差异 我国幅员辽阔，不同地域间自然与社会经济组合特征存在很大差异。如上所述，土地质量的影响因素会因区域不同而有所变化。因此，土地分等定级应掌握土地区位条件特性和分布组合规律，并分析由于区位条件不同形成的土地质量差异，因地制宜地确定土地分等定级项目和标准，提高土地质量评定的针对性。

4. 级差收益 级差收益反映了各区域之间或者区域内部土地区位条件和利用效果的差异。因此，土地的质量是土地级差的决定因素，土地级别的高低应与其对应级别的土地收益或土地价格相一致。仅从发挥土地经济效益的原则出发，土地质量好、等级高，土地级差收益就相应高；相反，土地质量差、等级低，土地级差收益也就低。

5. 定性与定量相结合 土地等级是对影响土地质量各因素综合分析评定的结果。由于各因素对土地质量的影响方式和程度不一样，因此在评定等级过程中，应尽量把定性的、经验性的分析进行量化，以定量分析计算为主，必要时才对某些现阶段难以定量的社会、经济因素采用定性分析，以减少人为主观性，提高土地分等定级的精确性。

第二节 城镇土地分等

一、城镇土地分等的对象及任务

城镇土地分等对象是城市市区、建制镇镇区的土地。

城镇土地分等的主要任务是：国家和省（自治区、直辖市）根据需要开展城镇土地分等工作。城镇土地分等工作应分层次进行。其中，全国开展城镇土地分等，主要考虑对全国范围内重要的设市城镇划分土地等；省（自治区）域开展城镇土地分等，主要考虑对省、自治区内的城市和县城划分土地等；直辖市域开展城镇土地分等，主要考虑对市域内的市区、地级和县级政府驻地城镇划分土地等；城市所辖的空间上与主城区分隔的实体（如独立工矿区、开发区等），应在城镇分等基础上，经综合平衡划定等别；国家和省（直辖市、自治区）可以根据需要，对跨不同行政区域的城镇进行分等。不同层次的分等工作应相互衔接。

二、城镇土地分等的意义

1. 为平衡城镇间基准地价水平提供依据　土地分等揭示了一定区域内城镇土地等级及其使用价值的地域差异规律，因此可利用城镇土地分等成果合理平衡城镇间基准地价，从而使城镇的基准地价位序与其在区域内的地位和作用、经济发展水平相协调，促进区域土地市场的均衡发展。

2. 为制定城镇土地税赋提供重要参考　城镇的用地效益差异明显，利用城镇土地分等成果，合理划分和调整城镇土地税赋的等级和税额标准，可以更好地发挥税收调节经济和土地收益的作用。当前，城镇土地分等成果主要用于确定新增建设用地土地有偿使用费等级和全国工业用地最低出让价标准等级。

3. 显示土地资产量差异，为城镇土地科学管理服务　开展城镇土地分等，有利于摸清城镇之间土地资产价值差异的分布状况，全面掌握城镇土地的质量和利用状况以及城镇地价形成及演变规律，进而为科学管理和合理利用城镇土地服务，同时也为政府制定地产市场的宏观调控政策、有偿使用政策，提高土地使用效率提供科学依据。

4. 为区域城镇体系规划和国土空间总体规划编制提供数据基础　土地分等是以反映城镇间宏观的区位级差收益为核心的评价方法，其结果反映了城镇土地等别分布特点及规律，也能揭示城镇之间土地利用存在的问题，为政府调整区域城镇发展战略、制定区域城镇体系规划提供依据。同时，国土空间总体规划也要针对区域城镇土地利用中存在的问题因地制宜地提出改造利用措施。

三、城镇土地分等的方法及步骤

（一）城镇土地分等的方法

城镇土地分等的方法有两种：一种方法是根据城镇间地租地价差异直接划分等级；另一种方法是多因素综合评价法，即通过城镇土地质量影响因素间接划分等级。由于我国土地市场的市场化程度较低，土地价格受非经济因素的影响相对较大，城镇间土地市场价格缺乏可比性，根据城镇间地租地价差异来划分等级，不能准确反映城镇间土地质量的差异。因此，城镇土地分等多采用后一种方法，即用多因素综合评价法划分各城镇土地等别。多因素综合评价法划分城镇土地等别的技术路线是：①确定城镇土地分等因素指标体系；②计算城镇分等对象因素分值；③划分城镇土地等别。

（二）城镇土地分等的步骤

1. 确定城镇土地分等因素指标体系　城镇土地分等因素是指对城镇土地等有重大影响，并能体现城镇间土地区位差异的经济、社会、自然条件，一般分成因素、因子两个层次。影响城镇土地等的主要因素有：城镇区位、城镇集聚规模、城镇基础设施、城镇用地投入产出水平、区域经济发展水平、区域综合服务能力以及区域土地供应潜力等。

（1）因素、因子选择原则。城镇土地分等因素、因子选择应按照下列原则进行：①城镇土地分等因素、因子的指标值变化对城镇土地质量有显著影响，且能直接、客观地反映所评价区域的城镇土地等的高低；②城镇土地分等因素、因子的指标值有较大的变化范围；③选择的因素、因子对不同性质城镇的影响有较大差异，其指标能够反映不同性质城镇之间的土地等差异；④城镇土地分等因素、因子的指标能够反映当前的土地利用发展趋势，并对城镇未来土地等产生影响；⑤城镇土地分等因素、因子的指标易通过统计资料获取或易量化处理。

（2）因素、因子选择方法。为规范城镇土地分等工作，《城镇土地分等定级规程》（GB/T 18507—2014）设定了一系列必选因素和备选因素（表6-1）。城镇分等可以根据实际情况和资料获取的难易程度，遵循因素、因子选择原则对备选因素、因子进行筛选。因素、因子的选择宜根据德尔菲法进行，必要时可采用主成分分析等方法作为辅助手段来进行筛选。

表6-1　土地分等因素、因子备选

因素		因子		
名称	选择要求	名称	评价指标	选择要求
城镇区位	必选	交通区位	城镇交通条件指数	必选
		城镇对外辐射能力	城镇对外辐射能力指数	备选
城镇集聚规模	必选	城镇人口规模	城镇人口规模	必选
		城镇人口密度	城镇人口密度	备选
		城镇非农产业规模	城镇二三产业增加值	备选
		城镇工业经济规模	城镇工业销售收入	备选
城镇基础设施	必选	道路状况	城镇人均铺装道路面积	必选
		供水状况	城镇人均生活用水量	备选
		供气状况	城镇气化率	备选
		排水状况	城镇排水管道密度	备选
城镇用地投入产出水平	备选	城镇非农产业产出效果	城镇单位用地二三产业增加值	备选
		城镇商业活动强度	城镇单位用地批发零售贸易业商品销售额	备选
		城镇固定资产投资强度	城镇单位用地建设固定资产投资额	备选
		城镇劳动力投入强度	城镇单位用地从业人员数	备选
区域经济发展水平	必选	国内生产总值	国内生产总值综合指数	必选
		财政状况	地方财政收入综合指数	必选
		固定资产投资状况	全社会固定资产投资综合指数	必选
		商业活动	社会消费品零售总额综合指数	必选
		外贸活动	外贸出口额综合指数	备选
区域综合服务能力	必选	金融状况	人均年末银行储蓄存款余额	必选
		邮电服务能力	人均邮电业务量	备选
		科技水平	专业技术人员比	备选
区域土地供应潜力	备选	区域农业人口人均耕地	区域农业人口人均耕地	备选
		区域人口密度	区域人口密度	备选
		建设用地占行政区域的面积比例	建设用地占行政区域的面积比例	备选

（3）因素、因子权重确定。权重是反映某一因素对土地质量或土地等级影响程度的一种相对性指标。权重值是因素之间相互比较而得到的一种重要性顺序排列。因素影响大，权重值高；因素影响小，权重值低。权重值可单独选用德尔菲法、因素成对比较法或层次分析法确定，也可以用德尔菲法结合其他两种方法来确定。

A. 德尔菲法。德尔菲法是一种常用的技术测定方法，它能客观地综合多数专家经验与主观判断的技巧，能对大量非技术性的无法定量分析的因素做出概率估算，并将概率估算结果告诉专家，充分发挥信息反馈和信息控制的作用，使分散的评估意见逐渐收敛，最后集中在协调一致的评估结果上。

B. 因素成对比较法。因素成对比较法主要是通过因素间两两成对比较，对比较结果进行排序、赋值，将一些定性描述的因素及重要性状况转变成定量可比的系数，从而确定出因素的影响程度或权重。

C. 层次分析法。层次分析法简称 AHP 法，也称多层次权重分析决策法，是一种模仿人类思维过程的分析模型。首先，它把所要研究的复杂问题看作一个有着复杂层次和因素构成的大系统，根据系统所涉及的因素和所要达到的目标，将系统内部分解成一列组成因素，把这些因素按它们之间的支配关系形成递阶层次结构体系，也就是使之层次化、条理化；其次，借助专家的经验和智慧，对这些成体系的因素通过分层次地和层次间的两两比较的方式，判断每一个层次和同一层次不同因素之间的相对重要性；最后，运用数学模型方法确定各因素的权重。

2. 计算城镇分等对象因素分值　分等对象的因素、因子评价指标中，有的与土地质量之间呈正相关关系，有的呈负相关关系，要区分清楚，分别对待。

（1）因子分值计算。因子分值计算的基本原则是：在城镇土地分等因素整理的基础上，采用位序标准化或极差标准化的方法，分别计算分等对象的因子分值，因子分值应在 $0\sim100$。因子分值越大，表示分等对象受相应因子的影响效果越佳。

A. 位序标准化公式。

$$Y_{ij} = 100 \times \frac{X_{ij}}{n} \tag{6-1}$$

式中：Y_{ij} 为第 i 个分等对象的第 j 项因子分值；各分等对象按第 j 项因子指标值大小进行排序，X_{ij} 为排序后第 i 个分等对象的位序，当指标值与土地利用效益呈正相关时，排序从小到大进行，呈负相关时，则排序从大到小进行；n 为参加分等的城镇个数。

B. 极差标准化公式。

$$Y_{ij} = 100 \times a_j \times \frac{X_{ij} - X_j}{X_{\max} - X_{\min}} \tag{6-2}$$

式中：Y_{ij} 为第 i 个分等对象的第 j 项因子分值；当第 j 项因子指标与土地利用效益呈正相关时，$a_j = 1$ 且 $X_j = X_{\min}$，当第 j 项因子指标与土地利用效益呈负相关时，$a_j = -1$ 且 $X_j = X_{\max}$；X_{ij} 为第 i 个分等对象第 j 项指标值；$X_{\max}$ 为各分等对象 X_{ij} 指标的最大值；$X_{\min}$ 为各分等对象 X_{ij} 指标的最小值。

运用上述位序标准化公式及极差值标准化公式对各因素对应的因子指标分别进行不同方式的标准化处理，计算出各因子的分值。

（2）城镇土地分等对象的因素分值计算。分等对象的因素分值按下式计算：

$$F_{ik} = \sum_{j=1}^{n}(W_{kj} \times Y_{ij}) \qquad (6-3)$$

式中：F_{ik} 为第 i 个分等对象第 k 个因素分值；W_{kj} 为第 j 项因子对应上层第 k 个因素的权重值；Y_{ij} 为第 i 个分等对象第 j 项因子的分值；n 为第 k 个因素包含的因子个数。

（3）城镇土地分等对象的综合分值计算。分等对象综合分值按下式计算：

$$S_i = \sum_{k=1}^{n}(W_k \times F_{ik}) \qquad (6-4)$$

式中：S_i 为第 i 个分等对象的综合分值；W_k 为第 k 个因素的权重值；F_{ik} 为第 i 个分等对象第 k 个因素分值；n 为因素个数。

3. 划分城镇土地等别

（1）城镇土地等初步划分原则。

A. 城镇土地等按照综合分值分布状况划分，不同土地等对应不同的综合分值区间。按从优到劣的顺序对应于 1，2，3，…，n 个等别值（n 为正整数）。

B. 土地等的数目，依不同区域的行政级别、所包含的城镇数量、差异复杂程度而定，一般确定：省（自治区）5～10 等；直辖市 3～5 等；省级以下区域 2～5 等；全国和跨省级区域依实际情况而定。

C. 任何一个综合分值只能对应一个土地等。

D. 按综合分值和区域状况确定 2～3 个不同的分等初步方案。

（2）城镇土地等初步划分方法。根据综合分值，可以采用数轴法或总分频率曲线法进行城镇土地等的初步划分。

（3）城镇土地等的确定。城镇土地分等的初步结果可以采用市场资料或用数理统计分析方法来加以验证，也可通过多种方法来共同验证。经过验证后，形成基本的分等方案，然后进行专家咨询和向同级土地行政主管部门征求意见，最终做出调整并确定土地等别。

第三节　城镇土地定级

一、城镇土地定级概述

1. 城镇土地定级的对象　城镇土地定级的对象是土地利用总体规划确定的可作为城镇建设用地使用的土地。城镇以外的独立工矿区、旅游区等用地可一同参与评定。

2. 城镇土地定级的任务　各城镇定级均应开展综合定级；市区常住人口 50 万以上的城市，应进行综合定级和分类定级。城镇土地定级以城市市区或建制镇为单位，按照《城镇土地分等定级规程》规定的技术方法，对影响城镇土地质量的各种经济、社会、自然因素进行分析与评价，按分类评价结果的差异划分城镇土地级别。分类定级包括商服用地定级、住宅用地定级、工业用地定级等。

3. 城镇土地定级的意义

（1）土地定级可为城市规划布局提供依据。城市土地的开发利用是一项综合性强、涉及面广的工作，制定科学、合理的城市规划是城市发展的前提，这就要求城市规划能够准确分析不同区域土地质量的差异、优劣程度，要全面考虑不同区域的发展方向和开发潜力。城市土地级别揭示了土地的质量及其分布状况，从而为城市规划提供了必要的基础数据。城市规划可以依据土地定级成果反映的城镇内部的土地质量状况制定规划方案，合理安排不同区域内的各行业用地，使有限的城市土地资源得到优化配置。

（2）土地定级是制定基准地价的基础。基准地价是将城市划分为若干均质区域（内部土地质量基本均一的区域），然后调查各区域内地租量，评定出各区域在某一时点的平均价格水平。其中，均质区域的划分是制定基准地价的基础。土地定级的理论依据主要来源于级差地租理论，级别划分主要考虑影响地租量大小的土地区位因素和基本设施状况，在同一土地级别内的土地区位条件和基本设施状况等土地利用条件是相似的。也可以说，同一级别内的城市土地是均质的。因此，土地定级可以作为制定基准地价的基础。

（3）土地定级为制定城镇土地税费提供重要参考。征收土地税、场地使用费是我国土地所有权在经济上得到实现的基本形式。为土地税费征收提供依据也是土地级别评定的一个主要目的。城镇内不同用地效益差异明显，土地税费标准的制定既要考虑到土地的自然属性特征，也要考虑到城镇不同区域的土地质量、价格水平差异。城镇土地定级成果可为确定城镇土地使用税、外商投资场地使用费等的征收标准提供参考和依据。

（4）土地定级显示土地资产量差异，为城市土地科学管理服务。城镇土地级别的确定，有利于摸清城市土地的资产价值，全面掌握城镇土地的质量和利用状况以及城市地价形成及演变规律，进而为科学管理和合理利用城镇土地服务，为确定城市发展定位、制定城镇体系规划、提高土地使用效率提供科学依据。

二、城镇土地定级的方法和程序

1. 定级的基本方法　目前城镇土地的定级方法大体有 3 种：多因素综合评定法、级差收益测算法和地价分区定级法。

（1）多因素综合评定法。多因素综合评定法是按照一定原则，选取对城镇土地质量有影响的因素，建立评价指标体系，通过分析各类因素对土地质量的作用强度，揭示土地使用价值在空间分布上的差异性，综合评判出城镇土地级别。多因素综合评定法是在土地市场不发育条件下的一种选择。

（2）级差收益测算法。级差收益测算法是从土地利用效果的角度出发，不考虑土地质量因素、因子的影响过程和作用机理，采用投入-产出的思维方法，通过测定土地级差收益的大小，直接评定土地质量优劣的一种定级方法。级差收益测算法适用于城镇土地市场发育不成熟、市场机制不完善、土地交易样点较少的城镇。

（3）地价分区定级法。地价分区定级法是将土地级别与土地价格直接联系起来，根据地价水平高低一致性在城镇地域空间划分地价区块，制定地价分区，从而划分土地级别。在土地市场发育成熟、房地产交易案例较多的城镇，可采用此种方法。但在土地市场发育不成熟、市场管理不完善的情况下，该方法的应用受到限制。

2. 几种方法的比较和选用　上述 3 种方法分别从与城镇土地质量相关的影响因素、级差收益和地价 3 个角度对土地级别进行划分，每种方法都有各自的优缺点和适用范围（表 6-2）。现实中，通常将这 3 种方法结合起来使用：在土地市场发育成熟、房地产交易案例较多的城镇，可用地价分区定级方法；一般城镇则先用多因素综合评定法初步划分土地级别，再选取典型行业进行级差收益测算。

表 6-2　城镇土地定级方法比较

方法类型	方法	优点	不足
多因素综合评定法	依据一定的目的和原则，以定级单元为样本，选择对定级单元发生作用的因素或因子作为评价指标，并通过适宜的模式予以量化、计算和归并，从而划分土地级别	直接逻辑关系明确，定性与定量相结合，避免人为主观随意性，保证土地级别的统一性和科学性。在土地交易不发达地区可利用	土地的级差收益不能被直接反映
级差收益测算法	从土地产出入手，对发挥土地最大效益的企业利润进行分析，剔除非土地因素的影响，建立企业利润与影响因素的数学模型，测算土地的级差收益，从而划分土地级别	能够较好地反映土地的经济差异，其成果易得到应用	主观随意性较大，级别划分粗放
地价分区定级法	直接从土地收益还原量（地价）出发，根据地价水平高低一致性在城区空间划分地价区块，按规定地价区间确定土地级别	直接联系土地级别与土地价格，测算简便，成果便于应用、更新	要求在土地市场形成且发育良好的前提下进行

3. 定级的基本程序　城镇土地定级是一项技术性较强的工作，工作过程遵循的程序大体可分为 4 个阶段：准备阶段、土地级别划分及确定阶段、成果验收阶段和成果应用与更新阶段。各阶段主要工作内容和内在联系见图 6-2。

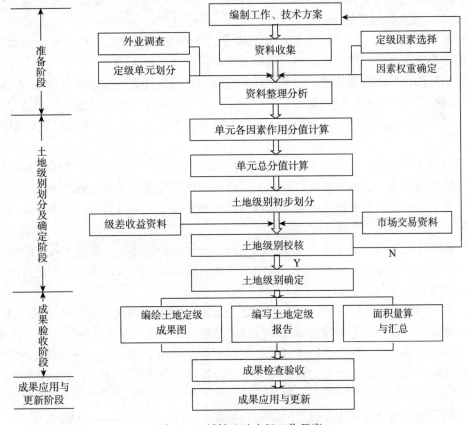

图 6-2　城镇土地定级工作程序

三、城镇土地定级的步骤

(一)定级资料的收集与调查

定级资料收集范围包括：土地利用现状资料、城镇规划资料、土地利用效益资料，以及定级因素、因子资料等。具体调查内容见表 6-3。

表 6-3　城镇土地定级资料调查内容

资料类型	调查内容
土地利用现状资料	城镇地籍调查更新报告，城镇地籍图，城镇地形图
城镇规划资料	城镇总体规划（规划文本、规划说明书等）及图件，国民经济和社会发展五年规划等资料
土地利用效益资料	市场交易样点资料，土地级差收益资料
定级因素、因子资料	商服中心、交通条件、基础设施情况、公用设施条件、地形条件、环境条件等资料

(二)定级单元划分

定级单元是评定土地级别的基本空间单位，是内部特性和区位条件相对均一的地块。采用多因素综合评定法定级，必须将各个影响因素、因子的作用强度量化值落实到每个基本评价单元上，然后据此进行土地级别的划分，因此定级单元的划分必须遵循一定原则。

1. 定级单元划分的原则　定级单元划分的应遵循以下原则：

(1) 单元内土地的质量状况应基本一致，同一单元内的同一主要因素分值差异应小于 $100/(n+1)$，n 为拟划分的土地级数目。

(2) 单元面积确定在 $5\sim100hm^2$，其规模取决于土地利用的集约程度或价值水准。例如，城镇中心区单元面积尽量取低值，城镇郊区单元可适当放大。

(3) 划分的单元能方便地进行因素取样，并能保证分值计算的准确性和科学性。

(4) 具有整体作用的区域（单位）不宜分割，如商服中心、文体设施、交通枢纽等。

(5) 采用计算机系统作为定级辅助手段，可划分均匀网格，划分的单元面积应不大于 $0.25hm^2$。

2. 定级单元划分的方法　土地定级单元划分方法主要有叠置法、主导因素判定法、网格法和均质地域法等，各种方法都有其各自的适用条件和特点。受信息技术发展的影响，目前土地定级工作多借助基于地理信息系统技术开发的城镇土地定级信息系统来完成。在该系统中，网格法的应用较为广泛。

(1) 叠置法。选择影响城镇土地质量的几种主要因素进行评价，编绘各因素的作用分值图，将主要因素作用分值图进行叠置，勾绘出作用分值基本一致的区域，并作适当调整后得到土地定级单元。

(2) 主导因素判定法。主导因素判定法划分土地定级单元的出发点同叠置法基本一样，但方法本身有所差别。其基本原理是选择城镇中最能反映土地质量变化的方向作为剖面，通过计算剖面上一系列具有代表性特征点的主要因素分值，绘制剖面的因素分值变化曲线图，根据因素分值变化规律，选择突变曲线段的位置作为单元分界线，将因素得分基本一致的区域划分为同一单元。

(3) 网格法。网格法可分为固定网格法和动态网格法。这两种方法均是以一定大小的网格作为定级单元。由于在划分网格时不易完全与土地的均质条件和城镇内部各土地质量影响因素的实际分布状况拟合，因此，网格划分单元在作为单元取样和获得数据的基本单位外，还需要尽量兼顾单元的均质性。固定网格法的具体操作是依一定的经验，给出一个统一的面积限制，然后将同样面积和几何形状的网格布满全部评价区域，且单元不再变动。动态网格法的划分方法在工作中略有不同：首先，同样选用一定大小的网格构成覆盖评价地域的初步单元体系；然后，测评初步单元内主要因素得分值，如果该值在单元的边界四等分点处发现差异大于土地定级单元划分的均质标准，则以四等分对初步划成的单元进行加密；接着，对各加密形成的每个 1/4 基本单元计算其四等分点的主要因素得分值；内部差异较小的成为一个单元，差异较大的继续加密，调整网格，直到其内部差异符合规定指标为止。

（4）均质地域法。同一种利用类型的土地，如果是聚集在一个不太大的地域上，可认为各定级因素对它们的影响在其内部的变化是很小的。如果这样的地域是在长期经济调节下或严格科学规划下形成的，则可视为均质区。从土地利用的角度看，建成区就是许多不同利用性质的均质地域，它是在一系列中心的吸引下形成的。用均质地域划分评价单元，可以较好地反映城镇现状和土地经济特性。

3. 确定单元边界应注意的问题　定级单元界线是反映土地利用形态特点和空间实体的标志。因此，所划定的单元界线在城镇中心必须是一个客观存在的实体，并且要呈线状分布。据此，单元界线一般按以下顺序条件采用：

（1）自然线状地物和面积较大的自然地物。城镇土地是人类改造自然的产物。在自然条件基础上，人们按照一定的经济原则和其他原则适应和改造了自然，大的自然障碍和明显的地形差异往往成为限制人们行动的因素。因此，城镇土地采用自然地物如山丘、河流等作为单元边界是合理的。

（2）城镇中的铁路、公路干线。铁路、公路进入城镇后，实际上从空间上将其两侧分割开了，导致两侧的土地利用类型具有不关联性。如果没有方便的立体交通联系，两侧利用形态会有较大差别，因此可作为单元的界线。

（3）土地权属界线或权属单位内部的地类界线。土地权属单位是由土地权属界线封闭而围成的一个地域实体。不同的土地权属单位常常代表不同的土地利用形式，可以成为划分土地定级单元的界线。对于占地面积很大的单位，如果内部土地利用有十分明显的差异，形成了不同类型的利用地域，也可按其内部土地的不同利用类型将土地划入不同的单元，此时地类界线就是土地单元的边界线。

（4）其他地物或行政区域界线。例如，小的道路、围墙等都是城镇内部明显、易于定位的线状地物，不少这样的线状地物分割着两侧的土地，使得两侧的土地质量有所差异，而且能很方便地反映在图上或在实地进行界定，因而可作为土地定级单元界线。

（三）定级因素指标体系的确定

定级因素是指对土地级别有重大影响，并能体现区位差异的经济、社会和自然条件。城镇土地定级受多种因素影响，通过归纳将其组织在一起，构成定级因素体系，如图 6-3 所示。这个体系首先有几个因素，每个基本因素又可分为若干派生因素，其下包含一批因子，形成一个多层次、相互联系密切的因素、因子体系，由于各个因素、因子所处的层次地位不同，在评价工作中，不能将因素、因子的层次随意调换，更不能在不同的层次间进行累加，即在土地定级工作中，只有按同一层次的因素和因子进行评分，才能相互累加和比较。

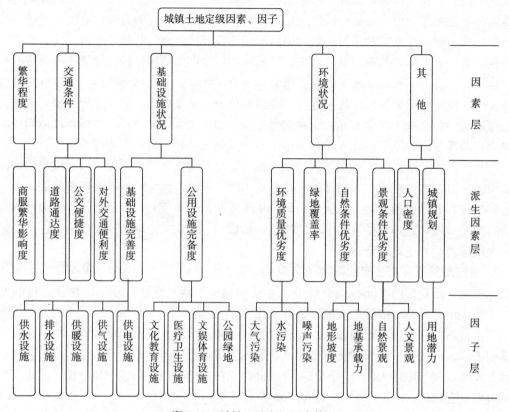

图6-3 城镇土地定级因素体系

1. 因素选择原则 确定的因素应满足下列要求：①因素指标值变化对城镇土地定级有较显著的影响，因素指标值有较大的变化范围，选择的因素对不同区位的影响有较大的差异；②不同类型的土地（可分为综合用地、商服用地、住宅用地和工业用地）定级应分别选择相应的定级因素；③其他方面的因素选择根据城镇及其定级工作的具体情况选定。

2. 因素选择方法 主要有两种方法：①按《城镇土地分等定级规程》要求（表6-4至表6-7）分别选择不同用地的定级因素（或根据资料进行适当增减）；②可通过德尔菲法来测定要选择的因素。

表6-4 城镇土地综合定级因素

名称	繁华程度	交通条件			基本设施状况		环境条件			
定级因素	商服繁华影响度	道路通达度	公交便捷度	对外交通便利度	基础设施完善度	公用设施完备度	环境质量优劣度	绿地覆盖率	自然条件优劣度	景观条件优劣度
选择性	必选	至少一种必选		备选	至少一种必选		备选			
重要性顺序	1	2或3			3或2		4			
权重值范围	0.2~0.4	0.1~0.3			0.1~0.3		0.03~0.2			

表6-5　城镇商服用地定级因素

名称	繁华程度	交通条件			基本设施状况	人口状况
定级因素	商服繁华影响度	道路通达度	公交便捷度	对外交通便利度（客运）	基础设施完善度	人口密度
选择性	必选	至少一种必选			必选	备选
重要性顺序	1	2或3			3或2	4
权重值范围	0.25～0.45	0.05～0.25			0.05～0.25	0.1～0.2

表6-6　城镇住宅用地定级因素

名称	基本设施状况		交通条件			环境条件			繁华程度	人口状况
定级因素	基础设施完善度	公用设施完备度	道路通达度	公交便捷度	对外交通便利度（客运）	环境质量优劣度	绿地覆盖率	景观条件优劣度	商服繁华影响度	人口密度
选择性	必选		至少一种必选		备选	至少必选一种			备选	备选
重要性顺序	1		2或3			3或2			4或5	5或4
权重值范围	0.2～0.4		0.2～0.3			0.15～0.25			0.1～0.2	0.05～0.1

表6-7　城镇工业用地定级因素

名称	交通条件		基本设施状况	环境条件	产业集聚效益
定级因素	道路通达度	对外交通便利度（货运）	基础设施完善度	自然条件优劣度	产业集聚影响度
选择性	必选			备选	
重要性顺序	1		2	3	4
权重值范围	0.2～0.4		0.2～0.3	0.1～0.2	0.05～0.15

3. 定级因素权重的确定　定级因素权重的确定方法与城镇土地分等相同，可采用德尔菲法、因素成对比较法和层次分析法等。权重确定的原则为：①因素重要性顺序和权重值范围，根据用地类型可分别参照表6-4至表6-7来选用。无特殊需要，不得随意打乱表中前两位因素原有的重要性顺序。②定级因素对不同类型用地的影响程度不同，各分类定级应选定相应的因素权重。③各因素的权重应具有可比性，每个因素权重值必须在0～1或0～100变动，并且各因素的权重值之和等于1或者等于100。

（四）定级因素分值的计算

定级因素作用分值计算是根据选定的定级因素和因子体系，对各个因素、因子资料进行整理、分析、计算的过程，也是设定各个因素、因子评分标准的过程。分值计算工作中常用到作用分值、因素分值和总分值3个概念。其中，作用分值是指同一定级因素内某一设施、中心对土地定级区域内某块土地的影响强度。例如在商服繁华度这一因素中，某一商服中心对距其不同距离地块的影响强度是不同的，因此其作用分值也不一样。因素分值是指同一定级因素内各设施、中心对某一地块的作用分值之和。总分值是指某一地块上所得各定级因素分值的加权总分值。

1. 分值计算原则 多因素综合评定法是将因素指标量化，计算因素作用分值。分值计算须遵循下列原则：

（1）得分值与土地优劣呈正相关。土地条件越好，得分值越高，总分值越大，土地质量越高，级别也就越高。

（2）分值体系采用0～100分的封闭区间。

（3）得分值只与因素显著作用区间相对应，因为某一因素指标值在某些区间上的变化对土地优劣无显著作用。例如，绿地覆盖度在0～50%时对土地有一定影响，而在大于50%的情况下，其作用几乎和50%相当，这个0～50%的范围就称为绿地覆盖度的显著作用区间。

2. 分值计算方法

（1）因素对土地质量影响方式及类型。城镇土地定级因素有不同的分类方法，如果根据各因素在城镇中的空间分布形态及其影响土地质量的方式，可将其分为两类，即点线状分布的因素和面状分布的因素。

点线状分布的因素具有两个重要特征：①这类土地因素所依附的客体在城镇中占地面积较小，在空间分布上聚集现象明显，相对于城镇整体而言多为点状、线状形态分布；②这类因素不仅对其自身客体所在位置上的土地有影响，而且通过区位的波及性和效益外溢等作用形式形成一定的区位关系，对其周围地块乃至整个城镇土地产生不同影响，例如与商服中心、道路、文体设施、公交站点等客体有关的因素均属此类。

面状分布的因素也具有两个主要特征：①这类因素所依附的客体在城镇中分布面积较大；②这类因素仅对自身客体所在位置产生影响，而对周围的地块基本无外溢的影响，例如城镇中与某些基础设施、自然条件、绿地状况等客体有关的因素均属此类。此外，有些土地因素依附的客体虽然有一定的区位波及和效益外溢作用，但其影响范围较小，或在影响范围内其作用变动不大，这些因素也可以当作面状分布的因素处理，如环境污染状况。

（2）不同类型因素分值计算的一般方法。

A. 面状分布的因素分值计算方法。以面状形式分布的土地定级因素，其量化方法可采用极值标准化法：首先，对各因素资料进行整理，按因素与土地质量相关性的特点，计算出各地域或土地单元的因素指标值，对超出显著区间的各土地因素指标值，按显著区间内的最高值或最低值处理；然后，用数学模型求出各土地因素指标的作用分值。一般常用公式为

$$e_i = 100 \times \frac{X_i - X_{min}}{X_{max} - X_{min}} \tag{6-5}$$

式中：e_i 为 i 指标值的作用分；X_{min}、X_{max}、X_i 分别为 i 指标的最小值、最大值和指标值。按上述方法即可获得面状分布的因素所在地域或单元上的分值。

B. 点线状分布的因素分值计算方法。属于本类的土地定级因素，其影响既与因素涉及的设施规模有关，又与具体地块和设施的相对距离有关，其量化方法为：首先，在各因素内按规模或类型求出各点或线设施的相对作用分，最大值为100；其次，根据因素的类型或规模，计算其作用或平均影响范围，并划分若干相对距离区间；最后，根据不同因素及其影响随距离变化的特性不同，以因素的功能分按相应的衰减公式计算各相对距离上的因素作用分。

C. 阻隔区分值计算方法。《城镇土地分等定级规程》针对评价区内存在不可直接跨越障碍物的情况增加了阻隔区分值的计算方法。当因素作用分衰减遇到不可直接跨越的障碍（铁

路、高速公路、河流等）时，则作用分衰减应以实际可通行处为结点，按结点处的因素影响作用分及实际可通行路径长度作为剩余的影响半径，再次进行衰减。当不可直接跨越的障碍有较多的通行处时，可以忽视其存在。

3. 繁华程度作用分值计算　商服中心的繁华影响度是反映城市经济发展水平的重要指标，通常是影响土地级别的最主要因素。商服中心的规模代表商服中心的繁华程度，它决定着中心的影响大小和影响范围。按照《城镇土地分等定级规程》的要求，商服中心的繁华程度作用分值计算步骤如下：

（1）商服中心级别的划分。商服中心的形成需要一定的市场和人口条件，只有服务于一定的市场范围和人口规模数，才能维持中心的生存。低级别的服务中心吸引小区域范围内的人流，只满足人们日常生活（小百货、小副食等）的需要；高级别的服务中心吸引大范围的人口，满足人们高档消费需求（如金融、高档消费品店，超级市场等）。因此在现代城镇中都形成了多等级的中心体系。习惯上按各中心的作用和相对规模可划分为四级：①市级中心，为全市或全镇服务的商业服务业中心；②区级中心，为市内或镇内某个区域范围服务的商业服务中心；③小区级中心，为某个居民小区服务的商业服务中心；④街区级中心，为某个街区服务的商业服务中心。

商服中心级别划分，可根据商服中心的销售总额、总利润或单位面积销售额、利润值以及其他经济指标的高低衡量。写字楼等商务集聚区可按商务中心的客流人口数或密度划分，也可以利用已有的商服中心划分成果加以适当修正和调整来确定。

（2）商服中心规模指数的确定。各商服中心规模指数可通过对销售总额等经济指标标准化后确定，其公式为

$$I_k^M = 100 \times \frac{X_k^M}{X_{max}^M} \qquad (6-6)$$

式中：I_k^M 为 k 商服中心的规模指数；X_k^M 为 k 商服中心经济指标实际值或该级商服中心经济指标平均值；X_{max}^M 为最高级商服中心的经济指标。

（3）商服中心内各级功能分的分割计算。不同的商服中心，有着与其级别相一致的商业服务功能。如市级中心具有市级商业的功能，区级中心具有区级商业的功能。然而各中心除了有与自身级别一致的功能外，还包含了比其级别低的各级功能，而且，商服中心级别越高，包含的功能层次越多。因此，在计算商服中心内各级功能分时需要对商业服务中心的各级功能进行分割。其基本思路是：由于同一商业服务中心里，次一级功能以上的功能才是高级功能，那么只要从商业服务中心里减去次一级功能的量，就可得到高一级功能的量值。若以次一级商服中心规模指数近似代替次一级功能的量，就可得到商业服务繁华作用分的计算公式，即

$$f_i^M = I_i^M - I_1^M , \ f_{min}^M = I_{min}^M \qquad (6-7)$$

式中：f_i^M 为某商服中心 i 级功能的功能分；I_i^M 为 i 级商服中心规模指数；I_1^M 为次一级商服中心规模指数；f_{min}^M 为最低级功能的功能分；I_{min}^M 为最低级商服中心规模指数。

（4）商服中心各级功能的服务半径的确定。商服中心各级功能的服务半径以商服中心边缘为起算点，通过商服中心分布图按如下方式确定：市级商服中心功能的服务半径等于市级商服中心边缘到连片建成区边缘的最大距离；其他级别商服中心的服务半径等于同级商服中心的最大服务距离。商服中心的不同级功能划分 3～15 个对应的相对距离区间，相对距离的

计算公式为

$$r = \frac{d_i}{d} \quad (0 \leqslant r \leqslant 1) \tag{6-8}$$

式中：r 为相对距离；d_i 为在 i 级商服中心功能的服务半径内，某点距离商服中心的实际距离；d 为 i 级商服中心功能的服务半径。

（5）商服中心功能影响作用分值计算。

A. 综合定级和商服用地定级时，各级商服中心功能影响作用分按指数衰减公式计算。

$$e_{ij}^{M} = (f_i^{M})^{(1-r)} \tag{6-9}$$

式中：e_{ij}^{M} 为 j 点受 i 级商服中心功能影响的作用分；f_i^{M} 为 i 级商服中心功能的功能分；r 为 j 点到具有 i 级功能的商服中心的相对距离。

B. 住宅用地定级时，各级商服中心功能影响作用分按线性衰减公式计算。

$$e_{ij}^{M} = f_i^{M} \times (1-r) \tag{6-10}$$

（6）商服中心的繁华影响度作用分值的计算。定级单元的商服繁华影响度分值由各级商服中心对该地块影响度分值叠加、修正得到。分值叠加时要遵循以下原则：①同时受多个同级功能影响时，取其中最高的商服功能影响作用分；②同时存在多级功能影响时，对各级商服功能影响作用分仅取值一次，并进行加和。各点商服繁华影响度作用分值计算公式为

$$e_j^{M} = \sum_{i=1}^{n} e_{ij}^{M} \tag{6-11}$$

式中：j 为 j 点商服中心；e_j^{M} 为 j 点商服繁华影响度作用分，即商服中心各级功能对 j 点的总和作用分；e_{ij}^{M} 为 i 级商服中心功能对 j 点的作用分，$i = 1, 2, \cdots, n$；n 为商服中心级别数目。

4. 交通条件的作用分值计算　交通对定级单元的影响分值计算，一般包括道路通达度、公交便捷度和对外交通便利度等方面。

（1）道路通达度分值计算。

A. 划分道路类型。根据道路在城镇交通中的作用和功能类型不同，可将道路分为混合型主干道、生活型主干道、交通型主干道、生活型次干道、交通型次干道和支路。小城市一般按主干道、次干道、支路分类。

B. 确定道路的作用指数和功能分。道路作用指数反映某类道路在城镇交通运输中所起的作用，一般与道路作用或车流量大小呈正比，其数值在 $0\sim1$，最佳道路的作用指数值等于 1，其余类型依次递减。道路功能分的计算公式为

$$f_i^{R} = 100 \times I_i^{R} \tag{6-12}$$

式中：f_i^{R} 为 i 类道路功能分；I_i^{R} 为 i 类道路作用指数。

C. 确定道路的影响距离及相对距离。主干道、次干道影响距离按实际测算，计算公式为

$$d^{R} = \frac{S}{2L} \tag{6-13}$$

式中：d^{R} 为主干道或次干道影响距离；S 为城镇建设用地面积或评估范围面积；L 为主干道或次干道长度。

支路的影响半径一般为 $0.3\sim0.75\text{km}$。道路影响的相对距离按下式计算：

$$r = \frac{d_i^{R}}{d^{R}} \tag{6-14}$$

式中：r 为 i 类道路影响的相对距离；d_i^R 为在 i 类道路影响距离内，某点距该类道路的最短距离；d^R 为 i 类道路影响距离。

D. 道路通达度作用分的计算。

（a）综合定级和商服用地定级时，道路通达度作用分值按指数衰减公式计算。

$$e_{ij}^R = (f_i^R)^{(1-r)} \tag{6-15}$$

式中：e_{ij}^R 为 i 道路对 j 点的通达度分值；f_i^R 为 i 道路或同类道路的影响分值；r 为 j 点到 i 道路的相对距离。

（b）住宅用地定级和工业用地定级时，道路通达度作用分值按线性衰减公式计算。

$$e_{ij}^R = f_i^R \times (1-r) \tag{6-16}$$

当地块（单元）上存在多种道路类型影响时，单元的道路通达度作用分取单元内的最高作用分值. 仅受单一道路影响时，道路通达度分值则为该道路在这一距离上的作用分。在算出通达度得分后，应作通达系数修正。

$$F_j^R = e_j^R \times \beta_j^R \tag{6-17}$$

式中：F_j^R 为 j 单元的道路通达度分值；e_j^R 为道路通达因素对 j 单元的作用分；β_j^R 为 j 单元的通达系数值。

其中，通达系数的取值与地段通达方向数有关，见表 6-8。

表 6-8　通达系数值

通达方向数	=1	=2	=3	≥4
通达系数	0.58	0.81	0.91	1.0

（2）公交便捷度分值计算。公交站点的功能分大小与站流量成正比。站流量指一定区域内各个公交站点的每小时停车量之和。公交站点的功能分按公交站流量大小依次划分为 3～15 个档次，各档次的公交功能分计算公式为

$$f_i^B = 100 \times \frac{X_i^B}{X_{max}^B} \tag{6-18}$$

式中：f_i^B 为 i 公交站点功能分；X_i^B 为 i 公交站点流量值；X_{max}^B 为最大公交站流量值。

公交站点的服务半径以站点为原点，一般为 0.3～0.8km。相对距离的计算与道路通达度中相对距离的计算方法相同。公交便捷度的作用分按直线衰减公式计算，分值分布呈以公交站点为中以向周围递减趋势，计算公式为

$$e_{ij}^B = f_i^B \times (1-r) \tag{6-19}$$

式中：e_{ij}^B 为 i 公交站点对 j 点的公交便捷度作用分；f_i^B 为 i 公交站点功能分；r 为 j 点到 i 公交站点的相对距离。

当地块（单元）上存在多个公交站点影响时，取单元内的最高作用分。在算出公交便捷度作用分后，应作通达系数修正，计算公式为

$$F_j^B = e_j^B \times \beta_j^B \tag{6-20}$$

式中：F_j^B 为 j 单元的公交便捷度分值；e_j^B 为公交便捷因素对 j 单元的作用分；β_j^B 为 j 单元的通达系数值。

其中，通达系数的取值可根据所求单元公交线路通达的方向数参照表 6-8 确定。

（3）对外交通便利度作用分值计算。对外交通设施是指火车站、长途汽车站、机场、港

口、高速公路出入口等城镇中对外经营的客运站、货运站和重点对外交通结点。对外交通设施作用指数与该类设施在对外交通运输中的作用大小呈正比，可根据设施级别、规模、重要性等计算确定，数值在 0~1，各指数值之和等于 1。对外交通设施功能分的计算公式为

$$f_i^{\mathrm{T}} = 100 \times I_i^{\mathrm{T}}, \ I_i^{\mathrm{T}} = I_{\max}^{\mathrm{T}} \times \lambda_i^{\mathrm{T}} \tag{6-21}$$

式中：f_i^{T} 为 i 对外交通设施的功能分；I_i^{T} 为 i 对外交通设施的作用指数；$I_{\max}^{\mathrm{T}}$ 为 i 设施所属的某类对外交通设施规模及影响最大者的作用指数，可参照确定因素权重的方法进行计算；λ_i^{T} 为 i 对外交通设施相对于规模及影响最大的同类设施的作用折算系数，可参照确定因素权重的方法进行计算或选择规模、运量等指标比较确定。

对外交通设施的服务半径以各设施场所为原点，范围确定在 2~20km。相对距离的计算与道路通达度中相对距离的计算方法相同。综合定级和住宅用地定级时，对外交通便利度作用分按线性衰减公式计算；商服用地定级和工业用地定级时，对外交通便利度作用分按指数衰减公式计算。

单元内对外交通便利度作用分值由各类对外交通设施对其影响度分值叠加得到，分值叠加时要遵循以下原则：①同时存在多类对外交通设施影响时，对各类设施的作用分仅取值一次；②受多个同类设施影响时，取其中最高分值。

5. 基本设施作用分值计算　基本设施一般包括基础设施和公用设施两类。

（1）基础设施完善度作用分值的计算。基础设施是指供水、排水、电力、电信、供热、供气等设施。基础设施完善度一般从设施类型是否齐备、设施技术水平高低以及设施使用的保证率大小等三方面来衡量，计算公式为

$$e_{ij}^{\mathrm{I}} = 100 \times I_i^{\mathrm{I}} \times \lambda_{ij,1}^{\mathrm{I}} \times \lambda_{ij,2}^{\mathrm{I}} \tag{6-22}$$

式中：e_{ij}^{I} 为 i 类基础设施在 j 区域的完善度作用分；I_i^{I} 为 i 类基础设施的作用指数；$\lambda_{ij,1}^{\mathrm{I}}$ 为 i 类基础设施在 j 区域的水平系数；$\lambda_{ij,2}^{\mathrm{I}}$ 为 i 类基础设施在 j 区域的使用保证率。

这里，基础设施作用指数反映某类基础设施与日常生活、工作的密切程度，与各类基础设施作用大小成正比，可参照确定因素权重的方法进行计算，数值在 0~1，各指数值之和等于 1；设施的水平系数按设施技术水平、设施服务方式或设备分布密度差异分出 2~4 个相对系数，数值在 0~1；设施的使用保证率按水、电、气、热等设施使用的持续率、可靠率和保证率确定，数值在 0~100%。单元内基础设施完善度分值由各类基础设施对该地块的作用分值加和得到。

（2）公用设施完备度作用分值的计算。公用设施是指与日常生活密切相关的设施，如中学、小学、幼儿园、托儿所、医院、图书馆、影剧院、体育场馆、大型超市、公园等设施，对居民生产生活方便程度、生产效率、生活水平都有重要意义。公用设施作用指数与设施作用大小呈正比，可根据设施级别、规模、重要性确定，数值在 0~1，各指数值之和等于 1。公用设施功能分的计算公式为

$$f_i^{\mathrm{P}} = 100 \times I_i^{\mathrm{P}}, \ I_i^{\mathrm{P}} = I_{\max}^{\mathrm{P}} \times \lambda_i^{\mathrm{P}} \tag{6-23}$$

式中：f_i^{P} 为 i 公用设施的功能分；I_i^{P} 为 i 公用设施的作用指数；$I_{\max}^{\mathrm{P}}$ 为 i 设施所属的某类公用设施规模及影响最大者的作用指数；λ_i^{P} 为 i 公用设施相对于规模及影响最大的同类设施的作用折算系数。

各类公用设施的服务半径，按设施的数量多少、规模、影响大小一般在 0.3~3km。公用设施完备度一般采用直线衰减公式计算。

　　单元内公用设施完备度作用分值由各类公用设施对其影响度分值叠加得到，分值叠加时要遵循以下原则：①同时存在多类公用设施影响时，每类公用设施的作用分仅取值一次；②受多个同类公用设施影响时，取其中最高分值。

　　6. 环境条件的作用分值计算　环境作用分值的计算一般从环境质量（大气、水、噪声等）、绿地覆盖度、自然条件（地形、工程地质、水文、气候）、景观条件等方面进行分析。

　　(1) 环境质量优劣度作用分值的计算。环境质量优劣度作用分值的计算应根据各地环境保护工作进展水平，有区别地采用不同方法。

　　A. 对具有环境质量综合评价成果的城镇，可直接以环境质量综合评价指数作为评价环境优劣度的指标，宜采用的公式为

$$e^E = 100 \times \frac{X^E - X^E_{min}}{X^E_{max} - X^E_{min}} \tag{6-24}$$

　　式中：e^E 为某环境质量优劣度作用分；X^E、X^E_{min}、X^E_{max} 分别为某环境质量的综合评价指数或等级值、最劣值、最优值。

　　B. 对缺乏环境质量综合评价成果、仅有单项污染评价城镇，可通过综合分析各单项污染程度来计算环境优劣度作用分。环境质量项目在大气污染、水污染、噪声污染中选取。环境质量作用指数反映某项环境质量对环境优劣的影响程度，指数与影响大小呈正比，可参照确定因素权重的方法进行计算，数值在 0～1，各指数值之和等于 1。以大气、水、噪声等单项污染指标计算各项环境质量优劣度作用分，计算公式为

$$e^E = 100 \times I^E_i \times \frac{X^E_i - X^E_{min}}{X^E_{max} - X^E_{min}} \tag{6-25}$$

　　式中：e^E 为 i 项环境质量优劣度作用分；I^E_i 为 i 项环境质量的作用指数；X^E_i、X^E_{min}、X^E_{max} 分别为 i 项环境质量指标值、最劣值、最优值。

　　单元内环境质量优劣度作用分由各单项环境质量优劣度作用分值加和得到。

　　C. 对缺乏环境质量定量资料的城镇，按城镇内污染程度与各功能分区、风向、水流向的关系，定性判断各单项环境质量优劣（例如，工业区有大气、水、垃圾、噪声、电磁波污染，商业区、交通干道有严重汽车废气、噪声污染，文教科研区环境相对清洁），然后按正相关设置对应的作用分，作用分在 0～100。

　　(2) 绿地覆盖度作用分值的计算。绿地覆盖度指一定面积的区域内绿地面积占区域总面积的比例。绿地覆盖度作用分的计算公式为

$$e^G_i = 100 \times \frac{X^G_i - X^G_{min}}{X^G_{max} - X^G_{min}} \tag{6-26}$$

　　式中：e^G_i 为 i 典型区域的绿地覆盖度作用分；X^G_i、X^G_{min}、X^G_{max} 分别为绿地覆盖度指标值、最小值、最大值。

　　一般认为绿地覆盖度的显著作用区间为 0～50%，所以当某区域绿地覆盖度大于 50% 时，按显著作用区间内最大值计算。

　　(3) 自然条件优劣度作用分值。自然条件包括地形、工程地质、水文、气候等，这些因素对城镇土地利用布局及建设活动有重要影响。自然条件优劣度作用分值可根据各个因素、因子对城镇建设利用的限制性程度分区域定性地确定，限制性程度越高，分值

越低。

（4）景观条件优劣度作用分值。景观条件包括人文景观、自然景观等，现已成为影响城镇居民生活环境舒适度的重要因素之一。景观条件优劣度取决于风景名胜设施的环境效益和人文价值，其作用分值可通过设定相应的评价指标（如观赏价值、景源规模、历史文化价值等），根据专家意见定性赋分。

7. 人口密度作用分值计算　人口规模与城市的发展有很大的关系，人口的聚集带来人气，对推动各产业尤其是商业的发展有着十分重要意义，但人口密度过高之后会带来很多的问题，如环境污染、生态环境恶化、交通拥堵增多等，给生活居住带来困难。因此，人口密度对于不同用地类型影响作用有所不同，其作用分值计算方法可区分为下列两种：

（1）商服用地定级时，人口密度中涉及的人口资料为客流人口，人口密度作用分值计算公式为

$$e_i^D = 100 \times \frac{X_i^D - X_{\min}^D}{X_{\max}^D - X_{\min}^D} \tag{6-27}$$

式中：e_i^D 为 i 区域人口密度作用分；X_i^D、$X_{\min}^D$、$X_{\max}^D$ 分别为人口密度的指标值、最小值和最大值。

（2）住宅用地定级时，人口密度中涉及的人口资料为常住人口与暂住人口之和。首先要根据城镇状况及规划要求，确定最佳人口密度值。当调查的指标值大于最佳值时，需对指标值进行处理，计算公式为

$$X_i^D = 2X_g^D - X_{\max}^D \tag{6-28}$$

式中：X_i^D 为经处理后的 i 区域人口密度指标值；X_g^D 为城镇最佳人口密度指标值；$X_{\max}^D$ 为超过最佳人口密度的指标值。

人口密度作用分值的计算公式为

$$e_i^D = 100 \times \frac{X_i^D - X_{\min}^D}{X_g^D - X_{\min}^D} \tag{6-29}$$

式中：e_i^D 为 i 区域人口密度作用分；X_i^D 为 i 区域人口密度指标值；$X_{\min}^D$ 为人口密度指标的最小值；X_g^D 为人口密度最佳值（城镇人口未达到最佳值时取最大值）。

8. 产业集聚度作用分值的计算　产业集聚度反映产业在一定区域内的集中程度。相关产业在空间上的集聚可以降低企业的生产成本和交换成本，提高规模经济效益，对工业用地选址具有重要意义。产业集聚度作用分值的计算步骤如下：

（1）划分产业集聚区，采用单位面积企业的数量、年产值、年利润、职工人数等指标，计算产业集聚规模指数，计算公式为

$$I_i^A = 100 \times \frac{X_i^A}{X_{\max}^A} \tag{6-30}$$

式中：I_i^A 为 i 产业集聚区域的产业集聚规模指数；X_i^A 为 i 产业集聚区域的产业集聚指标值，$i=1, 2, \cdots, n$；$X_{\max}^A$ 为产业集聚指标值的最大值。

（2）计算产业集聚影响度作用分，计算公式为

$$e_i^A = 100 \times I_i^A \times \lambda_i^A \tag{6-31}$$

式中：e_i^A 为 i 产业集聚区域的产业集聚影响度作用分；I_i^A 为 i 产业集聚区域的产业集聚规模指数；λ_i^A 为 i 产业集聚区域的产业集聚修正系数，可参照表6-9确定。

表6-9 各类产业集聚区修正系数

产业集聚区类型	一般产业集聚区			高新技术产业区		
	产业联系紧密区	产业联系一般区	产业联系松散区	产业联系紧密区	产业联系一般区	产业联系松散区
产业集聚区修正系数	0.80	0.60	0.40	1.00	0.80	0.60

(五) 城镇土地级别的划分

1. 城镇土地质量变化规律   城镇土地级别的确定应遵循城市土地质量变化规律。城镇中的各项与土地质量有关的要素,其变化规律一般为连续、渐变的,很少情况下是不连续分布的,主要原因在于:各因素不是孤立地对土地质量发生影响,而是相互作用、互为补充地对土地质量产生不同程度的影响。只有遇到河流阻隔、铁路分割、自然条件剧变等特殊情况时,才有可能造成土地质量的不连续分布。土地质量的变化规律也同城市的功能组合和空间结构密切相关。对于县级的小城镇以及大部分都是单一中心的城市,土地质量变化的总体趋势是:从中心向边缘逐渐降低,在城市中心附近,其土地质量都会高出其外围地区,形成岛状分布的土地质量高等级区域;在高等级与低等级区域之间,土地质量是渐变的。

2. 定级单元总分值计算   通过各因素作用分值计算,得到了单元内各因素的作用分值,各单元总分值可根据单元内各因素作用分值和各因素权重,采用因素分值加权求和法计算得到,计算公式为

$$S_j = \sum_{i=1}^{n} F_{ij} \times W_i \qquad (6-32)$$

式中:j 为 j 定级单元;S_j 为 j 定级单元的土地总分值;F_{ij} 为 j 定级单元的 i 因素分值,$i=1,2,\cdots,n$;W_i 为 i 因素的权重;n 为定级因素的个数。

各个定级单元的因素数目应当一样多,土地级别按总分值的大小来划分,按土地质量从优到劣用 $1,2,\cdots,n$ 排列,任何一个总分值只能对应一个土地级,一个城市划分几个级别可参照表6-10。

表6-10 土地定级级别数目

定级类型	城市规模		
	大城市	中等城市	小城市
综合定级	5~10级	4~7级	3~5级
商服用地定级	6~12级	5~9级	4~7级
住宅用地定级	5~10级	4~7级	3~5级
工业用地定级	4~8级	3~5级	2~4级

3. 土地级别初步划分   在得到反映各单元综合质量高低的分值后,可采用如下方法划分土地级别:

(1) 数轴法。土地质量是在多因素影响下土地属性的综合反映。因此,它是多维空间决定的指标,是不能用一维数轴来反映的。鉴于土地单元的分值计算已将多维空间的指标转换成了一个总分值,以此反映土地质量的高低,因此可以通过一维数轴来反映土地质量的变

化，划定土地级别。具体步骤为：

A. 建立总分数轴。在平面上建立一个一维数轴，在数轴的方向线上，标注各总分值标准作为单元对号的标准。

B. 在数轴上标注各单元点位。根据单元的总分值，按分值的大小，将各单元点绘在数轴上方。如果在一个分值上有多个单元，则依次往上点绘，形成频率高低不一的单元总分值分布图。

C. 划定土地级别，并确定各级别分值区间。在完成上述工作后，可通过对数轴的观察，根据数轴上点的分布与聚集情况，在相对稀疏处分开，把相对密集的地方划成一个集团，定出其代表的等级，并给出各等级土地的分值区间。用数轴法划分土地级别边界的示意图如图6-4所示。

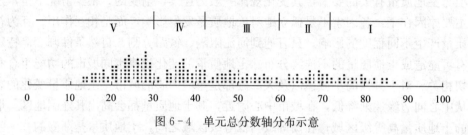

图6-4 单元总分数轴分布示意

（2）总分频率曲线判断法。总分频率曲线判断法是通过对各土地定级单元的总分值进行统计分析，将全部分值区间划成若干细小的区间，并统计各分值区间内分布的单元总数，计算区间内单元数占总单元数的百分比（即频率分布），据此做出频率直方图，然后按频率分布图的分布趋势划定土地级别分值区间。具体工作步骤如下：

A. 确定频率统计的分值区间。在所有土地定级单元中找出分值最高和最低的两个单元，其分值之差为整个统计的总分值区间。在总分值区间内，按等分要求将其分成若干小区间，作为统计单元的基础。

B. 计算分值区间频率分布。在每一个分值区间内，统计分布于其中的单元个数，用每个区间的单元数除以全部单元总数得到每个分值区间的单元分布频率。

C. 绘制频率直方图。构造一个二维直角坐标，横坐标表示总分值和各分值区段，纵坐标表示各区间单元分布的频率。这样，可以将各区间的单元频率分布计算结果绘制成频率直方图。

D. 划定土地级别分值区间。土地级别分值区间的界线应划在频率分布的空白区或频率分布的低值区，不能划在频率分布的最高点或相对最高点。

用总分频率曲线判断法划分土地级别边界的示意图如图6-5所示。

（3）总分剖面图法。总分剖面图法是根据工作实践经验而总结出的一种比较直观的、主观分析与客观依据相结合的分级方法。它的主要依据是：土地质量的变化分布在城镇内是连续的，如果从某处剖开，该剖面的变化趋势能够在很大程度上反映总体的变化情况。具体工作步骤为：

A. 选择分值计算剖面。先在城镇土地定级工作图上，依据城镇特点，选择若干最能反映城镇土地质量变化的方向，做出分值剖面图。该图应能反映城镇最繁华区至最低级、最不繁华区的各级土地。在有明显自然障碍的方向上，不宜仅用一条剖面线来说明，也不宜选变化不连续的方向做剖面图。

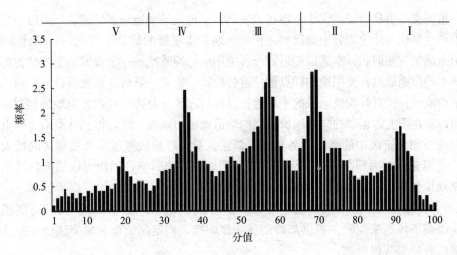

图 6-5 总分频率直方图示意

B. 确定每一剖面的土地级边界。在已做好的剖面图上，分析剖面变化规律，确定土地级的边界。根据实践经验，各级中心点或繁华区得分较高，而其他地区分值较低，形成波状起伏的剖面图。对于每一条剖面图，按土地优劣的实际情况，以剖面线的波谷和波峰的中间部位作为级间分界。

C. 确定土地级边界和分值区间。根据几条剖面线各自确定的土地级别界线，综合平衡后，确定最后全市的土地级别分值区间。

用总分剖面图法划分土地级别边界的示意图，如图 6-6 所示。

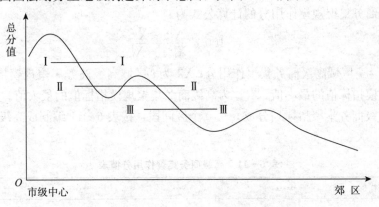

图 6-6 定级单元得分剖面图示意

4. 土地级别的验证 对土地级别进行初步划分后，还需对土地级别划分的合理性进行检验，以确保土地定级成果的可靠性和准确性。土地级别划分合理性检验的方法主要有土地级差收益测算验证和市场交易价格验证两种方法。商业用地定级时，宜通过高级商务集聚区来验证。

（1）土地级差收益测算验证。土地级差收益测算验证的步骤如下：①分别计算各级土地上每种行业的平均收益水平，并确定出各行业的最低收益额；②用同一行业的平均收益减掉最低收益额，得到各级土地的收益差；③扣除单位面积资金占有额、单位面积工资总额的影响，得到各级差收益；④对土地级差收益进行方差检验、调整，使检验值差异显著。土地级差收益应满足土地收益级间差异大于级内差异的原则。

（2）市场交易价格验证。在土地市场较发达、土地交易案例较多的地区，可以根据各类型用地的市场交易样点地价划分土地级别，作为土地初步定级的验证手段之一。具体步骤如下：①按城镇土地条件相似和样本地价相近划分各类用地的均质地域；②按城镇土地估价的技术规程要求，对均质地域内各类用地的样点地价进行统计、检验、分析、比较、计算，得出各均质地域的平均地价；③对各均质地域的平均地价进行数理统计分析，确定各土地级相对应的平均地价区间；④在图上将相邻的同一地价区间的均值地域勾画成一块，得到各类用地的土地级。

（3）商业用地定级中的高级商务集聚区修正。对已经形成高级商务集聚区的特大城市和大城市，应当充分考虑到高级商务集聚对商业用地级别的影响，因而可以根据各区域内高级商务集聚规模作用分的高低，对相应区域的土地级别进行适当调整。计算步骤如下：

A. 计算高级商务集聚规模指数。高级商务集聚主要由金融保险业、高档写字楼、高级宾馆等高级商务场所来反映。根据高级商务集聚职能，划定高级商务集聚区域，并计算各区域的高级商务集聚规模指数。

以高级商务集聚区域为单元，采用单位面积金融保险业、高档写字楼、高级宾馆等的数量、级别、建筑面积、年营业额、年租金及高级宾馆的床位数等指标值，按下式计算高级商务集聚规模指数。

$$I_i^{\mathrm{H}} = 100 \times \frac{X_i^{\mathrm{H}}}{X_{\max}^{\mathrm{H}}} \tag{6-33}$$

式中：I_i^{H} 为 i 区域高级商务集聚规模指数；X_i^{H} 为 i 区域高级商务集聚指标值，$i=1$，2，3，$\cdots$，n；$X_{\max}^{\mathrm{H}}$ 为高级商务集聚指标值的最大值。

B. 计算高级商务集聚作用分和作用分值表的编制。

（a）高级商务集聚规模作用分的计算公式为

$$e_i^{\mathrm{H}} = 100 \times \frac{X_i^{\mathrm{H}} - X_{\min}^{\mathrm{H}}}{X_{\max}^{\mathrm{H}} - X_{\min}^{\mathrm{H}}} \tag{6-34}$$

式中：e_i^{H} 为 i 区域高级商务集聚作用分；X_i^{H} 为 i 区域高级商务集聚规模指数；$X_{\min}^{\mathrm{H}}$ 为高级商务集聚规模指标值的最小值；$X_{\max}^{\mathrm{H}}$ 为高级商务集聚规模指标值的最大值。

（b）将高级商务集聚指标划分成 5～10 个区间段，按表 6-11 编制成高级商务集聚作用分值表。

表 6-11 高级商务集聚作用分值表

高级商务集聚指标	……	……	……	……
得分	……	……	……	……

5. 土地级别的调整和确定 初步划定的土地级别须在实地校核、验证，并参考土地级差收益测算验证及市场交易价格验证结果对土地级的范围边界、级别进行调整。调整的原则：①土地级别的高低与土地质量相对优劣的对应关系应基本一致；②级之间应渐变过渡，相邻单元之间土地级差不宜过大；③各类用途的各级土地的平均单位面积地租或地价应有明显差异，并呈正向级差；④保持自然地块及权属单位的完整性；⑤边界尽量采用具有地域突变特征的自然界线及人工界线。

综合定级确定土地级别时，应在多因素综合评分定级的基础上，采用土地级差收益测算验证和市场交易价格验证两种方法进行验证、调整，确定综合定级的土地级。

商服用地定级确定土地级别时，也应在多因素综合评分定级的基础上，采用级差收益测算验证和市场交易价格验证两种方法进行验证、调整，并参照高级商务集聚区的验证结果，确定商业用地定级的土地级。

住宅用地定级确定土地级别时，采用市场交易价格验证方法进行验证、调整，确定住宅用地定级的土地级。

工业用地定级确定土地级别时，对于城镇中心区或城市规划中不允许设置工业用地的区域，不参与工业用地级别的划定。参与工业用地定级的部分，则应在多因素综合评分定级的基础上，采用土地级差收益测算验证和市场交易价格验证两种方法进行验证、调整，确定工业用地定级的土地级。

（六）城镇土地定级成果

城镇土地定级成果主要包括以下3种类型：

1. 土地定级报告 土地定级报告的内容主要包括：城镇土地定级对象的自然、经济及社会概况，城镇土地定级工作情况，城镇土地定级的方法，城镇土地定级成果，城镇土地级别分析报告。

2. 土地级别面积量算及汇总成果 土地级别面积量算可采用解析法或图面量算的方法，在测绘后的土地定级底图上或在计算机系统电子图上进行。

3. 图件成果 城镇土地定级图成果应能直观地反映出评价区域范围内各部分土地的优劣、土地的空间和地域组合及面积状况。其内容主要包括土地级别图、土地级别边界图、土地定级单元分值图及土地定级因素作用分值图。

城镇土地级别划定后，必须将其边界落实到大比例尺地形图、地籍图上。完成了地籍调查的土地，必须将级别界线落实到地籍调查图上，并核实相应的土地使用单位；没有进行地籍调查的土地，将级别界线落实到大比例地形图上，并核实相应的土地使用单位。每宗地都应落实综合定级确定的级别，同时根据宗地的现状用地性质，落实对应的定级类型确定的级别。

（七）城镇规划用地定级处理方法

土地定级是对当前土地适宜性或生产力的评价，需以土地质量收益水平高低的现实状况为依据，因此，评价结果是制定当前土地利用、管理政策和方法的基础依据。然而，土地的区位条件和收益状况可以随着土地开发、产业发展、交通条件改善而改变。同时，城市规划也是影响城镇土地价格的重要因素之一，是测算土地预期收益的重要依据。考虑规划条件的城镇土地定级处理方法分为规划模拟定级和规划修正定级两种。其中，规划模拟定级是按照城镇规划、国民经济和社会发展中长期计划的设想，假定城镇土地利用已实现近期规划和五年计划设想的状况下的定级方式，包括规划模拟综合定级和规划模拟分类定级；规划修正定级是考虑城市规划因素和未来发展对现状土地利用的主要影响，对现状土地综合定级进行必要的调整和修正的定级方式。

第四节 农用土地分等

一、农用地质量分等概述

1. 农用地质量分等的对象 根据《农用地质量分等规程》（GB/T 28407—2012），农用地质量分等的对象是县级行政区内现有农用地和宜农未利用地，主要指耕地。各地在农用地分等工作实践中，普遍针对耕地进行分等。

2. 农用地质量分等任务　农用地质量分等的主要任务是：以县级行政区为单位，全面调查和收集农用地自然条件、利用状况、投入产出状况等方面的资料，按照《农用地质量分等规程》规定的技术方法，对行政区范围内的农用地质量进行等级评价，划分出农用地自然等、利用等和经济等，编制农用地等别图件，建立农用地分等数据库。

3. 农用地质量分等的意义　农用地质量分等是指在全国范围内，按照标准耕作制度，根据规定的方法和程序进行农用地质量综合评定，划分出农用地质量等别。作为我国国土资源大调查的重要内容之一，农用地质量分等的意义主要包括如下几个方面：

（1）进一步提升农用地管理水平。农用地质量分等是贯彻落实国家《土地管理法》，实现土地管理由数量管理为主向数量、质量、生态管护相协调管理转变的一项重要基础工作。通过构建农用地质量科学、合理、统一、严格的评价及管理体系，进一步提升农用地管理水平，为科学管理农用地提供保障。农用地质量分等成果将进一步充实地籍管理信息系统的内容，促进国家耕地占补平衡、永久基本农田划定、农村土地整治、国土空间总体规划等工作的有效开展。

（2）摸清农用地质量家底。农用地质量分等科学量化了农用地数量、质量和分布状况，有助于摸清我国农用地质量家底，包括农用地的自然条件、社会条件和生态环境条件，资源利用的产出和效益状况，以及农用地在全国不同地域之间的空间差异状况。农用地质量分等成果为政府有关部门掌握准确、翔实的农用地质量数据，实施数字国土工程，实现土地资源可持续利用奠定基础。

（3）为实现区域耕地占补平衡目标奠定基础。农用地质量分等采用统一的技术规范和标准对全国范围内农用地质量进行等别划分，分等结果在全国范围内具有可比性。这为我国实施跨区域耕地占补平衡政策、实现耕地总量动态平衡目标提供了定量化标准和依据。在政策许可范围内，补充耕地数量可按照占用耕地及补充耕地的等级指数进行折算，改进了耕地占补平衡管理机制。

（4）为农村集体土地使用制度改革服务。农用地质量等别客观反映了不同区域农用地质量分别在自然条件、利用水平、经济效益条件方面的优劣差异，从土地质量角度为土地资产的量度提供了核心科学依据。分等成果能够为实施农村集体土地使用权有偿流转、深化农村集体土地使用制度改革、推进征地补偿制度改革等提供依据。

二、农用地质量分等的方法和程序

1. 农用地质量分等的方法　农用地质量分等以建立具有全国可比性的农用地质量等别为目标，利用土地生产力形成原理，采用"逐级修正"的方法，通过三级修正得到农用地质量的评价结果。总体思路设计为：从光、温条件计算各有关作物的光温产量；按地块的条件评定各有关作物的理论产量；在标准耕作制度下计算土地总理论产量，评定土地潜力等级；根据土地利用水平进行修正，完成土地质量等级评价；按投入产出水平进行修正评定，实现土地经济评价。

2. 农用地质量分等的程序　根据农用地质量分等的总体设计思路，设定农用地质量分等的技术路线为：①工作准备；②资料收集整理与外业补充调查；③确定标准耕作制度；

④划分指标区；⑤确定指标区分等因素及权重；⑥划分分等单元；⑦选择自然质量分计算方法；⑧计算农用地自然质量分；⑨计算农用地自然等指数，通过查全国各省份作物生产潜力指数速查表来确定产量比，从而计算农用地自然等指数；⑩计算土地利用系数及农用地利用等指数；⑪计算土地经济系数及农用地经济等指数；⑫等别划分与检验，包括对农用地自然等别、利用等别和经济等别进行划分与检验；⑬成果整理与汇总；⑭成果验收。农用地质量分等工作的流程详见图6-7。

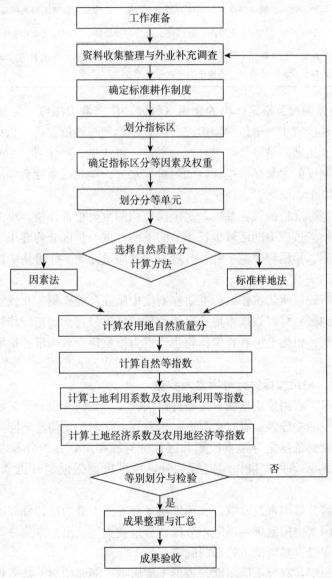

图6-7　农用地质量分等工作流程

三、农用地质量分等的步骤

1. 分等资料收集整理与外业调查　农用地质量分等资料的收集范围包括农用地自然条件资料、农用地利用资料、农用地经济资料、相关图件资料以及其他资料等（表6-12）。

表 6 - 12　农用地质量分等资料调查清单

资料类型	调查内容
农用地自然条件资料	地貌、水文、土壤、农田基本建设、农业气候等资料
农用地利用资料	主要农作物的面积、单产、总产的统计资料，样点土地利用条件、农业生产实测资料，农业技术试验资料等
农用地经济资料	单位面积耕、播、收的机械投入费用，单位面积的水、电、柴油等费用，单位面积的种子、化肥、农药、地膜等费用，当地的劳动力价格、农产品运输费用和农产品价格等
相关图件资料	土地利用现状图、土壤图、地形图、土地利用总体规划图及其他相关图件
其他资料	农业区划资料、土壤普查资料、土地利用现状调查资料、土地利用总体规划、土地利用变更资料、农业统计资料、当地市场价格资料等

2. 确定标准耕作制度及指定作物的光温（气候）生产潜力指数　标准耕作制度主要指种植制度，即一个地区或生产单位作物组成、配置、熟制与种植方式的总称。建立标准耕作制度，目的在于使农用地质量分等结果具有公平性、可比性、稳定性。《农用地分等质量规程》根据影响耕作制度的主要环境指标，如热量、水分、地貌以及社会经济条件，将全国分为 12 个一级区和 40 个二级区。

基准作物是理论标准粮的折算基准，是全国普遍的主要粮食作物。小麦、玉米、水稻被指定为我国基准作物。按照不同区域生长季节的不同，进一步区分为春小麦、冬小麦、春玉米、夏玉米、一季稻、早稻和晚稻 7 种。开展农用地质量分等工作可从中选择 1 种作物，将其确定为基准作物。

指定作物是指行政区所属耕作区标准耕作制度中所涉及的作物。在极特殊情况下，开展农用地质量分等的地区，可以根据本地大宗作物种植情况另行确定指定作物。

确定指定作物后，根据全国各省份作物生产潜力指数速查表确定各指定作物的光温（气候）生产潜力指数。

3. 划分指标区，确定指标区分等因素及权重

（1）划分指标区。农用地质量受自然条件影响较大，在同一个分等区域内位置不同的地块，影响其自然质量的主导因素有时会存在一定差别，此时需要构建不同的评价指标体系来进行评价。指标区就是依据主导因素原则和区域分异原则所划分的分等因素体系一致的区域。指标区可根据地貌条件、耕作制度等划分，也可根据强限制性因素的区域分异规律划分。

（2）确定指标区分等因素及权重。农用地质量分等因素分为推荐分等因素和自选分等因素两类。推荐分等因素由国家统一确定，分区、分地貌类型给出；自选分等因素一般由开展农用地分等工作的省级自然资源主管部门确定。

推荐分等因素包括：有效土层厚度、表层土壤质地、剖面构型、盐渍化程度、土壤污染状况、土壤有机质含量、土壤酸碱度、障碍层次、排水条件、地形坡度、灌溉保证率、地表岩石露头状况及灌溉水源。

自选分等因素主要包括水文、土壤、地貌、农田基本建设情况等（一般选取因素不超过 3 个）。

因素权重确定及因素选择使用的数学方法基本一致，主要采用德尔菲法、因素成对比较法、主成分分析法、回归分析法、层次分析法等。

（3）在设定分等因素后，区别指定作物，编制"指定作物 - 分等因素 - 自然质量分"记分规则表，记分规则表的样式如表6-13所示。记分规则表的编制应尽量建立在当地试验资料的基础上，如果没有试验资料，则要采取适当的定性分析方法如德尔菲法加以确定。

表6-13　××指标区"指定作物-分等因素-自然质量分"记分规则

分值	因素1	因素2	……	……
……				
……				
……				
权重	……	……	……	……

4. 划分分等单元

（1）划分分等单元的要求。分等单元是农用地质量分等的最小空间单位，一般按照以下要求划分：①单元之间的土地特征差异明显，不同地貌部位的土地不划为同一单元，山脉走向两侧水热分配有明显差异的不划为同一单元，地下水、土壤条件、盐碱度等分等因素指标有明显差异的不划为同一单元；②单元内部的土地特征相似，土地分等单元边界不跨越分等指标区和土地利用系数等值区、土地经济系数等值区；③单元边界不跨越地块边界；④单元边界采用控制区域格局的地貌走向线和分界线，河流、沟渠、道路、堤坝等线状地物和有明显标志的土地权属界线。

（2）划分分等单元的方法。分等单元的划分方法主要有叠置法、地块法、网格法和多边形法。各种方法都有各自的适用条件和特点。

A. 叠置法。将同比例的土地利用现状图与地形图、土壤图叠加，三图的界线相互重叠形成的封闭图斑即为有一定地形特征、土壤性质和耕地类型的分等单元。若斑块过小，则应进行归并。叠置法对土地利用现状类型、地貌类型单一的地区适用性较差。

B. 地块法。在工作底图上用明显的地物界线或土地权属界线，将农用地质量分等主导特性相对均一的地块划为一个分等单元。也可直接以土地利用现状图上的图斑作为分等单元。地块法适用于所有分等类型和地区。

C. 网格法。用一定大小的方格构成的网格作为分等单元。网格大小以能基本区别开不同特性的地块为标准，可采用均一大小的固定网格，也可采用动态网格。网格法适用于分等因素空间变化不复杂的地区。

D. 多边形法。多边形法是将所有定级因素分值图进行叠加，最终生成的封闭多边形即为分等单元。多边形法适用于所有分等类型和地区。

5. 计算农用地自然质量分

（1）因素法计算农用地自然质量分。分等单元内各指定作物的自然质量分是对各分等单元指定作物的分等因素指标分值经过几何平均法或加权平均法计算出来的，它反映了影响农用地质量的自然条件的差异。

A. 几何平均法。计算公式如下：

$$C_{L_{ij}} = \frac{(\prod\limits_{k=1}^{m} f_{ijk})^{\frac{1}{m}}}{100} \qquad (6-35)$$

式中：$C_{L_{ij}}$ 为分等单元指定作物的农用地自然质量分；i 为分等单元编号；j 为指定作物编号；k 为分等因素编号；m 为分等因素的数目；f_{ijk} 为第 i 个分等单元内第 j 种指定作物第 k 个分等因素的指标分值，取值为（0～100]。

B. 加权平均法。计算公式如下：

$$C_{L_{ij}} = \frac{\sum\limits_{k=1}^{m} (W_k \times f_{ijk})}{100} \qquad (6-36)$$

式中：W_k 为第 k 个分等因素的权重；其他符号的含义同式（6-35）。

（2）标准样地法计算农用地自然质量分。标准样地是指在一定的栽培管理技术条件下，区域内农作物产量水平最高的若干农用地质量分等单元。标准样地法计算农用地自然质量分的步骤如下：

A. 确定分等因素样地适用区。采用标准样地法计算农用地自然质量分，需要划分样地适用区（以下简称适用区）。适用区是依主导因素原则和区域分异原则划分的分等因素体系一致的区域。

B. 选择分等因素，确定标准样地基准分值。标准样地法选择分等因素的原则与因素法相类似，但更注重可描述性、综合性。确定标准样地的分等属性特征值以及标准样地的基准分值，其最高分值由县级标准样地控制，编制标准样地属性特征记录表，格式见表 6-14。

表 6-14　标准样地属性特征记录表

标准样地编号	标准样地所在的乡镇名称	属性1		属性2		……		总分
		特征值	分值	特征值	分值	特征值	分值	
1								
2								
……								

C. 编制指定作物-分等属性-自然质量（加）减分规则表。该表主要利用当地农业生产试验资料为依据来编制，格式如表 6-15 所示。

表 6-15　×××样地适用区指定作物-分等属性-自然质量（加）减分规则表

作物（类别）名称：

分等属性		属性分级					
		一级	二级	三级	……	……	……
属性1	特征值						
	加（减）分						

（续）

分等属性		属性分级					
		一级	二级	三级	……	……	……
属性2	特征值						
	加（减）分						
……	特征值						
	加（减）分						
属性 n	特征值						
	加（减）分						

D. 确定分等单元的分等属性加（减）分值，计算农用地自然质量分。根据农用地质量分等因素实际状态值，参照指定作物-分等属性-自然质量加（减）分规则表，获得分等属性加（减）分值，采用代数和法计算农用地自然质量分，计算公式如下：

$$C_{L_{ij}} = \frac{F + \sum_{k=1}^{m} f_{ijk}}{100}$$

(6-37)

式中：F 为标准样地基准分值；k 为分等属性编号；m 为分等属性的数目；f_{ijk} 为第 i 个分等单元内第 j 种指定作物第 k 个分等属性加（减）分值；其他符号的含义与式（6-35）相同。

6. 计算农用地自然等指数　农用地自然等指数是按照标准耕作制度所确定的各指定作物，在农用地自然质量条件下所能获得的按产量比折算的基准作物产量指数。这个产量指数也可以解释为在最优土地利用水平和最有利经济条件下，该分等单元内的农用地所能实现的最大可能单产水平，因此也可以将其称为农用地的"本底"产量水平。

第 j 种指定作物的农用地自然等指数计算公式为

$$R_{ij} = \alpha_{tj} \times C_{L_{ij}} \times \beta_j$$

(6-38)

式中：R_{ij} 为第 i 个分等单元第 j 种指定作物的自然等指数；α_{tj} 为第 j 种作物的光温（气候）生产潜力指数；$C_{L_{ij}}$ 为第 i 个分等单元内第 j 种指定作物的农用地自然质量分；β_j 为第 j 种作物的产量比。

其中，产量比（β_j）是指当地基准作物单位面积最大产量与各种指定作物单位面积实际最大产量之比，一般由省级土地行政主管部门分区制定。

农用地自然等指数计算公式为

$$R_i = \begin{cases} \sum R_{ij} & \text{（一年一熟、两熟、三熟时）} \\ \dfrac{\sum R_{ij}}{2} & \text{（两年三熟、五熟时）} \end{cases}$$

(6-39)

式中：R_i 为第 i 个分等单元的农用地自然等指数；其他符号的含义同式（6-38）。

7. 计算土地利用系数及农用地利用等指数

(1) 土地利用系数的计算。土地利用系数反映分等区域内社会平均开发利用土地的水平。不同的社会经济条件和生产集约化水平能使潜力相同的土地表现出不同的生产能力，从而获得不同的土地产出，因此需要通过土地利用系数确定土地的实际产出水平。

A. 外业调查前，需要对收集到的指定作物产量统计数据进行整理。以村为单位，根据指定作物的实际单产，初步划分指定作物的土地利用系数等值区。各等值区需要满足以下条件：等值区间实际单产水平有明显差异；等值区边界不打破村级行政单位的完整性。

B. 计算样点指定作物土地利用系数。计算公式如下：

$$K_{L_{ij}} = \frac{Y_{ij}}{Y_{j,\max}} \tag{6-40}$$

式中：$K_{L_{ij}}$ 为第 i 个样点第 j 种指定作物的土地利用系数；Y_{ij} 为第 i 个样点第 j 种指定作物正常投入下的单产；$Y_{j,\max}$ 为第 j 种指定作物省内分区的最高单产。

C. 计算等值区指定作物土地利用系数。利用村内各样点指定作物土地利用系数的几何平均数或加权平均数作为该村的指定作物土地利用系数；根据初步划分的等值区内各村的指定作物土地利用系数，采用几何平均或加权平均的方法计算等值区的指定作物土地利用系数。

D. 修订指定作物土地利用系数等值区，编制指定作物土地利用系数等值区图。以指定作物土地利用系数基本一致为原则，参考其他自然、经济条件的差异，对初步划分的等值区进行边界修订；根据修订后的指定作物土地利用系数等值区，编制指定作物土地利用系数等值区图。

（2）农用地利用等指数的计算。农用地利用等指数是按照标准耕作制度所确定的各指定作物，在农用地自然质量条件和农用地所在土地利用分区的平均利用条件下，所能获得的按产量比系数折算的基准作物产量指数。该产量指数也可以解释为在当地最有利经济条件下，该分等单元内的农用地所实现的最大可能产量水平，也可称之为农用地的"现实"产量水平。

指定作物的农用地利用等指数的计算公式为

$$Y_{ij} = R_{ij} \times K_{L_j} \tag{6-41}$$

式中：Y_{ij} 为第 i 个分等单元第 j 种指定作物的利用等指数；R_{ij} 为第 i 个分等单元内第 j 种指定作物的自然等指数；K_{L_j} 为分等单元所在等值区的第 j 种指定作物的土地利用系数。

农用地利用等指数计算公式为

$$Y_i = \begin{cases} \sum Y_{ij} & \text{（一年一熟、两熟、三熟时）} \\ \dfrac{\sum Y_{ij}}{2} & \text{（两年三熟、五熟时）} \end{cases} \tag{6-42}$$

式中：Y_i 为第 i 个分等单元的农用地利用等指数；其他符号的含义同式（6-41）。

8. 计算土地经济系数及农用地经济等指数

（1）土地经济系数的计算。土地经济系数反映某个分区内各行政辖区农用地的投入产出状况。

A. 外业调查前，可根据收集到的统计资料，以村为单位计算"产量-成本"指数，按照各村"产量-成本"指数大小，初步划分指定作物土地经济系数等值区。各等值区需要满足以下条件：①等值区间"产量-成本"指数有明显差异；②等值区边界不打破村级行政单位的完整性。

B. 计算"产量-成本"指数。用按规定获取的投入和产出数据，分样点计算。计算公式如下：

$$a_j = \frac{Y_j}{C_j} \tag{6-43}$$

式中：a_j 为样点"产量-成本"指数，单位为 kg/元；Y_j 为样点的第 j 种指定作物实际单产，单位为 kg/hm²；C_j 为样点的第 j 种指定作物实际成本，单位为元/hm²。

C. 计算样点指定作物的土地经济系数。计算公式如下：

$$K_{C_{ij}} = \frac{a_{ij}}{A_j} \tag{6-44}$$

式中：$K_{C_{ij}}$ 为第 i 个样点第 j 种指定作物土地经济系数；a_{ij} 为第 i 个样点第 j 种指定作物"产量-成本"指数；A_j 为省内分区第 j 种指定作物"产量-成本"指数的最大值。

D. 计算等值区指定作物土地经济系数。利用村内各样点指定作物土地经济系数的几何平均数或加权平均数作为该村的指定作物土地经济系数；根据初步划分的等值区内各村的指定作物土地经济系数，采用几何平均或加权平均的方法计算等值区的指定作物土地经济系数。

E. 修订指定作物土地经济系数等值区，编制指定作物土地经济系数等值区图。以指定作物土地经济系数基本一致为原则，参考其他自然、经济条件的差异，对初步划分的等值区进行边界修订；根据修订后的指定作物土地经济系数等值区，编制指定作物土地经济系数等值区图。

（2）农用地经济等指数的计算。农用地经济等指数是按照标准耕作制度所确定的各指定作物，在农用地自然质量条件和农用地所在土地利用分区的平均利用条件下和平均土地经济条件下，所能获得的按产量比系数折算的基准作物产量指数。这个产量指数也可以解释为在当前的农业技术经济条件下，分等单元内的农用地所实现的最大经济产量水平，也可称之为农用地的"经济"产量水平。

指定作物农用地经济等指数的计算公式为

$$G_{ij} = Y_{ij} \times K_{C_j} \tag{6-45}$$

式中：G_{ij} 为第 i 个分等单元第 j 种指定作物的农用地经济等指数；Y_{ij} 为第 i 个分等单元第 j 种指定作物的农用地利用等指数；K_{C_j} 为分等单元所在等值区的第 j 种指定作物的土地经济系数。

农用地经济等指数计算公式为

$$G_i = \begin{cases} \sum G_{ij} & （一年一熟、两熟、三熟时） \\ \dfrac{\sum G_{ij}}{2} & （两年三熟、五熟时） \end{cases} \tag{6-46}$$

式中：G_i 为第 i 个分等单元的农用地经济等指数；其他符号的含义同式（6-44）。

9. 农用地质量等别划分与校验

（1）初步分等。初步划分农用地质量等别的要求如下：

A. 根据农用地自然等指数、农用地利用等指数、农用地经济等指数分别进行农用地自然等、农用地利用等和农用地经济等的划分。

B. 采用等间距法进行农用地各等别的初步划分。各省份根据自己的情况和需要确定本省份农用地自然等、农用地利用等、农用地经济等的划分间距；国家通过对各省份分等结果的分析、协调确定国家农用地自然等、农用地利用等、农用地经济等的划分间距。

（2）等别校验与确定。对分等中间结果和初步分等结果进行实地校验，具体校验方法为：在所有分等单元中随机抽取不超过总数 5% 的单元进行野外实测，将实测结果与计算结果进行比较。如果与实际不符的单元数小于抽取单元总数的 5%，则认为计算结果总体上合格，但对不合格单元的相应内容要进行校正；如果大于 5%，则按工作步骤进行全面核查、校正。

校验合格的农用地等别确定为农用地质量分等结果。

10. 整理与汇总农用地质量分等成果

（1）图件成果。农用地质量分等成果图件包括工作底图、中间成果图和最终成果图。其中，工作底图是指用以编绘过程图件及成果图件的原图，多采用 1：10 000 至 1：100 000 的土地利用现状图；中间成果图主要指分等单元图、指标区图或样地适用区图、土地利用系数等值区图、土地经济系数等值区图；最终成果图包括农用地自然等别图、农用地利用等别图、农用地经济等别图、标准样地分布图。

（2）数据成果。主要包括县级分等基本参数、指定作物基本参数、分等单元属性数据库、指定作物-分等因素-自然质量分记分规则表或指定作物-分等属性-自然质量分（加）减分规则表、土地利用系数、土地经济系数、指定作物计算结果表、分等结果面积汇总表、标准样地属性数据库、分等单元综合数据库等。

（3）文字成果。文字成果主要包括农用地质量分等工作报告和技术报告。其中，农用地质量分等工作报告的内容反映分等工作过程，包括分等工作的目的、任务、工作依据、人员组成、工作进度、资料收集与整理、技术运用、经费开支、经验教训、问题与对策、分等成果应用建议等；农用地质量分等技术报告的内容主要反映分等对象所在区域的自然、经济和社会概况，分等技术方法，分等成果及其分析和分等成果应用分析。

第五节　农用地定级

一、农用地定级概述

1. 农用地定级的对象　根据《农用地定级规程》（GB/T 28405—2012），农用地定级的对象是县级行政区范围内现有农用地和宜农未利用地，主要指耕地。

2. 农用地定级的任务　农用地定级的主要任务是：以县级行政区为单位，全面调查和收集农用地自然条件、农用地利用条件、社会经济条件及农用地区位等方面的资料，按照《农用地定级规程》规定的技术方法，对行政区范围内的农用地质量进行等级评价，划分农用地级别，编制农用地级别图。

3. 农用地定级的目的

（1）为农用地使用制度改革奠定基础。随着城市土地市场的逐步建立健全，农用地的流转、入市问题正引起广泛关注。农用地作为资产，在其进入流转领域前必须对其质量等级乃至价格予以查清，对其权属状态必须查清，并进行有效的法律登记。农用地定级是土地估价的重要基础，而科学、合理的定级和估价则是土地流转能否顺利进行的基本保证。因而，开展农用地定级能为规范土地市场行为和建设有中国特色的城乡统一的土地市场机制奠定基础，也为农用地使用制度的创新奠定必要的基础。

（2）为征地制度改革提供依据。农地征用中的补偿与安置标准是征地工作能否顺利进行的关键环节。多年来一直缺乏以土地质量为依据来确定征地补偿标准，因而补偿、安置问题历来是征地中的一大难题。科学的征地补偿标准不能仅仅依据土地面积的多少，而应当以土地质量为基础，建立科学的函数关系。

（3）为土地规划利用提供依据。农用地定级是以土地质量状况为工作对象，而土地质量是土地利用的基础。只有把土地利用的规划建立在符合土地质量性状特征的基础上，规划才有实现的可能。无论是国土空间总体规划、永久基本农田划定、土地开发整理复垦以至土地权属调整等都离不开以土地质量的评价为基础。对土地质量的清晰了解有助于科学、合理地安排土地利用，有助于正确地进行有重点的土地投入和建设，有助于按市场规律开展土地权属的调整。

（4）其他方面的应用。农用地定级揭示了各部分农用地的质量水准及相互的差异，使人们可以掌握特定时点上农用地的质量状况，从而为人们考察和监测农用地质量变动提供坚实的基础，为土地质量的管理提供了实际可能；在农用地定级估价基础上，可以清晰地掌握一个国家和地区农用土地资产的总体规模和实力，为政府制定有关政策、编制规划提供科学依据；农用地定级还可以为科学评定土地承载力、评价农业企业经营管理水平、落实农用土地承包转让以及建设农业经营奖惩制度提供科学依据。

二、农用地定级方法和程序

1. 农用地定级方法　对于农用地级的概念，《农用地定级规程》阐述为："在行政区内，依据构成土地质量的自然属性、社会经济状况和区位条件，根据地方土地管理和实际情况需要，根据一定的农用地定级目的，按照规定的方法和程序进行的农用地质量综合、定量评定，划分出的农用地级别。"根据不同的条件农用地定级可采用如下 3 种方法：

（1）修正法。修正法是在农用地分等成果的基础上，选择区位条件、耕作便利度等因素计算修正系数，对分等成果进行修正，评定出农用地级别的方法。在已经完成农用地分等工作的地区，采用修正法进行农用地定级工作，可以有效利用已有的农用地分等资料和成果，实现资料共享，减少农用地定级工作量，提高农用地定级工作效率。

（2）因素法。因素法就是多因素综合评判法，即通过对构成土地质量的自然属性、社会经济状况和区位条件的综合分析，确定因素、因子体系及影响权重，计算单元因素总分值，以此为依据客观评定农用地级别的方法。这种方法从影响农用地质量高低的原因着眼，采用由原因到结果的思维方法，通过系统地、综合地分析各类因素和因子对农用地质量的作用强度，推断农用地在定级区域内空间分布上的优劣差异，进而划分出农用地级别。

（3）样地法。样地法是以选定的标准样地为参照，建立定级因素计分规则，通过比较，计算定级单元因素分值，评定农用地级别的方法。

2. 农用地定级程序　农用地定级实际工作中可依据资料的掌握情况，选择 1～2 种方法进行定级，其工作流程如图 6-8 所示。

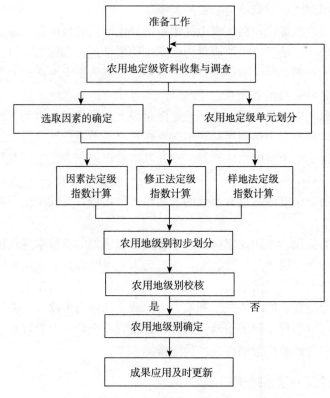

图 6-8　农用地定级流程

三、农用地定级的步骤

(一) 定级资料的收集与调查

农用地定级资料的收集范围包括农用地的自然属性资料、农用地利用资料、农用地社会经济资料、农用地区位资料、农用地分等资料、图件资料以及其他资料等 (表 6-16)。

表 6-16　农用地定级资料调查清单

资料类型	内容
农用地自然属性资料	气候、水文、土壤、地形地貌
农用地利用资料	主要农作物的面积、单产、总产的统计资料,样点土地利用条件、农业生产实测资料,农用地经营规模、经营效益、利用集约度、利用现状、利用方式和农业技术试验资料等
农用地社会经济资料	灌溉条件、排水条件、人均耕地、单位面积资金投入、单位面积纯收益、农民人均收入、林网化密度、田间供电、农村道路网分布、道路级别标准、距区域经济中心距离、耕作距离、田块大小、田块形状和田块分散程度等资料
农用地区位资料	中心城市影响度、农贸市场影响度、道路通达度和对外交通便利度等资料
农用地分等资料	已完成农用地分等工作的,应收集农用地分等基础资料汇编、中间成果及最终成果资料
图件资料	土地利用现状图、土壤图、地形图、土地利用规划图及其他相关图件
其他资料	农业区划资料、土壤普查资料、土地利用现状调查资料、土地利用规划、土地利用变更资料、农业统计资料、当地市场价格资料、农用地承租价格、征地统一年产值标准和征地区片综合地价资料等

（二）定级单元划分

定级单元划分的基本要求是单元内土地质量相对均一，单元之间有较大差异，由地物界线或土地权属界线封闭或者在农用地分等评价分值测算的基本空间单位内进行划分。单元划分时应遵循以下原则：

（1）主导因素差异性。相邻单元在主导因素上应当有明显差异。例如，不同地貌部位的土地不划为同一单元；山脉走向及两侧水、热分配有明显差异的，不划为同一单元；地下水、土壤条件、盐碱度等土地因素指标有明显差异的，不划为同一单元。

（2）属性相似性。单元内的土地质量特征属性应基本一致，单元内同一主要因素的分值差异不应超过 $100/(N+1)$，其中 N 为农用地级数。

（3）边界完整性。土地定级单元不能分割地块边界。单元界线必须在实地明显可辨，一般可采用以下几种作为单元界线：①控制区域格局的地貌走向线和分界线；②水流、河流、人工灌溉渠道；③人工线状地物、道路、堤坝等；④其他明显的地物、线状地物或有明显标志的土地权属界线。

（4）规模适宜性。土地定级单元规模大小反映出定级工作的详略程度，它与定级范围的土地利用程度有关。单元面积大小依土地质量的分布状况而定，以既方便操作和应用又不影响单元特性为标准。对于过小的图斑（图上小于 $6mm^2$ 的）应加以归并。

定级单元划分方法与农用地质量分等单元划分方法相同。不同的定级方法可根据自身特点选择相应的单元划分方法。

（三）定级因素的选取

定级所用的方法不同，选取因素的目的和应用的具体功能也不完全一样。无论运用哪一种方法开展土地定级，选取定级因素都是一项十分重要的工作，是评定土地级别很关键的一步。

1. 修正法中定级因素的选取　运用修正法开展农用地定级，是要在土地分等成果的基础上，在同一个等内区分出质量不同的土地级。为此，需要在已经划分好的土地等内部选取能区别土地质量的具体因素作为修正因素，通过各单元内这些修正因素指标的差异来修正分等指数，从而划分出土地级别。

修正因素是指在分等因素之外对农用地级别有显著影响的因素。与农用地分等着重考虑土壤的自然特性有所区别，农用地土地级别的划分要重点考虑经济条件、区位条件对级别的影响。因此，土地区位条件和耕作便利程度为必选因素，土地利用状况等其他因素为可选因素，具体见表 6-17。

表 6-17　修正因素备选

	因素	因素指标
必选因素	土地区位条件	中心城市影响度、农贸中心、交通状况等
	耕作便利条件	耕作距离、田间道路、田块形状等
参选因素	土地利用状况	土地利用现状、利用方式、经营效益、利用集约度等
		其他类因素指标

因素选择可采用德尔斐法、因素成对比较法、层次分析法等对备选修正因素进行筛选和补充，初步选择修正因素。在全面开展定级工作之前，选择 1～2 个乡进行试评。实际工作

中，要在野外调查时了解农民对农用地质量的评价指标，注意收集和使用当地的试验结果以及当地专家的意见，应使用科学的统计分析方法对评价结果进行分析，根据试评结果确定修正因素。

2. 因素法中定级因素的选取 运用因素法开展农用土地定级是要在定级区域范围内，分析探索出对农用土地质量有着重大影响的因素，构成一个有序的因素体系。通过科学、合理的评判和处理，确定出土地的级别。因此，选取因素和确定因素权重在这里十分重要，对于定级的结果有着十分关键的意义，应确保其准确性和可靠性。

定级因素应选取那些对农用地质量差异有显著影响的自然因素、区位因素和社会经济因素，某些因素可分解为多个因子，构成因素体系。表6-18给出了可供参考的主要定级因素、因子。开展农用地定级的地区可根据当地实际情况，对因素、因子加以筛选或补充，以满足当地定级的需要。

表6-18 主要定级因素、因子备选

因素		因子
自然因素	局部气候差异	温度、积温、降水量、蒸发量、酸雨、灾害气候（风、雹等）无霜期等
	地形条件	地形部位、海拔高度、坡度、坡向、侵蚀程度、其他
	土壤条件	土层厚度、障碍层深度、土壤质地、土体构型、土壤pH、土壤盐碱状况、土壤污染状况、土壤侵蚀状况、土壤养分状况、土壤中砾石含量等
	水资源状况	地下水埋深、水源保证率、水源水质、其他
经济因素	基础设施条件	林网化程度、灌溉保证率、排水条件、田间道路、田间供电等
	耕作便利条件	耕作距离、耕作装备、田块大小、田块形状、田块平整度、田面高差等
	土地利用状况	经营规模、经营效益、利用集约度、人均耕地、利用现状、利用方式
区位因素	区位条件	中心城市影响度、农贸市场影响度
	交通条件	道路通达度、对外交通便利度等

定级因素、因子的选择及其权重的确定，需要选用德尔菲法、因素成对比较法、层次分析法等方法中的一种或几种进行综合分析论证。

3. 样地法中定级因素选取 运用样地法开展农用土地定级，从方法本身就很明确，是在选择县级标准样地和乡镇级比照样地的基础上，选取某些能反映土地质量差异的因素（即地块特征属性），通过分析比较各评价单元和标准样地（比照样地）之间在这些属性上的差异，从而确定单元的土地级别。

样地法中所称的地块特征属性包括农用地的自然属性和经济属性，表6-19给出了主要地块特征属性的因素、因子。开展农用地定级的地区可根据当地实际情况，对这些因素、因子加以筛选或补充。

表6-19 描述农用地分等定级标准地块特征属性的因素、因子

因素	因子
县域内局部气候差异属性	温度、积温、降水量、蒸发量、酸雨、灾害气候（风、雹等）、无霜期等

（续）

因素	因子
土壤属性	土壤类型（褐土、棕壤、红壤等）、有机质含量（表层土壤，耕地指耕层有机质）、土层厚度（土壤 A 层和 B 层的厚度）、障碍层深度、土壤质地（表层土壤，耕地指耕层质地）、土体构型（障碍层次数量、主要障碍层的厚度及埋深）、土壤 pH、土壤盐碱状况、土壤污染状况、土体构型、土壤侵蚀状况（土壤风蚀与水蚀状况）、土壤养分状况、土壤中砾石含量等
地形属性	地貌类型（山地、丘陵、平原等）、海拔、坡度、坡向、地形部位、潜水埋深、潜水水质等
农业工程配套	水源保证率、水源水质、灌溉保证率、排水条件、田间道路、田间供电等
经营便利度	农贸市场影响度、农业经营规模、农业经营对象、交通通达度等
农田平整度	田块大小、田块形状、田块平整度、田面高差等

地块特征属性调查应按乡镇逐单元进行，调查资料应从已有土地利用、土壤、地貌等资料中查取，若已有资料不能满足需要，应进行野外补充调查；在因素特征值调查的同时，应收集定级单元最近 3 年的产量数据，有条件的地方应使用实测产量数据。

（四）定级指数的计算

1. 修正法定级指数的计算　修正法计算定级指数，是要在筛选出对土地级别有重要影响的因素后，依照特定的方法计算各因素修正系数，然后在农用地分等的基础上，对农用地分等指数进行各种系数的修正，得到土地定级指数。这里的农用地分等指数可根据定级目的的需要在自然质量分、自然等指数、利用等指数、经济等指数或其他分等数据中选取。

（1）资料整理。主要整理定级区域农用地分等资料，包括分等时收集的各种基础资料、分等中间成果及最终成果等。主要工作为：根据定级需要，对分等资料进行复核、分类、分析论证；对不能满足定级工作要求的资料应做好记录，以便进行补充调查。

（2）外业调查。农用地定级外业调查宜结合分等调查进行。农用地分等定级可以共享一套外业调查资料，只是分等外业调查与农用地定级外业调查的侧重点不同：分等调查更注重更大范围的可比性，强调潜在的土地生产力水平；农用地定级的外业调查应更详细，定级成果必须反映县域内地块之间的农用地质量差异性，强调现实的土地生产力水平，在有特殊定级要求的地块上，必须设置样点以进行农用地自然质量、利用水平、经济水平的全面调查。此外，农用地定级外业调查与分等外业调查内容和范围也有所差别。定级调查需要根据定级参数的计算需要，补充相应的评价因素调查。

（3）修正因素资料的整理与量化。农用地定级因素依据其对农用地质量的影响方式不同，也可分为面状分布的因素、线状分布的因素和点状分布的因素 3 类。对于不同性质的定级因素、因子指标，需采用相应的量化处理方法，量化方法与城镇土地定级因素的量化方法相似。对于面状分布的因素（如土壤质地），可采用极值标准化法；对线状分布的因素（如交通条件）和点状分布的因素（如农贸中心），可采用直线衰减法或指数衰减法。此外，对于有交叉影响的因素、因子（如各级农贸中心、道路等），应进行功能分割或衰减叠加处理。

（4）编制定级修正因素分值图。为计算各定级单元修正因素质量分值，首先要根据外业补充调查资料及各修正因素的量化值，以与农用地定级单元图同比例尺的素图为工作底图，借助计算机系统编制定级修正因素分值图。

（5）计算单元修正因素质量分。采用计算机系统为辅助手段进行农用地定级时，可将定级单元图叠置在定级修正因素分值图上。对点、线状分布的修正因素分值，根据相应因素对单元中心点的作用分值按相应衰减公式直接计算；对面状分布的因素分值，则直接读取中心点所在指标区域的作用分值。

（6）计算修正系数。修正系数反映了修正因素在定级范围内相对变化程度，可用如下公式进行计算：

$$k_{ji} = \frac{K_{ji}}{\overline{K_j}} \tag{6-47}$$

式中：k_{ji} 为第 i 个单元第 j 个修正因素修正系数；K_{ji} 为第 i 个单元第 j 个修正因素分值；$\overline{K_j}$ 为区域内第 j 个修正因素平均分值。

（7）计算定级指数。定级指数的计算方法有两种：一种是连乘修正法，另一种是加权修正法。式（6-48）和式（6-49）分别为以农用地经济等指数（G_i）为例的计算公式。

A. 连乘修正法。公式为

$$H_i = G_i \times \prod W_j k_{ij} \tag{6-48}$$

式中：H_i 为第 i 个定级单元的定级指数；G_i 为第 i 个单元所对应的农用地经济分等指数；W_j 为第 j 个修正因素的权重；k_{ij} 为第 i 个单元第 j 个修正因素修正系数。

B. 加权修正法。公式为

$$H_i = G_i \times \sum_{i=1}^{n} W_j k_{ij} \tag{6-49}$$

式中：G_i 为第 i 个单元所对应的分等指数；其余符号含义同式（6-48）。

根据定级目的要求，在应用修正法进行农用地定级时，分等指数可选择分等中间成果（如自然质量分、自然等指数、利用等指数）作为修正的基础。

2. 因素法定级指数的计算 应用因素法进行农用地定级，需编制"定级因素-质量分"关系表。

（1）编制"定级因素-质量分"关系表。"定级因素-质量分"关系表反映出各定级因素对农用地质量影响的程度。它表现为对各因素可能出现的指标值进行分级，并给出相应的质量分。因素质量分与土地质量的优劣呈正相关，即：土地质量越好，质量分越高；反之，质量分越低。质量分体系采用百分制，质量分只与因素的显著作用区间相对应。在全面开展定级工作之前，选择1～2个乡镇进行试评，对初步确定的因素体系及权重、"定级因素-质量分"关系表进行检验。如果试评结果与实际不符，应重新调整。

（2）定级因素资料整理与量化。整理核实所选择定级因素或因子的资料齐备状况。资料不足时，需要进行外业补充调查，并将所获得的定级因素、因子数据（样点数据、中心点及影响范围数据、中心线影响范围）标注在比例尺一致的工作底图（定级评价单元图）和素图上，然后采用与修正法指标量化方法相同的方法对定级因素、因子进行指标量化。

（3）外业调查。外业调查要尽量结合农用地分等调查成果进行。调查内容包括农用地的自然条件和社会经济条件。此外，外业调查还要突出对现实生产力水平及经济因素的调查，要收集定级对象最近3年的产量数据、农产品价格数据、成本数据及最近可能发生的对农用地质量将发生决定性影响的规划数据，并采取适当的方法反映在定级成果中。调查结果应填入相应的调查表中，表格样式见表6-20、表6-21。

表6-20 农用地分等定级外业调查表

送样单位		剖面编号		剖面地点		土壤名称		调查时间		分析单位	
								调查人		分析日期	

土壤剖面记载

地表景观描述	地貌		地表岩石露头度		……			地表景观照片编号	剖面位置说明	
	海拔		地形坡度		……					

分析单位： 分析人： 审核人： 分析日期：

形态描述	剖面图	剖面形态照片编号	表层土壤质地	土体构型	障碍层距地表深度	有效土层厚度	地下水埋深	土壤盐渍化程度	土壤pH	……

分析单位： 分析人： 审核人： 分析日期：

土壤理化分析	分析号	土壤pH	土壤有机质含量							

分析单位： 分析人： 审核人： 分析日期：

表6-21 农用地投入-产出效益调查表

项目		单位	作物1	作物2	作物3	……
产出	播种面积	hm²				
	产量	kg				
	市场价格	元/kg				
	征购价格	元/kg				
	平均价格	元/kg				
	平均单产	kg/hm²				
	副产品产量	kg				
	副产品价格	元/kg				
	合计总产出	元				
物化投入	种子、化肥、农药、用水等	数量	kg			
		单价	元/kg			
		总费用	元			
	生长剂		元			
	机械作业	标准公顷	hm²			
		标准单价	元/hm²			
		总费用	元			
	固定资产折旧	资产价值	元			
		资产折旧率	%			
		资产折旧额	元			
	小农具购置及维修费		元			

（续）

项目		单位	作物 1	作物 2	作物 3	……
活劳动投入	合计用工量	工日				
	每工工资	元/工日				
	工资总额	元				
管理投入	农业管理费	元				
	农业贷款利息	元				
	公共生产费用	元				
效益分析	总收益	元				
	总投入	元				
	纯收入	元				
	每公顷纯收入	元/hm²				

（4）编制定级因素、因子分值图。定级因素、因子分值图按照相对值法[①]编制，编制时尽可能用现有资料，如果现有资料不足或精度不够，需在外业补充调查后进行编制。

（5）单元因素、因子分值计算。将定级单元图叠置在定级因素、因子分值图上与其套合，可根据实际情况选择采用平均值法、以点代面法、线性内插法和面积加权法等方法计算定级单元因素、因子分值。

对点线状分布的因素分值按相应衰减公式计算，对面状分布的因素分值则直接读取中心点所在指标区域的作用分值。

（6）计算定级指数。定级指数的计算可以用定级因子分值直接计算，也可以先将定级因子分值综合成定级因素分值后，再计算定级指数。

A. 加权求和法。计算公式如下：

$$H_i = \sum_{j=1}^n W_j \times f_{ij} \tag{6-50}$$

式中：H_i 为第 i 个定级单元的定级指数；W_j 为第 j 个定级因素、因子的权重；f_{ij} 为第 i 个定级单元内第 j 个定级因素、因子的分值。

B. 几何平均法。计算公式如下：

$$H_i = \left(\prod_{i=1}^p \prod_{j=1}^n f_{ij} \right)^{\frac{1}{n}} \tag{6-51}$$

式中：H_i 为第 i 个定级单元的定级指数；f_{ij} 为第 i 个定级单元内第 j 个定级因素、因子的分值，n 为定级因素、因子个数；p 为定级单元总数。

C. 限制系数法。当某地定级因素对土地定级存在强限制性时，应选择限制系数计算法。计算公式如下：

$$H_i = \prod_{j=1}^m F_j \times \sum_{i=1}^p \sum_{k=1}^u \frac{(W_k \times f_{ik})}{100^m} \tag{6-52}$$

式中：H_i 为第 i 个定级单元的定级指数；F_j 为第 j 个强限制性定级因素、因子分值；

---

① 相对值法是指按照百分比方法编制定级因素、因子分值图，适用于不易或不能直接量度的定级修正因素。

f_{ik} 为第 i 个定级单元内第 k 个非限制性定级因素、因子的分值；W_k 为第 k 个非限制性定级因素、因子的权重；m 为强限制性定级因素、因子个数；p 为定级单元总数；u 为非限制性定级因素、因子个数。

3. 样地法定级指数的计算

（1）设置标准样地。采用样地法进行农用地定级时，应特别注意样地的选择以及标准样地与比照样地的协调。

样地选择应遵循以下原则：①生产条件最优原则。应选择县域内农业生产条件最好的地块为县级标准地块，该样地可以是现实生产力最高的地块，也可以是潜在的农业生产条件最优、投入产出水平最高的地块；②永久农用地原则。选作样地的地块应是土地利用总体规划中被编定为永久性农用地的地块（通常为长久不将被占用的永久基本农田）；③工作便利原则。县辖的每个乡（镇）级行政区至少设置一块比照样地，该样地的最高分值依据县级标准样地确定。

县级标准样地与乡（镇）比照样地间的协调，包括以下几个方面：①特征属性一致性。全县适用一套定级特征属性划分体系；②记分规则一致性。全县使用一个定级记分规则；③基准分值一致性。县级样地为标准，乡（镇）依据标准样地确定基准分值；④检验方法一致性。县级和乡（镇）级样地的事先检验方法应该一样。

（2）编制因素分级记分规则表。因素分级记分规则表的编制分为以下 3 个步骤：

A. 因素分级。定级因素分级以 3～6 个级别为宜。分级方法可以根据试验或实测资料，建立定级因素与农作物产量水平之间的函数关系，确定因素分级数目及各级上下限；也可用经验法确定因素分级数目及各级上下限。

B. 编制标准样地特征分值表。将农业综合生产条件最优的标准样地定义为 1 号标准样地，其分值定为 100 分，按照定级因素对农业生产的影响程度，将 100 分分配给各个定级因素；其他标准样地定级因素的分值可根据定级因素的分级情况，与 1 号标准样地的相应因素特征值比较后确定，属性相同的不加（减）分，对农用地定级起正面作用的属性加分，起负面作用的属性减分。比较过程中若出现农用地综合特征优于 1 号标准样地的情况，应调整标准样地的编号及其分值。

C. 编制定级因素记分规则表。定级因素记分规则表是根据所确定的因素分级状况及标准样地特征分值表来编制的。因素记分规则表样式与样地法计算农用地自然质量（加）减分规则表相似。

（3）计算定级指数。首先，计算单元记分量；其次，将定级单元各定级因素的特征值与标准样地的特征值对比，根据记分规则计算定级因素记分量；最后，将各定级因素记分量求和，结果作为单元记分量。

对于现有资料比较丰富也比较可靠的地方，可以采取内业法直接计算地块特征属性值。对于农用地自然方面的特征属性，如果现有资料不足或不可靠的地方，以取土钻或开挖土壤剖面的办法，对定级单元进行直接诊断，计算地块特征属性分值。对于地块的社会、经济方面属性，统一采用内业法进行。其次，计算定级指数。计算公式为

$$H_i = F_i + \sum_{j=1}^{m} a_{ij} \qquad (6-53)$$

式中：H_i 为第 i 个定级单元的定级指数；F_i 为第 i 个定级单元相应的标准样地分值；a_{ij}

为第 i 个定级单元内第 j 个定级因素的记分量。

（五）农用地级别划分与校验

1. 初步划分农用地级别　农用地级别应根据单元定级指数值，采用等间距法、数轴法、总分频率曲线法进行土地级别的初步划分。

（1）等间距法。按照定级指数，采用相同间距划分级别。

（2）数轴法。将定级指数标绘在数轴上，选择点数稀少处作为级别界限。

（3）总分频率曲线法。对定级指数进行频率统计，绘制频率直方图，选择频率曲线突变处作为级别界限。

2. 级别校验　根据评价单元定级指数划分出的土地级别应进行校验。在所有定级评价单元中随机抽取不超过总数 5% 的单元进行野外实测，将实测结果与定级结果进行比较。如果差异小于 5%，则认为初步定级成果总体上合格，对于发现的不合格的初步定级结果应进行调整；如果差异大于 5%，则应对初步定级成果进行全面调整。

3. 级别调整与确定　对不合格的定级单元，需要按照定级程度重新计算。校验合格的农用地级别确定为农用地定级成果，将级别边界落实到大比例尺现状图上，并核实相应土地利用类型和权属单位。

（六）农用地定级成果

农用地定级成果包括图件成果、数据成果和文字报告及相应的电子文档。

1. 图件成果　农用地定级图件包括工作底图、中间成果图和农用地级别图。其中，工作底图是指用以编绘过程图件及成果图件的原图，多采用 1：10 000 至 1：50 000 的土地利用现状图；中间成果图主要指定级单元图，定级因素、因子分值图和定级修正系数图；农用地级别图是最终成果图。

2. 数据成果　农用地级别面积按土地利用现状调查图图斑进行统计；打破图斑的单元面积量算，以图斑面积加以控制；建立统计台账，归入档案。

3. 文字报告　农用地定级文字报告包括农用地定级工作报告和定级技术报告。其中，农用地定级工作报告反映定级工作过程，包括定级工作的目的、任务、工作依据、人员组成、工作进度、资料收集与整理、技术运用、经费开支、经验教训、问题与对策、分等成果应用建议等；农用地定级技术报告内容要反映区域的自然、经济和社会概况、定级技术方法、定级成果及其分析以及定级成果应用分析。

复 习 思 考 题

1. 简述我国土地分等定级体系。

2. 土地分等定级的理论依据是什么？

3. 农用地质量分等指数有哪些？各代表什么含义？

4. 城镇土地定级工作的技术路线是什么？

5. 城镇土地定级中因素作用分值的计算方法是什么？

6. 农用土地定级的方法有哪些？各有什么特点？

7. 简述农用地质量分等与农用地定级之间的关系。

8. 陈述土地分等定级在我国土地管理中的作用。

第 七 章

不动产估价

| **本章提要** | 不动产是人民生活和社会生产的基本要素。不动产价格的变化不仅直接影响社会各经济主体的正常生活和生产，也影响着国民经济的整体稳定。不动产的特殊性导致不动产交易价格的实现需要借助专业的评估。了解和掌握估价对象基本情况及不动产市场资料，分析不动产价格影响因素，选取科学、合理的评估方法并加以灵活应用，进而对待估不动产在一定权利状态和一定时点的价值进行推测和判断，是专业估价人员的基本素养。

第一节　不动产的识别

一、不动产的含义

1. 不动产的概念　民法中将财产（或财务）分为不动产和动产两大类。不动产是指依自然性质或法律规定不可移动或移动后会引起性质、形态改变，损失其经济价值的物及其财产权利，是土地、建筑物及其他土地定着物，以及衍生的全部权利、利益和收益的综合。简言之，不动产是实物、权益、区位三者的综合体。有些国家认为不动产和土地的含义是相同的。我国则将土地归属于不动产。

2. 不动产的实物　实物是不动产的物质实体部分，包括土地、建筑物、其他土地定着物，以及土地和建筑物、其他土地定着物等组成的整体。

（1）土地。在不动产估价中，土地是地球的陆地表面及其上下一定范围内的三维立体空间。在实际操作中，一般是指由明确的界址点、界址线所形成的封闭的宗地。宗地是由土地权属界线封闭的地块或空间，是土地评价的最小单元。

从不动产估价角度来看，对一宗土地的基本认识包括：位置（或坐落）、面积、四至、形状、地形、地势、周围环境、景观、利用现状、产权状况、土地使用管制、地质条件、基础设施完备程度、土地平整程度等。

（2）建筑物。建筑物是人工建筑而成的一种土地定着物，由建筑材料、建筑构配件和建筑设备（如给排水、卫生、燃气、照明、空调、电梯、通信、防灾等设备）等组成的整体，包括房屋（指有基础、墙、顶、门、窗，能够遮风避雨，供人直接在内居住、工作、学习、娱乐、储藏物品或进行其他活动的空间场所）和构筑物（指房屋以外为生产和生活提供服务的建筑物，如烟囱、水塔、水井、道路、桥梁、隧道、水坝等）两大类。建筑物有广义和狭义两种含义。广义的建筑物是指人工建筑而成的所有东西，既包括房屋，又包括构筑物；狭义的建筑物是指房屋，不包括构筑物。在不动产估价中通常将建筑物做广义的理解。

从不动产估价角度来看，对建筑物的认识包括：位置（或坐落）、面积、层数、高度、结构、设备、层高或净高、空间布局、装饰装修、外观、建筑年代、利用现状、产权状况、维修保养情况及完损程度等。

（3）其他土地定着物。其他土地定着物是建筑物以外的土地定着物，具体是指固定在土地或建筑物上，与土地、建筑物不能分离，或者可以分离但分离不经济，或者分离后会破坏土地、建筑物的完整性、使用价值或功能，或者会使土地、建筑物的价值明显受到损害。例如，为了提高土地或建筑物的使用价值或功能，埋设在地下的管线、设施，建造在地上的假山、水池、围墙，种植在地上的树木、花草等。

3. 不动产的权益

（1）不动产的权益是指由不动产所产生的权利、利益和收益。不动产交易既是实物交易，更是权益交易。就一般而言，实物的好坏决定有形资产价值的高低，权益的多少决定无形资产价值的高低，但不动产的实物和权益都会影响不动产价值的确定。

（2）不动产的权益以不动产权利为基础。目前，我国的不动产权利主要包括：①不动产所有权，是指不动产所有人依法对不动产实行占有、使用、收益和依照国家法律做出处分并排除他人干涉的权利；②不动产使用权，目前主要的表现形式是土地使用权，是指土地使用者依法对国家或农民集体所有的土地享有占有、使用、收益和部分处分的权利；③不动产租赁权，是指承租人以签订租约、支付租金的方式从房屋所有权人或土地使用权人那里获得的占有和使用房屋或土地的权利；④不动产抵押权，是指债务人或者第三人在不转移抵押标的物的占有，将不动产作为债务履行的担保财产的行为；⑤不动产典权，是指支付典价占有他人不动产而为自己使用、收益的权利；⑥不动产地役权，是指土地所有权人或土地使用权人为使用自己土地的便利而使用他人土地的权利；⑦不动产空间利用权，是指不动产权利人在法律规定的范围内，利用地表上下一定范围内的空间，并排除他人干涉的权利。同一宗不动产可以同时设置多项权利。

4. 不动产的区位 不动产的区位是指不动产的空间位置。具体来说，一宗不动产的区位是该宗不动产与其他不动产或事物在空间方位和距离上的关系。对不动产的区位应从以下4个方面来理解：①位置（或坐落）；②交通；③环境，包括自然环境、人工环境、社会环境和景观等；④配套设施，包括基础设施和公共服务设施等。

在不动产估价中，经常用距离这一简便的指标来相对衡量区位的好坏。距离可分为空间直线距离、交通路线距离和交通时间距离。目前，受路况、交通拥挤、交通管制等因素影响的交通时间距离更受重视。

二、不动产的存在形态、分类及特性

1. 不动产的存在形态 从传统的不动产估价而言，不动产包括土地和建筑物两大部分。房依地建，地为房载，房、地不可分离。但是并非只有土地和建筑物合为一体时才是不动产，单纯的土地或单纯的建筑物都是不动产的一种存在形态。

（1）单纯的土地。土地是不动产的一种原始形态，具体包括两类：一类土地是直接的，即无物建筑物的空地；另一类土地是间接的，即地上有建筑物，但根据需要把土地单独看待并评估其价值。在单独评价土地时，既可假想建筑物不存在，也可考虑建筑物的存在对土地价值的影响。

（2）单纯的建筑物。从常识来讲，脱离土地的建筑物是不存在的，但在某些情况下（如房屋投保火灾险时评估其价值、灾害发生后评估其损失、计算建筑物折旧服务的估价等）需要将建筑物单独看待并评估其价值。在单独评价建筑物时，既可假想土地不存在，将建筑物视为"空中楼阁"，也可考虑土地的存在对建筑物价值的影响。

（3）房地合一的不动产。土地与建筑物合二为一是不动产的完整实物形态。虽然在理论上可以对建筑物和土地分开讨论，在实践中也可以分别对建筑物和土地进行单独估价，但在大多数情况下对不动产的估价，主要是对房地合一的不动产的价值进行评估。

假想建筑物或土地不存在而单独评价土地或建筑物价值的方法称为独立估价；在单独评估土地或建筑物一方时，需考虑另一方对评估价值的影响的方法称为部分估价。

2. 不动产的分类

（1）按用途分类。不动产按照其用途可以分为居住类不动产（专供人们生活居住）、商业类不动产（用于商业经营）、休闲类不动产（用于娱乐、健身类活动）、公共事业类不动产（用于文教卫生、行政、社会福利、交通邮政等）、工业类不动产（用于生产活动）、农业类不动产（用于农业生产或直接为农业生产服务）。

（2）按其开发程度分类。不动产按照其开发程度可以分为生地、毛地、熟地、在建工程和现房。生地是指不具有城市基础设施的土地。毛地是指具有一定城市基础设施的土地。熟地是指具有完善的城市基础设施、较为平整的土地。熟地的开发程度包括：① "三通一平"，即路通、水通、电通以及场地平整；② "五通一平"，即具备了道路、供水、排水、供电、通信等基础设施或条件以及场地平整；③ "七通一平"，即具备了道路、供水、排水、供电、通信、燃气、热力等基础设施或条件以及场地平整。在建工程是指地上建筑物已经开始工程建设但尚未竣工投入使用或停工多年的不动产。现房是指包含土地，已通过竣工验收、可投入正常使用的建筑物及其附属物。

（3）按是否产生收益分类。不动产按照其是否产生收益可以分为收益性不动产（能直接取得市场租金或其他经济收益）、非收益性不动产（不能直接产生经济收益）。在实际估价中，判断一宗不动产是收益性还是非收益性，不是看该不动产目前是否产生经济收益，而是看该不动产在本质上是否具有直接产生经济收益的能力。

3. 不动产的特性　　不动产与其他经济物品相比，有着明显的特性。充分认识并理解不动产的特性，是准确分析不动产价值、进行不动产估价的前提和基础。

（1）不可移动性与个别性。

A. 不可移动性。不可移动性又称位置固定性，即自然地理位置固定。不动产的不可移动性，决定了不动产只能就地开发、利用或消费，而且受制于所处的空间环境（邻里及当地的社会经济）。因此，不动产市场不存在全国性市场，更不存在全球性市场，而是一个地区性市场，其供求状况、价格水平和价格走势等都是地区性的，因不动产所处的区域不同而不同。

B. 个别性。个别性也称独特性、异质性或独一无二性，包括位置差异、利用程度差异和权利差异。不动产的个别性使得不动产市场上不可能出现完全相同的两宗不动产，不动产之间也不能实现完全竞争与完全替代。尽管如此，但很多处在同一个不动产市场上，在用途、权利性质、规模、档次、建筑结构、新旧程度等方面相同或相似的不动产（简称为类似不动产）之间却存在一定程度的竞争性及替代性，彼此在价格上也有一定程度的牵制。

（2）耐用性与保值增值性。

A. 耐用性。耐用性又称长期使用性、耐久性或寿命长久性。耐用性包括两个方面的含义：一方面是指土地不因使用或放置而损耗或毁灭，可供人类永久性使用；另一方面是指建筑物在使用的过程中尽管会出现磨损、折旧乃至报废和灭失，但存在较长的使用寿命。

B. 保值增值性。不动产具有耐用性使得土地可长久使用，建筑物价值自然损耗时间也很长，且可以通过维护保养、改良投资使其保持或增加其价值，因而可以抵御通货膨胀的影响。此外，人口增加与经济增长带来不动产需求的增加以及外部投资所产生的正效应也可使不动产增值。然而受土地使用权年限及建筑物使用寿命的限制，不动产的保值增值是相对的。

（3）用途多样性与供给有限性。

A. 用途多样性。多数土地就其本身而言，可以根据人类需要用于多种不同的用途，在一定的条件下，不同用途之间可实现相互转换，在相同的用途下还可以选择不同的利用方式。但是现实中不动产的用途并不是随意决定的，不动产的利用存在着不同用途以及利用方式之间的竞争和优选的问题。所以，不动产估价中有"最高最佳利用原则"。从经济角度来看，土地利用选择的一般顺序是商业、办公、居住、工业、农业。同时，土地用途的多样性还受城市规划、土地用途管制等制约，用途的选择必须要符合这些规定。

B. 供给有限性。针对土地而言，供给可分为自然供给和经济供给。其中，自然供给是指土地天然可供人类利用的部分，是有限的、相对稳定的，是大自然的产物；经济供给是指在自然供给基础上，经过开发以后成为人类可直接用于生产、生活各种用途的土地供给。由于土地供给有限，在其上可建造的建筑物的数量也是有限的。不动产的供给有限性使得不动产具有独占性，土地区位良好的不动产被占有后，其占有者就形成对它的垄断，可以获得占有、使用、收益、处分的权利，该不动产的价值也就随之具有垄断性。

（4）相互影响性与相邻法律关系的特殊性。由于不动产具有位置不可移动性和耐用性，因此一旦形成某种格局，无论合理与否都难轻易改变。如需改变，除了需要投入大量的资金和消耗大量的时间外，还会涉及社会各方面的利益。任何一宗不动产的价值不仅取决于自身的状况，还取决于周围环境和区位条件的优劣，同时也会对周围的不动产甚至社会公众利益产生较大和较长久的影响，即不动产不仅受外界的影响，也会对外界产生影响。此外，相邻的不动产会产生相邻法律关系，即相互毗邻的不动产所有者、占有者或使用者之间在行使所有、占有或使用权时，因涉及彼此权益而相互给予便利或接受限制而产生的财产权益上的权利和义务，例如河水、交通、管线的通过等。相邻法律关系实质上是对所有权的限制和延伸，不动产的位置固定性和耐用性是导致相邻法律关系产生的主要原因。因此，在不动产估价时，需要充分考虑和分析相互影响性与相邻法律关系的特殊性对不动产权利及其价值量的影响。

第二节　不动产价格

一、不动产价格的概念及特征

1. 不动产价格的概念　不动产价格是不动产经济价值（交换价值）的货币表现形式，

是因人们对不动产效用的认识、不动产的相对稀缺性及不动产有效需求的存在等因素相互结合而产生的。

不动产的效用是指不动产的使用或占有能够发挥其舒适性或带来收益，由此引起人们占有该不动产的欲望。不动产的相对稀缺性是针对不动产的稀缺程度与其效用的关系而言的，即不同效用的不动产存在着不同程度的稀缺性。不动产的有效需求是指一定时期消费者既有购买意愿又有支付能力的不动产需求。不动产价格是其效用、相对稀缺性和有效需求三者共同作用的结果。

在进行不动产评估业务时，通常称某某不动产的价格是多少，即主要是从量上把握不动产的交换价值。因此，不动产评估在本章中都是指不动产价格评估。基于此，不动产价格是指在某个时点上为取得他人不动产而获得相应权益所支付的代价，这种代价可以是货币额，也可以是商品或其他有价物等实物。此定义包含三层含义：①不动产价格随市场供求关系变动，因此不动产价格是指某个时点状态下的价格；②不同的不动产权益对应于不同的不动产价格；③这种代价一般以货币形式支付，但也可以用实物或劳务等其他形式支付。

2. 不动产价格的特征　不动产价格与一般商品的价格一样，用货币表示。不动产价格会因质量不同会导致价格不同，也会受供求状况等因素的影响而波动。但是不动产价格也具有不同于一般商品价格的特征，具体包括以下三个方面：

（1）不动产价格是权益交易的价格，常以交换价格或租金表示。不动产具有不可移动性决定了不动产的交易实质是权益的交易，包括不动产的所有权、使用权及其他权益。因此，不动产的价格也就是权益交易的价格，这与不动产市场的权属交易特征相对应。不动产存在买卖和租赁两种交易方式、两种交易市场，因此存在两种交易价格：①不动产本身有一个价格，即表现为用来交换（买卖）的代价（交换价格）；②使用（租赁）不动产一定时间的价格，表现为使用代价（租金）。不动产价格与租金之间的关系类似资本金与利息的关系。如果想求取不动产价格，只要能把握纯收益与还原利率，即可依照收益还原法将纯收益还原，以求取不动产价格；反之，也可根据不动产价格及还原利率求取租金。

（2）不动产价格是在长期作用下形成的，且与用途相关性极大。不动产通常与其他不动产构成某一地区，随着时间的推移，这一地区的社会经济条件经常在发生变化，不动产的使用或构成状态是否为最合适也会随之发生变化。因此，不动产价格通常是在过去至将来的长期作用下形成的。另外，不动产的价值量较大，导致不动产的交易很难在短时间内实现，其交易价格往往是在买卖双方当事人长期考虑下形成的。而不动产价格是不动产租金的资本化，由地租理论可知，不同用途的土地具有不同的地租，因而具有不同的价格。例如，当一宗不动产用于商业比用于住宅更为有利时，其价格必然取决于商业用途。

（3）不动产价格不同于一般交易价格，受多种因素的影响。不动产具有不可移动性、供给有限性及个别性等特征，因此不动产不易具备交易市场行情和形成固定的交易市场。不动产的现实价格通常是在其实际交易过程中个别形成的，而且受到区位、急买或急卖、亲戚交易等特殊情况的影响，因此其价格并非由一般交易市场形成，实际成交的不动产价格可能会偏离其正常交易状况下的价格。所以，在进行不动产估价时，为得到反映正常不动产市场状况的价格，需要根据不动产价格的形成规律分析比较影响不动产价格的因素，并对不动产实际交易价格进行修正。

二、不动产价格的影响因素

不动产的价格除了受到自身个别因素的影响外，还会受到所处的地域范围及其政治、社会、经济等外部因素的影响，通常把影响因素分为个别因素、一般因素和区域因素。

1. 个别因素　个别因素是指不动产自身具有的特性和条件，是影响不动产价格最直接、最根本的因素，包括土地自身的因素和建筑物自身的因素。

（1）土地自身因素。主要包括位置、地势、地质、地形、日照、通风、湿度、温度、土地面积、土地形状、临街宽度及深度、土地的开发程度、自然灾害发生的频率及严重程度、土地使用管制等。

（2）建筑物自身因素。主要包括建筑物的用途、质量、建筑物外观、朝向、楼层、建筑物结构、装修、建筑设计、设备、材料、施工质量、附属设备、完损程度等。

2. 一般因素　一般因素是指影响一定区域范围内所有不动产价格的一般的、普遍的、共同的因素，这类因素对较广泛区域范围内的各宗不动产价格产生全局性的影响。

（1）社会因素。主要包括人口状况、城市化水平、政治安定和社会治安状况、不动产投机状况、心理因素、消费者及开发商对未来的预期、教育及社会福利状况、国际关系状况等。

（2）经济因素。主要包括经济发展水平，财政收支与金融状况，居民收入状况，物价水平，市场供求关系，储蓄、消费及投资水平，技术更新及产业结构状况，城市交通体系状况，国际经济状况等。

（3）制度因素。主要包括土地制度、住房制度、国土空间总体规划、城市规划、税收政策、交通管制、行政隶属变更、特殊政策、地价政策等。

3. 区域因素　区域因素是指某一特定的区域内的自然条件与社会、经济、行政、技术等因素相结合所产生的区域特性，这类因素对该区域内的各宗不动产的价格水平产生影响。不动产的用途不同，影响其价格的区域因素也不同。

（1）影响居住型不动产价格的区域因素。对于居住型不动产而言，影响其价格的主要区域因素是住宅区的环境条件，主要包括自然环境条件、居住环境条件和人文环境条件。

（2）影响商业不动产价格的区域因素。决定商业不动产价格高低的主要因素是其收益程度。因此，影响商业不动产的区域因素主要是对收益程度有影响的因素，主要包括商业繁华程度及兴衰状况，客流量大小，商业及业务种类、规模、集聚状况，营业类别及竞争状况，商业临近地域状况，顾客群体数量及状况，停车设施状况等。

（3）影响工业不动产价格的区域因素。影响工业不动产价格的区域因素主要包括：该地域与产品市场和原材料产地的距离，干线道路、铁路、机场等交通设施的便利程度，水资源、动力资源的供给状况，劳动力资源状况及条件，关联产业的位置，有关法律法规对产业发展的规定等。

自身因素和外部因素都会对不动产价格的估算产生影响，有时是单个因素的影响，有时是多个因素的综合作用影响。在不动产估价中，估价人员必须认清和把握这些因素对不动产价格的影响。只有充分考虑一切因素的影响程度，注意处理各因素对不动产价格影响的错综复杂的关系，才能确保估价结果的客观合理。

第三节　不动产估价原则和程序

1. 不动产估价的概念　不动产估价是指专业不动产估价人员根据估价目的，遵循估价原则，按照估价程序，选用适宜的估价方法，在综合分析影响不动产价格因素的基础上，对估价对象在估价时点的客观合理价格（价值）进行估算和判定的活动。这里的估价目的是指估价结果所期望的用途，如土地使用权出让，不动产转让、租赁、抵押、保险、课税、征收，不动产分割析产，不动产拍卖底价，不动产司法诉讼及仲裁、公证，不动产资产价值证明或记账，不动产企业合作、联营、合并、兼并、分立、出售、改制、股票上市、破产清算，不动产估价结果的复核等。

2. 不动产估价原则　不动产估价原则是指人们依据估价理论，在对不动产价格形成和变化的客观规律认识基础上，总结出的一些简明扼要的、在估价活动中应当遵循的法则和标准。主要包括工作原则和经济原则。

（1）工作原则。

A. 独立性原则。不动产估价机构和估价人员在执业中，不能受估价对象、不动产各方当事人利益的影响，应与不动产各方当事人没有任何利害关系，不受任何干扰和影响，从第三者的角度独立进行操作。

B. 客观性原则。不动产估价机构和估价人员在执业中，应根据不动产的用途、性质、特点、规模、使用状况等，实事求是，认真进行调查研究，掌握全面、翔实、可靠的资料，有针对性地采用得当的标准和方法，通过认真分析和测算后，得出合理、公正、可靠的估价结论。

C. 科学性原则。在不动产估价过程中，应根据特定目的、制定符合科学原理的估价方案、采用合理的估价程序和科学的估价方法评估不动产价格。

D. 合法性原则。不动产估价要依据现行政策法规进行，使估价结果具有法律效应，即不动产估价应以估价对象的合法权益为前提。

（2）经济原则。

A. 最高最佳使用原则。也称最有效使用原则，是指将估价对象设定为在法律上许可、在技术上可能、在经济上可行，经过充分合理的论证，能使估价对象的价值达到最大的一种最可能的使用。

B. 估价时点原则。估价时点又称估价基准日、估价期日、评估时日，是一个特定的具体时间或日期。估价时点原则是指必须把委托不动产置于估价时点进行估价，即不动产估价结果应为估价对象在估价时点的客观合理价格或价值。

C. 供求原则。不动产的价格最终形成与一般商品相似，是直接由不动产市场供给和需求的相互关系确定的。但不动产的自身特征决定了不动产市场具有区域性和不完全竞争性，从而会导致不动产交易具有个别性、不动产市场信息具有不完全性和非对称性，因此不能仅按照供求均衡法则来确定。

D. 替代原则。尽管不动产位置的固定性与个别性导致不动产之间无法实现完全竞争与完全替代，但同一个不动产市场上（或同一供求范围内）的类似不动产会有相近的价格。因此，可利用替代原则，通过分析比较同一供求范围内已经发生交易的类似不动产价格来确定估价对象不动产价格，并要求不动产估价结果不得明显偏离类似不动产在同等市场条件下的正常价格。

E. 预期收益原则。预期收益原则是指不动产价格由其未来预期收益决定，对于不动产估价应以估价对象在正常利用下的未来客观有效的预期收益为基准。预期收益原则是收益还原法和假设开发法的理论基础。

F. 公平原则。公平原则是指估价人员应以公正的态度，在公平的市场条件下求得一个公平合理的不动产价格。公平原则要求估价人员在不动产估价中，必须做到公正廉洁，遵循不动产价格形成理论及规律，运用科学方法客观公正地对不动产价格进行估价。

3. 不动产估价程序　不动产估价程序是指一个不动产估价项目运作全过程中的各项具体工作，按照先后次序进行排列，确保估价工作科学有序进行的工作流程。不动产估价必须按照科学的估价程序进行，才能提高工作效率和工作精度。不动产估价一般包括以下过程：

（1）取得估价项目。估价项目的取得主要有被动接受和外出承揽业务两种方式。其中，被动接受方式是指需要进行不动产评估的单位或个人主动找到不动产评估机构，并要求不动产评估机构提供不动产评估业务服务的方式；外出承揽业务方式是指不动产估价机构通过宣传、广告等方式主动争取不动产估价业务，为需要进行不动产项目评估的单位或个人提供服务的方式。

（2）接受估价委托。

A. 明确估价基本事项。主要内容包括：①明确估价目的。估价目的是委托估价方的需求，也是估价报告的用途，主要由委托人提出并决定。估价目的不同，估价依据、估价时点、估价结果都可能存在很大的不同。②明确估价时点。在实际估价中，估价时点由估价人员根据估价目的，在征求委托人同意后确定。③明确估价对象。主要明确估价对象的实物状况（包括位置、面积、四至或边界、建成年代等实物状况信息）、权益状况和区位状况（包括所处的区位、周边环境、配套设施等）。

B. 签订估价委托合同。在明确了有关事项后，估价机构可以要求委托人出具估价委托书，并与其签订书面估价委托合同。

（3）拟定估价作业计划。估价作业计划的主要内容包括：采用的估价技术路线和估价方法，调查收集资料和资料的来源渠道，所需的时间、人员和经费，估价作业步骤和工作进度安排。

（4）收集估价所需资料。估价所需资料包括：普遍影响不动产价格的资料、影响估价对象所在地的不动产价格资料、相关实例资料（例如类似不动产的交易、收益、开发建设成本等）、反映估价对象状况的资料。资料收集的渠道有：委托人提供的资料，查阅各种媒体的相关不动产信息资料，估价师协会、不动产经纪人提供的资料，政府有关部门的相关资料，从不动产交易中心、咨询中介机构获取的资料，实地查勘获得的资料。收集到的第一手资料必须进行整理，去粗取精，去伪存真，对原始数据进行深加工，对图形资料进行数字化处理，必要时进行资料的补充收集。

（5）实地查勘估价对象。估价人员必须到估价对象现场，勘察估价对象的位置、环境、外观、实物状况等，核实事先收集的有关估价对象的坐落、四至、面积、产权等资料，并对估价对象及其环境和临街状况进行拍照。

（6）选择估价方法测算。根据估价的目的和技术路线，考虑估价对象的不动产类型、各种估价方法的适用对象和条件以及所掌握的资料情况，确定所采用的估价方法，然后运用各种估价方法测算估价对象的价值。估价方法的选择是不动产估价的关键环节，估价方法的选择是否科学得当，将直接影响估价结果的准确性、客观性及合理性。

（7）确定估价结果。在确认各种测算结果准确，而且不同测算结果之间差异合理的情况下，可以采用平均数、中位数、众数等方法求取一个综合结果。由于影响不动产价格的因素很多，估价人员不能仅仅拘泥于某些计算公式得出的结果，还需同时考虑其他价格影响因素，结合估价师的工作经验，对结果进行适当调整，确定出最终估价结果。

（8）撰写估价报告。估价人员应按照估价报告写作的形式、要求和内容撰写估价报告。估价报告应全面、公正、客观、准确地记述估价过程和结论。

（9）审核估价报告。由估价机构负责人或资深估价师按照一定程序和要求对撰写出来的估价报告进行审查，确认估价结果的合理性。

（10）出具估价报告。审核合格之后，由有关估价人员签字，以估价机构的名义出具估价报告，然后交付委托人签收，就此完成对估价委托人的估价服务。

（11）估价资料归档。估价资料归档的目的是便于今后的估价和管理，它有助于估价机构和估价人员不断提高估价水平，有助于政府主管部门和行业自律组织对估价机构进行资质审查和考核。估价人员应全面、及时、准确地将估价工作中形成的各种文字、图件、表格、声音、图像等资料进行分类整理、归并，并将它们存档妥善保存。

第四节 不动产估价方法

一、收益还原法

（一）收益还原法的基本原理

收益还原法又称收益法、收益现值法、收益资本化法，是通过测算估价对象的未来纯收益，利用还原利率（或报酬率、资本化利率、收益倍数）将其转换为价格，以求取估价对象客观合理价格或价值的方法。收益还原法计算原理公式为

$$不动产价格 = \frac{纯收益}{还原利率} \qquad (7-1)$$

收益还原法以预期收益理论为依据，其本质是以不动产的预期收益能力为基础来求取估价对象的价格。采用收益还原法评估出的价格通常称为收益价格。

收益还原法适用于有现实收益或潜在收益的不动产估价，包括租赁不动产、企业经营用不动产、农业生产经营用不动产（例如农用地种植），但不适用于公用、公益性不动产的估价。收益还原法适用的条件是不动产的收益和风险都能够较准确地量化。

（二）收益还原法的操作步骤

1. 收集整理资料 通过走访有关部门及个人、收集各种文字或图件资料、进行实地调查等方式，获取待估不动产及与待估不动产特征相同或相似的不动产用于租赁或经营的年平均总收益、总费用等资料。所收集的资料应具有持续性、稳定性，能够反映不动产长期收益趋势。对租赁类不动产，宜收集3年以上的租赁资料；对营业类不动产，宜收集5年以上的运营资料；对直接生产用地，应收集过去5年中原料、人工及产品的市场价格资料。

2. 确定不动产总收益 不动产总收益是指待估不动产按最有效利用方式出租或自行使用，在正常情况下，合理利用不动产应取得的客观、持续、稳定的收益或租金。在确定不动产总收益时，一方面应考虑由估价对象引起的其他衍生收益，另一方面也应充分考虑不动产经营中因闲置而造成的客观损失。不动产总收益一般以年为计算单位，对于总收益的收益期超过或不足 1 年的，应统一折算为年不动产总收益。

3. 确定不动产总费用 不动产总费用是指利用不动产进行出租或经营活动并取得相应收益时正常合理的必要支出。根据总收益产生的形式不同，总费用的计算也分为以下这几种情况：①土地租赁中的总费用，包括土地使用税、土地管理费、土地维护费、其他税费；②房屋出租中的总费用，包括经营管理费、经营维修费、房屋年保险费、税金、物业服务费及其他费用；③企业经营不动产的总费用，通常包括原材料费、运输费、工资、税金、应摊提费用及其他应扣除的费用；④农用地种植的总费用，包括农用地维护费和生产农副产品的费用。不动产总费用一般以年为计算单位，对于总费用的支出期超过或不足 1 年的，应统一折算为年不动产总费用。

4. 计算不动产纯收益 根据具体估价对象以及经营方式的不同，应采用不同的计算方法和公式求取待估不动产的纯收益。

(1) 不动产出租中的纯收益。其计算公式如下：

$$不动产出租纯收益=不动产总收益-不动产总费用-空置和收租损失$$

(7-2)

空置和收租损失通常按照租金收入的一定比例来估算。

(2) 企业经营中的不动产纯收益。其计算公式如下：

$$企业经营中的不动产纯收益=年经营不动产总收益-年经营不动产总费用$$

(7-3)

(3) 农用地种植中的不动产纯收益。其计算公式如下：

$$农用地种植中的不动产纯收益=年农产品总收益-年种植总费用 \quad (7-4)$$

(4) 自用或待开发的不动产纯收益。自用或待开发的不动产纯收益可采用市场比较法求取，即比照类似地区或相邻地区有收益的类似不动产的纯收益，经过修正求得不动产纯收益。

5. 确定还原利率 还原利率又称资本化率、综合收益率、综合还原利率，是不动产纯收益与不动产价格的比率，实质是指资本投资的收益率。不动产的还原利率可分为综合还原利率、建筑物还原利率和土地还原利率，分别适用于房地价格评估、建筑物价格评估和土地价格评估。还原利率确定的准确与否直接关系到所评估不动产价格的精准度。在不动产估价实务中，确定还原利率常用的方法有市场提取法、重叠法、投资收益率排序插入法等。

(1) 市场提取法。利用与待估不动产具有类似收益特征的 3 宗以上最近发生的可比实例不动产的价格、纯收益等资料，按式 (7-1) 反求出还原利率。

(2) 重叠法。又称累加法。该方法把还原利率分为无风险还原利率和风险还原利率两部分，然后分别求出每一部分后再相加。无风险还原利率又称安全利率，指无风险的资本投资收益率，可选用国务院金融主管部门公布的同一时期的一年期国债利率或一年定期存款利率为安全利率；风险还原利率是指承担额外风险所要求的补偿，即超过无风险还原利率以上部分的还原利率，具体是待估不动产存在的具有自身投资特征的区域、行业、市场等风险的补偿，一般在 2%～4%。重叠法的一个细化公式为

$$还原利率＝无风险还原利率＋投资风险补偿＋管理负担补偿＋ \qquad (7-5)$$
$$缺乏流动性补偿－投资带来的优惠$$

式（7-5）中，投资风险补偿是指当投资者投资于收益不确定、具有风险性的不动产时所要求对所承担的额外风险的补偿；管理负担补偿是指当投资者投资于需要较多关注和监管的不动产时所要求的对所承担的额外管理工作的补偿；缺乏流动性补偿是指投资者对所投入不动产的资金缺乏流动性所要求的补偿；投资带来的优惠是指投资不动产可能获得的某些额外的好处。

（3）投资收益率排序插入法。找出相关投资类型及其收益率，将收益率由高到低或由低到高的顺序排列，制成图表，再将估价对象不动产与其他投资进行比较，考虑投资的风险程度、管理难易程度、安全性等，找出同等或相近的风险投资，从而判断还原利率落在的区域范围，并最终判断确定还原利率。

需要注意的是，这些方法并不能准确地找到某时期的还原利率，所求取的还原利率带有很强的主观性。为了准确地判断和确定还原利率，估价人员必须充分了解当地投资环境及不动产市场，把所学的方法、实践经验与掌握的有关知识进行融会贯通。

6. 根据收益计算不动产价格

（1）确定收益期或持有期。收益期是指预计在正常市场和运营状况下，待估不动产未来可能获得净收益的时间，可根据土地使用权剩余期限和建筑物剩余经济寿命来估计。对于土地与建筑物合一的不动产，当建筑物剩余经济寿命与土地使用权剩余年限一致时，收益期为土地使用权剩余期限或建筑物剩余经济寿命。否则，应选择其中较短者为收益期，并对超出收益期的土地使用权或建筑物按下列方式之一处理：①当土地使用权剩余年限长于建筑物经济寿命时。收益价值应为按收益期计算的价值，加上自收益期结束时起计算的土地剩余期限的土地使用权在估价时点的价值。②当土地使用权剩余年限短于建筑物剩余经济寿命时。对于非住宅类土地使用权合同约定无偿收回地上建筑物的，收益价值应为按收益期计算的价值；对于未约定的，收益价值应为按收益期计算的价值，加上建筑物在收益期结束时的价值折现到估价时点的价值。

（2）计算不动产价格。根据不动产的收益情况和使用年限等条件，选择适当的还原利率和计算公式，对不动产纯收益进行还原来求取不动产的价格。同时，应根据具体情况采用其他的方法来验证评估结果。

（三）收益还原法的基本计算公式

在应用收益还原法求取不动产价格时，用的是未来若干年纯收益的现值，而纯收益和收益年限都是可变因素，这就要求估价人员根据具体待估对象，选用适合的计算公式来求取收益价格。

1. 纯收益不变

（1）纯收益不变，还原利率不变且大于零，无限年期条件下。此时不动产价格的计算公式为

$$P = \frac{a}{r} \qquad\qquad (7-6)$$

式中：P 为不动产价格；a 为纯收益；r 为还原利率。

（2）纯收益不变，还原利率不变且大于零，有限年期条件下。此时不动产价格的计算公式为

$$P = \frac{a}{r}\left[1 - \frac{1}{(1+r)^n}\right] \tag{7-7}$$

式中：n 为收益年期；其他符号含义同式（7-6）。

（3）纯收益不变，还原利率为零，有限年期条件下。此时不动产价格的计算公式为

$$P = a \times n \tag{7-8}$$

式中符号含义同式（7-7）。

2. 纯收益在若干年内有变化

（1）纯收益在第 t 年（含第 t 年）以前有变化，第 t 年以后保持不变，还原利率不变且大于零，无限年期条件下。此时不动产价格的计算公式为

$$P = \sum_{i=1}^{t} \frac{a_i}{(1+r)^i} + \frac{a}{r(1+r)^t} \tag{7-9}$$

式中：a_i 为第 i 年的纯收益；t 为纯收益有变化的年限；其他符号的含义同式（7-8）。

（2）纯收益在第 t 年（含第 t 年）以前有变化，第 t 年以后保持不变，还原利率不变且大于零，有限年期条件下。此时不动产价格的计算公式为

$$P = \sum_{i=1}^{t} \frac{a_i}{(1+r)^i} + \frac{a}{r(1+r)^t}\left[1 - \frac{1}{(1+r)^{n-t}}\right] \tag{7-10}$$

式中符号的含义同式（7-9）。

3. 已知未来若干年后的不动产价格　纯收益在第 t 年（含第 t 年）前有变化（不变是特例），设第 t 年的不动产价格为 P_t，还原利率不变且大于零条件下，不动产价格的计算公式为

$$P = \sum_{i=1}^{t} \frac{a_i}{(1+r)^i} + \frac{P_t}{(1+r)^t} \tag{7-11}$$

式中：t 为未来不动产已知的年限；P_t 为第 t 年的不动产价格；其他符号含义同式（7-10）。

4. 纯收益按等差级数变化

（1）纯收益按等差级数递增，还原利率不变且大于零，无限年期（如果等差级数递减，则不可能出现无限年期）条件下。此时不动产价格的计算公式为

$$P = \frac{a}{r} + \frac{b}{r^2} \tag{7-12}$$

式中：b 为纯收益的等差级数递增的数额；其他符号含义同式（7-11）。

（2）纯收益按等差级数递增（减），还原利率不变且大于零，有限年期条件下。此时不动产价格的计算公式为

$$P = \left(\frac{a}{r} \pm \frac{b}{r^2}\right)\left[1 - \frac{1}{(1+r)^n}\right] \mp \frac{b}{r}\frac{n}{(1+r)^n} \tag{7-13}$$

式中符号含义同式（7-12）。当纯收益逐年递增时，式（7-13）中取上面的符号；当纯收益逐年递减时，式（7-13）中取下面的符号。同时，n、a、b 之间需满足 $n < \frac{a}{b} + 1$，

即满足各年纯收益在 n 年内都为正数。

5. 纯收益按等比级数变化

（1）纯收益按等比级数递增（减），还原利率不变且大于零，无限年期条件下。此时不动产价格的计算公式为

$$P = \frac{a}{r \mp s} \tag{7-14}$$

式中：s 为纯收益的等比级数递增（减）比率；其他符号含义同式（7-13）。

当纯收益逐年递增时，式（7-14）中取上面的符号（-号），需要满足 $r > s > 0$；当纯收益逐年递减时，式（7-14）中取下面的符号（+号），需要满足 $0 < s \leqslant 1$。

（2）纯收益按等比级数递增（减），还原利率不变且大于零，有限年期条件下。此时不动产价格的计算公式为

$$P = \frac{a}{r \mp s}\left[1 - \left(\frac{1 \pm s}{1 + r}\right)^n\right] \tag{7-15}$$

式（7-15）中的符号含义同式（7-14）。当纯收益逐年递增时，式（7-15）中取上面的符号，需要满足 $r > s > 0$；当纯收益逐年递减时，式（7-15）中取下面的符号，需要满足 $0 < s \leqslant 1$。

（四）收益还原法应用示例

【例7-1】M公司于2016年11月1日以13 428万元在A市购买了一栋写字楼，总建筑面积为15 000m²，占用土地面积为12 480 m²。该写字楼除10 000m²自用以外，其余部分用于出租。2018年11月1日，M公司为核实资产，需对该土地使用权价格进行评估。经调查，该写字楼所占土地为2014年11月1日取得的国有出让土地，出让年期为50年，写字楼于2015年11月1日建成，当时建筑物造价为2 300元/ m²，房屋耐用年限为60年，残值率为2%。该写字楼现出租部分的月租金为60元/ m²，比市场同类物业平均水平低5元/ m²，市场平均空置率为10%，出租经营过程中的增值税为年租金的5%，维修费为重置价的2%，管理费为年租金的3%（以实有建筑面积计算，不考虑空置），年保险费为重置价的0.2%，房产税为原造价70%的1.2%。目前该类物业的建筑造价为2 500元/m²，房屋还原利率及土地还原利率分别为8%和6%。请根据上述资料测算该土地于2018年11月1日的单位面积地价和总地价（保留两位小数）。

解：根据题意，本案例为单独求取土地使用权价格。题目中提供了写字楼的客观收益、运营费用、建筑物重置价格、房屋还原利率及土地还原利率等相关参数，可采用收益还原法评估。首先，依据收益还原法以外的方法求取不动产的纯收益和建筑物的价格；其次，从待估不动产的纯收益中扣除属于建筑物的纯收益，得到土地的纯收益；最后，以土地还原利率还原，即可得到土地使用权的收益价格。

（1）计算房地年总收益。

房地年总收益 =（60+5）×12×15 000×（1-10%）=1 053（万元）

（2）计算房地年总费用。

房地年总费用=增值税+管理费+维修费+保险费+房产税

年增值税=1 053×5%=52.65（万元）

年管理费=65×12×15 000×3%=35.1（万元）

年维修费=2 500×15 000×2%=75（万元）

年保险费＝2 500×15 000×0.2％＝7.5（万元）

年房产税＝2 300×15 000×70％×1.2％＝28.98（万元）

房地年总费用＝52.65＋35.1＋75＋7.5＋28.98＝199.23（万元）

（3）计算房地年纯收益。

房地年纯收益＝1 053－199.23＝853.77（万元）

（4）计算房屋年折旧费。

房屋年折旧费＝（2 500－0）/49×15 000＝76.53（万元）

注意：根据国务院于1990年发布的《中华人民共和国城镇国有土地使用权出让和转让暂行条例》的规定，当土地使用年限小于建筑物耐用年限时，房屋的耐用年限只能按土地使用权年限计算并没收房屋的残值。因此在计算年折旧费时不应考虑残值，因而残值为0。

（5）计算房屋现值。

房屋现值＝2 500×15 000－765 300×3＝3 520.41（万元）

（6）计算房屋年纯收益。

房屋年纯收益＝3 520.41×8％＝281.63（万元）

（7）计算土地年纯收益。

土地年纯收益＝853.77－281.63＝572.14（万元）

（8）计算2018年11月1日的土地使用权价格（总地价）。

$$土地使用权价格＝\frac{572.14}{6\%}×\left[1-\frac{1}{(1+6\%)^{46}}\right]＝8\ 882.11（万元）$$

$$单位面积地价＝\frac{88\ 821\ 100}{12\ 480}＝7\ 117.08（元/m^2）$$

收益还原法应用范围较广而且符合购买者的投资宗旨，但是确定纯收益及还原利率相当困难，并且仅仅根据预期的纯收益确定价格难免会存在脱离实际的情况。因此，在必要时需要采用其他的评估方法对评估结果加以验证，以保证评估结果的合理性。

二、市场比较法

（一）市场比较法基本原理

市场比较法又称市场法、比较法、买卖实例比较法、交易实例比较法、现行市价法等，是根据替代原则，将待估对象与接近估价时点的已发生交易的类似不动产进行比较，对类似不动产的成交价格进行修正，进而得出估价对象在估价时点的客观合理价格的方法。市场比较法的理论依据是替代原理，采用市场比较法求得的价格称为比准价格，比准价格经过修正后得出估价对象的市场价格。

市场比较法是不动产估价中最重要、最常见的方法，较适用于不动产市场比较发达，具有相关性和替代性的交易实例充足、交易资料可靠、交易合法的地区。

（二）市场比较法的操作步骤

1. 收集交易实例　收集大量真实有效的不动产交易案例是市场比较法的基础和前提，如果案例太少，则评估人员难免会主观判断，导致估价结果不够客观，无法保证其准确性。收集的交易实例内容包括：①交易双方的情况及交易目的；②交易实例不动产情况；③成交价格及成交日期；④付款方式等。

2. 选取可比交易实例 比较交易实例的选择是针对具体要评估的对象条件，从众多的市场交易实例中选择 3 个符合条件的实例，用于进行比较参考。可比实例选取是否恰当，直接影响市场比较法评估结果的正确性。所选取的可比实例应符合下列要求：①可比交易实例与估价对象为类似的不动产；②成交日期与估价对象不动产的估价时点相近；③成交价格为正常价格或可修正为正常价格。所谓正常价格，是指在公开不动产交易市场上，交易双方均了解市场信息，以平等自愿的方式达成的交易价格。

3. 建立价格可比基础 为便于进行交易情况、交易日期、不动产状况的修正，选取可比实例之后，应对这些可比实例成交价格的表达方式和内涵进行统一。需要统一的具体内容包括：统一付款方式、统一采用单价、统一币种和货币单位、统一面积内涵（如建筑面积、套内面积或使用面积）、统一面积单位等。

4. 进行交易情况修正 交易情况修正也称市场交易情况修正，是指剔除掉不动产交易行为中的一些特殊因素所造成的价格偏差，如特殊利害关系人之间的交易、特殊动机的交易、交易双方市场信息不对称的交易、特殊交易方式的交易及交易税费非正常负担的交易等。对存在上述特殊交易情况的交易案例一般不宜选为可比实例，但当可供选择的交易实例较少而不得不选用时，则应对其进行交易情况修正。交易情况修正的方法主要有差额法（只适用于交易税费非正常负担的交易修正）和百分率法。

（1）差额法。其计算公式为

$$可比实例正常市场价格＝可比实例交易价格±交易情况修正数额 \quad (7-16)$$

（2）百分率法。其计算公式为

$$可比实例正常市场价格＝可比实例交易价格×交易情况修正系数 \quad (7-17)$$

在百分率法中，交易情况修正系数应以正常市场价格为基准来确定，由此式（7-17）可细化为

$$可比实例正常市场价格＝可比实例交易价格×\frac{正常交易情况指数}{可比实例交易情况指数}$$
$$＝可比实例交易价格×\frac{100}{Q} \quad (7-18)$$

式（7-18）表示以正常市场价格为基准，即正常交易情况指数为 100，此时可比实例交易情况指数为 Q。如果可比实例成交价格低于正常情况的市场价格，则 $Q<100$；反之，则 $Q>100$。

关于交易情况的修正，需要估价人员具有丰富的经验，对市场行情有充分的了解。所以能否准确地进行修正，在很大程度上依赖于估价人员的经验。

5. 进行交易日期修正 交易日期修正是指将可比实例在其成交日期时的价格修正为估价时点时的价格，又称市场状况调整。目前，较为常用的交易日期修正的方法有价格指数法和价格变动率法。

（1）价格指数法。在价格指数编制中，需要选择某个时期作为基期。如果以某个固定时期作为基期，称为定基价格指数；如果以上一期作为基期，称为环比价格指数。

A. 定基价格指数法。如果以可比实例成交日期时的价格为基准，可比实例成交日期时的价格指数为 100，此时估价时点的价格指数为 J，则修正公式为

$$可比实例在估价时点时的价格 = \frac{可比实例在成交}{日期的价格} \times \frac{估价时点的价格指数}{成交日期的价格指数}$$

$$= \frac{可比实例在成交}{日期的价格} \times \frac{J}{100}$$

$$(7-19)$$

B. 环比价格指数法。其计算公式为

$$可比实例在估价时点时的价格 = \frac{可比实例在成交}{日期的价格} \times \frac{成交日期的下一}{时期的价格指数} \times$$

$$\frac{成交日期的再}{下一时期的价格指数} \times \cdots \times \frac{估价时点的}{价格指数}$$

$$(7-20)$$

（2）价格变动率法。不动产价格变动率包括逐期递增或递减的价格变动率和期内平均上升或下降的价格变动率两种。

A. 逐期递增或递减的价格变动率法。其计算公式为

$$\frac{可比实例在估价}{时点的价格} = \frac{可比实例在成交}{日期的价格} \times (1 \pm 价格变动率)^{期数} \quad (7-21)$$

B. 期内平均上升或下降的价格变动率法。其计算公式为

$$\frac{可比实例在估价}{时点的价格} = \frac{可比实例在成交}{日期的价格} \times (1 \pm 价格变动率 \times 期数) \quad (7-22)$$

6. 不动产状况调整 不动产状况调整包括区位状况调整、实物状况调整和权益状况调整。由于构成不动产状况的因素很多，所以不动产状况调整是市场比较法的难点和关键。不动产状况调整方法有差额法和百分率法，但使用最为普遍和常见的方法为百分率连乘调整公式。如果以估价对象不动产状况为基准，即估价对象不动产状况指数为 100，此时可比实例不动产状况指数为 Z。其计算公式为

$$\frac{可比实例在估价对象}{不动产状况下的价格} = \frac{可比实例在其自身}{不动产状况下的价格} \times 不动产状况调整系数$$

$$= \frac{可比实例在其自身不动产}{状况下的价格} \times \frac{估价对象不动产状况指数}{可比实例不动产状况指数}$$

$$= 可比实例在其自身不动产状况下的价格 \times \frac{100}{Z}$$

$$(7-23)$$

需要注意的是，当土地的年收益确定后，土地的使用期限越长，土地的总收益越多，因此需要通过土地使用权年限修正，消除使用年限不同所造成的价格的差异。常采用的公式为

$$\frac{土地年限修正后的}{可比实例价格} = \frac{可比实例在其自身}{不动产状况下的价格} \times \frac{1 - \dfrac{1}{(1+r)^n}}{1 - \dfrac{1}{(1+r)^m}} \quad (7-24)$$

式中：$\dfrac{1 - \dfrac{1}{(1+r)^n}}{1 - \dfrac{1}{(1+r)^m}}$ 为土地使用年限修正系数；r 为报酬率（还原率）；m 为可比实例土

地使用年限；n 为估价对象土地使用年限。

7. 确定比准价格　通过交易情况修正、交易日期修正及不动产状况调整，由可比实例不动产的价格经过综合修正调整，求得估价对象不动产的价格。

（1）综合修正调整。此时估价对象不动产价格的计算公式为

$$\begin{array}{c}\text{估价对象不动产}\\\text{的价格}\end{array} = \begin{array}{c}\text{可比实例}\\\text{不动产的价格}\end{array} \times \begin{array}{c}\text{交易情况}\\\text{修正系数}\end{array} \times \begin{array}{c}\text{交易日期}\\\text{调整系数}\end{array} \times \begin{array}{c}\text{不动产状况}\\\text{调整系数}\end{array}$$

$$(7-25)$$

或

$$\begin{aligned}\begin{array}{c}\text{估价对象}\\\text{不动产的价格}\end{array} &= \begin{array}{c}\text{可比实例}\\\text{不动产的价格}\end{array} \times \frac{\text{正常交易情况指数}}{\text{可比实例交易情况指数}} \times \\[2mm] &\quad \frac{\text{估价时点的价格指数}}{\text{成交日期的价格指数}} \times \frac{\text{估价对象不动产状况指数}}{\text{可比实例不动产状况指数}} \\[2mm] &= \begin{array}{c}\text{可比实例}\\\text{不动产的价格}\end{array} \times \frac{100}{Q} \times \frac{J}{100} \times \frac{100}{Z}\end{aligned}$$

$$(7-26)$$

式中：Q、J、Z 的含义同式（7-18）、式（7-19）和式（7-23）。

值得注意的是，房地产估价规范要求，进行交易情况修正、市场状况调整、区位状况调整、实物状况调整以及权益状况调整时，单项修正调整幅度不宜超过 20%，综合修正调整幅度不宜超过 30%，各个可比实例综合修正调整后的最高价格与最低价格的比值不宜大于 1.2。当这些要求不能满足时，则说明可比实例选择有问题，须重新进行选择。

（2）求取比准价格。选用的可比实例通过上述综合修正后，根据每个可比实例都会得出一个估价对象不动产价格。而且每个价格不可能完全一致，需要综合确定一个估价结果作为估价对象不动产的价格。综合确定的常用方法有简单算术平均法、加权算术平均法、中位数法和众数法。

A. 简单算术平均法。其计算公式为

$$p = \frac{1}{n}\sum_{i=1}^{n} p_i \tag{7-27}$$

式中：p 为估价对象的价格；p_i 为根据第 i 个可比实例修正得到的估价对象不动产价格；n 为价格个数。

B. 加权算术平均法。如果每个可比实例得出的估价对象不动产价格的重要程度不同，则需要对每个价格赋予不同的权数或权重。其计算公式如下：

$$p = \frac{1}{n}\sum_{i=1}^{n} p_i f_i \tag{7-28}$$

式中：f_i 为根据第 i 个可比实例修正得到的估价对象不动产价格的权数或权重；其他符号含义同式（7-27）。

C. 中位数法。中位数是将修正、调整后的各个价格按由低到高的顺序排列，如果是奇数个价格，那么处在正中间位置的那个价格为综合出的估价对象不动产的价格；如果为偶数个价格，那么处在正中间位置的那两个价格的简单算术平均数为综合出的估价对象不动产的价格。

D. 众数法。众数法是取价格出现频数最多的那个数值。在不动产估价中，需要有 10 个以上的可比实例才能用这种方法确定估价对象不动产的价格。一组数值可能有不止一个众数，也可能没有众数。

（三）市场比较法应用示例

【例 7-2】为评估某公寓 2016 年 12 月 1 日的正常市场价格，在该公寓附近调查选取了 A、B、C 三宗类似公寓的交易实例作为可比实例，有关资料见表 7-1。交易情况中数值的＋（一）号表示可比实例成交价格高（低）于正常市场的价格幅度，不动产状况中数值的＋（一）号表示可比实例不动产状况优（劣）于估价对象不动产状况导致的价格差异幅度。已知 2016 年 7 月 1 日美元与人民币的市场汇率为 1∶6.5，2016 年 12 月 1 日美元与人民币的市场汇率为 1∶6.6。不动产使用面积系数（使用面积与建筑面积之比）为 85%。该公寓以人民币为基准的市场价格，2016 年 1 月 1 日至 2016 年 4 月 1 日基本不变，2016 年 4 月 1 日至 2016 年 8 月 1 日平均每月上升 2%，以后平均每月比上月上升 1.5%。试评估该公寓 2016 年 12 月 1 日的正常市场价格（如需计算平均值，请采用简单算术平均法，保留两位小数）。

表 7-1　可比实例资料

项目	可比实例 A	可比实例 B	可比实例 C
成交价格	10 500 元/m²	1 550 美元/m²	13 500 元/m²（使用面积）
成交日期	2016 年 3 月 1 日	2016 年 7 月 1 日	2016 年 10 月 1 日
交易情况	+2%	+3%	+3.5%
不动产状况	−2%	+4%	+2%

解：根据题意，可采用市场比较法进行评估。

设 P_A、P_B、P_C 分别为可比实例 A、B、C 修正调整后的价格，根据式（7-25）及式（7-26），则有

$$P_A = 10\ 500 \times \frac{100}{(100+2)} \times (1+2\% \times 4) \times (1+1.5\%)^4 \times \frac{100}{(100-2)} = 12\ 040.68\ （元/m²）$$

$$P_B = 1\ 550 \times 6.5 \times \frac{100}{(100+3)} \times (1+2\%) \times (1+1.5\%)^4 \times \frac{100}{(100+4)} = 10\ 182.13\ （元/m²）$$

$$P_C = 13\ 500 \times 85\% \times \frac{100}{(100+3.5)} \times (1+1.5\%)^2 \times \frac{100}{(100+2)} = 11\ 198.10\ （元/m²）$$

估价对象不动产价格 P 用简单算术平均法进行综合计算得：

$$p = \frac{P_A + P_B + P_C}{3} = 11\ 140.30（元/m²）$$

市场比较法思路清晰，但修正调整难度较大。尽管不动产状况的对比分析相对比较容易和直观，但不动产状况的差异导致的价格差异就相对模糊复杂，且修正调整的方法和内容上也有不同的选择。因此要求估价人员具有丰富的实践经验、对不动产市场有深刻的认识以及具备较强的市场把握能力。

三、成本法

(一) 成本法的基本原理

成本法又称原价法、承包商法、合同法或加法，是求算开发建设估价对象在估价时点的重新购建价格，然后扣除折旧，最终得出估价对象的客观合理价格或价值的方法。成本法的实质是以不动产开发建设成本为导向求取估价对象的价格或价值，其理论基础为生产费用价值理论，通过成本法测算得到的不动产价格称为积算价格。

与其他估价方法相比较，成本法具有以下特点：①以成本累加为途径；②积算价格是以估价时点为基准时间点积算的；③估价中所依据的成本是重新建造类似不动产的社会必要成本；④积算价格往往偏离正常市场价格。

因此，成本法特别适用于以下几种情形的不动产估价：①新近开发建设、可以假设重新开发建设或者计划开发建设的不动产估价；②无法利用市场比较法进行估价，或不动产市场不活跃、缺乏市场交易实例的不动产估价；③既无收益又很少进入市场交易的不动产估价；④特殊不动产估价；⑤单纯的建筑物或者其装修装饰部分估价；⑥不动产保险（包括投保和理赔）及其他赔偿估价。以上几种情形可具体化为新开发的土地、新建的房地产（此处指房地、建筑物两种情况）和旧的房地产（此处指房地、建筑物两种情况）三类估价对象。

成本法测算不动产价格通常可分为以下 3 个步骤进行：①收集有关不动产开发建设的成本、税费、利润及土地增值等资料；②测算估价对象的重新购建价格（重置价格或重建价格），对于旧的建筑物还需测算建筑物的折旧；③求取估价对象的积算价格。其基本计算公式为

$$不动产价格＝重新购建价格－折旧价格 \qquad (7-29)$$

具体来说，针对不同类型的估价对象，其基本计算公式和操作步骤存在较大的差异。

(二) 适用于新开发土地估价的基本计算公式及操作步骤

1. 基本计算公式　新开发土地主要包括：①征收农用地并进行"三通一平"等基础设施建设和平整场地后的土地；②城市房屋征收并进行基础设施改造和平整场地后的土地。在这些情况下，成本法的基本计算公式为

$$新开发土地价格＝土地取得费＋土地开发费＋税费＋投资利息＋$$
$$投资利润＋土地增值收益 \qquad (7-30)$$

当新开发土地中存在总体开发分块出让或转让的情况时，各宗可出让土地的均价应当是整体开发成本在可出让或转让土地面积上的平均，具体地块的价格应在均价的基础上进行用途、区位等因素修正，得到成本法的衍生计算公式，即

$$开发区某宗土地的单价＝\left(取得开发区用地的总费用＋土地开发的总费用＋税费＋投资利息＋投资利润＋土地增值收益\right)/\left(开发区总面积×可转让土地面积比例\right)×修正系数 \qquad (7-31)$$

2. 确定土地取得费用　土地取得费用是指为了取得新开发土地的权益而向土地所有者或原土地使用者支付的生地或毛地的费用，包括：①农用地征收所发生的取得费，即征收补

偿安置费，主要包括被征收土地、地上青苗、建筑物和构筑物的补偿费，以及涉及人员的安置补助费。各项费用按有关规定，依据待估宗地所在区域政府规定的相关标准，以应当支付的区域客观费用确定。②城市房屋征收所发生的取得费，主要是针对取得已利用的城市土地，发生的向原使用者支付的各种补偿，包括被征收房屋价值的补偿，因征收房屋造成的搬迁、临时安置、停产停业损失的补偿等。③市场交易获得的土地，其土地取得费用就是估价时点土地的客观市场购置价格。

这里的取得费用是狭义的概念，不包含支付给政府的土地增值收益或土地出让金以及相关税费。

3. 确定土地开发费 新开发土地的土地开发费是指将取得的生地和毛地开发为熟地所发生的费用。包括：①基础设施建设费，按实际土地开发程度及各地费用标准计算；②公共配套设施建设费，具体额度按各地规定缴纳；③小区开发配套费，具体额度按各地规定缴纳。

4. 确定税费 新开发土地的税费是指土地取得和土地开发过程中必须支付的有关税收和费用。根据有关法律规定，主要有针对占用耕地的耕地占用税、耕地开垦费，以及针对征收城市郊区菜地的新菜地开发基金等。在估价过程中，税费项目和标准应按国家和地方的有关规定加以确定。

5. 计算投资利息 计算利息主要是考虑资金的时间价值。投资利息包括土地取得费、土地开发费和税费的利息。无论投入的资金来源是借贷资金还是自有资金，都应计算利息。投资利息的计算需要把握以下5个方面：

（1）计息项目。包括土地取得费、土地开发费和税费等。

（2）计息期。土地取得费及其税费是在土地开发动工前（取得土地时）一次付清的，计息起点为土地开发的起点，即计息期为整个开发期；土地开发费用不是发生在一个时点，而是在开发期内连续投入的，计息时假定为在开发期内均匀投入或分段均匀投入，具体视为在该时段的期中投入，投入时点即为计息期的起点，开发期结束的时间点为计息期的终点。

（3）计息方式。土地开发周期不超过一年，可按单利计息（只有本金计算利息，本金所产生的利息不计算利息）；超过一年，则按复利计息（本金和利息都要计算利息）。

（4）利率的选取。利率的选取应参照同期银行公布的贷款利率。

（5）计息周期。计息周期是计算利息的时间单位，通常为年，也可以是季或月等。

6. 确定投资利润 投资的目的是获取相应的利润作为投资的回报，利润率或投资回报率需要考虑开发土地的利用类型、开发周期的长短和开发土地所处地区的经济环境。

7. 确定土地增值收益 一般情况下，政府出让土地除收回成本外，还要使国家的土地所有权在经济上得到实现，即获取一定的增值收益。土地增值收益计算公式为

$$土地增值收益 = \left(\frac{土地}{取得费} + \frac{土地}{开发费} + 税费 + \frac{投资}{利息} + \frac{投资}{利润} \right) \times \frac{土地增值}{收益率}$$

（7-32）

目前，政府在土地出让时收取的土地使用权出让金就是土地增值收益的一种表现形式。土地使用权出让金是由各城市管理部门依据土地用途、所在级别或地价区段、土地具体位置以及生熟程度等测算确定的。

8. 求取土地积算价格 将以上各部分的计算结果带入成本法的基本计算公式进行加总，

就可以得到新开发土地的积算价格。根据估价对象的具体情况和估价目的，土地积算价格还需要进行以下几方面的修正并最终得到估价结果。

（1）根据评估宗地在区域内的位置和宗地条件，进行个别因素修正。修正方法同市场比较法中的不动产状况调整。

（2）采用成本法求取有限年期的土地使用权价格时，应进行土地使用权年期修正。修正公式为

$$K = 1 - \frac{1}{(1+r)^n} \tag{7-33}$$

式中：K 为年期修正系数；r 为土地还原利率；n 为土地使用权年限。

（3）采用成本法测算某一小区（或开发区）的平均土地价格时，应考虑小区的土地利用率或可出让土地的比率，把不能出让的公共设施的占地面积和公用面积的土地价格及有关土地开发的投资成本，分摊到可出让的土地中去。计算公式为

$$\text{可出让土地平均单价} = \text{土地总平均单价} \times \frac{\text{总土地面积}}{\text{可出让的土地面积}} \tag{7-34}$$

（4）宗地生熟程度修正。由于土地开发程度通常设为宗地红线外的开发程度，而对于宗地红线内的开发状况没有考虑，因此对于宗地内的开发和建设状况也应进行适当的修正。

（5）市场资料修正。由于成本法测算的新开发土地的地价是从土地出让或转让人的角度得到的，而土地受让人能否接受此价格，需要从土地使用者分析预期的土地收益或同已经发生的交易价格比较后，确定自己对宗地价格的认同标准。因此，成本法计算出的地价还需要经过市场资料进行比较修正，使其更接近实际水平。

（三）适用于新建不动产估价的基本计算公式及操作步骤

1. 确定基本计算公式　新建不动产有两种情况：一种是新建房地，另一种是新建建筑物。

（1）新建房地。在新建房地的情况下，成本法的基本计算公式为

$$\text{新建房地价格} = \text{土地取得成本} + \text{土地开发成本} + \text{建筑物建造成本} + \text{管理费用} + \text{投资利息} + \text{销售费用} + \text{销售税费} + \text{开发利润} \tag{7-35}$$

（2）新建建筑物。在新建建筑物的情况下，成本法的基本计算公式为

$$\text{新建建筑物价格} = \text{建筑物建造成本} + \text{管理费用} + \text{投资利息} + \text{销售费用} + \text{销售税费} + \text{开发利润} \tag{7-36}$$

2. 确定土地取得成本　这里的土地取得成本是广义的土地取得概念，包括土地使用权出让金、农用地征收及城市房屋征收所发生的补偿费用、有关土地取得的手续费及税金。

3. 确定土地开发成本　包括开发设计和前期工程费、基础设施建设费、公共配套设施费、小区开发配套费、开发过程中发生的税费和间接费用。

4. 确定建筑物建造成本　包括建筑安装工程费、招投标费、预算审查费、质量监督费、竣工图费、"三材"（钢材、水泥、木材）差价、定额调整系数、建材发展基金等。可根据建筑物开发规模与情况，查找相关定额标准和文件规定确定相关费用。

5. 确定管理费用　管理费用是指为组织和管理不动产开发经营活动所必需的费用，包括开发商的人员工资及福利费、办公费、差旅费等。在估价时管理费用通常可按照土地取得成本与开发成本（含土地开发成本和建筑物造价成本）之和的一定比例来测算。

6. 计算投资利息 土地取得成本、开发成本都要计算利息。计算原理同新开发土地有关利息的计算。

7. 确定销售费用 销售费用是指销售开发完成后的不动产所必需的费用，包括广告宣传费、销售代理费等。销售费用通常按照不动产售价乘以一定比率来测算。

8. 确定销售税费 销售税费是指销售开发完成后的不动产应由开发商（此时为卖方）缴纳的税费，包括：①销售税金及附加，包括增值税以及城市维护建设税、教育费附加；②其他销售税费，包括应由卖方承担的印花税、交易手续费、产权转移登记费、土地增值税等。在具体的估价中，销售税费通常按照不动产售价乘以一定比率来测算。

9. 测算开发利润 在成本法中，销售收入（售价）是需要求取的未知数，因此需要事先测算开发利润。开发利润的测算应掌握以下几点：

（1）开发利润是所得税前的。开发利润的计算公式为

$$开发利润 = \frac{新建房地}{价格} - \frac{土地取得}{成本} - \frac{土地开发}{成本} - \frac{建筑物}{建造成本} - \frac{管理}{费用} - \frac{投资}{利息} - \frac{销售}{费用} - \frac{销售}{税费} \tag{7-37}$$

（2）成本法中的开发利润是指在正常条件下开发商所能获得的平均利润。

（3）开发利润为一定计算基数乘以统一市场类似不动产开发项目所要求的相应利润率，包括直接成本利润率（计算基数为土地取得成本＋土地开发成本）、投资利润率（计算基数为土地取得成本＋土地开发成本＋管理费用）、成本利润率（计算基数为土地取得成本＋土地开发成本＋管理费用＋投资利息＋销售费用）和销售利润率（计算基数为开发完工后不动产价值）等。

在测算开发利润时要注意计算基数与利润率的匹配。从理论上来说，同一不动产开发项目的开发利润，无论采用哪种计算基数及与其相对应的利润率来测算，所得出的结果都是相同的。

（四）已有旧的不动产估价的基本计算公式及操作步骤

1. 确定基本计算公式 已有旧的不动产有两种情况：一种是旧房地，另一种是旧建筑物。

（1）旧房地。在旧房地的情况下，成本法的基本计算公式为

$$旧房地价格 = 房地重新购建价格 - 建筑物折旧 \tag{7-38}$$

或者

$$旧房地价格 = \frac{土地重新}{购建价格} + \frac{建筑物重新}{购建价格} - \frac{建筑物}{折旧} \tag{7-39}$$

土地重新购建价格包括土地使用权出让金、农用地征收及城市房屋征收所发生的补偿费用、土地开发成本、有关土地取得及开发的税费。土地重新购建价格可采用成本法、市场比较法或收益还原法、基准地价系数修正法等方式估算其在估价时点状况下的价格。

上述公式在实际应用中，必要时还应扣除由于旧建筑物的存在而导致土地价值的减损。

（2）旧建筑物。在旧建筑物的情况下，成本法的基本计算公式为

$$旧建筑物价格 = 建筑物重新购建价格 - 建筑物折旧 \tag{7-40}$$

2. 确定建筑物重新购建价格

（1）建筑物重新购建价格的概念。建筑物重新购建价格又称建筑物重新购建成本，是指假设在估价时点重新取得全新状况的估价对象所必需的支出，或者重新开发建设全新状况的

估价对象所必需的支出和应获得的利润。这里的重新取得可简单理解为重新购买，重新开发建设可简单理解为重新生产。建筑物重新购建价格可分为建筑物重置价格和建筑物重建价格。建筑物重置价格和建筑物重建价格的相同点在于：两者都是求取在估价时点时的全新状态的估价对象建筑物的重新购建成本，都是在估价时点时的国家财税制度和市场价格体系下计算得到的。两者的不同点在于：建筑物重置价格只要求采取估价时点时的建筑材料、建筑构配件、建筑设备和建筑技术等，重新建造与估价对象建筑物具有同等功能和效用的建筑物，不要求与估价对象建筑物完全相同；建筑物重建价格则要求采用与估价对象建筑物相同的建筑材料、建筑构配件、建筑设备和建筑技术等，重新建造与估价对象建筑物完全相同的复制品。建筑物重置价格是技术进步的必然结果，也是"替代原理"的体现，因此，建筑物重置价格通常比建筑物重建价格低。

（2）建筑物重新购建价格的求取。求取建筑物重新购建价格之前应先收集整理与待估建筑物价格相关的资料，主要包括建筑物面积、结构、用途、区位、朝向、已使用年数、新旧程度、耐用年限、残值率（指在固定资产不能再继续使用或者有需要进行核算时，用现有价值除以购入时的价格得出的比率）、建筑物重置价格或建筑物重建价格标准等。建筑物重新购建价格可采用成本法、市场比较法求取，也可按照工程造价估算的方法求取。

3. 确定建筑物的折旧　建筑物折旧是指由于各种原因而造成的建筑物价值损失，其数额为建筑物重新购建价格与建筑物在估价时点时的市场价值的差额，即

$$\text{建筑物折旧} = \text{建筑物重新购建价格} - \text{旧建筑物价格} \tag{7-41}$$

根据造成建筑物折旧的原因，可将建筑物折旧分为以下 3 种：①物质折旧，又称物质磨损、有形磨损，是指建筑物在实体上的老化、损坏所造成的建筑物价值损失；②功能折旧，又称无形损耗，是指建筑物在功能上的相对缺乏、落后或过剩所造成的建筑物价值损失；③经济折旧，又称外部折旧，是指建筑物本身以外的各种不利因素所造成的建筑物价值的损失。

求取折旧的方法很多，在不动产估价中求取建筑物折旧的方法主要有耐用年限法、成新折扣法、实际观察法等，以及几种折旧方法的综合运用。

（1）耐用年限法。利用耐用年限法求取建筑物折旧时，应采用经济耐用年限。经济耐用年限也称经济寿命或折旧年限，是指建筑物自竣工验收合格之日起，其产生的收益大于运营成本的持续期。经济耐用年限的确定要依据建筑物的建筑结构、用途、维修保养情况，结合市场状况、周围环境、经营收益状况等综合判断。在应用耐用年限法求取建筑物折旧的过程中，具体的操作方法主要有定额法和定率法。造价部门按照建筑物的建筑结构类型、等级分别对其经济耐用年限和残值率进行了详细的规定，估价人员在采用定额法评估建筑物现值时可以查阅相关规定。

A. 定额法。定额法又称直线法、平均年限折旧法，是最简单、应用最普遍的一种折旧计算方法。该方法假设建筑物在经济耐用年限内每年的折旧额相等。其计算公式为

$$D = \frac{C - S}{N} = \frac{C(1-R)}{N} \tag{7-42}$$

式中：D 为年折旧额；C 为建筑物的重新购建价格；S 为建筑物的净残值（建筑物的残值减清理费用）；R 为建筑物的净残值率（建筑物的净残值与其重新购建价格的比值，简称残值率）；N 为建筑物经济耐用年限。

经过 n 年后，折旧总额 D_n 的求取公式为

$$D_n = \frac{C(1-R)n}{N} = D \times n \qquad (7-43)$$

式中：D_n 为折旧总额；n 为建筑物的已使用年限；其他符号含义同前。

则第 n 年末建筑物现值 P_n 的求取公式为

$$P_n = C - D_n \qquad (7-44)$$

式中：P_n 为建筑物第 n 年末的现值；其他符号含义同式（7-43）。

B. 定率法。定率法又称余额递减法，是使用某一固定的比率（折旧率）乘以本年度尚未折旧的建筑物现值，进而计算本年度折旧额的方法。其特点是折旧率在经济耐用年限内保持不变，折旧额逐年递减。若假定固定折旧率为 d，则折旧额计算公式为

$$D_i = C(1-d)^{i-1}d \qquad (7-45)$$

式中：D_i 为第 i 年的折旧额；C 为建筑物的重新购建价格；d 为固定折旧率；i 为建筑物已使用年限。

则经过 t 年后，建筑物的折旧总额 E_t 为

$$E_t = \sum_{i=1}^{t} D_i = C - C(1-d)^t \qquad (7-46)$$

式中：E_t 为 t 年后建筑物的折旧总额；其他符号含义同式（7-45）。

第 t 年末的建筑物现值 P_t 为

$$P_t = C - E_t = C(1-d)^t \qquad (7-47)$$

式中：P_t 为第 t 年末的建筑物现值；其他符号含义同式（7-46）。

当 $t=N$ 时，即到建筑物经济耐用年限结束时，建筑物的现值 P_t 即为残值 S，则

$$S = C(1-d)^N \qquad (7-48)$$

式中：S 为建筑物残值；其他符号含义同式（7-47）。

在实际应用余额递减法时，一定要先规定一个折旧率 d，而不是以建筑物的经济耐用年限和残值率测算的方法确定。

（2）成新折扣法。成新折扣法是根据建筑物的建成年代、新旧程度等确定建筑物的成新率［建筑物的成新率的评分标准可借鉴城乡建设环境保护部于 1984 年 11 月颁布的《房屋完损等级评定标准（试行）》］，用建筑物重新购建价格乘以成新率即为建筑物的现值。这种成新折扣法比较粗略，主要用于初步估价或同时需要对大量建筑物进行估价的场合，尤其是开展大范围的建筑物现值摸底调查。

（3）实际观察法。该方法不是以建筑物的耐用年限作为计算折旧的标准，而是以建筑物的实际损耗为依据。由估价人员亲自到现场，直接对建筑物进行物理、功能和经济折旧的观察，判断成新程度，以判断的成新程度代替成新折扣法中以耐用年限和经过年数确定的成新程度，据此计算建筑物的现值。

以上几种方法各有优缺点。相较于成新折扣法、实际观察法与耐用年限法，耐用年限法过度依赖已使用年数而不易充分把握个别的折旧额，而成新折扣法、实际观察法需要有一定技术和经验的估价人员正确把握折旧的因素。因此，在估价实务中，最好是先采用耐用年限法计算折旧额，然后再应用成新折扣法或实际观察法进行修正，以提高评估结果的合理性。

（五）成本法应用示例

【例 7-3】某开发区征用土地面积为 6 km²，现已完成"七通一平"，开发区内道路、绿

地、水面及其他公共和基础设施占地 2 km²。该开发区拟出让一宗工业用地，出让年限为 50 年，土地面积为 20 000 m²。根据测算，该开发区土地征地、安置、拆迁及青苗补偿费为 5.6 亿元，征地中发生的其他费用为 2.2 亿元。征地后，土地"七通一平"的费用为 3 亿元/km²。开发周期为两年，且第一年的投资额占开发总投资的 50%。每年投资资金为均匀投入，总投资回报率为 25%，土地增值收益率为 18%，当年银行贷款利率为 8%，土地还原利率确定为 10%。试估算出让该宗工业用地的单位面积价格和总价格（保留两位小数）。

解：根据题意，估价对象为新开发土地，可采用成本法进行评估。

（1）根据成本法相关计算公式可得

$$土地取得费 = (5.6 + 2.2) \times 10^8 / (6 \times 10^6) = 130 （元/m^2）$$

$$土地开发费 = (3 \times 10^8) / (1 \times 10^6) = 300 （元/m^2）$$

$$投资利息 = 130 \times [(1 + 8\%)^2 - 1] + 300 \times 50\% \times [(1 + 8\%)^{1.5} - 1] + 300 \times 50\% \times$$
$$[(1 + 8\%)^{0.5} - 1] = 21.63 + 18.36 + 5.88 = 45.87 （元/m^2）$$

$$投资利润 = (130 + 300) \times 25\% = 107.5 （元/m^2）$$

$$土地增值收益 = (130 + 300 + 45.87 + 107.5) \times 18\% = 105.01 （元/m^2）$$

$$土地价格 = 130 + 300 + 45.87 + 107.5 + 105.01 = 688.38 （元/m^2）$$

（2）进行可出让土地比率修正，并计算土地平均单价。

$$土地平均单价 = 688.38 \times [6 / (6 - 2)] = 1\ 032.57 （元/m^2）$$

（3）进行土地使用权年期修正，计算 50 年的土地使用权价格。

$$50 年土地使用权价格 = 1\ 032.57 \times \left[1 - \frac{1}{(1 + 10\%)^{50}} \right] = 1\ 023.77 （元/m^2）$$

（4）计算土地总价。

$$土地总价 = 1\ 023.77 \times 20\ 000 = 20\ 475\ 400 （元）$$

因此，采用成本法估算出该宗工业用地的单位面积价格为 1 023.77 元/m²，总价格为 20 475 400 元。

四、假设开发法

（一）假设开发法的基本原理

假设开发法又称倒算法、剩余法或预期开发法，它是在估算开发完工后不动产正常交易价格的基础上，扣除未来不动产必要的开发成本和利润，以价格余额来求取待估不动产价格的方法。假设开发法的理论依据是预期原理，其本质是以不动产的预期收益能力为导向，求取待估对象的价格。由假设开发法确定的价格一般称为剩余价格或倒算价格。

假设开发法适用于具有投资开发或再开发潜力的不动产估价，适用对象具体包括：①待开发土地（如生地、毛地、熟地）的估价；②待拆迁改造的再开发房地产估价；③在建工程估价；④用于装修或改变用途的旧房估价，如旧房装修、改建、扩建估价；⑤土地整治、复垦估价；⑥现有新旧不动产中地价的单独评估，即从房地产价格中扣除房屋价格之后的价格。

在实际估价中，应用假设开发法估价结果的可靠性取决于以下 3 个条件：①是否正确判断了不动产的最佳开发利用方式；②是否准确估计了项目的开发成本和正常利润等；③是否精确掌握了不动产市场行情及供求关系。

（二）假设开发法的操作步骤

应用假设开发法进行不动产价格评估，一般分为以下 7 个步骤进行：

1. 调查待估不动产的基本情况　调查内容主要包括：

（1）不动产的自然状况。具体有不动产的位置、坐落、区位条件，土地的面积大小、形状、平整情况、地质状况、基础设施状况、建筑基本情况等，主要是为估算开发成本、费用等服务。

（2）政府的规划限制。包括该地块规定的用途、建筑高度、建筑容积率等，主要是为确定最佳的开发利用方式服务。建筑容积率又称建筑面积毛密度，是指一个小区的地上总建筑面积与用地面积的比率。

（3）土地权利状况。包括权利性质、使用年限、可否续期，以及对转让、出租、抵押等的有关规定等，主要是为预测未来开发完成后的房地产价格、租金等服务。

2. 选择最佳的开发利用方式　根据调查获得的不动产状况和市场供求条件等，在相关法律、城市规划及政府管制所允许的范围内，确定不动产的最佳开发利用方式，包括用途、建筑容积率、覆盖率、建筑式样、规模、档次、租售方式等。其中最重要的是要选择最佳的用途。

3. 估计开发经营期　开发经营期是指从取得估价对象的日期（即估价期日），一直到不动产全部销售或出租完毕的这一段时期，包括前期（自取得土地使用权至开工建设）、工程建设期（自开工建设至建设竣工）、空置或租售期（自竣工验收至租售完毕）。

4. 预测开发完工后不动产价格　开发完成后的不动产价格是指开发完成后的不动产的市场价格。对于开发完成后拟出售的不动产，应按当时市场上同类用途、性质和结构的不动产的市场交易价格，采用市场比较法并结合趋势法测算其价格；对开发完工后拟出租或自营方式经营的不动产，可根据当时市场上类似不动产的租赁或经营收益水平，采用市场比较法并结合长期趋势法确定开发完工后不动产的客观收益，再采用收益还原法将该收益还原为不动产的价格。

5. 估算开发的必要成本　开发的必要成本是项目开发建设期间所发生的客观费用的总和。不同的开发项目，其成本构成存在一定的差异。例如，土地开发项目的开发成本包括购地税费、土地开发费、管理费用、投资利息和销售税费；房地产开发项目的开发成本包括购地税费、房屋建造成本、管理费用、投资利息和销售税费；在建工程续建项目的开发成本包括购买在建工程税费、续建成本、管理费用、投资利息和销售税费。

6. 确定开发商客观（合理）利润　开发商客观（合理）利润是指在正常条件下开发商所能获得的平均利润，一般以开发完成后的土地或不动产价格或全部预付资本的一定比率计算。其利润率因项目类型和所处的地区而不同，估价时宜采用同一市场上类似土地或不动产开发项目的平均利润率。

7. 求取剩余价格（或倒算价格）　将上述测算结果带入假设开发法的计算公式，就可得到待估不动产价格。其计算公式一般为

待开发不动产价格＝开发完成后的不动产价格－不动产开发费－管理费用－投资利息－

销售税费－开发利润－购买待开发不动产应负担的税费

$$（7-49）$$

（三）假设开发法的基本计算公式

对式（7-49）进行进一步的概括，可以得到假设开发法的基本计算公式：

$$\begin{matrix} 待开发 \\ 不动产价格 \end{matrix} = \begin{matrix} 开发完成后的 \\ 不动产价格 \end{matrix} - \begin{matrix} 开发的 \\ 必要成本 \end{matrix} - \begin{matrix} 客观开发 \\ 利润 \end{matrix} \qquad (7-50)$$

在实际估价中，假设开发法的基本计算公式可根据不同开发项目而具体化。

1. 土地开发项目　待估土地价格的计算公式为

$$\begin{matrix} 待估土地 \\ 价格 \end{matrix} = \begin{matrix} 开发完成后的 \\ 熟地价格 \end{matrix} - \begin{matrix} 购地 \\ 税费 \end{matrix} - \begin{matrix} 开发 \\ 费用 \end{matrix} - \begin{matrix} 管理 \\ 费用 \end{matrix}$$

$$\qquad\qquad\qquad - \begin{matrix} 投资 \\ 利息 \end{matrix} - \begin{matrix} 销售 \\ 税费 \end{matrix} - \begin{matrix} 开发 \\ 利润 \end{matrix} \qquad (7-51)$$

2. 房地产开发项目　待估房地产价格的计算公式为

$$\begin{matrix} 待估房地产 \\ 价格 \end{matrix} = \begin{matrix} 开发完成后的 \\ 房地产价格 \end{matrix} - \begin{matrix} 购地 \\ 税费 \end{matrix} - \begin{matrix} 房屋建造 \\ 成本 \end{matrix}$$

$$\qquad\qquad\qquad - \begin{matrix} 管理 \\ 费用 \end{matrix} - \begin{matrix} 投资 \\ 利息 \end{matrix} - \begin{matrix} 销售 \\ 税费 \end{matrix} - \begin{matrix} 开发 \\ 利润 \end{matrix} \qquad (7-52)$$

3. 在建工程续建项目　待估在建工程价格的计算公式为

$$\begin{matrix} 待估在建 \\ 工程价格 \end{matrix} = \begin{matrix} 开发完成后的 \\ 房地产价格 \end{matrix} - \begin{matrix} 购买在建 \\ 工程税费 \end{matrix} - \begin{matrix} 续建 \\ 成本 \end{matrix}$$

$$\qquad\qquad\qquad - \begin{matrix} 管理 \\ 费用 \end{matrix} - \begin{matrix} 投资 \\ 利息 \end{matrix} - \begin{matrix} 销售 \\ 税费 \end{matrix} - \begin{matrix} 续建投资 \\ 利润 \end{matrix} \qquad (7-53)$$

（四）假设开发法应用示例

【例 7-4】 某估价对象为一宗熟地，总面积为 10 000m²，且土地形状规则；规划许可用途为商业和居住，建筑容积率≤5，建筑密度≤50%；土地使用权出让时间为 2015 年 5 月，土地使年限从土地使用权出让时起 50 年。评估该块土地于 2015 年 5 月出让时的正常购买价格。

解：（1）选择估价方法。该地块属于待开发不动产，适用于假设开发法进行估价。

（2）选择最佳的开发利用形式。通过市场调查，该地块最佳开发利用方式如下：①用途为商业与居住混合。②容积率为 5，因此总建筑面积为 50 000 m²。③建筑密度适宜为 30%。④建筑层数确定为 18 层。其中，1~2 层面积相同，均为 3 000 m²，适宜为商业用途；3~18 层建筑面积相同，均为 2 750 m²，适宜为居住用途。因此，商业用途的建筑面积为 6 000 m²，居住用途面积为 44 000 m²。

（3）预计开发期。预计共需 3 年才能完全建成投入使用，即 2018 年 5 月建成。

（4）预计开发完工后的不动产价值。根据市场调查分析，预计商业部分在建成后可全部售出，平均价格为 4 500 元/ m²；居住部分在建成后可售出 30%，半年后可售出 50%，其余 20% 需一年后才能售出，平均价格为 2 500 元/m²。

（5）测算有关税费和折现率。预计建筑安装工程费为 1 200 元/ m²，勘察设计和前期工程费即管理费为 500 元/ m²。开发建设费用的投入情况：第一年投入 20%，第二年投入 50%，第三年投入 30%。预计销售费用为售价的 3%，税费为售价的 6%，购地税费为总地价的 3%。折现率为（将未来有限期预期收益折算成现值的比率）14%（保留两位小数）。

（6）求取地价。设总地价为 P，本项目的估价时点为该地块的出让时间，即 2015 年 5 月。

$$项目建成后的总价值=\frac{4\,500\times6\,000}{(1+14\%)^3}+2\,500\times44\,000\times\left[\frac{30\%}{(1+14\%)^3}+\frac{50\%}{(1+14\%)^{3.5}}+\frac{20\%}{(1+14\%)^4}\right]$$
$$=8\,829.33（万元）$$

$$开发建设总费用=（1\,200+500）\times50\,000\times\left[\frac{20\%}{(1+14\%)^{0.5}}+\frac{50\%}{(1+14\%)^{1.5}}+\frac{30\%}{(1+14\%)^{2.5}}\right]$$
$$=6\,921.57（万元）$$

销售费用和销售税费总额$=8\,829.33\times（3\%+6\%）=794.64（万元）$

购地税费总额$=P\times3\%=0.03P$

总地价$P=8\,829.33-6\,921.57-794.64-0.03P$

总地价$P=1\,080.70（万元）$

（7）估价结果。结合以上计算，参考估价人员经验，将总地价确定为 1 080 万元，则

单位地价$=总地价/土地总面积=10\,800\,000/10\,000=1\,080（元/m^2）$

楼面地价$=总地价/总建筑面积=10\,800\,000/50\,000=216（元/m^2）$

运用假设开发法估价的效果如何，除了需要掌握假设开发法本身的运用技巧外，还需要有一个良好的社会经济环境。就目前的不动产市场来看，当不动产具有投资开发或再开发潜力时，假设开发法不失为一种可靠、实用和重要的估价方法。

五、基准地价系数修正法

（一）基准地价系数修正法的基本原理

基准地价是指城镇国有土地的基本标准价格，即在一定时间内，根据各种用地类型、交易情况和土地实际收益状况，按照科学的估价方法，估算出各级别土地的范围和均质地域内的商业、住宅、工业等各类用地的平均价格，是分用途的土地使用权的区域平均价格。

基准地价系数修正法，是利用城镇基准地价和基准地价系数表等评估成果，按照替代原则，将待估宗地的区域条件与其所处区域的平均条件相比较，并对照修正系数表，选取相应的修正系数对基准地价进行修正，从而求取待估宗地在估价时点价格的方法。

基准地价系数修正法可在短时间内进行宗地地价的批量评估，其精度取决于基准地价及其修正系数的精度，它适用于已公布基准地价的城市的宗地地价评估以及已完成基准地价评估的城镇中的土地估价，不适用于评估城市某区域地价走势发生变化时的土地估价。

（二）基准地价系数修正法的估价步骤

基准地价系数修正法的基本计算公式可以简单表示为

$$宗地地价=\begin{matrix}待估宗地对应的\\基准地价\end{matrix}\times（1+\sum K_i）\times\begin{matrix}年期修正\\系数\end{matrix}\times\begin{matrix}期日修正\\系数\end{matrix}\times\begin{matrix}容积率\\修正系数\end{matrix}\times\begin{matrix}土地开发程度\\修正系数\end{matrix}\qquad(7-54)$$

式中：K_i 为区域因素和个别因素修正系数。K_i 可以从基准地价修正系数表中查得。

1. 待估宗地地价影响因素调查 用级别或区域基准地价系数修正法评估宗地地价，关键在于待估宗地地价影响因素调查。地价影响因素调查应与同类用途同级（区域）基准地价的影响因素指标说明表中所列因素条件一致。

2. 地价影响因素的修正系数计算 根据待估宗地各因素的状况，分别在宗地地价修正

系数表中查找各因素修正系数，并按下式计算宗地因素修正值

$$K = K_1 + K_2 + \cdots + K_n \tag{7-55}$$

式中：K 为宗地地价影响因素修正值；$K_1, K_2, \cdots, K_n$ 分别为宗地在第1、第2、…、第 n 个因素条件下的修正系数。

3. 基准地价的其他修正　待估宗地地价影响因素修正仅对基准地价的区域平均性做了修正，还需要进行如下修正：

（1）日期修正。待估宗地的基准日期与基准地价的基准日期不一定相同，因此需要根据地价的变化程度进行日期修正。

（2）容积率修正。基准地价一般根据平均的土地利用程度来确定容积率，当待估宗地的容积率水平与基准地价所设定的容积率不一致时，就需要进行容积率修正。

（3）年期修正。当待估宗地的土地使用权年期与基准地价所设定法定最高出让年限不一致时，就需要进行年期修正。

（4）土地开发程度修正。基准地价所设定的土地开发程度一般依据估价区域的平均开发程度或各均质区域内的平均开发程度而定，当待估宗地的土地开发程度与基准地价所设定的土地开发程度不一致时，就需要进行土地开发程度修正。土地开发程度修正系数依据基础设施投入对宗地地价的影响程度确定。

4. 计算宗地地价　在确定好各修正系数后，根据基准地价修正系数修正公式计算宗地地价。

在我国许多城市，尤其是地产市场发展不太完善的城市，基准地价系数修正法是常用的估价方法之一。

六、其他估价方法

1. 路线价法　对于面临同一街道的各宗城市土地而言，与道路的距离越远，其价格越低。路线价法是通过对面临特定街道、使用价值相等的市街地，设定标准深度，求取在该深度上数宗土地的平均单价并附设于特定街道，从而得到该街道的路线价，再配合深度指数表和其他修正率表，用数学方法计算出临街同一街道的其他宗地地价的一种估价方法。路线价法主要适用于城镇街道两侧商业用地的估价，是一种快速、省力，可以同时进行大量宗地估价的方法，特别适用于城市土地课税、土地重新规划、城市房屋拆迁补偿或其他需要在大范围内同时评估多种土地价格的场合。

2. 长期趋势法　长期趋势法又称外推法、延伸法或趋势法，是依据某类不动产价格的历史资料和数据，将其按时间顺序排列成时间数列，运用一定的数学方法，预测其价格的变化趋势，从而进行类推或延伸，做出对这类不动产价格在估价期日的推测与判断，估算出这类不动产价格的方法。长期趋势法主要适用于拥有估价对象或类似不动产较长时期真实、可靠的历史价格资料。此方法主要用于对未来不动产价格的推测与判断，因此通常作为其他估价方法的补充和验证，不宜单独使用。

复 习 思 考 题

1. 什么是不动产？不动产有哪些特征及存在形态？

2. 什么是不动产价格？不动产价格有哪些特征及影响因素？

3. 什么是不动产估价？不动产估价的原则有哪些？不动产估价的程序是什么？

4. 什么是收益还原法？适用范围和条件是什么？操作步骤是什么？

5. 什么市场比较法？适用范围和条件是什么？操作步骤是什么？

6. 什么是成本法？适用范围和条件是什么？操作步骤是什么？

7. 什么是假设开发法？适用范围和条件是什么？操作步骤是什么？

第八章

不动产登记

| **本章提要** | 建立不动产登记制度是土地管理的需要。不动产登记由专职的不动产机构以不动产单元为基本单位，在不动产登记簿上进行登记。不动产登记需遵循一定的原则和程序。不同的不动产登记类型对应不同的申请主体、申请材料以及登记程序。不动产登记的信息有着严格、规范的管理和使用的规定。

第一节　不动产登记及制度选择

一、不动产登记的基本概念和主要功能

1. 不动产登记的基本概念　不动产登记，是指经权利人或利害关系人申请，由国家专职部门将有关不动产物权及其变动事项记载于不动产登记簿的事实。

不动产物权登记首先必须要由当事人申请，然后由国家专职部门履行登记行为，才能在登记簿上登载不动产物权及其变动事项。一方面，由于是国家依据法律进行登记，申请人和登记人员都要对登记的信息的真实性、合法性负责，所以登记簿上的内容是可以信赖的，也就是说，登记是具有公信力的；另一方面，根据规定，不动产权利人或利害关系人可以按法律规定查阅登记资料，以核实登记信息的真伪。因此，不动产登记制度能确保不动产实际的权利能被真实地、准确地载入登记簿，任何希望进入或正在进行不动产交易的当事人，都可以通过查询不动产登记簿来全面、准确地了解不动产方面的物权归属和内容，从而快速、有效地识破各种欺诈行为和产权瑕疵，防止上当受骗，维护交易安全。

2. 不动产登记的主要功能　不动产登记的制度决定了不动产物权的设立、转移、变更的情况均须一一地登记在不动产登记簿上，实际上也同时向公众予以了公开，使公众了解特定的不动产上所形成的物权状况。这种通过登记而进行公示的方法，是维护社会经济秩序、保障交易安全的重要法律手段。因此不动产物权登记制度的主要功能具体表现为：

（1）清晰地确定不动产物权的归属，也就免除了不动产物权争议的可能性（事件）。《物权法》第十六条规定："不动产登记簿是物权归属和内容的根据。"可见，一经登记，也就是对特定对象的不动产物权标定了最有效的、具有权威性的界定，使得登记簿上登载的权利推定为正确，相应的权利人也被认为是法律所确认的主体。因此登记可以对由不动产物权引起的各种纠纷起到有效定纷止争的作用。

（2）维护交易秩序，确保交易安全。通过不动产登记，可将不动产的详细信息逐一地进行记载，然后又在法律许可的范围内将其提供给社会，说明登记具有良好的公示性。这种公

示性功能服务于不动产的交易，从而有效地避免和防止欺诈行为，为不动产交易提供良好的、安全的环境。

（3）降低交易成本，提高交易效率。由于登记信息的完全公开化，可信度高，且可查询。当事人在交易过程中没有必要再去投入大量的精力和时间对不动产的各种信息和权属状况进行调查、核实，也就减少了不必要的开支，降低了交易成本，有利于促进交易更顺利地完成。

我国的不动产物权变动模式是以登记要件主义为原则，《物权法》第九条对不动产物权变动模式的内容做了规定，明确了登记是我国的不动产物权变动成立的要件。经过登记的不动产，能够确认其发生物权变动的效果；未经登记的不动产，其物权变动不生效。

在不动产交易中，登记工作保障了原权利人权利的正常转让和权利取得人权利的合法取得，实际上也就维护了社会公共利益——交易安全利益。这是因为登记是由国家实施的，有国家法律保障为基础，具有公示性和公信力，从而确保了所进行的不动产交易所涉及的所有权利不存在任何的不安全性，保障了社会秩序的安全稳定，因此这是一个明显的社会秩序利益，有人称之为制度秩序利益。

不动产登记的一个优点是，克服了不动产实际被占有却不为其他利害关系人知晓的弊端，具有了社会的公示性，同时利害关系人可以查阅登记的相关内容，使不动产登记具有了社会的公信力。不动产登记的另一个优点是，使得原本广为分布、集散无序、交易发生并无规律的行为事件，可以一一罗列在一纸登记册上，让人一目了然。不动产的登记能保障不动产权利的清晰明确，保障相关权利人的不动产权利安全不受侵害，从而使不动产的交易可以省时、省费、快速、安全地达成。不动产的登记制度必然得到社会认可。

二、不动产登记是国家管理的基础与核心

土地、房屋及林木等定着于土地的不动产，是具有稀缺性的资源，它们不可移动，却具有巨大的实用价值，而且在使用上又有着很佳的耐久性，是拥有者的重要财产。其中，土地是连片分布、无处不在、无处没有的；其他的不动产虽然分布也十分广泛，但是呈现或分散、或集中的分布状态，没有一定的规律。

由于土地、房屋等不动产数量有限、价值高昂，其拥有价值和保存价值很高。也由于不动产特别是土地是重要的生产资料，再加之不动产的稀缺性，决定了人们对不动产的需求不断地增加，拥有的欲望不断增强，所以不动产的价值总的来说呈上升的态势。因此，拥有者对不动产的拥有和保存安全十分重视，社会上需要有一个确保不动产拥有和保存安全的体制和具体办法。而这些体制和办法只有依赖于政府的实施，才能真正让整个社会感到放心。

土地、房屋、林木等定着于土地的不动产，对国民经济发展、社会进步来讲，是重要的生产资料，是重要的财富，是国情国力的组成要素，国家和拥有者都希望这些生产资料得到越来越合理的利用，为社会创造越来越多的财富。不动产不是一般的财富，它是国力强盛度和国民经济发展实力的物质基础。而且人们越来越认识到，对不动产的处置关系到生态环境的格局和质量。因此从国家层面，政府不仅要将不动产的权利归属整理清晰，让不动产的拥有者感到安全，同时保障不动产的流转（交易）能便利、顺畅进行，让交易者放心，营造一个安定繁荣的社会，还必须对不动产实施全面的、严格的管理，随时掌握不动产的发展情况，掌握它们的社会分配和各阶层拥有的情况，调控不动产的利用合理程度和利用效果，进

一步提高利用潜力。

　　政府无论从经济的角度、社会的角度以及政治的角度，都有必要把不动产的管理纳入整个国家管理体系之中。用法律的、经济的、技术的、行政的手段将不动产的管理纳入科学管理的轨道，确保不动产的管理既符合科学的客观规律，又符合国家的基本制度和社会经济发展的需要。

　　历史上最早出现的不动产登记是对土地的登记。在国家政权（包括其雏形）出现和发展的过程中，由于土地是个人、集团乃至政府的财富之源，随着政权征收税赋的需要，开始出现厘清、登载土地数量甚至质量的需要。而当土地这一财富在社会上、在人群之间出现频繁的流转交易之后，为了巩固政权、维护社会的稳定和人心的安宁，出现了对土地实行登记并建立地籍制度的必要。

　　随着社会的发展，不动产登记的目的和用途不断地得到扩展和丰富，从单一课征税赋的依据，发展到明晰权属关系、维护社会稳定、规范产权市场、发展社会经济等功能。不动产登记在国家管理的诸多方面发挥以不动产为基础的资源、财富、信息的功能。

　　人类历史上由于缺乏必要、健全的登记制度，在土地管理方面经历了一些波折和乱象。以英国的土地管理为例。

　　英国在 1862 年以前，土地登记制度不够完善（未进行权利登记），土地的转移交易采用"私人保管的契据转移法"，即私人之间进行协商和调查、订立契约、实行交易的办法。也就是说地产的转移，除了需要交易双方对转移契约的实质含义必须表达一致外，其中承买人一方对于转移的权利必须经过确认绝无瑕疵后，此项契约方能成立。当时土地转移的权利并未经过任何政府登记或备案的手续，之前如果存在有抵押或设定负担的情况，承买人对此可能既不了解，也难以实施调查，无法加以证明，且为此消耗的资金数额不菲，普通老百姓往往承担不了，因此难以保证这笔交易确无瑕疵。此外，地产的转移手续也很繁复。为了妥当起见，当时英国民间对于土地转移，只能聘请律师代为办理，遇到难于处理的案件时，律师还得咨询法律顾问，以免误入迷径。

　　因此当时在英国，凡土地发生转移，自交易意愿启动到完成权利的转移成功，须经过下列繁复的过程：当土地发生转移时，当事人除了必须表达双方意愿一致以外，还必须立即邀请律师办理相关的手续与文件，这一过程要花费较长的一段时间；为了预防意外，还要形成一份正式的买卖契约，这是一个冗长而复杂的法律文件，内容务求周密；遇有较为困难的案件时，卖方律师还须征询法律顾问的意见，甚至授权法律顾问代为草拟该项契约，于是当事人除须付酬给邀请的律师外，还须付酬给法律顾问；卖方编制好契约初稿后，送交买方审阅；遇到疑点，买方的律师也需咨询法律顾问（这在经济上又为买方增加额外负担），同时买方可能需要对卖方编制好的契约初稿提出疑问，需要由卖方律师或法律顾问做出解答，经过反复的提问和解答，直至双方毫无异议，认为确无瑕疵，至此双方才真正地签订好实施转移的契约；卖方将一切有关该项产业的全部文件交与买方，然后由买方交付价金后，此项私人调查制下的土地转移交易才算告完成。

　　在这种制度之下，英国社会上土地交易成为一项十分困难和费用高昂的活动。随着土地交易活动的不断进行，在土地转移的活动中因发生交易瑕疵而受到损失的情况日渐增多，发生欺诈、隐匿、伪造等事件也日渐增多，人们对土地的交易感到不够安全，产生了恐惧的心态，土地转移活动明显受阻。

此类情况不仅在当时的英国存在，在澳大利亚、加拿大以及其他一些实行英国法律的地方和国家也都出现过。

可见，一个健全、便捷、安全的不动产登记制度是非常必要和十分重要的，是国家对不动产实施管理的基础和核心。这样的登记制度对于不动产的权籍管理而言则更是十分必要的。不动产的登记成为任何国家不可或缺的一项管理工作。

随着权籍管理工作的深入和普遍开展，以及权籍管理研究工作的推进，对土地、房屋等定着于土地的不动产登记越来越受到重视，相关研究也日益深入。一个学术界存在争议的问题出现了：对不动产登记的总称，到底应当称为不动产登记还是土地登记？有人认为应称之为土地登记，即土地登记包括对土地和那些定着于土地之上的其他不动产的登记；也有人认为，土地、房屋及其他那些定着物的总称是不动产，应当归纳为不动产登记。

目前，我国以《物权法》《不动产登记暂行条例》和《不动产登记暂行条例实施细则》为主要的法律依据，开展不动产登记。

三、不动产登记的法律依据

不动产登记是一件事关不动产权利归属明晰、不动产交易安全顺畅、社会安定繁荣、国家稳定团结的大事。国家非常重视它，老百姓十分关心它。因此，不动产登记的开展必须依据法律的规定来进行。无论是权利的种类、如何启动、进行的程序、效力如何，还是相关方的权利和义务等，都应遵循法律的规定，遵守法律的规范。

不动产登记是权利人应当遵守和行使的行为。《物权法》第六条规定："不动产物权的设立、变更、转让和消灭，应当依照法律规定登记。"第九条规定："不动产物权的设立、变更、转让和消灭，经依法登记，发生效力"。第十四条明确规定，按规定进行了登记的权利，"自记载于不动产登记簿时发生效力"。第三十九条规定："所有权人对自己的不动产……，依法享有占有、使用、收益和处分的权利。"权利人依法进行了不动产登记的权利受到法律的保护，保护其抗拒不正当的侵权，保护权利人开展合理的物权利用和正当的物权转让活动。正当权利受到侵害时，权利人有权依法要求得到保护。

不动产权利人经依法登记所取得的不动产归属和利用权利在法律上称为"物权"。《物权法》第二条第三款指出："本法所称物权，是指权利人依法对特定的物享有直接支配和排他的权利，包括所有权、用益物权和担保物权。"

不动产的管理是整个国家管理的一部分，有其法定的体系。国家对不动产的登记有严格的规定。《不动产登记暂行条例》第四条规定："国家实行不动产统一登记制度。"《物权法》第十条第二款更进一步规定，"国家对不动产实行统一登记制度。统一登记的范围、登记机构和登记办法……"，并明确提出，"不动产登记，由不动产所在地的登记机构办理"。《不动产登记暂行条例》第七条更具体地规定："不动产登记由不动产所在地的县级人民政府不动产登记机构办理；直辖市、设区的市人民政府可以确定本级不动产登记机构统一办理所属各区的不动产登记。"对于特殊情况，该条款另有规定。

办理不动产登记，由权利人申请开始。《不动产登记暂行条例实施细则》第九条规定："申请不动产登记的，申请人应当填写登记申请书，并提交身份证明以及相关申请材料。"第十二条又规定："当事人可以委托他人代为申请不动产登记。"《物权法》第十一条则规定："当事人申请登记，应当根据不同登记事项提供权属证明和不动产界址、面积等必要材料。"《不动产登记暂行条例》第十四条规定："因买卖、设定抵押权等申请不动产登记的，应当由当事人双方共同申请。"第十六条进一步详细规定了申请人应提交的材料清单。

《不动产登记暂行条例》规定：不动产登记事项应记载于国家专门设置的不动产登记簿上。《物权法》第十六条指出："不动产登记簿是物权归属和内容的根据"，并规定"不动产登记簿由登记机构管理"。《不动产登记暂行条例》第十二条也规定："不动产登记机构应当指定专人负责不动产登记簿的保管，并建立健全相应的安全责任制度。"

《不动产登记暂行条例》第八条对不动产登记簿上应登记的事项做了明确的规定，并且规定："不动产以不动产单元为基本单位进行登记。不动产单元具有唯一编码。"《不动产登记暂行条例实施细则》第五条更进一步指出，《不动产登记条例》第八条规定的不动产单元"是指权属界线封闭且具有独立使用价值的空间"。这些规定确保不动产登记结果条理清晰、科学合理、查检方便、管理有序。

《不动产登记暂行条例》和《不动产登记暂行条例实施细则》规定对申请人提交的材料要进行查验、实地查看，有些情况下还需在将登记事项登载于登记簿上之前进行公告，以确保登记的安全。《不动产登记暂行条例实施细则》第二十条规定："不动产登记机构应当根据不动产登记簿，填写并核发不动产权属证书或者不动产登记证明。""不动产权属证书和不动产登记证明样式，由自然资源部统一规定。"此外，法律还对登记过程中的失误处置做了规定。

四、不动产登记制度及选择

（一）不动产登记制度的基本形式

如前所述，历史上最早出现的不动产登记是对土地的登记。通常认为，土地登记起源于1783年普鲁士的《一般抵押法》。经历了200多年的改进变化，根据土地登记发展的进程、登记的要点及登记机关对登记审查的宗旨，历史上的不动产登记制度可归纳为3种基本的登记制度。这3种基本的登记制度也适用于当今的不动产的登记。

1. 契据登记制

（1）契据登记制的概念。契据登记制是历史上最初出现的登记制度。根据该制度，权利的取得、变更及丧失，只要经当事人订立契据（契约）即生效力。契据登记只是为了证明双方的交易关系，从而能对第三人起到对抗作用，能维护交易安全，但它不是登记权利生效的必要条件。登记机关根据契据所载内容，无须进行实质审核，即可办理登记（载录于专设的簿册上）。契据登记制为法国所创，因此又称法国登记制。它是一种公开登记，任何有利害关系者，均可查阅。

（2）契据登记制的特点。契据登记制主要特点有：①订立契据即可生效。只要当事人意见一致，订立了契据，物权权利的变更即可生效。登记仅仅是为了对抗第三者，而不是生效的必要条件。②对登记只作形式审查。登记机关对登记申请，只是从形式上加以审查。只要申请手续完备，契据条文规范，就可对契据进行登记，而对权利的变更不作实质性的审查。③登记在法律上不具有公信力。例如，已登记的事项，若实体上认为不成立而无效时，就可以推翻。④登记不强制。当事人在订立契据后，是否进行登记，由当事人自行决定，法律不作强制性规定。⑤动态登记。不仅登记现状，也登记变更情况，属于动态登记。⑥登记簿采取人编主义。登记簿的编撰排列不以土地的地段、地号为序，而是以权利人登记的先后次序为序。⑦仅有登记记录，不发相关证书。

（3）实行契据登记制的国家或地区。目前采用契据登记制的国家或地区有：法国、比利时、苏格兰、意大利、西班牙、葡萄牙、日本，以及南美洲的一些国家等。

2. 权利登记制

（1）权利登记制的概念。登记所生之效力是针对权利而言的。权利登记制规定，对于权利的变更，仅有当事人表示意见一致及订立契据，尚不能生效，必须由登记机关按法定登记形式进行实质审查，确认权利的得失与变更，才能生效，并供第三者查阅。也就是说，权利的变更，不经登记将不生效。权利登记制发源于德国，因此又称德国登记制。

（2）权利登记制的特点。权利登记制主要特点有：①登记是生效的必要条件。权利的变更必须办理登记才生效。因此，登记是发生效力的必要条件。②进行实质性审查。登记机关对登记申请必须进行实质性审查，直至登记内容与实地情况相符后，才准予登记。也就是说，审查申请手续是否完备、权源是否成立、权利变更是否真实，必须审查清楚，才允许登记。③登记具有公信力。土地权利一经登记，登记簿上所载事项受到法律保护。因此，已登记的权利内容是可信赖的，在法律上具有公信力，能对抗第三者。④登记具有强制性。土地权利的变更必须办理登记，方能生效，登记具有强制性。⑤登记以静态的土地权利为主。⑥登记簿采取物编主义。登记簿的编撰排列不以权利人为序，而是依土地的地段、地号为序。⑦仅有登记记录，不发相关证书。

（3）实行权利登记制的国家或地区。目前采用权利登记制的国家或地区有：德国、奥地利、瑞士、荷兰、捷克、匈牙利、埃及等。

3. 托伦斯登记制

（1）托伦斯登记制的概念。澳大利亚人托伦斯（Torrens）爵士于1858年提出了一种新型的改良了的权利登记制，主张以权利证书替代契据，从而保证权利可靠，且便于转移。后人称之为托伦斯登记制。托伦斯登记制认为，为了便利不动产物权的转移，不动产物权经登记后，便具有确认产权的效力。权利人拥有政府发给的相关的权利证书，可以证明是法律认可的权利，既可借以作为权利证明，又可以防止对权利的侵害。

（2）托伦斯登记制的特点。托伦斯登记制主要特点有：①权利未经登记不生效。②进行实质审查。登记机关对申请登记的权利要进行实质性的审查，甚至经公示程序。③登记具有绝对公信力。权利一经登记，即有不可推翻的效力，受到法律的保护，因此，具有绝对公信力。④该登记制虽不强制一切物权都必须申请登记（即初始登记，由当事人自行决定，政府不强制登记），但一经登记后，权利的变更不经登记不生效力。⑤发给权利证书。登记完毕，登记机关发给权利人权利证书（与登记记录相同），作为取得权利的凭证，并有附图，以辅助登记簿及文字说明的不足。⑥登记机关的赔偿责任。登记如有虚假、错误、遗漏，使权利人受到损害时，登记机关应负损害赔偿责任。为此，创设登记保证基金。⑦登记簿采取物编主义。登记簿的编纂排列依土地的地段、地号为序，并附有地籍图。⑧可注记其他权利负担。

（3）实行托伦斯登记制的国家或地区。目前实行托伦斯登记制的国家或地区有：澳大利亚、新西兰、加拿大、菲律宾、英国，以及美国的若干州（如加利福尼亚州、伊利诺伊州、马萨诸塞州、俄勒冈州等）等。

（二）我国不动产登记制度的选择

随着中华人民共和国的成立，严格的土地登记才开始起步。进入 21 世纪，我国才对不动产全面实行登记。当前的主要法律依据是《物权法》《不动产登记暂行条例》和《不动产登记暂行条例实施细则》。我国目前采用的不动产登记制度是一种权利（法律）登记制度，既吸取了权利登记制的优点，如进行实质审查等，又采纳了托伦斯登记制的优点，如登记具有绝对公信力、登记机关对登记申请要进行实质性审查、发给权利证书等。因此，我国的不动产登记制度是兼有托伦斯登记制和权利登记制两者优点的一种登记制度。它以国家制度为后盾，是一种积极主动的行政法律行为。其具体的特点在于：

1. 不动产权利的取得、变动都必须完成登记，方为有效　登记是一项法律行为，权利人必须按国家的规定，及时办理申请登记。经依法享有的不动产权利，不因登记机构和登记程序的改变而受到影响。

2. 已经登记的土地权利受法律保护　《物权法》《不动产登记暂行条例》上对此都有明确规定："不动产物权的设立、变更、转让和消灭，经依法登记，发生效力"，"自记载于不动产登记簿时发生效力"。已经登记的不动产权利从此受到法律的保护，一旦受到侵犯时，国家法律将保障其权利的合法性。

3. 合法性、真实性审查　法律规定在不动产登记机构受理了不动产登记申请之后，应当开展必要的审查。不动产登记机关不仅需要对申请人提交的书面材料的齐全性、合法性进行审查，还须对登记材料反映内容的真实性、合法性予以审查。《不动产登记暂行条例实施细则》第十五条具体规定了相关查验的内容，除了查验申请人、申请书和缴费情况以外，还必须认真查验清楚不动产界址、空间界限、面积等权籍调查成果是否完备，以及权属是否清楚、界址是否清晰、面积是否准确等。这就可以确保登记的事项真实可靠。

4. 登记具有公信力　登记具有公信力，一方面是由于登记工作由国家机关专职人员按法律规定进行，从而得到人民群众的信任；另一方面也在于不动产登记工作具有严密的规范，能确保登记事项的真实可靠。法律规定在进行登记簿的记录之前，除了进行申诉的查验之外，为了确保登记的真实可靠，登记机构还可以通过实地查看和进行公告的措施来查实登记事项的真实性。因此，已经登记的不动产权利是真实可信的，具有可靠的法律效力，登记具有公信力。

5. 登记失误的追究和赔偿　《物权法》《不动产登记暂行条例》都对因登记过程中可能发生的失误而导致权利人受到损失的情形，设定了追究和赔偿的法律规定。《不动产登记暂行条例》第二十九条规定："不动产登记机构登记错误给他人造成损害，或者当事人提供虚假材料申请登记给他人造成损害的，依照《中华人民共和国物权法》的规定承担赔偿责任。"第三十条规定："不动产登记机构工作人员进行虚假登记，损毁、伪造不动产登记簿，擅自修改登记事项，或者有其他滥用职权、玩忽职守行为的，依法给予处分；给他人造成损害的，依法承担赔偿责任；构成犯罪的，依法追究刑事责任。"

6. 统一登记　我国不动产登记制度的选择，经历了相当长的一段时间和反复的讨论争议。提出不动产登记"四统一"（登记机构、登记簿册、登记依据和信息平台统一）工作路线，是一项重要而根本的决策。这与我国多年来登记工作处于分散、不系统、欠规范的管理有关，是历史经历的总结。"四统一"的登记工作路线，确保登记工作有序地全面开展，确保登记工作的规范统一，确保登记信息的安全和共享。

7. 颁发证书、证明　　根据规定，不动产权利登记之后，"登记机关应当根据不动产登记簿，填写并核发不动产权属证书或者不动产登记证明"。不动产权属证书内容和登记簿上的内容完全一致，是权利人的权利凭证。

（三）建立健全我国不动产登记制度的简要历程

中华人民共和国成立前，我国也零星地在某些政权势力较强的地区推行和实施了一些不动产（主要还是对土地的）工作。但是由于技术落后，不够系统，不够规范，开展的范围十分有限，利用价值十分有限。

可以认为1986年《土地管理法》颁布后，我国的不动产登记制度就得到了国家立法的确立。

1987年4月，城乡建设环境保护部发布了《城镇房屋所有权登记暂行办法》（该办法已于2011年废止）；当年9月，国家土地管理局发布了《全国土地登记规则（试行）》。此后，有关部门又相继颁布了《土地登记规则》（1989年11月18日颁布，1995年12月28日修改）、《城市房屋产权产籍管理暂行办法》（1990年12月31日颁布，2001年废止）、《中华人民共和国城市房地产管理法》（1994年7月5日公布，2007年、2009年、2019年修改）、《城市房地产转让管理规定》（1995年8月7日颁布，2001年8月15日修改）、《城市房地产抵押管理办法》（1997年5月9日颁布，2001年8月15日修改）、《城市房屋权属登记管理办法》（1997年10月27日颁布，2008年废止）等规范不动产登记的相关法律法规。1998年8月29日，第九届全国人民代表大会常务委员会修订了《土地管理法》，其中规定："农民集体所有的土地，由县级人民政府登记造册，核发证书，确认所有权。农民集体所有的土地依法用于非农业建设的，由县级人民政府登记造册，核发证书，确认建设用地使用权。单位和个人依法使用的国有土地，由县级以上人民政府登记造册，核发证书，确认使用权；其中，中央国家机关使用的国有土地的具体登记发证机关，由国务院确定。"基于当时各部门的行政管理需要，登记机关分散在土地行政管理部门、房产管理部门、海政、渔政、林业、农业等部门。2007年3月16日，第十届全国人民代表大会第五次会议通过了《物权法》，确立了我国不动产登记的基本法律结构，标志着我国不动产统一登记制度的启动。2007年10月1日起施行的《物权法》规定"国家对不动产实行统一登记制度"，从此在实际上开始整合不动产登记职责，规范登记行为。2015年3月1日起施行《不动产登记暂行条例》。2019年8月26日第十三届全国人民代表大会常务委员会第十二次会议通过修改的《土地管理法》第十二条规定："土地的所有权和使用权的登记，依照有关不动产登记的法律、行政法规执行。依法登记的土地所有权和使用权受法律保护，任何单位和个人不得侵犯。"至此，我国不动产登记法律制度体系逐步建立起来。

可见我国的不动产登记制度并不是从一开始就完整、统一地建立起来，而是从对土地的登记开始，进而土地、房产、海政等并行实施，发展到目前的各种类型的不动产的权利的统一登记。

我国的不动产登记正经历着从全面开始到健全的历程。当前需要做好不动产登记的基础工作，要在较短的时间内在全国范围内开展好厘清不动产基础登记的工作，建立起稳定、扎实的不动产统一登记制度，建立起以"四统一"为核心的工作基础。

第二节　不动产登记机构及不动产登记簿

一、不动产登记机构及工作人员

1. 不动产登记机构　不动产登记机构是从事不动产登记活动的专职机构。不动产登记机构在进行不动产登记时依法享有法定的职权与应履行的义务。按规定，登记机构由国家和各级地方政府确定。

《不动产登记暂行条例》第六条规定："国务院国土资源主管部门负责指导、监督全国不动产登记工作。县级以上地方人民政府应当确定一个部门为本行政区域的不动产登记机构，负责不动产登记工作，并接受上级人民政府不动产登记主管部门的指导、监督。"第七条规定："不动产登记由不动产所在地的县级人民政府不动产登记机构办理；直辖市、设区的市人民政府可以确定本级不动产登记机构统一办理所属各区的不动产登记。跨县级行政区域的不动产登记，由所跨县级行政区域的不动产登记机构分别办理。不能分别办理的，由所跨县级行政区域的不动产登记机构协商办理；协商不成的，由共同的上一级人民政府不动产登记主管部门指定办理。国务院确定的重点国有林区的森林、林木和林地，国务院批准项目用海、用岛，中央国家机关使用的国有土地等不动产登记，由国务院国土资源主管部门会同有关部门规定。"

不动产登记机构不仅是管理机构，而且是服务机构。对申请人负有按规程办理登记事项的责任，也负有指导、审查的义务，以及为符合规定的相关权利人查阅登记资料提供方便的义务。按照《不动产登记暂行条例》相关规定，不动产登记机构应当按照国务院自然资源主管部门的规定设立统一的不动产登记簿，应依法将各类登记事项准确、完整、清晰地记载于不动产登记簿上，并指定专人负责不动产登记簿的保管，并建立健全相应的安全责任制度。同时规定，各级不动产登记机构登记的信息应当纳入统一的不动产登记信息管理基础平台，确保国家、省、市、县四级登记信息的实时共享。不动产登记机构应当加强对不动产登记工作人员的管理和专业技术培训。

不动产登记机构应当依法登记不动产相关信息，并对登记的不动产登记信息负有保密的责任。若因登记错误、信息资料泄露等造成损失或损害，不动产登记机构应承担相应的责任。《不动产登记暂行条例》除了在第二十九条规定不动产登记机构登记错误给他人造成损害的应承担赔偿责任外，还在第三十二条规定："不动产登记机构、不动产登记信息共享单位及其工作人员，查询不动产登记资料的单位或者个人违反国家规定，泄露不动产登记资料、登记信息，或者利用不动产登记资料、登记信息进行不正当活动，给他人造成损害的，依法承担赔偿责任；对有关责任人员依法给予处分；有关责任人员构成犯罪的，依法追究刑事责任。"

2. 不动产登记工作人员　不动产登记人员是指不动产登记机构中直接从事登记业务工作的人员。不动产登记是一项专业性、技术性和法律性很强的工作，涉及权利人的重大利益，登记质量关系到所辖地区内不动产权利管理工作能否顺畅开展的大局。

不动产登记人员肩负着重要职责。《不动产登记暂行条例》第十一条规定："不动产登记工作人员应当具备与不动产登记工作相适应的专业知识和业务能力。不动产登记机构应当加强对不动产登记工作人员的管理和专业技术培训。"《不动产登记暂行条例实施细则》第八条规定："承担不动产登记审核、登簿的不动产登记工作人员应当熟悉相关法律法规，具备与其岗位相适应的不动产登记等方面的专业知识。自然资源部会同有关部门组织开展对承担不动产登记审核、登簿的不动产登记工作人员的考核培训。"

不动产登记工作人员应当依法按程序对申请不动产登记的相关资料和信息进行审查、核实、登记。《不动产登记暂行条例》第三十条规定："不动产登记机构工作人员进行虚假登记，损毁、伪造不动产登记簿，擅自修改登记事项，或者有其他滥用职权、玩忽职守行为的，依法给予处分；给他人造成损害的，依法承担赔偿责任；构成犯罪的，依法追究刑事责任。"

二、不动产单元

（一）不动产单元的概念及特征

1. 不动产单元的概念　不动产单元是指权属界线封闭且具有独立使用价值的空间。不动产登记单元是不动产登记的基本单位，也是在不动产登记簿上记载的完整的一宗不动产权利。

一个单元的不动产必定是一个特定的具有不动产属性的独立的物，不能是具有不动产属性的集合物，该单元内的物不可能同时具备两个甚至两个以上所有权的可能性。它必须具有显著的独立性，是可以独立地加以支配的物。

不动产类型多样，各种类型的不动产与其权属的结合的空间表征各有一定的区别。例如，作为独立的空间，土地以面积、地类等而论，房屋则按栋、套、层、间而分。因此，登记单元的划分和界定完全划一，目前尚无成功的主张，只能就它们的主要类型分别加以主张。

根据不动产存在的状态及其组合关系，不动产单元可分成两种情形：一种是没有房屋等建筑物、构筑物以及森林、林木定着物的，以土地、海域权属界线封闭的空间为不动产单元；另一种是有房屋等建筑物、构筑物以及森林、林木定着物的，以该房屋等建筑物、构筑物以及森林、林木定着物与土地、海域权属界线封闭的空间为不动产单元。这里所称的房屋，包括独立成幢、权属界线封闭的空间，以及区分套、层、间等可以独立使用、权属界线封闭的空间。

2. 不动产单元的特征　从不动产单元概念不难理解，不动产单元具备以下典型特征：

（1）自然形态上的空间性。空间是一种物质客观存在的形式，通常由长、宽、高、大、小等表现出来。土地、房屋、林地、草地、海域等都是具有典型空间的不动产。例如，任何一宗地（宗海）都有明确的空间范围，任何一幢房屋都是由屋顶、墙界围成的空间。不动产的空间都可用相应空间坐标（根据需要可采取二维坐标或三维坐标）来进行表达。这里的"空间"应理解为广义上的空间，它包括三维意义上的不动产，也包括二维意义上的不动产。例如，集体土地所有权宗地、宅基地使用权宗地等土地权属界线封闭的地块可以与其他单元区别开来；又如，房屋具有明确的四至界限，可以是墙体，也可以是其他的固定界限。

（2）权属界线的封闭性。不动产登记针对的是不动产权利，不动产权利登记要有明确的界线。没有权属界线，权利之间就容易产生混乱，不动产登记就难以发挥定纷止争、物尽其用的功能。权属界线应经过相关部门审定或确认，不能由当事人随意划定、分割或者合并，且权属界线应当是封闭的、相互闭合的，否则就不是特定的物。

（3）使用价值上的独立性。不动产在物理构造上是独立的，在经济上也应是独立的，应当具备满足人们生产生活目的的独立机能。不动产只有具有独立的使用价值，才有必要登记，才可以进行登记。

不动产登记要求，被登记的不动产单元必须界限明确、能够单独被使用，并且具有唯一性。这与物权所具有的特定性与确定性也是一致的。从不动产登记的意义上来看，将不动产单元的自然状况和权利状况在登记簿中反映出来，正是将不动产单元区别开来，以表明权利的界限。

（二）不动产单元的划分、设定及编码

1. 不动产单元的划分　为使不动产单元划分更具有操作性和统一性，2019 年 3 月，国家市场监督管理总局、国家标准化管理委员会联合发布了《不动产单元设定与代码编制规则》（GB/T 37346—2019），对不动产单元的划分、设定、编码及代码变更等都做了统一规定。

不动产单元由宗地（宗海）和定着物单元组成。对于宗地划分的方法及相关要求本教材第四章相关章节有所叙述。对宗海的划分的方法及相关要求可参见《海籍调查规范》（HY/T 124—2009）等相关资料。本节主要就定着物单元划分进行阐述。所谓定着物单元，是指权属界线固定封闭、功能完整且具有独立使用价值的房屋等建筑物、构筑物以及森林、林木等定着物，是定着物所有权登记的基本单位。定着物单元划分包括定着物是房屋等建筑物、构筑物的单元划分和定着物是森林、林木的单元划分。

（1）使用权宗地（宗海）内，定着物为房屋等建筑物、构筑物的，按下列情形划分定着物单元：①一幢房屋等建筑物、构筑物（包括该幢房屋的车库、车位、储藏室等）归同一权利人所有的，宜划分为一个定着物单元，如别墅、工业厂房等。②一幢房屋内多层（间）等归同一权利人所有的，应按照权属界线固定封闭、功能完整且具有独立使用价值的空间，划分定着物单元，如写字楼、商场、门面等。③地下车库、商铺等具有独立使用价值的特定空间，或者码头、油库、隧道、桥梁、塔状物等构筑物，宜各自独立划分定着物单元。④成套住宅（包括不单独核发不动产属权证书与房屋配套的车库、车位、储藏室等），应以套为单位划分定着物单元；当同一权利人拥有多套（层、间等）权属界线固定且具有独立使用价值的成套房屋，每套（层、间等）房屋宜各自独立划分定着物单元。⑤非成套住宅，可以以间为单位划分定着物单元；当同一权利人拥有连续多间房屋时（非成套），可一并划分为一个定着物单元。⑥全部房屋等建筑物、构筑物归同一权利人所有的，该宗地（宗海）内全部房屋等建筑物、构筑物可一并划分为一个定着物单元，如大学、机关、企事业单位、农民宅基地内的房屋等。

（2）使用权宗地（宗海）内，定着物为森林、林木的，按下列情形划分定着物单元：①成片森林、林木（或单株林木）归同一权利人所有的，宜划分为一个定着物单元；②全部森林、林木归同一权利人所有的，该宗地（宗海）内全部森林、林木可一并划分为一个定着物单元。

（3）使用权宗地（宗海）内，定着物为其他类型的，按下列情形划分定着物单元：①定着物为其他类型的，宜依据定着物的类型和权属，各自独立划分定着物单元；②当地上全部同一其他类型的定着物归同一权利人所有的，可一并划分为一个定着物单元；③集体土地所

有权宗地、土地承包经营权宗地（耕地）、土地承包经营权宗地（草地）、农用地的使用权宗地（承包经营以外的、非林地）等，不应划分定着物单元。

定着物单元划分权属界线应封闭，且互不交叉。定着物为房屋等建筑物、构筑物的，单元划分应符合相关规划、设计规范、施工规范、验收标准和确权登记的要求；定着物为森林、林木等的，单元划分应符合森林、林木等确权登记的相关要求。

2. 不动产单元的设定　根据《不动产单元设定与代码编制规则》（GB/T 37346—2019）规定，不动产单元应按下列情形设定：①一宗土地所有权宗地应设为一个不动产单元；②无定着物的一宗使用权宗地（宗海）应设为一个不动产单元；③有定着物的一宗使用权宗地（宗海），宗地（宗海）内的每个定着物单元与该宗地（宗海）应设为一个不动产单元。

3. 不动产单元的编码　不动产单元编码是表征不动产单元的数字化代码，在不动产登记制度的实施中具有快速定位、关联不动产登记信息等多方面的功能和作用。不动产单元编码必须遵循唯一性、统一性、系统性和科学性的原则，按照每个不动产单元应具有唯一代码的基本要求编码。不动产单元编码由自然资源部统一制定。

依据《信息分类和编码的基本原则与方法》（GB/T 7027—2002）的规定，不动产单元代码由宗地（宗海）代码加上定着物代码构成，采用七层 28 位层次码结构（图 8-1）。

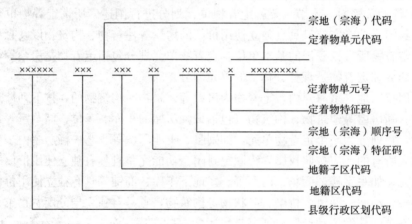

图 8-1　不动产单元代码结构

（1）不动产单元代码第一层次至第五层次为宗地（宗海）代码。其编码方法参见本教材第四章相关章节内容。

（2）第六层次为定着物特征码。码长为 1 位，用 F、L、Q、W 表示。"F"表示房屋等建筑物、构筑物，"L"表示森林或林木，"Q"表示其他类型的定着物，"W"表示无定着物。

（3）第七层次为定着物单元号。码长为 8 位阿拉伯数字，其编码规则为：

A. 定着物为房屋等建筑物、构筑物的，定着物单元在使用权宗地（宗海）内应具有唯一编号。前 4 位表示幢号，码值为 0001～9999；后 4 位表示户号，码值为 0001～9999。幢号在使用权宗地（或地籍子区）内统一编号，户号在每幢房屋内统一编号。按定着物单元划分规定，多幢房屋等建筑物、构筑物划分为一个定着单元的，幢号可用 9999 表示，户号首次编码使用"0001"表示。一幢房屋等建筑物、构筑物内划分多个定着物单元的，在该幢房屋等建筑物、构筑物内，统一编制户号。

B. 定着物为森林、林木的或为其他类型的，定着物单元在使用权宗地（宗海）内应具有唯一的编号，码值为 00000001～99999999。

C. 集体土地所有权宗地以及使用权宗地（宗海）内无定着物的，定着物单元代码用"W00000000"表示。

三、不动产登记簿

1. 不动产登记簿的概念　不动产登记簿是指由不动产登记机构依法制作的，用于记载不动产现状以及与该不动产相关的权利关系的簿册。从法律的角度讲，不动产登记簿是物权归属和所载内容的具有法律效力的簿册。不动产登记簿更是国家建立的档案簿册。根据《物权法》第十六条的规定："不动产登记簿是物权归属和内容的根据，不动产登记簿由不动产登记机构管理。"

2. 不动产登记簿作用　不动产登记簿作为不动产登记的形式载体，是对不动产相关信息的一种官方记录，是具有法律效力的簿册。有以下 3 个方面的作用：

（1）不动产登记簿能够清晰地展现不动产上的权利变动情况，是权利人享有不动产权利的证明文件，具有权威性。

（2）根据物权公示原则，不动产进行登记后即有公示的效力。不动产登记簿作为登记行为的载体，具有公信力。

（3）从国家管理方面来讲，不动产登记簿的使用有利于更好地对不动产进行管理与监督，发生纠纷时，也有利于确认归属、定纷止争。

3. 不动产登记簿记载的内容　不动产登记簿以宗地或者宗海为单位编成，一宗地或者一宗海范围内的全部不动产单元编入一个不动产登记簿。以宗地（或宗海）为单位进行不动产登记簿编制，能够强有力地突出土地（海域）的基础和核心作用，形成科学、完整的不动产权籍管理和登记成果。

不动产登记簿作为物权公示的法律工具，主要记载不动产权利的主体、客体和内容等。在我国，不动产登记簿要求记载的主要事项包括：①不动产的坐落、界址、空间界限、面积、用途等自然状况；②不动产权利的主体、类型、内容、来源、期限、权利变化等权属状况；③涉及不动产权利限制、提示的事项，其中，不动产限制、提示事项主要是针对异议登记、预告登记、查封登记等规定的，起到风险提示和权利限制的作用；④其他相关事项。

4. 不动产登记簿的格式　不动产登记簿的格式是指按照一定标准或要求所编制的不动产登记簿规格样式。不动产登记簿作为不动产登记的载体，其登记的内容在不动产登记簿中如何被记录，如何被呈现，如何被方便查询使用，取决于不动产登记簿的格式。因此，按一定的登记方法科学、系统、全面、准确、有序地编制不动产登记簿的格式显得尤为重要。

不动产登记簿反映的是特定权利主体对特定不动产的支配关系，因此不动产登记簿可选择以权利主体（人）为基础编制，也可选择以不动产（物）为基础编制。纵观世界不动产登记簿编成，可划分为两类：一类是按不动产编成登记簿，又称物编主义；另一类是按不动产权利人编成登记簿，又称人编主义。物编主义将"物"置于核心地位，以物来定权利人，以不动产所在的坐落、编号等为序设置簿页，以"物"为基础列明登记簿上所应记载的各种物权和法律关系，登记簿首先体现的是不动产。该类编簿方法主要为德国、瑞士、日本等国家采用，其优点在于能够清晰地反映出不动产上所有的权利关系、便于查询，但存在相对烦琐的问题。人编主义将"人"置于核心地位，以人来检索物，依不动产权利人按照年代登记的先后顺序为标准设置簿页，将属于不动产权利人的所有不动产按年代予以排序。登记簿首先体现的是权利人，即权利人的基本情况及其在一个不动产登记辖区内所有的不动产。该类编簿方法主要为英国、法国、新西兰等国家采用，其主要优点是能够将同权利人在同辖区的数个不动产登记简化处理，不足之处是登记的内容没有延续性，难以全面、清晰地反映某个不动产上的权利变动情况。

在我国未确立不动产统一登记制度之前的分散登记时期，除土地承包经营权登记采用人编主义外，其他不动产登记都采取物编主义。可以说，物编主义是主流。受不动产登记机关分散设置、不同登记机关依据不同登记制度和登记程序行使登记职能的影响，其登记结果形成了不同类型的登记簿证册，如土地登记簿、房屋登记簿、农村土地承包经营权证登记簿、林权登记表册、海域使用权登记表册等。这些登记簿册因其登记的目的和侧重的内容不同，簿册设计格式千差万别，其登记信息也不能系统、全面、准确地反映不动产及其权利现状。

为加快建立和实施不动产统一登记制度，落实国务院关于统一登记簿册的要求，根据《不动产登记暂行条例》要求设立统一的不动产登记簿的规定，国土资源部制定了统一的不动产登记簿的样式，并于 2015 年 3 月 1 日正式启用试行。新设计启用的不动产登记簿样式采用物编主义的成簿方法，突出了宗地、宗海的主体性地位。将同一宗地、宗海范围的所有不动产编入同一不动产登记簿，突出不动产单元作为基本登记单位的基础性作用。用不动产单元号串联不动产的自然状况、权属状况和其他事项登记信息，确保一个宗地（或宗海）一簿、一个不动产单元一本、一类权利事项登记信息一页的逻辑性和层次性。多个不动产登记簿可以归集成册。统一制定的不动产登记簿按其结构可划分为两部分：宗地（宗海）基本信息和不动产权利及其他事项登记信息。其中，不动产权利及其他事项登记信息又可进行进一步细分，如图 8-2 所示。

5. 不动产登记簿的管理　不动产登记簿是由不动产登记机构专职工作人员依法准确、完整、清晰地记载各类登记事项。不动产登记簿是不动产物权内容与归属的根据，法律效力极高，公示功能极强。切实保管好不动产登记簿，是不动产登记机构的法定职责。

随着互联网和信息技术的发展，建立不动产登记电子登记簿是时代的潮流，也是信息化发展的需要。相较于传统纸质登记簿，电子登记簿具有方便制作保存、登记信息易于查询共享等特点。《不动产暂行条例》第九条规定："不动产登记簿应当采用电子介质，暂不具备条件的，可以采用纸质介质。不动产登记机构应当明确不动产登记簿唯一、合法的介质形式。不动产登记簿采用电子介质的，应当定期进行异地备份，并具有唯一、确定的纸质转化形式。"

对于不动产登记簿的保管，《不动产暂行条例》第十二条规定："不动产登记机构应当指定专人负责不动产登记簿的保管，并建立健全相应的安全责任制度。采用纸质介质不动产登记簿的，应当配备必要的防盗、防火、防渍、防有害生物等安全保护设施。采用电子介质不动产登记簿的，应当配备专门的存储设施，并采取信息网络安全防护措施。"第十三条规定："不动产登记簿由不动产登记机构永久保存。不动产登记簿损毁、灭失的，不动产登记机构应当依据原有登记资料予以重建。行政区域变更或者不动产登记机构职能调整的，应当及时

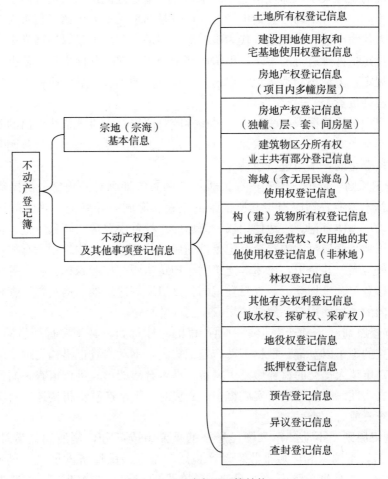

图 8-2　不动产登记簿结构

将不动产登记簿移交相应的不动产登记机构。"

除依法予以更正外，任何人不得损毁不动产登记簿，不得擅自复制或者篡改不动产登记信息。

第三节　不动产登记的原则和程序

一、不动产登记的原则

1. 依法登记原则　我国实行的不动产登记，其依据就是现行的《物权法》《土地管理法》《中华人民共和国城市房地产管理法》《不动产登记暂行条例》等法律法规。不动产权利人在维护自己的利益时，需要依据法律条款提出登记申请。申请人必须提供登记依据，申请内容必须经过审查，核准后方能确权登记。不动产登记工作人员在执行公务时，也要依据法律来规范自己的行为。这些要求正是为了维护不动产登记在法律上的严肃性和公正性。

2. 申请登记原则　不动产权利人要求政府职能部门保护自己的合法权益，必须采用书面形式做出明确的意思表示，即提出登记的申请。申请是登记机构依法开展工作的前提。根据规定，针对不同情形，不动产登记申请方式可以是当事人单方申请、当事人双方或多方共同申请、监护人代为申请、委托他人代为申请等。不动产首次申请登记通常由当事人单方申请，因买卖、设定抵押等进行的不动产申请应当由当事人双方共同申请。依据《不动产登记暂行条例》的规定，申请不动产登记，申请人应按要求向不动产登记机构提供完整的申请材料，并对其真实性负责。

但不动产登记机构依据人民法院、人民检察院等国家权力机关依法做出的嘱托文件直接办理登记的，不动产登记机构依据法律、行政法规或者《不动产登记暂行条例实施细则》的规定依职权直接登记的，不用进行申请。

3. 一体登记原则　依据《不动产登记暂行条例实施细则》的规定，房屋等建筑物、构筑物和森林、林木等定着物应当与其所依附的土地、海域一并登记，并保持权利主体的一致，即实施不动产一体登记。土地使用权、海域使用权首次登记、转移登记、抵押登记、查封登记的，该土地、海域范围内符合登记条件的房屋等建筑物、构筑物所有权和森林、林木等定着物所有权应当一并登记。房屋等建筑物、构筑物所有权和森林、林木等定着物所有权首次登记、转移登记、抵押登记、查封登记的，该房屋等建筑物、构筑物和森林、林木等定着物占用范围内的土地使用权、海域使用权应当一并登记。

4. 实质审查原则　不动产登记是一项严肃的法律行为，必须实行严格的实质性审查，未经过实质审查的不予以登记。根据不动产登记规定，不动产登记机构受理不动产登记申请后，不仅需要对申请人提交的材料做是否完备、是否合法的形式进行审查，而且需要对材料所反映内容的真实性、合法性进行实质审查。必要时，不动产登记机构还应对申请登记的不动产实行实地查看或者调查。

5. 属地登记原则　不动产作为国民经济的重要组成部分，是所属区域社会经济建设重要的生产资料，是国家和区域征收不动产税赋和制定国民经济发展规划的基础。《物权法》第十条规定："不动产登记，由不动产所在地的登记机构办理。"也就是说，不动产登记以属地登记为原则。属地登记原则也称为属地管辖原则。《不动产登记暂行条例》第七条规定："不动产登记由不动产所在地的县级人民政府不动产登记机构办理。直辖市、设区的市人民政府可以确定本级不动产登记机构统一办理所属各区的不动产登记。跨县级行政区域的不动产登记，由所跨县级行政区域的不动产登记机构分别办理。不能分别办理的，由所跨县级行政区域的不动产登记机构协商办理；协商不成的，由共同的上一级人民政府不动产登记主管部门指定办理。"不动产登记的属地原则具体来说有两个方面的要求：一方面，登记机构应当坚持统一性。在一个登记区内只能由一个登记机构来登记，不能由两个或两个以上登记机构登记；另一方面，不动产登记资料应当保持完整性和系统性。同一个登记区内的不动产登记资料，只能由一个不动产登记机构建档保存，不能由两个或两个以上机构来分别保管。

二、不动产登记的程序

不动产登记程序可分为申请、受理、审核、登簿、颁证几个环节。

1. 申请　申请是指申请人根据不同的申请登记事项，到不动产登记机构现场向不动产登记机构提交登记申请材料办理不动产登记的行为，这是开启不动产登记程序的第一个环节。通常情况下，按不动产登记自愿申请的原则，如果当事人不申请，登记机构就不得办理登记。

申请不动产登记，申请人本人或者其代理人应当到不动产登记机构办公场所提交申请材料，并接受不动产登记机构工作人员的询问。根据具体情况，若申请登记的不动产只涉及当事人单方的，申请人可以是当事人、委托代理人或监护代理人；若涉及因买卖、设定抵押权等的，应当由当事人双方共同申请；若涉及处分共有不动产申请登记的，应当经占份额 2/3 以上的按份共有人或者全体共同共有人共同申请，但共有人另有约定的除外。

申请不动产登记，申请人应当先填写不动产登记申请审批表（表 8-1），向不动产所属辖区的专职登记机构提出登记申请，并提交身份证明及相关申请材料。申请材料原则上应当提供原件，若因特殊情况不能提供原件的，可以提供复印件，但复印件应当与原件保持一致。申请人应当对所提交材料的真实性负责。提交的材料包括：①登记申请书；②申请人、代理人身份证明材料、授权委托书；③相关的不动产权属来源证明材料、登记原因证明文件、不动产权属证书；④不动产界址、空间界限、面积等材料；⑤与他人利害关系的说明材料；⑥法律、行政法规以及《不动产登记暂行条例实施细则》规定的其他材料。

表 8-1　不动产登记申请审批表（示例）

收件	编号		收件人		单位：□m² 、□hm²（亩）、□万元
	日期				

申请登记事由	□土地所有权　□国有建设用地使用权　□宅基地使用权　□集体建设用地使用权　□土地承包经营权　□林地使用权　□海域使用权　□无居民海岛使用权　□房屋所有权　□构筑物所有权　□森林、林木所有权　□森林、林木使用权　□抵押权　□地役权　□其他_____
	□首次登记（□总登记　□初始登记）　□转移登记　□变更登记　□注销登记　□更正登记　□异议登记　□预告登记　□查封登记　□其他_____

申请人情况	登　记　申　请　人			
	权利人姓名（名称）			
	证件类型		证件号码	
	通信地址		邮　编	
	法定代表人或负责人		联系电话	
	代理人姓名		联系电话	
	代理机构名称			
	登　记　申　请　人			
	义务人姓名（名称）			
	身份证件种类		证件号码	
	通信地址		邮　编	
	法定代表人或负责人		联系电话	
	代理人姓名		联系电话	
	代理机构名称			

（续）

	坐 落			
不动产情况	不动产单元号		不动产类型	
	面 积		用 途	
	原不动产权属证书号		用海类型	
	构筑物类型		林 种	
抵押情况	被担保债权数额 （最高债权数额）		债务履行期限 （债权确定期间）	
	在建建筑物抵押范围			
地役权情况	需役地坐落			
	需役地不动产单元号			
登记原因 及证明	登记原因			
	登记原因证明文件	1.		
		2.		
		……		
申请证书版式		□单一版 □集成版	申请分别持证	□是 □否
备注				

本申请人对填写的上述内容及提交的申请材料的真实性负责。如有不实，申请人愿承担法律责任。

申请人（签章）：

代理人（签章）：

年 月 日

在登记申请提出以后，不动产登记机构将申请登记事项记载于不动产登记簿前。根据登记自愿的原则，申请人可以撤回登记申请，同时登记机构也应当将登记申请书以及相关材料退还申请人。

2. 受理 受理是指不动产登记机构依法查验申请主体、申请材料，询问登记事项、录入相关信息、出具受理结果等工作的过程。

不动产登记机构收到不动产登记申请材料，应当分别按照下列情况办理：①属于登记职责范围，申请材料齐全、符合法定形式，或者申请人按照要求提交全部补正申请材料的，应当受理并书面告知申请人；②申请材料存在可以当场更正的错误的，应当告知申请人当场更正，申请人当场更正后，应当受理并书面告知申请人；③申请材料不齐全或者不符合法定形式的，应当当场书面告知申请人不予受理，并一次性告知需要补正的全部内容；④申请登记的不动产不属于本机构登记范围的，应当当场书面告知申请人不予受理，并告知申请人向有登记权的机构申请。

不动产登记机构未当场书面告知申请人不予受理的，视为受理。

3. 审核　审核是指不动产登记机构受理申请人的申请后，根据申请登记事项，按照有关法律、行政法规对申请事项及申请材料做进一步审查，并决定是否予以登记的过程。

为确保登记材料的真实性和有效性，不动产登记机构不仅须对申请人提供材料是否完整、是否合法进行形式上的查验审核，而且还必须对材料所反映的内容的真实性和合法性进行实质审核，必要时还需进行实地查看或调查。

审核环节不动产登记机构首先应对申请材料进行下列相关内容审核：①申请人、委托代理人身份证明材料以及授权委托书与申请主体是否一致；②权属来源材料或者登记原因文件与申请登记的内容是否一致；③不动产界址、空间界限、面积等权籍调查成果是否完备，权属是否清楚、界址是否清晰、面积是否准确，是否与申请登记的不动产状况一致；④法律、行政法规规定的完税或者缴费凭证是否齐全；⑤登记申请是否违反法律、行政法规规定。

不动产登记机构工作人员在对申请材料进行审核时，除尚未登记的不动产首次申请登记的外，不动产登记机构应当通过查阅不动产登记簿的记载信息，审核申请登记事项与不动产登记簿记载的内容是否一致。经查阅不动产登记簿，不动产登记机构认为仍然需要查阅原始资料确认申请登记事项的，应当查阅不动产登记原始资料。

在不动产机构对不动产登记申请材料的一致性、完整性和合法性审核的基础上，不动产机构还应对存在下列情形的不动产登记申请组织进行实地查看：①对房屋等建筑物、构筑物所有权首次登记的，应查看房屋坐落及其建造完成等情况；②对在建建筑物抵押权登记的，应查看抵押的在建建筑物坐落及其建造等情况；③因不动产灭失导致的注销登记的，应查看不动产灭失等情况；④不动产登记机构认为需要实地查看的其他情形。

另外，对可能存在权属争议或者可能涉及他人利害关系的登记申请，不动产登记机构可以向申请人、利害关系人或者有关单位进行调查，以求验证。不动产登记机构进行实地查看或者调查时，申请人、被调查人应当予以配合。

审核完成后，不动产登记机关应当做出准予、不准予或暂缓登记的审核结论。

登记申请有下列情形之一的，不动产登记机构应当不予登记，并书面告知申请人：①违反法律、行政法规规定的；②存在尚未解决的权属争议的；③申请登记的不动产权利超过规定期限的；④法律、行政法规规定不予登记的其他情形。

4. 登簿　登簿是指不动产登记机构对符合登记条件的登记事项在登记簿中予以记载的行为。不动产登记簿是物权归属和内容的根据，登记事项记载于不动产登记簿时，标志着登记程序完成。

经审核符合登记条件，依法准予登记的登记申请，不动产登记机关工作人员应将不动产申请登记的相关事项在不动产登记簿上进行登记。使用电子登记簿的，应当以登簿人员将登记事项在不动产登记簿上记载完成之时为准；使用纸质登记簿的，应当以登簿人员将登记事项在不动产登记簿上记载完毕并签名（章）之时为准。

值得注意的是，对准予登记的不动产登记申请，对不涉及国家秘密且存在下列情形的不动产登记，应当在登记事项记载于登记簿前予以公告：①政府组织的集体土地所有权登记，以及宅基地使用权及房屋所有权、集体建设用地使用权及建筑物（或构筑物）所有权、土地承包经营权等不动产权利的首次登记；②依职权更正登记；③依职权注销登记；④法律、行政法规规定的其他情形。

不动产登记公告的主要内容包括：①拟予登记的不动产权利人的姓名或者名称；②拟予

登记的不动产坐落、面积、用途、权利类型等；③提出异议的期限、方式和受理机构；④需要公告的其他事项。

公告应当在不动产登记机构门户网站以及不动产所在地等指定场所进行，公告期不少于15个工作日。公告所需时间不计算在登记办理期限内。公告期满无异议或者异议不成立的，应当及时记载于不动产登记簿。

5. 颁证　登记事项记载于不动产登记簿后，不动产登记机构应当根据不动产登记簿，如实、准确填写并核发不动产权属证书或者不动产登记证明，并依法向符合条件的申请人核发不动产权属证书或不动产登记证明。

不动产登记机构应当依法对集体土地所有权、房屋等建筑物（或构筑物）所有权、森林（或林木）所有权、土地承包经营权、建设用地使用权、宅基地使用权、海域使用权等不动产权利进行登记，核发不动产权属证书。对办理抵押权登记、地役权登记和预告登记、异议登记的，核发不动产登记证明。但属以下情形的，登记事项只记载于不动产登记簿，不核发不动产权证书或者不动产登记证明：①建筑区划内依法属于业主共有的道路、绿地、其他公共场所、公用设施和物业服务用房等及其占用范围内的建设用地使用权；②查封登记和预查封登记。

不动产权属证书和不动产登记证明，应当加盖不动产登记机构登记专用章。不动产权属证书和不动产登记证明的样式由自然资源部统一规定。

第四节　不动产登记的类型与不动产权利登记

一、登记的类型

（一）不动产登记类型

不同的不动产登记类型，会对应不同的申请主体、申请材料以及登记程序。根据《不动产登记暂行条例》规定，不动产登记类型包括：首次登记、变更登记、转移登记、注销登记、更正登记、异议登记、预告登记、查封登记等。

1. 首次登记　不动产首次登记是指不动产权利第一次记载于不动产登记簿的登记，即在不动产权利第一次产生时进行的登记，其范围包括了以往的初始登记、设立登记和总登记。在《不动产登记暂行条例》出台前，关于不动产权利初次设立时的登记有多种，如土地总登记、土地初始登记、房屋初始登记、房屋设立登记等，而且这些登记类型分置于不同部门，受不同登记规则要求和影响，登记形式和内容不统一。《不动产登记暂行条例》将上述登记类型统一概括为首次登记，是国家立法关于登记类型称谓的重要创新。《不动产登记暂行条例》和《不动产登记暂行条例实施细则》对首次登记的规定和适用情形予以了细化。

不动产首次登记适用情形主要包括：①集体土地所有权的首次登记；②国有建设用地使用权的首次登记；③国有建设用地使用权及房屋所有权的首次登记；④宅基地使用权的首次登记；⑤宅基地使用权及房屋所有权的首次登记；⑥集体建设用地使用权的首次登记；⑦集体建设用地使用权及地上建筑物、构筑物所有权的首次登记；⑧土地承包经营权的首次登记；⑨地役权的首次登记；⑩海域使用权的首次登记；⑪抵押权的首次登记。

2. 变更登记　不动产变更登记主要是指因不动产权利人的姓名、名称或者不动产坐落等发生变更而进行的登记。不动产变更登记是不动产物权发生变更时所做的登记。

不动产变更登记适用情形主要包括：①权利人的姓名、名称、身份证明类型或者身份证明号码发生变更的；②不动产的坐落、界址、用途、面积等状况变更的；③不动产权利期限、来源等状况发生变化的；④同一权利人分割或者合并不动产的；⑤抵押担保的范围、主债权数额、债务履行期限、抵押权顺位发生变化的；⑥最高额抵押担保的债权范围、最高债权额、债权确定期间等发生变化的；⑦地役权的利用目的、方法等发生变化的；⑧共有性质发生变更的；⑨法律、行政法规规定的其他不涉及不动产权利转移的变更情形。

3. 转移登记　转移登记是指不动产物权在不同的主体间进行转移时，不动产机构依据当事人的申请或有关机关的嘱托而进行的登记。

不动产转移登记适用情形主要包括：①买卖、互换、赠与不动产的；②以不动产作价出资（入股）的；③法人或者其他组织因合并、分立等原因致使不动产权利发生转移的；④不动产分割、合并导致权利发生转移的；⑤继承、受遗赠导致权利发生转移的；⑥共有人增加或者减少以及共有不动产份额变化的；⑦因人民法院、仲裁委员会的生效法律文书导致不动产权利发生转移的；⑧因主债权转移引起不动产抵押权转移的；⑨因需役地不动产权利转移引起地役权转移的；⑩法律、行政法规规定的其他不动产权利转移情形。

4. 注销登记　注销登记主要是指因法定或约定之原因使已登记的不动产物权归于消灭或因自然的、人为的原因使不动产灭失所进行的登记。注销登记主要包括申请注销登记和嘱托注销登记两种情形。

申请注销登记适用情形主要包括：①因自然灾害等原因导致不动产灭失的；②权利人放弃不动产权利的；③不动产权利终止的；④法律、行政法规规定的其他情形。

嘱托注销登记适用情形主要包括：①依法收回国有土地、海域等不动产权利的；②依法征收、没收不动产的；③因人民法院、仲裁机构的生效法律文书致使原不动产权利消灭，当事人未处理注销登记的；④法律、行政法规规定的其他情形。

5. 更正登记　更正登记主要是指登记机构根据当事人的申请或者依职权对登记簿的错误记载事项进行更正的登记。不动产登记工作实践中，由于各种原因难免会产生各种错误，创设更正登记制度的目的就在于通过规范纠正登记错误的程序，合法纠正登记错误。

更正登记的方式有两种：①申请更正，即由权利人或利害关系人的申请而发生；②自为更正，即登记机关发现确有错误，主动予以更正。

对于更正登记，《物权法》第十九条明确规定，权利人、利害关系人认为不动产登记簿记载的事项有错误的，可以申请更正登记。不动产登记簿记载的权利人书面同意更正或者有证据证明登记确有错误的，登记机构应当予以更正。

权利人申请更正登记的，应当提交不动产权属证书、证实登记确有错误的材料以及其他必要材料。利害关系人申请更正登记的，应当提交利害关系材料、证实不动产登记簿记载错误的材料以及其他必要材料。

《不动产登记暂行条例实施细则》第八十条规定："不动产权利人或者利害关系人申请更正登记，不动产登记机构认为不动产登记簿记载确有错误的，应当予以更正；但在错误登记之后已经办理了涉及不动产权利处分的登记、预告登记和查封登记的除外。"第八十一条规定："不动产登记机构发现不动产登记簿记载的事项错误，应当通知当事人在 30 个工作日内办理更正登记。当事人逾期不办理的，不动产登记机构应当在公告 15 个工作日后，依法予以更正；但在错误登记之后已经办理了涉及不动产权利处分的登记、预告登记和查封登记的除外。"

6. 异议登记 所谓异议，是指事实上的权利人以及利害关系人对不动产登记簿记载的权利存有不同的主张，希望能对原有的登记事项进行修正甚至推翻，而原登记的权利人不同意更改，则存异议者可以通过合法渠道向登记机关提出异议登记。一旦异议登记获准，在规定的时间内（通常为 15 天），原登记权利人便暂时不可处置其所属的不动产，而提出异议的存异议者可以收集有关证据，并向法院提起诉讼，从而得以公断。过期不诉讼，则异议登记失效，原登记事项继续有效。

异议登记是一种法律救济的措施，可以避免登记簿所载权利人滥用登记公信力，突击处置实质上本不属于该权利人，而登记簿上记载为该权利人所有的不动产物件，或者未经异议登记人同意变更原登记事项，从而可以保护真正的权利人利益。异议登记是一项临时性保障措施。

异议登记不当，造成权利人损害的，权利人可以向申请人请求赔偿。

为了保证该项措施起到应有的作用，异议登记从申请到成立，要求在一天之内完成，不可拖延。而异议登记的有效时限必须严格遵守。

异议登记根据内容的不同需提交以下的材料：①证实对登记的不动产权利有利害关系的材料；②证实不动产登记簿记载的事项错误的材料；③其他必要的材料。

《不动产登记暂行条例实施细则》第八十三条规定："不动产登记机构受理异议登记申请的，应当将异议事项记载于不动产登记簿，并向申请人出具异议登记证明……。异议登记失效后，申请人就同一事项以同一理由再次申请异议登记的，不动产登记机构不予受理。"

7. 预告登记 预告登记是《物权法》中的一项制度，是为保全一项以将来发生不动产物权变动为目的的请求权而进行的提前登记，主要是用于商品房的预售买卖中。

《物权法》第二十条规定，当事人签订买卖房屋或者其他不动产物权的协议，为保障将来实现物权，按照约定可以向登记机构申请预告登记。申请不动产预告登记的情形主要包括：①商品房等不动产预售的；②不动产买卖、抵押的；③以预购商品房设定抵押权的；④法律、行政法规规定的其他情形。

预告登记时，通常不动产还未客观存在，因此无法登记，所以预告登记实际上是将请求权予以登记，使其具有对抗第三人的效力，使妨害其不动产物权登记请求权的处分行为无效，以保障将来该项登记的实现，其本身并不具有物权效力。

申请预告登记，针对不同登记情形应当提交相关材料。例如，申请预购商品房的预告登记，需提交以下材料：①已备案的商品房预售合同；②当事人关于预告登记的约定；③其他必要材料。

8. 查封登记 查封登记主要是指不动产登记机构根据人民法院及其他机关提供的查封裁定书和协助执行通知书等法律文书，将查封的情况在不动产登记簿上予以记载的行为。查封登记是依嘱托进行的登记，属于限制登记。

查封既可以适用于动产，也可以适用于不动产。对于动产的查封，一般是在查封标的之上加贴封条，以起到公示之作用；对于不动产的查封，除了采取张贴封条的方式外，更重要的是应当到不动产登记机构办理查封登记手续，否则，不得对抗其他已经办理了登记手续的查封行为。

　　查封登记不能依当事人的申请进行，而是依据人民法院的协助执行通知等法律文书。查封登记的目的是对当事人产生禁止处分不动产的效力，以保全将来可能实现的某种权利。此外，查封登记后，如果没有解封或者失效，登记机构也不能办理新的登记，如变更登记、抵押登记等。

　　查封期限届满，人民法院未续封的，查封登记失效。

（二）土地登记类型

　　土地登记在有些国家是所有不动产登记的总称，在我国曾经是指仅就土地物权开展的登记工作。土地登记是为了确定土地权利的归属、变更以及负担状况等，对土地权利的确立、变更、转移、消灭进行官方登记的过程。土地登记在我国与很多国家一样，有着比较悠久的历史，发展较为成熟，对建立健全和发展我国不动产登记制度有着十分重要的作用。

　　在我国《土地登记办法》[①] 中，将土地登记分为土地总登记、初始土地登记、变更土地登记、注销登记、其他登记。可以认为我国现行对不动产登记类型的划分，是对土地登记类型的继承和发展。根据我国土地登记制度建立的情况和土地登记工作需要，以及在具体操作中形成的习惯作法，土地登记具体类型的划分见表8-2。

表8-2　土地登记类型划分

登记分类	特征
城镇土地登记、农村土地登记	地域
实体权利登记、程序权利登记	登记的权利
设定登记、处分登记	登记的形式
权利登记、表彰登记	登记的内容
主登记、附记登记	登记的主从
预备登记、本登记	登记的顺序
总登记、经常登记	登记的时间
正式登记、暂时登记	登记效力的持续
自愿登记、强制登记	登记的主动与被动
取得登记、设定登记、转移登记、变更登记、消灭登记	登记的法律关系
所有权登记、使用权登记、他项权利登记	权属种类
依限登记、补行登记	登记申请的期限
缴费登记、免费登记	登记费用
一般登记、预告登记、异议登记	登记的目的

---

　　① 《土地登记办法》于2007年11月28日公布，自2008年2月1日起施行。本办法于2017年12月29日废止，其主要内容已被2016年1月1日公布并实施的《不动产登记暂行条例实施细则》的相关规定所替代。

（续）

登记分类	特征
原始登记、变更登记、更正登记、涂销登记、回复登记	登记过程的不同
静态登记、动态登记	登记的状态
土地、房屋、其他权利（如林权、矿权等）的分别登记和统一登记	登记的对象
预备登记、实际登记、异议登记	登记的作用

资料来源：李昊，常鹏翱，叶金强，等，2005. 不动产登记程序的制度建构［M］. 北京：北京大学出版社．

二、不动产权利登记

（一）集体土地所有权登记

集体土地所有权是指农村各级农民集体经济组织对自己所有的土地依法享有的占有、使用、收益和处分的权利。我国作为社会主义公有制国家，实行土地的社会主义公有制，即全民所有制和劳动群众集体所有制。依据《中华人民共和国宪法》和《土地管理法》等法律规定，土地所有权的主体只能是国家或者农村集体经济组织，而不能是其他组织和个人。

根据我国《不动产登记暂行条例实施细则》规定，申请集体土地所有权登记应针对不同的情形确定恰当的申请人和提供相应的申请材料。

1. 申请主体 集体土地所有权登记，应区分清楚土地所属的具体情形，确定集体土地所有权登记的申请人。一般分为以下几种情形：①土地属于村农民集体所有的，由村集体经济组织代为申请，没有集体经济组织的，由村民委员会代为申请；②土地分别属于村内两个以上农民集体所有的，由村内各集体经济组织代为申请，没有集体经济组织的，由村民小组代为申请；③土地属于乡（镇）农民集体所有的，由乡（镇）集体经济组织代为申请。

2. 申请材料 针对申请集体土地所有权首次登记、转移登记和变更、注销登记的不同情形，除了均需要提供不动产登记申请书和申请人身份证明材料外，还应根据不同情形提交各自规定的材料。

（1）首次登记。申请集体土地所有权归属首次（第一次）登记的，应当提供下列材料：①土地权属来源证明材料。提供的土地权属来源证明材料可以是土地改革时期取得的土地房产的有证或者档案清册，也可以是《土地管理法》实施后县级以上人民政府依法核发权属证书，或者各级政府出具的土地调解协议或处理决定，还可以是自然资源主管部门颁发的确权登记发证工作文件中明确的确权登记材料。②不动产权籍调查表、宗地图以及宗地界址点坐标。③法律法规规定的其他必要材料。

（2）转移登记。农民集体间因互换、土地调整等原因会导致集体土地所有权转移。申请集体土地所有权转移登记，应当提交下列材料：①不动产权属证书；②互换、调整协议等集体土地所有权转移的材料，如互换土地的协议、土地调整文件、相关批准文件等；③本集体经济组织 2/3 以上成员或者 2/3 以上村民代表同意的材料；④法律法规规定的其他必要材料。

（3）变更、注销登记。现实中，可能出现因农村集体经济名称或土地坐落信息等发生变更而导致土地所有权发生变更的情形，也会出现因土地征收、自然灾害等导致集体土地所有权消灭的情形。申请集体土地所有权变更、注销登记，应当提交下列材料：①不动产权属证书。②集体土地所有权变更、消灭的材料。值得注意的是，变更、消灭的材料必须是由权力机关出具的，如相关文件、征收决定书、灾害调查报告等。③法律法规规定的其他必要材料。

对因不动产灭失而申请集体土地所有权注销登记的，不动产登记机构应通过实地查看是否灭失，并认真做好拍照或记录，以留存备案。

（二）国有建设用地使用权及房屋所有权登记

建设用地使用权是指自然人、法人或其他组织依法享有的在国有或集体建设土地的地表、地上、地下建造建筑物、构筑物及其他附属设施的用益物权。根据我国《不动产登记暂行条例实施细则》规定，依法取得国有建设用地使用权的，可以单独申请国有建设用地使用权登记。依法利用国有建设用地建造房屋的，可以申请国有建设用地使用权及房屋所有权登记。

按照不动产统一登记制度一体登记的原则，依法利用国有土地建造房屋的，应当一并申请国有建设用地使用权及房屋所有权登记。

针对国有建设用地使用权及房屋所有权申请登记的不同情形，除了均需要提供不动产登记申请书和申请人身份证明材料外，还应根据不同申请登记类型提交相应的申请材料。

1. 国有建设用地使用权首次登记 申请国有建设用地使用权首次登记，应当提交下列材料：①土地权属来源材料。当前在我国建设用地使用权的取得方式主要包括划拨、出让、租赁、作价出资或入股以及经营授权。因此，根据建设用地使用权权利取得方式的不同，土地权属来源材料可以是国有建设用地划拨决定书或国有建设用地使用权出让合同、国有建设用地使用权租赁合同以及国有建设用地使用权作价出资（入股）、授权经营批准文件等。②不动产权籍调查表、宗地图以及宗地界址点坐标等不动产权籍调查成果。③土地出让价款、土地租金、相关税费等缴纳凭证。④规定的其他必要材料。

申请在地上或者地下单独设立国有建设用地使用权登记的，仍按上述要求提供申请材料。

2. 国有建设用地使用权及房屋所有权首次登记 申请国有建设用地使用权及房屋所有权首次登记的，应当提交下列材料：①不动产权属证书或者土地权属来源材料，主要包括土地出让合同、房屋买卖合同等权属来源文件，这些是不动产登记申请资料的基础和核心；②建设工程符合规划的材料；③房屋已经竣工的材料；④房地产调查或者测绘报告；⑤建筑物区分所有的，确认建筑区划内属于业主共有的道路、绿地、其他公共场所、公用设施和物业服务用房等材料；⑥相关税费缴纳凭证；⑦规定的其他必要材料。

办理房屋所有权首次登记时，申请人应当将建筑区划内依法属于业主共有的道路、绿地、其他公共场所、公用设施和物业服务用房及其占用范围内的建设用地使用权一并申请登记为业主共有。业主转让房屋所有权的，其对共有部分享有的权利依法一并转让。

3. 国有建设用地使用权及房屋所有权变更登记 因不动产用途变更、面积变化等申请国有建设用地使用权及房屋所有权变更登记的，应当根据不同情况提交下列材料：①不动产权属证书；②国有建设用地使用权及房屋所有权变更的材料，包括权利人姓名或者名称、身份证明类型或者身份证明号码发生变化的材料，房屋面积、界址范围发生变化的材料，用途发生变化的材料，国有建设用地使用权的权利期限发生变化的材料，同一权利人分割或者合并不动产的材料，共有性质变更的材料等；③有批准权的人民政府或者主管部门的批准文件；④国有建设用地使用权出让合同或者补充协议；⑤国有建设用地使用权出让价款、税费等缴纳凭证；⑥其他必要材料。

4. 国有建设用地使用权及房屋所有权转移登记　因不动产物权归属发生变化申请国有建设用地使用权及房屋所有权转移登记的，应当根据不同情况提交下列材料：①不动产权属证书；②买卖、互换、赠与合同；③继承或者受遗赠的材料；④分割、合并协议；⑤人民法院或者仲裁委员会生效的法律文书；⑥有批准权的人民政府或者主管部门的批准文件；⑦相关税费缴纳凭证；⑧其他必要材料。

不动产买卖合同依法应当备案的，申请人申请登记时须提交经备案的买卖合同。

（三）宅基地使用权及房屋所有权登记

宅基地使用权是指农村集体经济组织的成员依法享有的在农民集体土地所有的土地上建造个人住宅的权利。宅基地使用权是农村居民一项重要的财产权。实践中，宅基地使用权范围一般包括居住生活用地、四旁绿化用地、其他生活服务设施用地。

按照《不动产登记暂行条例实施细则》规定，依法取得宅基地使用权的，可以单独申请宅基地使用权登记。依法利用宅基地建造住房及其附属设施的，可以申请宅基地使用权及房屋所有权登记。

针对宅基地使用权及房屋所有权的首次登记、转移登记的不同情形，除了均需要提供不动产登记申请书和申请人身份证明材料外，还应根据不同申请登记类型提交相应的申请材料。

1. 首次登记　申请宅基地使用权及房屋所有权首次登记的，应当根据不同情况提交下列材料：①申请人身份证和户口簿；②不动产权属证书或者有批准权的人民政府批准用地的文件等权属来源材料；③房屋符合规划或者建设的相关材料；④权籍调查表、宗地图、房屋平面图以及宗地界址点坐标等有关不动产界址、面积等材料；⑤其他必要材料。

2. 转移登记　因依法继承、分家析产、集体经济组织内部互换房屋等导致宅基地使用权及房屋所有权发生转移申请登记的，申请人应当根据不同情况提交下列材料：①不动产权属证书或者其他权属来源材料；②依法继承的材料；③分家析产的协议或者材料；④集体经济组织内部互换房屋的协议；⑤其他必要材料。

房地一体登记是不动产登记的基本原则，但对于取得宅基地使用权后还未建造房屋的，或房屋尚未建造完成的，宅基地使用人可以单独申请宅基地使用权登记。

（四）集体建设用地使用权及建筑物、构筑物所有权登记

按规定，依法取得集体建设用地使用权，可以单独申请集体建设用地使用权登记。依法利用集体建设用地兴办企业、建设公共设施、从事公益事业等的，可以申请集体建设用地使用权及地上建筑物、构筑物所有权登记。

根据申请集体建设用地使用权及建筑物、构筑物所有权的不同情形，除了均需要提供不动产登记申请书和申请人身份证明材料外，还应根据不同申请登记类型提交相应的申请材料。

1. 首次登记　申请集体建设用地使用权及建筑物、构筑物所有权首次登记的，申请人应当根据不同情况提交下列材料：①有批准权的人民政府批准用地的文件等土地权属来源材料；②建设工程符合规划的材料；③有关不动产界址、面积等的材料，如不动产权籍调查表、宗地图、房屋平面图以及宗地界址点坐标等；④建设工程已竣工的材料；⑤其他必要材料。

集体建设用地使用权首次登记完成后，申请人申请建筑物、构筑物所有权首次登记的，应当提交享有集体建设用地使用权的不动产权属证书。

2. 变更登记、转移登记、注销登记　申请集体建设用地使用权及建筑物、构筑物所有权变更登记、转移登记、注销登记的，申请人应当根据不同情况提交下列材料：①不动产权属证书；②集体建设用地使用权及建筑物、构筑物所有权变更、转移、消灭的材料；③其他必要材料。

因企业兼并、破产等原因致使集体建设用地使用权及建筑物、构筑物所有权发生转移的，申请人应当持相关协议及有关部门的批准文件等相关材料，申请不动产转移登记。

值得注意的是，按照连续登记的原则，权利人只有办理了集体建设用地使用权及建筑物、构筑物所有权首次登记，获得不动产权属证书后，才有可能申请变更登记、转移登记和注销登记。

（五）土地承包经营权登记

土地承包经营制度是我国农村的一项基本制度。承包经营权是该制度在权利形态上的表现和反映。所谓承包经营权，是指特定主体依法利用承包的土地从事农业生产，并取得生产所得的用益物权。

我国《不动产登记暂行条例实施细则》第四十七条规定："承包农民集体所有的耕地、林地、草地、水域、滩涂以及荒山、荒沟、荒丘、荒滩等农用地，或者国家所有依法由农民集体使用的农用地从事种植业、林业、畜牧业、渔业等农业生产的，可以申请土地承包经营权登记。地上有森林、林木的，应当在申请土地承包经营权登记时一并申请登记。"同时，该细则对土地承包经营权的首次登记、变更登记、转移登记和注销登记申请适用的情形和应提交的材料也做出了相应规定。

1. 土地承包经营权首次登记　依法以承包方式在土地上从事种植业或者养殖业生产活动的，可以申请土地承包经营权的首次登记。

以家庭承包方式取得的土地承包经营权的首次登记，由发包方持土地承包经营合同等材料申请。

以招标、拍卖、公开协商等方式承包农村土地的，由承包方持土地承包经营合同申请土地承包经营权首次登记。

2. 土地承包经营权变更登记　已经登记的土地承包经营权有下列情形之一的，承包方应当持原不动产权属证书以及其他证实发生变更事实的材料，申请土地承包经营权变更登记：①权利人的姓名或者名称等事项发生变化的；②承包土地的坐落、名称、面积发生变化的；③承包期限依法变更的；④承包期限届满，土地承包经营权人按照国家有关规定继续承包的；⑤退耕还林、退耕还湖、退耕还草导致土地用途改变的；⑥森林、林木的种类等发生变化的；⑦法律、行政法规规定的其他情形。

申请土地承包经营权变更登记，申请人主要应提供发生变更事实的证明材料，如证明发包方名称变化的文件，或者证明承包期限发生变更的批准文件，或者重新签订的土地承包合同。此外，还应提交证明土地承包经营权的不动产权属证书等。

3. 土地承包经营权转移登记 已经登记的土地承包经营权发生下列情形之一的，当事人双方应当持互换协议、转让合同等材料，申请土地承包经营权的转移登记：①互换；②转让；③因家庭关系、婚姻关系变化等原因导致土地承包经营权分割或者合并的；④依法导致土地承包经营权转移的其他情形。

以家庭承包方式取得的土地承包经营权，采取转让方式流转的，还应当提供发包方同意的材料。

4. 土地承包经营权注销登记 已经登记的土地承包经营权发生下列情形之一的，承包方应当持不动产权属证书、证实灭失的材料等，申请注销登记：①承包经营的土地灭失的；②承包经营的土地被依法转为建设用地的；③承包经营权人丧失承包经营资格或者放弃承包经营权的；④法律、行政法规规定的其他情形。

以承包经营以外的合法方式使用国有农用地的国有农场、草场，以及使用国家所有的水域、滩涂等农用地进行农业生产，申请国有农用地的使用权登记的，可参照土地承包地经营权登记有关规定办理。

国有林地使用权登记，应当提交有批准权的人民政府或者主管部门的批准文件，地上森林、林木一并登记。

（六）海域使用权登记

海域属国家所有，任何单位和个人使用海域，必须取得海域使用权。所谓海域使用权，是指权利人对特定海域享有的排他性占有、使用、收益的用益权。

按规定，依法取得海域使用权，可以单独申请海域使用权登记。依法使用海域，在海域上建造建筑物、构筑物的，应当申请海域使用权及建筑物、构筑物所有权登记，即申请一体登记。

针对海域使用权申请登记的不同类型，除了均需要提供不动产登记申请书和申请人身份证明材料外，还应根据不同申请登记类型提交相应的申请材料。

1. 首次登记 申请海域使用权首次登记的，应当提交下列材料：①项目用海批准文件或者海域使用权出让合同；②宗海图以及界址点坐标；③海域使用金缴纳或者减免凭证；④其他必要材料。

2. 变更登记 变更登记在我国登记实践中经常发生，变更主要涉及主体、客体及内容3个方面。有下列情形之一的，申请人应当持不动产权属证书、海域使用权变更的文件等材料，申请海域使用权变更登记：①海域使用权人姓名或者名称改变的；②海域坐落、名称发生变化的；③改变海域使用位置、面积或者期限的；④海域使用权续期的；⑤共有性质变更的；⑥法律、行政法规规定的其他情形。

申请海域使用权变更登记，应按不同情形提供相应的申请材料。例如，若是权利人姓名或者名称、身份证明类型或者身份证明号码发生变化的，应提交能够证实其身份变更的材料；若是海域面积、界址范围发生变化的，应提交有批准权的人民政府或者主管部门的批准文件、海域使用权出让合同补充协议以及变更后的宗海图（宗海位置图、界址图）、界址点坐标等成果。依法需要补交海域使用金的，还应当提交相关的缴纳凭证。

3. 转移登记 转移登记是指不动产权利由一个主体转移到另一个主体，从某种意义上来讲，转移登记也属变更登记的范畴，属于不动产权利主体的变更。凡有下列情形之一的，申请人可以申请海域使用权转移登记：①因企业合并、分立或者与他人合资、合作经营、作价入股导致海域使用权转移的；②依法转让、赠与、继承、受遗赠海域使用权的；③因人民法院、仲裁委员会生效法律文书导致海域使用权转移的；④法律、行政法规规定的其他情形。

申请海域使用权转移登记的，申请人应当提交下列材料：①不动产权属证书；②海域使用权转让合同、继承材料、生效法律文书等材料；③转让批准取得的海域使用权，应当提交原批准用海的海洋行政主管部门批准转让的文件；④依法需要补交海域使用金的，应当提交海域使用金缴纳的凭证；⑤其他必要材料。

4. 注销登记 申请海域使用权注销登记的，申请人应当提交下列材料：①原不动产权属证书；②海域使用权消灭的材料；③其他必要材料。

因围填海造地等导致海域灭失的，申请人应当在围填海造地等工程竣工后，依照规定申请国有土地使用权登记，并办理海域使用权注销登记。

（七）地役权登记

所谓地役权，是指不动产所有权人或使用权人为了提高自己不动产利用的效益，而利用他人不动产的用益物权。地役权的设定，由当事人通过合同进行。地役权合同生效，就可直接发生设立地役权的效力。设立的地役权只有经当事人向登记机构申请地役权登记后，才具有对抗善意第三人的效力。

地役权的设立实质上是当事人通过合同对供役地的处分，因此地役权首次登记属于处分登记。地役权的设立登记应当由地役权合同的双方当事人共同申请，不动产登记机构应当将登记事项分别记载于需役地和供役地登记簿。供役地、需役地分属不同不动产登记机构管辖的，当事人应当向供役地所在地的不动产登记机构申请地役权登记。供役地所在地不动产登记机构完成登记后，应当将相关事项通知需役地所在地不动产登记机构，并由其记载于需役地登记簿。

地役权设立后，办理首次登记前发生变更、转移的，当事人应当提交相关材料，就已经变更或者转移的地役权，直接申请首次登记。

1. 首次登记 按照约定设定地役权，当事人可以持不动产登记申请书、申请人身份证明、需役地和供役地的不动产权属证书、地役权合同以及其他必要文件，申请地役权首次登记。

2. 变更登记 所谓地役权变更，是指主体不变，而地役权的客体或者内容发生变化。经依法登记的地役权发生下列情形之一的，当事人应当持不动产登记申请书、申请人身份证明、地役权合同、不动产登记证明和证实变更的材料等必要材料，申请地役权变更登记：①地役权当事人的姓名或者名称等发生变化；②共有性质变更的；③需役地或者供役地自然状况发生变化；④地役权内容变更的；⑤法律、行政法规规定的其他情形。

供役地分割转让办理登记，转让部分涉及地役权的，应当由受让人与地役权人一并申请地役权变更登记。

3. 转移登记 所谓地役权的转移，是指客体和内容不变，而地役权人发生了变化。已经登记的地役权因土地承包经营权、建设用地使用权转让发生转移的，当事人应当持不动产登记申请书、申请人身份证明、不动产登记证明、地役权转移合同等必要材料，申请地役权转移登记。

申请需役地转移登记的，或者需役地分割转让，转让部分涉及已登记的地役权的，当事人应当一并申请地役权转移登记，但当事人另有约定的除外。当事人拒绝一并申请地役权转移登记的，应当出具书面材料。不动产登记机构办理转移登记时，应当同时办理地役权注销登记。

4. 地役权注销登记 已经登记的地役权，有下列情形之一的，当事人可以持不动产登记申请书、申请人身份证明、不动产登记证明、证实地役权发生消灭的材料等必要材料，申请地役权注销登记：①地役权期限届满；②供役地、需役地归于同一人；③供役地或者需役地灭失；④人民法院、仲裁委员会的生效法律文书导致地役权消灭；⑤依法解除地役权合同；⑥其他导致地役权消灭的事由。

（八）抵押权登记

抵押权是担保物权，属于物的担保。就物的担保而言，"物"是否符合法律要求，对于担保有效与否至关重要。我国《物权法》规定，允许抵押的不动产应当具备的一个前提是：债务人或者第三人有权处分的财产。否则，将他人财产抵押就构成了无权处分。

根据《不动产登记暂行条例实施细则》规定，对下列财产进行抵押的，可以申请办理不动产抵押登记：①建设用地使用权；②建筑物和其他土地附着物；③海域使用权；④以招标、拍卖、公开协商等方式取得的荒地等土地承包经营权；⑤正在建造的建筑物；⑥法律、行政法规未禁止抵押的其他不动产。

以建设用地使用权、海域使用权抵押的，该土地、海域上的建筑物、构筑物一并抵押；以建筑物、构筑物抵押的，该建筑物、构筑物占用范围内的建设用地使用权、海域使用权一并抵押。

自然人、法人或者其他组织为保障其债权的实现，依法以不动产设定抵押的，可以由当事人持不动产权属证书、抵押合同与主债权合同等必要材料，共同申请办理抵押登记。

抵押合同既可以是单独订立的书面合同，也可以是主债权合同中的抵押条款。

同一不动产上设立多个抵押权的，不动产登记机构应当按照受理时间的先后顺序依次办理登记，并记载于不动产登记簿。当事人对抵押权顺位另有约定的，从其规定办理登记。

值得注意的是，根据我国《物权法》第一百八十四条的规定，下列不动产和不动产权不得设定抵押权：①土地所有权；②耕地、宅基地、自留地、自留山等集体所有的土地使用权，但法律规定可以抵押的除外，如以招投标、拍卖、公开协商方式取得的"四荒"地承包权可以按程序抵押；③作为教育设施、医疗卫生设施和其他社会公益设施的不动产；④所有权、使用权不明或有争议的不动产；⑤依法被查封的不动产；⑥法律、行政法规规定不得抵押的其他不动产。

1. 抵押权变更登记 不动产抵押权成立后，可能会因发生抵押权的权利内容、担保范围、担保的债权种类等引起的抵押权变更。有下列情形之一的，当事人应当持不动产权属证书、不动产登记证明、抵押权变更等必要材料，申请抵押权变更登记：①抵押人、抵押权人的姓名或者名称变更的；②被担保的主债权数额变更的；③债务履行期限变更的；④抵押权顺位变更的；⑤法律、行政法规规定的其他情形。

因被担保债权主债权的种类及数额、担保范围、债务履行期限、抵押权顺位发生变更而申请抵押权变更登记时，如果该抵押权的变更将对其他抵押权人产生不利影响的，还应当提交其他抵押权人书面同意的材料与身份证或者户口簿等材料。

2. 抵押权转移登记　抵押权属于财产权，具有转让的可能性。因主债权转让导致抵押权转让的，当事人可以持不动产权属证书、不动产登记证明、被担保主债权的转让协议、债权人已经通知债务人的材料等相关材料，申请抵押权的转移登记。

3. 抵押权注销登记　有下列情形之一的，当事人可以持不动产登记证明、抵押权消灭的材料等必要材料，申请抵押权注销登记：①主债权消灭；②抵押权已经实现；③抵押权人放弃抵押权；④法律、行政法规规定抵押权消灭的其他情形。

4. 最高额抵押权登记　最高额抵押权，是指债务人或第三人与抵押权人协议在最高债权额限度内，以特定财产为一定期间内将要继续发生的债权提供抵押担保，当债务人不履行债务或发生当事人约定的实现抵押权的情形时，抵押权人有权在最高债权额度限度内就该担保财产优先受偿。

（1）最高额抵押权首次登记。设立最高额抵押权的，当事人应当持不动产权属证书、最高额抵押合同与一定期间内将要连续发生的债权的合同或者其他登记原因材料等必要材料，申请最高额抵押权首次登记。

当事人申请最高额抵押权首次登记时，同意将最高额抵押权设立前已经存在的债权转入最高额抵押担保的债权范围的，还应当提交已存在债权的合同以及当事人同意将该债权纳入最高额抵押权担保范围的书面材料。

（2）最高额抵押权变更登记。有下列情形之一的，当事人应当持不动产登记证明、最高额抵押权发生变更的材料等必要材料，申请最高额抵押权变更登记：①抵押人、抵押权人的姓名或者名称变更的；②债权范围变更的；③最高债权额变更的；④债权确定的期间变更的；⑤抵押权顺位变更的；⑥法律、行政法规规定的其他情形。

因最高债权额、债权范围、债务履行期限、债权确定的期间发生变更而申请最高额抵押权变更登记时，如果该变更将对其他抵押权人产生不利影响的，当事人还应当提交其他抵押权人的书面同意文件与身份证或者户口簿等。

当发生导致最高额抵押权担保的债权被确定的事由，从而使最高额抵押权转变为一般抵押权时，当事人应当持不动产登记证明、最高额抵押权担保的债权已确定的材料等必要材料，申请办理确定最高额抵押权的登记。

（3）最高额抵押权转移登记。最高额抵押权发生转移的，应当持不动产登记证明、部分债权转移的材料、当事人约定最高额抵押权随同部分债权的转让而转移的材料等必要材料，申请办理最高额抵押权转移登记。

债权人转让部分债权，当事人约定最高额抵押权随同部分债权的转让而转移的，应当分别申请下列登记：①当事人约定原抵押权人与受让人共同享有最高额抵押权的，应当申请最高额抵押权的转移登记；②当事人约定受让人享有一般抵押权、原抵押权人在扣减已转移的债权数额后继续享有最高额抵押权的，应当申请一般抵押权的首次登记以及最高额抵押权的变更登记；③当事人约定原抵押权人不再享有最高额抵押权的，应当一并申请最高额抵押权确定登记以及一般抵押权转移登记。

最高额抵押权担保的债权确定前，债权人转让部分债权的，除当事人另有约定外，不动产登记机构不得办理最高额抵押权转移登记。

5. 建设用地使用权以及在建建筑物抵押权　以建设用地使用权以及全部或者部分在建

建筑物设定抵押的，应当一并申请建设用地使用权以及在建建筑物抵押权的首次登记。当事人申请在建建筑物抵押权首次登记时，抵押财产不包括已经办理预告登记的预购商品房和已经办理预售备案的商品房。

在建建筑物主要是指正在建造、尚未办理所有权首次登记的房屋等建筑物。申请在建建筑物抵押权首次登记的，当事人应当提交下列材料：①抵押合同与主债权合同；②享有建设用地使用权的不动产权属证书；③建设工程规划许可证；④其他必要材料。

在建建筑物抵押权变更、转移或者消灭的，当事人应当提交下列材料，申请变更登记、转移登记、注销登记：①不动产登记证明；②在建建筑物抵押权发生变更、转移或者消灭的材料；③其他必要材料。

在建建筑物竣工，办理建筑物所有权首次登记时，当事人应当申请将在建建筑物抵押权登记转为建筑物抵押权登记。

6. 商品房抵押登记　申请预购商品房抵押登记，应当提交下列材料：①抵押合同与主债权合同；②预购商品房预告登记材料；③其他必要材料。

预购商品房办理房屋所有权登记后，当事人应当申请将预购商品房抵押预告登记转为商品房抵押权首次登记。

第五节　不动产登记信息利用及管理

一、不动产登记信息管理基础平台建设

统一信息平台是不动产登记"四统一"要求的重要内容之一，是整合不动产登记职责、落实不动产统一登记各项制度的技术支撑。统一不动产登记信息平台，可促进登记信息完备、准确、可靠，保障不动产交易安全，保护群众合法权益，实现信息资源共享查询，提高服务社会效率。

《不动产登记暂行条例》第二十三条规定："国务院国土资源主管部门应当会同有关部门建立统一的不动产登记信息管理基础平台。各级不动产登记机构登记的信息应当纳入统一的不动产登记信息管理基础平台，确保国家、省、市、县四级登记信息的实时共享。"《不动产登记暂行条例实施细则》第九十五条规定："不动产登记机构应当加强不动产登记信息化建设，按照统一的不动产登记信息管理基础平台建设要求和技术标准，做好数据整合、系统建设和信息服务等工作，加强不动产登记信息产品开发和技术创新，提高不动产登记的社会综合效益。"

2015 年 9 月，国土资源部出台了《国土资源部关于做好不动产登记信息管理基础平台建设工作的通知》，要求依据《不动产登记信息管理基础平台建设总体方案》，对各级各类不动产登记数据、信息平台、软件系统及网络资源进行整合集成，确保国家、省、市、县四级登记信息的实时共享，实现与相关部门审批、交易信息的实时互通共享，加强与公安、民政、财政、税务、工商等部门间不动产登记有关信息的互通共享，提供不动产登记资料的依法查询。并要求要充分运用云计算技术，把信息平台搭建在国土资源部统一建设的"国土资源云"上。

根据不动产统一登记制度实施的总体要求，不动产登记信息管理基础平台应当建立为各

级不动产登记机构提供技术支撑、为不动产审批和交易主管部门提供信息实时互通共享、为其他相关部门提供信息共享交换和为社会公众提供信息依法查询的多功能集成的综合平台（图8-3）。

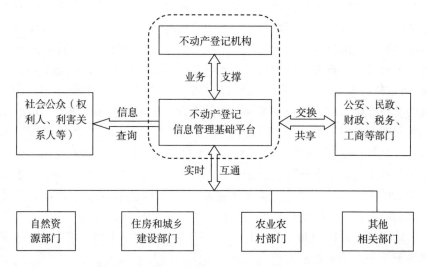

图8-3　不动产登记信息管理基础平台的功能

[注：根据《国土资源部关于做好不动产登记信息管理基础平台建设工作的通知》（国土资发〔2015〕103号）相关内容进行修改和整理得出]

二、不动产登记信息利用

1. 不动产登记信息共享　不动产审批和交易信息是登记业务的依据，不动产登记信息是不动产审批和交易主管部门履行日常管理和行业监管职责的重要基础。通过建立的不动产登记信息管理基础平台，有利确保国家、省、市、县级登记信息的实时共享，有利不动产审批、交易和登记信息在自然资源、住房和城乡建设、农业农村等部门间的实时互通共享，实现相关部门间不动产登记与审批和交易之间的业务联动，为相关部门的行业管理和监管提供信息保障。

《不动产登记暂行条例》第二十三条提出，要确保国家、省、市、县四级登记信息的实时共享。第二十四条规定："不动产登记有关信息与住房城乡建设、农业、林业、海洋等部门审批信息、交易信息等应当实时互通共享。"第二十五条规定："国土资源、公安、民政、财政、税务、工商、金融、审计、统计等部门应当加强不动产登记有关信息互通共享。"

不动产登记业务审核需要身份验证、完税缴费等信息，相关部门的日常管理工作对不动产登记信息也有广泛需求。通过建立信息共享机制，明确信息共享内容、方式和技术流程，实现不动产登记机构与公安、民政、财政、税务、工商、金融、审计、统计等部门之间的信息共享交换，服务于社会征信体系的建立健全和市场经济制度的完善。

《不动产登记暂行条例》第二十六条规定："不动产登记机构、不动产登记信息共享单位及其工作人员应当对不动产登记信息保密；涉及国家秘密的不动产登记信息，应当依法采取必要的安全保密措施。"

2. 不动产登记信息查询　国家实行不动产登记资料依法查询制度。依法查询、复制不动产登记资料，查询人应当到具体办理不动产登记的不动产登记机构申请。对符合条件的查询申请，不动产登记机构应当向申请者（查询人）当场提供查询。若因特殊情况不能当场查询的，应当在 5 个工作日内提供查询。《不动产登记暂行条例》第二十七条规定："权利人、利害关系人可以依法查询、复制不动产登记资料，不动产登记机构应当提供。有关国家机关可以依照法律、行政法规的规定查询、复制与调查处理事项有关的不动产登记资料。"《不动产登记暂行条例实施细则》第九十七条进一步规定："人民法院、人民检察院、国家安全机关、监察机关等可以依法查询、复制与调查和处理事项有关的不动产登记资料。"

《不动产登记暂行条例》第二十八条规定："查询不动产登记资料的单位、个人应当向不动产登记机构说明查询目的，不得将查询获得的不动产登记资料用于其他目的；未经权利人同意，不得泄露查询获得的不动产登记资料。"

《不动产登记暂行条例实施细则》第九十八条规定，权利人、利害关系人申请查询、复制不动产登记资料应当提交下列材料：①查询申请书；②查询目的的说明；③申请人的身份材料；④利害关系人查询的，提交证实存在利害关系的材料。此外，权利人、利害关系人委托他人代为查询的，还应当提交代理人的身份证明材料、授权委托书。权利人查询其不动产登记资料，无须提供查询目的的说明。有关国家机关查询的，应当提供本单位出具的协助查询证明材料和工作人员的工作证。

查询人查询不动产资料只能在不动产登记机构设定的场所进行，不得将原始资料带离设定场所。查询人可以查阅、抄录、复制不动产登记资料，但应保证原始资料完好，严禁遗失、拆散、调换、抽取、污损登记资料和损坏查询设备。

查询人要求出具查询结果证明的，不动产登记机构应当出具加盖不动产登记机构查询专用章的查询结果证明。查询结果证明应注明查询目的及日期。

《不动产登记暂行条例实施细则》第九十九条规定，有下列情形之一的，不动产登记机构不予查询，并书面告知理由：①申请查询的不动产不属于不动产登记机构管辖范围的；②查询人提交的申请材料不符合规定的；③申请查询的主体或者查询事项不符合规定的；④申请查询的目的不合法的；⑤法律、行政法规规定的其他情形。

查询不动产登记资料的单位和个人要履行保密义务，未经权利人同意，不得泄露查询获得的不动产登记资料。不动产登记机构、不动产登记信息共享单位以及有关工作人员应当对不动产登记信息保密，除正常办理不动产登记业务外，不动产登记机构工作人员不得随意调取、查阅与办理业务无关的登记信息，也不得泄露不动产登记信息。不动产登记机构不得通过政府信息公开的方式提供不动产登记信息。违反国家规定泄露不动产登记信息的，要严肃处理；对造成信息安全事故或者给他人造成损害的，要依法追究法律责任。

三、不动产登记信息管理

为严格不动产登记信息管理，确保信息安全，2016 年，国土资源部在《国土资源部关于印发〈不动产登记操作规范（试行）〉的通知》中明确要求，各级不动产登记机构要按照《不动产登记操作规范（试行）》的规定，建立健全分级控制、层层把关的不动产登记资料（信息）安全保密制度，严把登记资料移交、数据整合建库、信息系统运行、登记业务开展和信息共享查询等关键环节，确保信息安全贯穿于不动产登记工作的全过程。建设符合安全保密标准的不动产登记资料存放场所。加强人员管理，通过签订保密协议、开展信息安全风险评估与检查、定期对工作人员进行信息安全教育培训等方式，做到登记信息全方位监管。

不动产登记资料包括不动产登记簿等不动产登记结果和不动产登记原始资料两大部分。其中，不动产登记原始资料又包括：①不动产登记申请书、申请人身份证明、不动产权属来源材料、登记原因文件、不动产权籍调查表等申请材料；②不动产登记机构查验、询问、实地查看或调查、公告等形成的审核材料；③其他有关机关出具的复函、意见以及不动产登记过程中产生的其他依法应当保存的材料等。

按相关规定，不动产登记资料应当由不动产登记机构管理。并按以下要求确保不动产登记信息的安全：

（1）不动产登记簿等不动产登记结果及权籍图应当永久保存；不动产权籍图包括宗地图、宗海图（宗海位置图、界址图）和房屋平面图等。

（2）不动产登记原始资料应当按照规定整理后归档保存和管理。

（3）不动产登记资料应当逐步电子化，不动产登记电子登记资料应当通过统一的不动产登记信息管理基础平台进行管理、开发和利用。

（4）任何单位和个人不得随意损毁登记资料、不得泄露登记信息。

（5）不动产登记机构应当建立符合防火、防盗、防渍、防有害生物等安全保护要求的专门场所，存放不动产登记簿和权籍图等。

（6）除法律、行政法规另有规定或者因紧急情况为避免不动产登记簿毁损、灭失外，任何单位或个人不得将不动产登记簿携带出不动产登记机构。

复 习 思 考 题

1. 简述契据登记制、权利登记制、托伦斯登记制各有何特点。
2. 简述我国不动产登记制度具有哪些主要特点。
3. 简述不动产单元的概念及特征。
4. 不动产单元如何划分、设定及编码？
5. 不动产登记簿应登载哪些内容？有何作用？
6. 不动产登记应遵循哪些基本原则？一般按哪些基本程序进行？
7. 不动产登记有哪些类型？
8. 简述不动产首次登记的主要适用情形有哪些。
9. 简述国有建设用地使用权及房屋所有权登记如何实施。
10. 不动产登记机构管理应当如何管理不动产登记信息（资料）的安全？

第 九 章

土地统计

| **本章提要** | 土地统计是地籍管理乃至国家管理中十分重要的一项基础工作，也是统计学原理与方法在土地管理中的应用。通过学习，应当全面理解土地统计的特点、内容、程序，弄清土地统计设计的指标分类及指标体系，熟悉土地统计调查的方式与方法，明确土地统计整理的内容和程序，学会土地统计分析，厘清土地统计制度中国家土地统计与基层土地统计、初始土地统计与日常土地统计之间的关系，学会土地利用现状变更表编制方法，全面了解我国的现行土地统计制度。

第一节　土地统计概述

一、土地统计的内涵与作用

（一）土地统计的内涵

土地统计是地籍管理的一项基本内容，也是整个土地管理的一项重要基础工作。土地统计是利用数字、表格、图件及文字记录，对土地的数量、质量、分布、权属、利用状况以及这些情况的动态变化进行系统的调查、整理、分析和预测决策的统计工作。土地统计也是应用统计学的理论和方法收集、分析、表述和解释数据的科学。

土地统计包括土地统计工作、土地统计资料和土地统计科学等三层含义。

土地统计工作即土地统计实践活动，是土地统计的基本含义，是对土地的数据资料进行收集、整理、分析的工作活动的总称，泛指对土地数量方面进行收集、整理和分析的工作过程。

土地统计资料是反映土地资源和资产的特征和规律的数据资料以及与之相联系的其他资料的总称，是统计工作的成果，包括各种统计报表、统计图形及文字资料等。

土地统计科学则是指土地统计的理论和方法，是一门收集、整理、描述、显示和分析统计数据的方法论的科学，其目的是探索事物的内在数量规律性，以达到对客观事物的科学认识。土地统计学的研究对象是土地统计活动的规律和方法。具体说是怎么进行土地统计这种调查研究活动，如何做才能正确认识土地的自然、经济、法律状况，并有效地掌握和监督它们的动态变化的学科。

土地统计工作、土地统计资料、土地统计科学三者之间存在相互依存、彼此促进的关系。土地统计资料是土地统计工作的成果，土地统计科学则是土地统计工作的经验总结和理论概括。同时，土地统计科学又为土地统计工作的实践提供了理论依据，指导和推动土地统计工作的开展。

(二) 土地统计的作用

土地统计是人们认识土地和管理土地的工具，土地管理工作没有符合客观实际的数据资料是不可想象的，而数据资料的取得和分析靠的是统计工作的开展。可见，对土地的认识和土地管理工作的水平都取决于土地统计中应用的科技水平的高低，它关系到土地调查、统计、分析、决策及其成果在国民经济应用的水平。土地统计在土地管理中的作用主要有以下几个方面：

1. 土地统计是认识土地经济发展规律的重要手段　土地统计能为人们提供全面的土地数量、质量、分布、权属和利用状况及其动态变化的资料，使人们能够从事实的总和中，从数量入手去认识事物的本质、认识土地利用现象的规律。土地统计学是一门成熟的科学，将统计理论和统计方法引入土地管理学科，对土地利用现象的发展过程进行基本统计和数量分析，并通过统计指标数据的收集、计算和比较，具体认识和掌握土地利用状况，并把握土地管理学科的客观规律。

2. 土地统计是参与宏观调控的重要依据　土地统计是党和国家制定各项政策、规划的依据。在社会主义市场经济中，土地成为政府实行宏观调控的手段之一。政府只有充分地收集土地资料、掌握土地信息，才能从宏观角度把握市场发展的趋势，对土地利用进行合理的引导和调控，土地管理工作才能跟得上经济发展的需要，才能跟得上市场变化的趋势。只有把宏观调控建立在准确的统计数据和精确的数量分析的基础之上，调控才能发挥应有的作用，也才能符合市场的要求。

3. 土地统计是实行土地管理的重要工具　土地统计是科学管理土地，编制土地利用总体规划、土地利用计划等的基础。对土地进行综合管理，必须力求以较少的土地投入取得较大的收益。为此需要有一套反映土地经济要求的科学的统计指标体系，以便开展经济效益统计分析。通过持续不断的统计分析和比较，可以发现存在的问题和改进工作的途径，从而对土地管理工作进行改革和创新。

4. 土地统计是监督国家各项土地政策执行情况的重要途径　统计所提供的准确数字是各种监督手段的重要依据。通过统计所形成的数字，能及时准确地反映土地管理的过程和结果，反映国家土地政策的执行情况。这对于保证国家的整体利益，科学、合理使用土地，保护土地所有者的权益是必不可少的手段。因此，土地统计数字的真实性和准确性必须认真维护，这样才能充分发挥土地统计的监督作用，以适应新形势下土地管理工作的需要。

二、土地统计的特点与法律依据

(一) 土地统计的特点

土地统计是社会经济统计的重要组成部分，与其他社会经济统计一样具有以下特点：①数量性。用数量说明土地现象。通过大量数字综合反映土地的数量、土地利用现象之间的数量关系和变化及其质变的数量界线。②工具性。土地统计本身不是目的，而是认识土地的手段和工具，它服务于国家土地管理，监督、反馈各项管理政策和措施的实施。③整体性。每一个统计数据，都具有一定的针对性，可以用来说明某个方面的问题，针对较大区域土地的利用更是如此。大量的、综合的、整体的数据具有更强的说服力，更有利于对问题的研究。

此外，土地统计还具有如下区别于其他统计的特点：

1. 独特的地域性 因为土地的位置是固定的，任何一个土地统计的数据都具体地反映特定范围的土地数据。这一特定范围是指被具体界线所围起来的一个范围。因此，土地数量的变化总是意味着土地界线位移的结果。

2. 总面积的稳定性 由于土地面积的有限性，一个区域的土地总面积，只要其外部界线不发生变化，就是一个恒量。只有土地面积（界线）发生变化时，土地总面积才随之发生变化。这种土地总量对分量的制约关系并不是其他统计所共有的特点。

3. 统计数据、图件与实地的一致性 使用图件对土地空间位置进行调查统计，是土地统计准确性、现势性的重要保证。土地统计资料的表述除了使用数据、文字外，还必须使用图件资料，这是土地统计区别于其他统计的又一个重要特点。只有数据、图件和实地相一致，才能保证土地统计资料的真实可靠。

4. 质量的相对性 土地质量的统计结果只反映特定地段的土地在某种环境条件下针对某种用途的质量水准。对于不同用途来讲，土地质量要求有很大差异，甚至质量指标都会出现很大差别。尤其是土地分别用于农业用途和城镇建设时，其质量要求有着巨大差异。

（二）土地统计的法律依据

统计工作是国家法律规定的一项长期开展的工作，土地统计也不例外。国家制定了《中华人民共和国统计法》（以下简称《统计法》），规范着一切统计工作。对于统计工作中出现的任何形式的弄虚作假行为，都要依照《统计法》严肃查处。同时，《统计法》和其他相关法律法规对土地统计资料的管理、公布及保密等方面也做出了严格的规定。

1. 关于建立土地统计制度、开展土地统计工作的法律依据

（1）2009 年修订的《统计法》第十一条规定："统计调查项目包括国家统计调查项目、部门统计调查项目和地方统计调查项目。国家统计调查项目是指全国性基本情况的统计调查项目。部门统计调查项目是指国务院有关部门的专业性统计调查项目。地方统计调查项目是指县级以上地方人民政府及其部门的地方性统计调查项目。国家统计调查项目、部门统计调查项目、地方统计调查项目应当明确分工，互相衔接，不得重复。"土地统计作为一种部门统计调查项目，由自然资源主管部门制定，报国家相关部门审批或备案。第十六条规定："搜集、整理统计资料，应当以周期性普查为基础，以经常性抽样调查为主体，综合运用全面调查、重点调查等方法，并充分利用行政记录等资料。重大国情国力普查由国务院统一领导，国务院和地方人民政府组织统计机构和有关部门共同实施。"

（2）2019 年修改的《土地管理法》第二十八条规定："国家建立土地统计制度。县级以上人民政府统计机构和自然资源主管部门依法进行土地统计调查，定期发布土地统计资料。土地所有者或者使用者应当提供有关资料，不得拒报、迟报，不得提供不真实、不完整的资料。统计机构和自然资源主管部门共同发布的土地面积统计资料是各级人民政府编制土地利用总体规划的依据。"

（3）国务院有关批件。《国务院批转农牧渔业部、国家计委等部门关于进一步开展土地资源调查工作的报告的通知》（国发〔1984〕70 号）规定："土地资源的数量、质量、分布和利用、使用情况都是经常变动的。为了能经常保持动态资料的现势性，还必须建立土地统计、登记制度，搞好土地档案，开展土地资源动态监测，及时记载土地利用和地力变化情况，定期更新土地调查资料，以满足各部门的需要。因此，土地资源调查应和建立土地统计、登记制度结合进行，并和其他后续工作紧密衔接，切实把土地资源管好用好。"

（4）国务院于 1998 年批准并印发的《国土资源部职能配置、内设机构和人员编制方案》明确了土地统计的职责。该文件规定：拟定土地统计的技术规范、标准，组织土地变更调查及统计。

2. 关于对土地统计违法行为处罚的法律依据　在土地统计工作中，出现任何形式的弄虚作假行为，都要依照以下法律条款严肃查处：

（1）《统计法》在第三十七条、第三十八条、第三十九条、第四十条中，对篡改编造统计资料、打击报复统计人员、擅自组织实施统计调查或变更统计调查制度的内容、未按照统计调查制度规定报送有关资料、违法公布或泄密统计信息（资料）等违法情形涉及地方人民政府、政府统计机构或者有关部门、单位的负责人和其他直接责任人员的法律责任都做出了相应规定。

第四十一条规定，作为统计调查对象的国家机关、企业事业单位或者其他组织有下列行为之一的，由县级以上人民政府统计机构责令改正，给予警告，可以予以通报；其直接负责的主管人员和其他直接责任人员属于国家工作人员的，由任免机关或者监察机关依法给予处分：①拒绝提供统计资料或者经催报后仍未按时提供统计资料的；②提供不真实或者不完整的统计资料的；③拒绝答复或者不如实答复统计检查查询书的；④拒绝、阻碍统计调查、统计检查的；⑤转移、隐匿、篡改、毁弃或者拒绝提供原始记录和凭证、统计台账、统计调查表及其他相关证明和资料的。

（2）1991 年发布的《土地管理部门保密法实施细则》第二十九条规定，对泄露国家秘密的，依照《中华人民共和国保守国家秘密法》和《中华人民共和国保守国家秘密法实施办法》的有关规定处理。

3. 土地统计资料管理、公布及保密的法律依据　为了充分发挥土地统计的服务与监督作用，也为了保守土地管理工作中的国家秘密，自然资源主管部门及其他有关单位必须加强土地统计资料的统一管理，使土地统计资料的管理工作法制化。

（1）《统计法》第三条规定："国家建立集中统一的统计系统，实行统一领导、分级负责的统计管理体制。"第二十条规定："县级以上人民政府统计机构和有关部门以及乡、镇人民政府，应当按照国家有关规定建立统计资料的保存、管理制度，建立健全统计信息共享机制。"第二十六条规定："县级以上人民政府统计机构和有关部门统计调查取得的统计资料，除依法应当保密的外，应当及时公开，供社会公众查询。"第四十条规定："统计机构、统计人员泄露国家秘密的，依法追究法律责任。"

（2）《土地管理法》第二十八条规定，土地所有者或者使用者应当提供有关资料，不得拒报、迟报，不得提供不真实、不完整的资料。

三、土地统计的类型

土地统计是一项有法律规范的庞大的系统工作。它既具有行政管理的功能，也有极强的科学原理为指导。整个土地统计制度是依据《统计法》和《土地管理法》以及其他有关行政规定制定的。它由两个层次按下列方式构成（图 9-1）。

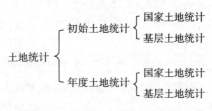

图 9-1　土地统计类型结构

（一）初始土地统计和年度土地统计

根据统计的时间和任务的不同，分为初始土地统计和年度土地统计。

1. 初始土地统计　初始土地统计是实施新的土地统计制度的起点，或者说它是在某一时点上展开新的土地统计工作的第一次统计实务。初始土地统计通常是指以土地调查成果和初始登记资料为基础，将土地调查中获得的有关的土地数据资料，按土地统计的规范，建立县、乡土地统计台账和土地统计簿的过程。

初始土地统计工作一般紧接着土地调查工作的完成而开展。两者相互衔接，以确保图、数和实地三者一致。所以，通常土地调查的结束便是土地统计的开始，而土地调查的成果便是土地统计的基础。当土地调查和初始土地统计由同一单位完成时，可以将两项工作结合起来交叉进行。

初始土地统计的意义在于为建立健全新的土地统计制度奠定基础。其最核心的内容是建立土地统计台账、土地统计簿，这是土地统计的基础工作，是最原始、最丰富、最系统的数据成果。它与土地利用现状图、实地现状分布形成三位一体的数据实体，能准确而详尽真切地反映某一范围内某一时点的土地利用现状。

2. 年度土地统计　初始土地统计获得的是初始统计开展时点上的土地利用状况资料，随着时间的推移，土地利用不断发生变化，初始土地统计的资料已不能完全反映新的土地利用的状态，有时也由于初始土地统计中存在某些差错（或缺陷），需要及时加以纠正、补充。为了保持土地统计资料的现势性、准确性，需要定期地开展土地变更调查，发现和记载发生的变化，借此变更土地统计资料，并修整原有资料的缺陷和错误。对于"定期"的规定可以随管理的需要而定。对具有基础性意义的土地统计资料的变动，通常以一年为"定期"，成为一种规定的制度，因此称为年度土地统计（或称变更土地统计）。但是，这不是唯一的形式，根据管理的需要，变更土地统计也可另行规定期限。

年度土地统计是指在初始土地统计之后，对土地权属、地类、面积等变更情况进行土地统计调查，并对调查资料进行整理，改写土地统计台账和土地统计簿，完成土地统计年报，进行土地统计分析。它也是完整的土地统计中的一个重要的环节。《土地变更调查技术规程（试用）》规定，土地统计年度为每年的 1 月 1 日至 12 月 31 日。

初始土地统计是变更土地统计的基础和起点，其内容全面与否、精度高低直接影响着全面统计数据的可信度。变更土地统计是土地初始统计的后续工作，是保证土地信息更新的常规方法，可以反映年内增减变动程度和趋向，成为基层土地统计资料的主要来源和重要成分。它既是编写土地统计年报的可靠依据，也是对土地管理工作成果的信息反馈和实行统计监督的一项措施。初始土地统计和年度土地统计相互交替推进，从而不断更新土地统计资料，为管理提供准确的、具有现势性的资料。它们的关系如图 9-2 所示。

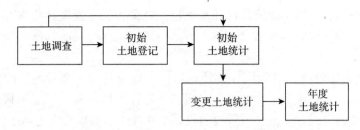

图 9-2 初始土地统计与年度土地统计的关系

(二) 基层土地统计和国家土地统计

根据国家土地统计报表的报告程序规定，分为基层土地统计和国家土地统计。

1. 基层土地统计 基层土地统计是指县级土地管理部门组织的乡（镇）土地管理所（员）从事的土地统计工作。其主要任务是：统计其所辖范围内的土地的数量、质量、分布、权属和利用状况；掌握土地利用的动态变化信息，不断更新该范围内土地统计资料；为上级土地管理部门进行土地统计汇总提供基础；为同级行政管理部门提供土地统计资料。

社会各企事业单位等也有开展土地统计工作的，但它们的统计仅为本单位的需要而开展，基本上都没有列入国家规范的土地统计体系之中，也就不属于这里所论的基层土地统计之列。

最基本的基层土地统计工作包括建立初始土地统计台账和做好年度土地统计工作。其工作内容主要是以土地调查的地类图斑或地块为基本统计单元开展土地统计，其结果是最详细的、最基础的统计成果。

2. 国家土地统计 国家土地统计是指县级（含县级）以上土地管理部门所进行的土地统计工作。它的任务包括设置土地统计制度、开展土地统计设计工作、安排调查工作、进行统计汇总、开展系统整理和分析等。具体的工作包括：对土地统计的有关制度与方法的设计；设计国家土地统计报表；按国家制定的土地统计报表制度，定期完成年报的填写和汇总，进行数据整理和分析；检查和监督国家各项土地管理政策执行情况，并提出改进土地管理工作的建议和措施，为国家提供科学、准确、全面、系统的土地信息等。

基层土地统计和国家土地统计是一个系统的两个层次。基层土地统计为国家土地统计提供基础，国家土地统计则在基层土地统计的基础上加以汇总，形成能全面反映土地利用整体状态和变化趋势的完整资料；基层土地统计以反映原始调查结果为主，国家土地统计则通过对基层土地统计资料进行整理分析，以反映整体现状、效应和态势为主。因此，基层土地统计拥有较强的原始性，而国家土地统计有着突出的整理汇总性。但是，两者既然是一个体系的两个层次，它们在统计的口径上必须衔接一致（包括指标设置、指标体系、指标含义和统计表格的填写等），这是确保土地统计效果的重要保障。

四、土地统计的基本程序和主要内容

(一) 土地统计的基本程序

土地统计的基本程序是依据土地统计制度和统计学的基本原理而形成的。土地统计的基本程序由 4 个阶段构成，即土地统计设计、土地统计调查、土地统计整理和土地统计分析。通过这些阶段的有序实施，能确保土地统计的结果完整全面、条理清晰、翔实有序、简洁实用。

1. 土地统计设计阶段　土地统计设计是依据土地统计的对象特性、内容和现实条件，为实现土地统计目的，对统计工作的各个方面和全过程所做的通盘考虑和科学协调的安排，是观察性和试验性研究设计阶段。该阶段的重要工作在于正确地确定土地统计的指标和指标体系，并且为以后的阶段设定好工作的基本内容和方法做出原则安排，以保障全过程协调连贯。

2. 土地统计调查阶段　土地统计调查是根据土地统计的任务要求，采用科学的方法和手段，收集土地原始资料和开展实地调查的过程，是取得准确可靠的原始资料的阶段。土地调查和土地变更调查是开展土地统计调查最重要和最基本的手段。为了统计的需要，还可以采取一些社会经济统计中常用的统计调查方法。

3. 土地统计整理阶段　土地统计整理就是根据土地统计研究和归纳问题的需要，对土地统计调查取得的各项原始资料进行审核、汇总，使它们系统化、条理化，成为反映土地资源总体特征的综合资料，也是对统计调查资料进行清理、改正、数量化的阶段。土地统计整理的工作形式并不限于表格的整理，还可以运用其他手段（如文字、图件等）。

4. 土地统计分析阶段　土地统计分析是土地统计工作过程的最后阶段，通过分析研究，探求土地利用中深层次的状况和问题，揭示土地利用变化的规律，提出解决问题的方案和建议。这是一个对土地统计资料进行统计描述、统计推断、分析预测的工作阶段。

（二）土地统计的主要内容

土地统计的对象是国家的全部土地。无论这些土地的类型如何、用途为何、利用程度怎样，也无论其所有权、使用权的归属情况如何，均属土地统计的对象，都应统一而全面地进行统计。土地统计的对象决定了土地统计工作以数字、图、表为主要形式，其工作内容主要是对土地的数量、质量、分布、权属、利用状况等进行全面系统的记载、整理、分析和研究，通过所设置的土地统计指标和指标体系来体现这些因素的质与量的变化。从土地统计的对象及其范围而言，土地统计的内容包括土地的数量、质量、分布、权属和利用状况等；从土地统计的工作过程来看，土地统计的内容还应包括土地统计设计、土地统计调查、土地统计整理和土地统计分析等。

1. 土地数量　土地数量是指统计对象范围内全部土地的数量，如全国土地面积、全县土地面积、各单位土地面积等。

2. 土地质量　土地质量是指通过对土地质量指标的调查统计或在此基础上开展土地评价确定的不同等级土地的数量及分布，例如某县拥有不同等级耕地的数量（及分布）、某市拥有各级土地的数量（及分布）等。

3. 土地分布　土地分布是指土地的位置和范围。分布的主要指标是坐标或者行政范围、或界线范围，如行政区域界线、各权属单位及各种用地的界线等。

4. 土地权属　土地权属是指不同权属性质的土地面积及其分布，土地权属性质分为国有土地和集体所有土地两种。使用国有土地按隶属关系分系统统计。

5. 土地利用状况　土地利用状况是指各种土地利用类型的面积及分布。土地利用类型应按照国家统一规定的分类标准进行。目前全国第三次国土调查确定的土地分类是国家级的标准分类，共分为 12 个一级类 73 个二级类。

第二节　土地统计设计

一、土地统计设计概述

1. 土地统计设计的基本概念　土地统计设计是土地统计工作的首要阶段，是根据统计研究的目的和土地这一研究对象的特点，明确土地统计指标和指标体系以及对应的整理分组，并以分析方法指导实际的土地统计活动。土地统计设计不仅是指统计表格的设计，更是对整个土地统计工作的方案设计，包括统计指标体系、统计分类目录、统计报表制度、统计调查方案、统计汇总或整理方案、统计分析方案等。

土地统计设计如同其他社会经济统计设计一样，关键在于正确确定土地统计指标和指标体系。要保证统计指标的科学性，必须做到指标数值和指标概念都符合科学。一个科学的统计指标应满足两点最基本的要求：①要有一个科学的统计指标概念；②要有一个科学的计算方法。

2. 土地统计设计的原则　土地统计设计是对土地统计研究对象总体的定性认识和定量认识的体现，通过将土地的分类、分布、构成、权属变化、质量差异等进行全面反映和分析，使各个方面的统计活动协调一致。土地统计设计起着全盘安排的作用，通过统计设计，可避免统计重复和遗漏，使统计工作井然有序。

土地统计设计应遵循的原则为：①紧紧围绕统计目的的实现；②强调统一；③因地制宜，用较少的花费取得较好的效果；④技术严密周全；⑤管理制度符合体制。

3. 土地统计体系框架设计和要求　土地统计体系框架设计是指从宏观角度去开展设计，达到协调、有序。土地统计目的需要通过统计调查、统计整理和统计分析等过程来实现。

为确保土地统计体系框架设计从总体上确保各工作环节相互紧密扣合、协调有序、过程连贯、不重不漏，可以在最少投入下取得最佳效果，实现统计的目的，土地统计项目指标体系设计应满足如下要求：①要有科学的依据；②满足土地统计目的要求；③项目指标完整；④项目指标选取符合当地实际；⑤项目指标体系具有稳定性。

二、土地统计指标分类

1. 按土地统计指标所说明的总体现象的内容不同划分　土地统计指标可分为土地数量指标、土地质量指标、土地权属指标和土地利用指标。

（1）土地数量指标。土地数量指标是用来反映土地面积绝对数量多少的统计指标，一般用绝对数的形式表示。数量指标是统计中的基本指标，它既能反映一个国家、一个地区或一个企业的土地规模，又是计算其他指标和进行统计分析、预测和决策的基础。数量指标反映的是总体的绝对数量，其数值随总体范围的大小而增减。

（2）土地质量指标。土地质量指标是用来反映具有不同质量的土地数量多少的统计指标，一般用绝对数的形式表示，例如优等地、中等地、劣等地的面积等。质量指标也是土地统计中的基本指标之一，它反映了不同质量状况的土地数量，是计算其他指标和进行统计分析、预测和决策的基础。质量指标的数值也随总体范围的大小而增减。

（3）土地权属指标。土地权属指标是用来反映具有不同权属状况的土地数量多少的统计指标，一般用绝对数的形式表示。土地权属是指土地所有权与使用权，具体指集体土地所有权、集体建设用地使用权、国有土地使用权等。常用的土地权属指标包括集体所有土地的面积、集体建设用地使用权面积、农村个人建房用地用面积、国有土地使用权面积、全民所有制耕地面积等。该指标反映我国不同权属状况的土地数量，是进行土地权属管理的依据。

（4）土地利用指标，土地利用指标是用来反映土地利用程度和利用效果的统计指标，一般用相对数或平均数的形式表示。常用的土地利用指标包括土地利用率、垦殖系数、森林覆盖率、复种指数、单位耕地面积产量、单位土地面积取得的纯收入等。该指标是分析土地利用水平和利用效果以及进行土地利用监督管理的主要依据。

2. 按土地统计指标所采用的计量单位的不同划分　土地统计指标可分为实物指标与价值指标。

（1）实物指标。实物指标是指用实物单位计量的土地统计指标。例如，土地面积数、单位耕地面积产量数等指标都是实物指标，它们的计量单位分别用公顷（hm^2）、公顷/年（hm^2/年）等实物单位表示。实物指标的最大特点是能够直接反映事物的使用价值量，因而能够具体地表明事物的规模和水平。实物指标的计量单位既有自然单位如块、个、条等，也有度量衡单位如公顷、平方米等。

（2）价值指标。价值指标是指以货币单位计量的统计指标。例如，单位农用地面积总产值、单位土地面积取得的纯收入、单位面积基本建设投资额等指标，都是价值指标。它们的计量单位常用元、万元、亿元等货币单位表示。价值指标的最大特点是它代表了一定的社会必要劳动量，使不同的实物有一个共同的衡量尺度，因而它具有广泛的综合性能。价值指标也有其局限性，它不能反映事物的具体物质内容，比较抽象。

三、土地统计指标体系

1. 土地数量统计指标体系　土地数量统计指标体系是用来反映土地总面积、各类土地面积及其变化情况的指标体系。该体系通常包括以下几类土地数量统计指标：

（1）土地总面积。土地总面积一般包括农用地、建设用地和未利用地等的面积。其中，农用地的面积包括耕地、园地、林地、草地和其他农用地的面积；建设用地的面积包括商服用地、工矿仓储用地、住宅用地、公共管理与公共服务用地、交通运输用地等的面积；未利用地的面积包括未利用土地和其他土地的面积。

（2）年内变化的耕地面积。具体包括：①年初耕地面积；②年内增加的耕地面积，包括开荒、围垦、废弃地利用等的面积；③年内减少的耕地面积，包括国家建设用地、集体建设用地、农村个人建房用地、农业结构调整占地、灾害毁地等的面积；④年末耕地面积。

（3）各类建设用地当年增加面积。各类建设用地当年增加面积一般包括国家建设用地、集体建设用地、农村个人建房用地和城镇建设用地当年增加的面积。其中，城镇建设用地当年增加面积包括商业用地面积、工业用地面积、仓储用地面积、交通用地面积、市政公用设施及绿化用地面积、公共建筑面积、住宅面积、特殊用地面积、其他用地面积等。

2. 土地质量统计指标体系　土地质量统计指标体系是用来反映土地质量及其变化状况的指标体系。它包括自然指标、社会经济指标和土地质量等级指标。

（1）自然指标。自然指标是指从土地的自然属性方面反映土地质量状况及其变化的指标。主要的统计指标有：气候指标（$\geqslant 10\,℃$的积温、干燥度、无霜期的天数等）、坡度、土层厚度、障碍层出现部位及厚度、有机质含量、土壤质地、pH、侵蚀程度、灌溉保证率、地下水埋深、污染指数、岩石裸露程度等。

（2）社会经济指标。社会经济指标是指从土地的社会经济属性方面反映土地质量状况及其变化的指标。主要的统计指标有：单位面积产量（产值）、投入产出比、纯收入、级差收入、人均耕地拥有量、人口密度等。

（3）土地质量等级指标。土地质量等级指标是指对土地质量综合评定的指标，通常用"一等地""二等地""三等地"等表示。

3. 土地权属统计指标体系 土地权属统计指标体系是用来反映土地权属状况及其变化情况的统计指标体系。主要包括如下指标：

（1）集体所有的土地面积。集体所有的土地面积是指依照法律属于村农民集体所有，或属于乡（镇）农民集体所有，或属于村民小组农民集体所有的土地面积。其中包括的统计指标有：集体所有土地总面积、集体所有耕地面积、集体所有园地面积、集体所有林地面积、集体所有草地面积、农村居民点及独立工矿用地面积、集体所有交通用地面积、集体所有水域面积和集体所有未利用土地面积等。

（2）集体建设用地使用权面积。集体建设用地使用权面积是指乡村建设使用集体所有土地的面积。这些建设用地单位只取得土地使用权，所有权仍属原农民集体。其中包括的统计指标有：乡镇企业用地面积、农田水利用地面积、农村道路用地面积、农村个人建房用地面积、其他集体建设用地面积等。

（3）国有土地使用权面积。国有土地使用权面积是指从国家取得土地使用权的用地面积，土地所有权仍属国有。常用的统计指标有：国有农、林、牧、渔企业用地总面积及各种地类面积，城市用地面积，建制镇用地面积，国有独立工矿企业用地面积，国有铁路用地面积，国有公路用地面积，国有水利工程用地面积，其他国家建设用地面积和集体使用国有土地面积。

（4）征收集体土地面积。征收集体土地面积是指国家为了公共利益的需要，依法对集体所有的土地实行征收的面积。征收后的土地所有权属国家，使用权属建设单位。其中包括的统计指标有：城市建设征收集体土地面积、建制镇建设征收集体土地面积、铁路建设征收集体土地面积、公路建设征收集体土地面积、水利工程建设征收集体土地面积、其他国家建设征收集体土地面积、被征收的耕地面积和被征收的园地面积等。

4. 土地利用统计指标体系 土地利用统计指标体系是用来反映土地利用及其变化状况的指标体系。它包括以下反映土地开发程度、土地利用程度、土地集约经营程度和土地利用效果四方面内容的统计指标。

（1）反映土地开发程度的统计指标。

A. 垦殖系数，用以表明某地区或某企业的土地开发程度及种植业发达程度。

B. 森林覆盖率，用以说明某地区或某企业拥有森林资源的丰富程度。

C. 草原载畜量，用以说明牧区草原开发利用程度。

D. 人均耕地（林地、草原），用以反映人均拥有各类用地的水平。

（2）反映土地利用程度的统计指标。

A. 土地农业利用率，这项指标不同于垦殖系数。垦殖系数仅反映了种植业发达程度，而这一指标则反映了包括种植业在内的"大农业"土地利用程度。

B. 沟、林、路、渠占地比率，用以表明耕地的利用率和土地规划的合理程度。

C. 复种指数，用以表明耕地的利用程度。

D. 水面利用率，用以表明水面的利用程度。

E. 农、林、牧用地结构比例，指农、林、牧三者之间用地的比例关系，用以说明用地结构的合理程度。

（3）反映土地集约经营程度的统计指标。

A. 每公顷耕地拥有马力数，用以说明耕地的机械装备量，即农业机械化程度。

B. 有效灌溉面积比率，用以说明耕地中人工灌溉程度和农田水利化程度。

C. 每公顷耕地化肥施用量，用以说明农业化肥施用程度及其与农作物增产之间的关系。

D. 每公顷耕地耗电度数，用以表明农村电气化程度。

E. 每公顷耕地用人数，用以表明和分析农业活劳动投放程度。

（4）反映土地利用效果的统计指标。

A. 每公顷播种面积（或收获面积）产量，用以反映农业技术与管理水平。

B. 粮食耕地年产量，用以综合反映农业技术水平和增产效果，说明粮食耕地全年的生产能力和水平。

C. 每公顷耕地面积农业产值，用以综合反映耕地的农业技术水平和利用水平。

D. 每公顷农业用地总产值，用以反映农业技术措施效果和土地利用状况。

E. 每公顷土地净产值，用以表明每公顷土地上劳动创造的价值水平。

F. 每公顷土地纯收入（土地盈利率），用以表明每公顷土地的收入水平及其对社会贡献的大小。

以上 4 个方面的统计指标，从不同的侧面反映着土地的数量、质量、权属、利用状况及其变化情况，它们互相衔接、互相配合、互相补充，构成一个完整的土地统计指标体系，反映着土地利用的全貌。

四、土地统计图表

1. 土地统计表 将经过调查得来的土地数量、质量、权属、利用状况及其变化方面的资料经过汇总整理后，按一定项目顺序载入规定的表格中。这种记载土地统计数字的表格称为土地统计表。

（1）土地统计表及其结构。土地统计表包括总标题、统计指标名称、权属单位或统计单位名称、数字资料的计量单位和填报单位。

统计表的横向构成一般包括以下 4 个部分：①总标题，它相当于一篇论文的总标题，表明全部统计资料的内容，一般写在表的上端正中；②横行标题，通常也称为统计表的主词（主栏），它是表明研究总体及其组成部分，也是统计表所要说明的对象，一般写在表的左方；③纵栏标题，通常也称为统计表的宾词（宾栏），它是表明总体特征的统计指标的名称，一般写在表的上方；④数字资料，即各横栏与纵栏的交叉处的数字（这些数字的内容是由横行与纵栏所限定的）。

（2）统计表的种类。统计表可分如下 3 种类型：①简单表，即统计表的主词栏未经任何分组，仅仅罗列各单位名称或按时间顺序排列的表格；②简单分组表，即表的主词栏按某一个标志进行分组的统计表；③复合分组表，按两个及两个以上标志进行分组的统计表。

（3）统计表设计注意事项。为了使统计表的设计科学、实用、简明、美观，应注意以下事项：①总标题要简明扼要，并能确切说明表中的内容。②统计表上、下两端的端线应当用粗线绘制，表中其他线条一律用细线绘制，表的左右两端习惯上均不画线，采用开口式。③指标数字应有计算单位。如果全表的计算单位是相同的，应在表的右上角注明"单位：××"字样；如果表中同样的指标数字计算单位相同而各栏之间不同时，应在各栏标题中注明计算单位。④表中的横行"合计"，一般列在最后一行（或最前一行），表中纵栏的"合计"一般列在最前一栏（或最后一栏）。⑤对某些资料必须进行说明时，应在表的下面加上注释。

2. 土地统计图　土地统计图是利用几何图形和具体形象来显示统计资料，以表达土地现象的数量关系和分析研究成果的图形。其显著优点是形象、具体、生动、鲜明、醒目，便于一目了然。常见的土地统计图包括柱状图、折线图或饼状图等。

第三节　土地统计调查

土地统计调查是根据土地统计的要求和任务，采用科学的方法，有组织、有目的地对土地的数量、质量、分布、利用、权属、位置等方面进行调查，以掌握各类土地的数量、质量和分布情况，以及土地的权属、利用现状和变迁的动态，为进行土地统计整理、分析和预测提供所必需的资料。

一、土地统计调查的内容和要求

1. 土地统计调查的内容　土地调查和变更调查是土地统计调查的基本组成部分和主要方式。在土地统计调查中有时也会因需要而开展非全域性的和非全部项目的调查，甚至开展抽样调查和典型调查，或者采用一些社会经济统计调查中应用的一些方法，如通信法、采访法等。

土地统计调查的内容随管理需要而定。通常土地统计调查的主要内容为：①调查行政管辖范围内的土地总面积和各类土地面积；②调查各类土地的分布及其变动情况；③调查各类土地的质量及其变动情况；④调查土地的利用状况、利用效果和保护情况；⑤调查土地权属及其变更等情况。

2. 土地统计调查的要求　土地统计调查与其他统计调查一样，要求在以准确为前提的情况下，力求高效，力争以较少的投入获得相关调查数据资料，调查得到的结果（包括数据和图件等）要及时、准确、完整。土地统计调查的具体要求如下：

（1）土地统计工作要及时。及时性关系到资料的使用价值。统计调查不及时，即使资料很准确，也会失去时效，使管理工作失去现实的依据。此外，土地统计是涉及全局的工作，统计调查是对大量土地现象的观察，任何一个统计单位的工作不及时，都会影响土地资料的整理和分析过程。

（2）土地统计资料要准确。收集的土地数字、图件等要符合土地的客观实际，不为任何主观偏见所歪曲。统计工作者必须坚持自己的职业道德，严格执行《土地管理法》和《统计法》的规定，以保证统计资料的准确性。

（3）土地统计成果要完整全面。土地统计调查是从总体上研究土地的数量特征，所以资料必须完整。总体上不完整的资料，即使部分单位资料再准确、再及时，也是不完整、不及时的。

二、土地统计调查的种类

1. 按任务不同划分 土地统计调查可以分为土地初始统计调查、土地变更统计调查和其他专门调查。土地初始统计调查是在没有初始统计资料情况下开展的，其任务是查清各种土地利用的数量、质量、权属、利用和分布情况，为土地初始统计提供基础资料。土地初始统计调查按调查的内容和精度的不同，又可分为土地数量调查、土地质量调查、土地权属调查、土地利用现状详查和概查等。土地变更统计调查是在初始调查的基础上进行的。专门调查是为了土地管理的某一特定要求而进行的调查，如违法占地的调查、土地非农化调查、退耕还林调查、土地质量调查、土壤沙化调查等。

2. 按调查范围不同划分 土地统计调查可以分为全面调查和非全面调查两种。全面调查是对全国或一定范围内的全部土地进行调查。如土地普查、未利用土地普查等。非全面调查是对所研究范围内的一部分土地进行调查，如非农建设占地典型调查、土地沙化面积抽样调查等。

全面调查和非全面调查是针对调查对象的范围而言的，不是针对最后是否取得全面资料而言的。全面调查和非全面调查最终都要取得反映全部调查对象的资料。

3. 按调查时间是否带有连续性划分 土地统计调查可以分为经常性调查（又称连续性调查）和一次性调查（又称间断性调查）。经常性调查是指跟踪观察土地的变动，随时将变动情况进行连续记录的一种调查。从调查对象方面讲，其收集资料的过程是不间断的、经常的，前一次调查的结束意味着下一次调查的开始，正是在这个意义上才称为经常性调查。例如，土地统计报表制度就是将土地统计报表形式的调查制度化、固定化、经常化。一次性调查是指每隔一段时间才向被调查单位收集资料。但一次性调查并不是指只调查一次，而是指间隔一个较长的时间才能重复进行调查同时对调查对象也并不需要连续不断地收集其资料。例如，土地质量调查就往往是一次性的调查，隔若干年才需进行一次。

4. 按组织方式划分 土地统计调查可以分为统计报表和专门调查。统计报表是国家统计系统和各个业务部门为了定期取得全面的土地统计资料而采用的一种调查方式。专门调查是指为了了解和研究土地某种情况或某项特殊问题而专门组织的统计调查，是一次性调查。

三、土地统计调查的方式与方法

1. 土地统计调查的方式

（1）普查。普查是一种专门组织的、全面的、普遍性的调查，主要用来调查对象在某一时点上的全面状况，例如全国土地利用现状调查、地籍总调查。普查可能是一次性的，有时是间隔较长时间才进行一次。借助普查，可以掌握全面的、系统的、基础性的统计资料。为了保证普查质量要求，一般需要遵循以下原则：①规定统一的调查项目；②制定统一的调查技术规程；③规定统一的标准时点；④规定统一的调查时限。

（2）重点调查。重点调查是指选择少数在总体中具有举足轻重地位的重点单位或重点项目进行调查，借此了解总体的基本情况。这些单位虽在总体中只占一部分，但其标志值在总体标志总量中却占据很大的比重。重点调查可用于掌握总体的大致情况，但不能用来代替全面调查。

（3）典型调查。典型调查是指在对调查对象全面分析的基础上，有意识地选择若干有典型意义或有代表性的单位进行调查研究。典型调查的选择方式有两种：①划类选典式。在总体各单位存在系统差异时，先根据研究指标将总体单位划分为不同类型，再在各类型中选择典型单位进行调查。②解剖麻雀式。总体各单位差异较小时，选若干典型单位进行调查，以此类推其他单位。典型调查多用于工作经验的总结或对一般规律的了解。

（4）抽样调查。抽样调查是指根据随机原则从调查对象的全部中抽取部分单位进行调查，再根据调查结果推算总体的数量特征。抽样调查虽然是非全面调查，但其目的却在于取得反映全面情况的资料，在一定意义上可以起到印证全面调查结果甚至代替全面调查的作用，是较好的、具有科学依据的方法。它具有经济性、准确性、时效性和灵活性的特点。

（5）统计报表。统计报表制度是行政管理中常用的调查方式。其特点是由政府部门组织，采用统一的表式，统一项目指标，统一报送时间，自上而下布置，自下而上报告。该调查方式统一规范，内容相对稳定，便于进行资料积累、对比。统计报表的种类主要有：①按调查范围不同，统计报表可以分为全面统计报表和非全面统计报表；②按报送时间不同，统计报表可以分为日报、旬报、月报、季报、半年报和年报统计报表；③按报送范围不同，统计报表可以分为国家报表、部门报表、地方报表；④按填报单位不同，统计报表可以分为基层报表和综合报表。

1994 年全国统计工作会议提出，要"建立以必要的周期性普查为基础，经常性的抽样调查为主体，辅之以重点调查、科学推算和少量的全面报表综合运用的统计调查方法体系"。这里提出的以普查为基础、以抽样调查为主体，体现与国际统计惯例接轨的趋势。显然，在土地统计调查中，为保证资料的质量，以普查为基础、以抽样调查为主体，是不能被忽视的。

2. 土地统计调查的方法　土地统计调查的具体方法很多，最常使用的有航摄资料调查法、卫星资料调查法、直接量测法、报告法、采访法、通信法等。

（1）航摄资料调查法。航摄资料调查法是当前全国范围进行土地数量调查（土地利用现状调查）最广泛应用的一种基本方法，即利用航片，或已纠正好了的航片，或镶嵌平面图、影像地图等资料进行野外调查，调绘出土地权属界线和地类界线，然后编制出土地利用现状图，量算出土地统计需要的各类土地面积。

（2）卫星资料调查法。卫星资料调查法是利用资源卫星提供的数据磁带或卫片，在野外抽样调查的基础上进行室内目视判读或计算机图像处理，在相关软件的支持下，获得土地统计所需的各种面积数据和图件。需要指出的是，一般的卫星资料由于其比例尺相当小，难以满足土地较为破碎地区的调查要求。

（3）直接量测法。直接量测法是调查人员亲自到现场对调查对象进行观察、计量以取得资料，或对地块进行丈量、点数，以获取土地有关数据的方法。直接量测法取得的资料一般具有较高的准确性，但需要有较先进的工具（仪器），投入的人力、物力和时间较多。

（4）报告法。报告法是要求被调查单位根据统一的要求填报调查资料的方法。我国现行的土地统计报表制度就是采用这一方法。报告法由最基层的土地管理部门收集填报数据，层层上报，层层汇总统计。这种方法简便、清晰，最为常用，但精确性不高，往往需要抽样复核。

（5）采访法。采访法是调查者向被调查单位或被调查者提出问题，根据被询问者的答复来收集资料的一种调查方法。采访法易掺入调查者的主观意图，如果掌握不好会产生偏误。

（6）通信法。通信法是调查单位用通信的方法向被调查者收集资料的一种方法，这种方法要求使被调查者知道调查的真正意图，所调查的问题必须简单易答，否则难以有好的效果。这种方法一般适于精度要求不高的调查。

在实际运用时，应根据调查目的并结合具体情况选择合适的调查方法。有时根据需要，还可同时结合使用几种调查方法。

第四节　土地统计整理

一、土地统计整理的内容及工作程序

在整个土地统计工作中，土地统计整理起着承上启下的作用。土地统计调查所收集的资料往往是零星的、分散的，土地统计整理就是对收集和调查到的原始资料进行加工整理、科学分组、归纳汇总，使其系统化、条理化，得出能反映土地总体特征的综合资料，以便做进一步分析的工作过程。土地统计整理可以按广义理解为加工、汇总直至形成统计整理结果，也可按狭义理解为对原始资料的加工和整理。

1. 土地统计整理的内容　一般土地统计整理的主要内容有以下几点：

（1）对土地统计调查的原始资料进行审核、筛选和订正。

（2）根据研究任务和要求，确定应整理的指标，并根据土地统计分析的需要，对调查资料进行资料整理和科学的分组。

（3）对调查资料进行统计汇总和必要的加工计算。

（4）编绘土地统计图表。

2. 土地统计整理的工作程序　土地统计整理可以采取逐级汇总整理、集中汇总整理、综合汇总整理等几种组织形式进行。其中，逐级汇总整理是自下而上进行统计整理；集中汇总整理是全部材料集中进行统计整理，如土地统计快报；综合汇总整理是将逐级汇总和集中汇总相结合进行统计整理。土地统计数据整理通常按如下工作程序进行：

（1）土地统计数据整理方案的设计。

（2）土地统计数据原始资料的审核与检查。

（3）土地统计数据的排序与分组。

（4）土地统计数据变量数列的编制与分布。

（5）土地统计数据的加工和汇总。

（6）土地统计数据的统计图表制作。

二、土地统计原始资料审核与检查

为确保原始资料的真实可靠性，在进行土地统计排序分组工作之前，首先要对调查得到的原始资料（数据）进行审核、筛选。原始资料（数据）审核主要从完整性和准确性两个方面进行。完整性审核主要是检查应调查的单位或个体是否有遗漏，所有的调查项目或指标是否填写齐全等；准确性审核主要是检查原始资料是否真实地反映了客观实际，统计调查数据是否有错误，计算是否正确等。

土地统计原始资料（数据）审核的方法主要有逻辑检查和计算检查两种方法。逻辑检查是从定性角度审核资料是否符合逻辑，内容是否合理，各项目或数据之间有无相互矛盾的现象；计算检查是检查调查表中的各项数据在计算结果和计算方法上有无错误。

三、土地统计分组

1. 土地统计分组的概念　土地统计分组，就是按土地的某些标志，把土地统计资料分成若干部分或组，如将土地按权属标志分组、按利用现状类型分组等。通过土地统计分组，可反映土地现象，揭示土地的构成特征和发展规律。

2. 土地统计分组的方法

（1）正确选择分组（类）的标志。分组标志就是划分各组界限的标准。正确选择分组标志是进行土地分组（类）的关键。用不同的标志对同一资料进行分组，往往会得出不同的结论。因此，在分组标志选择时应考虑以下几点：①以最本质的因素作为分组依据；②根据土地统计的目的和任务选择最必要的分组标志；③选择能反映事物本质特征或重要特征的有代表性的分组标志；④结合现象所处的历史条件和社会经济条件选择分组标志。

同时，进行土地统计分组时，应遵循"不重不漏"的原则，要使总体中的每个个体都有组可归，而且只能归入其中一个组。

土地分类就是一种基本的土地统计分组方式。土地分类标志是土地分组最常用的标志。在土地管理中，有时为了细化统计指标或某种特殊的需要，会在常用分类（分组）的基础上进一步分组。

（2）土地统计分组类型。

A. 简单分组和复合分组。根据选择分组标志的多少，统计分组可分为简单分组和复合分组。简单分组是只按一个标志对总体进行分组。复合分组就是选择两个或两个以上标志层叠起来对研究总体进行分组。

B. 按品质标志分组和按数量标志分组。分组标志按其性质不同可以分为品质标志和数量标志两种。品质标志是以事物的属性或特征来表现的标志。例如，土地利用类型、土地质量、土地权属关系等都是品质标志，这些标志都无法用数量来表示。按品质标志分组能直接反映事物性质的不同，而且事物的属性差异是客观存在的，因此，按品质标志分组一般相对稳定。按品质标志分组的关键是界定各类型组的性质差异。

数量标志是指反映事物数量特征的标志。例如，耕地按粮食亩产水平分组、淡水湖按面积大小分组等就是按数量标志分组。按数量标志分组的关键是正确确定各组的数量界限，即组数与组限。

按数量标志分组有两种情况：一种是组距式分组，另一种是单值式分组。组距式分组是以数量标志变动的一定区间作为分组界限。这个区间的长度称为组距。例如，耕地田面坡度按$\leqslant 2°$、$2°\sim 6°$（含 $6°$）、$6°\sim 15°$（含 $15°$）、$15°\sim 25°$（含 $25°$）和$>25°$进行统计。组距式分组又有离散型分组与连续型分组、等距分组与异距分组之分。对于组距式分组要计算组距、组数、组中值。

单值式分组是以离散型变量某一具体数量值作为分组标志。例如，耕地田块的形态按平地、坡地、梯田进行统计。只有在总体的标志变动范围不大的条件下，才宜用单值分组。如果总体标志值较多，变动范围较大，或者是连续型变量，就应采用组距式分组。

（3）土地变量数列的编制。按数量标志分组后，将总体各单位按组进行分配，就形成变量数列。编制变量数列时要注意确定以下几个问题：

A. 全距的确定。全距是指标志值中最大标志值与最小标志值之差，说明标志值的变动范围。

B. 变量数列形式的确定。变量数列按每组数值多少可分为单项数列和组距数列。单项数列是每组只有一个变量值的变量数列，组距数列是每组变量值是一段区间的变量数列。如果变量值较多、变动幅度较大，则多适宜采用组距数列。编制组距数列时，各组的组距可以是相等的，也可以是不相等的。等距分组有利于各组次数的直接比较，便于计算各项分析指标；不等距分组的各组次数不能直接比较，需要换算成相同组距的次数后，方能比较。总之，确定变量数列的形式不仅要确定变量数列是单项数列或组距数列，还要确定是等距分组或不等距分组。

C. 组数和组距的确定。组数多少与组距大小密切相关。组数多，则组距小；反之，组距就大。组数的多少和组距的大小应根据统计研究的目的、任务及研究现象本身的特点来确定。组数、组距与全距的关系可用下面公式粗略表示：

$$组距（d）＝上限－下限 \tag{9-1}$$

$$组数（N）＝\frac{全距（R）}{组距（d）} \tag{9-2}$$

D. 组限和组中值的确定。组限是一个组的数量界限，分上限和下限。每组中，最大数值称为上限，最小数值称为下限。

组限的确定与变量是否连续变化有关。变量按其是否连续变化可以分为连续型变量与离散型变量两种。连续型变量是指变量在一定范围内可取任意数。连续型变量数列相邻两组的组限应当重叠，第一组的上限同时也是第二组的下限，这样可以保证任何总体单位数都不会遗漏或重复。离散型变量由于其取值只能为整数。因此离散型变量数列相邻两组的组限不一定重叠，只要衔接就可以了。

各组组限的表示形式，可以采用闭口组，也可采用开口组。闭口组是指上、下限齐全的组；开口组是指只有上限缺下限，或只有下限缺上限的组。一般当资料中出现极端数值（特别大或特别小）时，宜采用开口组。

各组上限与下限的中点数值称为组中值。用组中值作为各组单位标志值的代表值，其假定条件是，各组中总体单位的标志值是均匀分布的。但实际上各单位标志值的分布一般是不均匀的，所以组中值作为各组单位标志值的代表值，只能是近似值。

E. 各组的频数和频率的计算。根据排序后的变量数列清点各组的单位分布次数，即频数。同时，计算各组频数占总体频数的比重，即频率。

F. 各组累计频数（次数）和累计频率的计算。累计频数（次数）和累计频率是反映总体单位分布特征的指标，用以说明总体中在某一变量值水平上下总共包含的总体单位频数（次数）和频率。累计频数（次数）和累计频率的计算方法分为向上累计和向下累计两种。向上累计是将各组的频数（次数）和频率，由变量值低的组向高的组累计，说明各组上限以下包含的总体单位数及其比率；向下累计是将各组的频数（次数）和频率，由变量值高的组向低的组累计。说明各组下限以上包含的总体单位数及其比率。

四、土地统计资料汇总

1. 土地统计资料汇总形式　土地统计资料汇总的组织形式可分为逐级汇总、集中汇总、综合汇总 3 种。

（1）逐级汇总。逐级汇总是根据整理方案的统一要求，按一定的管理系统自下而上地将统计资料进行汇总。这种汇总形式的优点是便于就地审查资料，及时发现错误并进行订正。但其缺点是逐级汇总的中间环节多，所需时间较长，因而出现差错的可能性也比较大。

（2）集中汇总。集中汇总是把所有土地调查资料集中到一个土地管理机关或几个机关同时进行汇总。其优点是便于利用机器汇总，省去中间环节，缩短整理时间。其缺点是汇总单位的工作量大，对原始资料中的差错不易及时发现和订正。

（3）综合汇总。综合汇总是把逐级汇总和集中汇总结合起来的一种汇总形式。例如，将各地的土地调查资料分别进行逐级汇总，对全国的总数字和其他一些需要在全国范围内进行加工的资料则集中到国家土地管理部门进行集中汇总。综合汇总兼有逐级汇总和集中汇总两种汇总形式的优点，既能迅速得到一些重要资料，又可以同时满足各级土地管理工作的需要。

2. 土地统计资料汇总技术　土地统计资料汇总技术有两种：手工汇总和电子计算机汇总。

（1）手工汇总。这种方法是过去广泛使用的汇总技术，常用的有划记法、过录法、折叠法、卡片法等。采用该方法的注意要点是防止重复和遗漏。

（2）电子计算机汇总。这是目前广泛应用的方法。该方法速度快、不易出错，但需与获取土地统计基础资料的手段结合应用。否则，基础数据的输入很费事，也易出错。

第五节　土地统计分析

一、土地统计分析概述

1. 土地统计分析的任务　土地统计分析是在资料整理的基础上，运用统计科学的理论和方法，对土地数量、结构、利用状况、权属状态及其区域分布现状、动态变化过程等进行分析研究，揭示土地利用的水准、特征、分布格局、变化规律和趋势，从而及时地对土地分配、使用、开发等土地管理状况做出评价，发现问题、总结经验、认清本质、找准规律、洞察趋势，为探索加强土地管理的对策措施提供依据。土地统计分析是土地统计过程的最后阶段，是地籍管理发挥信息、咨询和监督服务功能的重要阶段。土地统计分析的工作任务是：

（1）定期检查监督土地利用计划执行情况。

（2）定期检查监督各用地单位对国家的土地政策执行情况。

（3）研究土地利用中的各种比例关系和经济效益。

（4）对土地利用的发展趋势进行科学的预测。

2. 土地统计分析的内容　土地统计分析的主要内容包括以下几个方面：

（1）计算。计算各种分析指标，对土地统计整理成果进行"深加工"，包括计算绝对数、相对数和平均数等各种分析指标，并在此基础上做进一步的研究分析。

（2）评价。对统计和分析指标进行土地现象的判断和评价，即对各种统计数据及分析指标显现的直观与表面现象做出科学的、客观的判断和评价。

（3）土地动态变化分析。对土地数量、质量、权属和分布等的动态变化进行分析，从总体的特殊表现过渡到总体的一般表现，从而对土地现象形成规律性的认识。

（4）土地动态变化趋势分析。对土地动态变化趋势进行分析、预测和推论，即从对土地现状的认识过渡到对土地未来状况的认识。

（5）撰写报告。撰写分析报告，形成各种分析数据、图表及文字材料等成果。

3. 土地统计分析的种类　土地统计分析通常可分为现状分析、进度分析、专题分析、综合分析、发展水平分析、预测分析。

（1）现状分析。现状分析通常以一次土地统计报表为依据，着重反映一个时点的土地利用状况，常用于反映土地利用的分布、结构、规模等的现状。

（2）进度分析（动态分析）。进度分析通常以定期报表（月报、季报、半年报、年报等）或周期性统计调查结果为依据，反映土地管理部门各项工作进展情况，检查各项计划执行情况。其特点是讲究时效，信息有连贯性，内容力求短小精悍、结构简单、一目了然。

（3）专题分析。专题分析是针对土地管理部门的某个专门问题进行的分析。专题分析往往针对当前比较突出的问题而进行。专题分析是不定期的，可以因地、因事、因问题选取专题，要求突破时间和空间的限制，根据工作需要而灵活选定。

（4）综合分析。综合分析是对土地问题及相关诸方面进行比较全面的分析，为土地利用总体规划、土地管理重大决策等提供有力依据。综合分析能够说明土地问题和与之相关的一系列问题的关系，涉及面广，反映问题全面，分析方法复杂多样。

（5）发展水平分析。发展水平分析通常对土地问题发展程度及发展速度状况进行分析，能及时、真实地反映一定时期的土地问题及相关各项事业的发展状况。

（6）预测分析。预测分析是在分析大量资料的基础上，运用统计预测方法，对未来土地利用（结构、规模、水准、效果）做出科学的判断和推测，或者为制订计划、拟定决策提供方向性的参考。

4. 土地统计分析方法体系　土地管理中广泛应用了统计学的诸多统计分析方法。这些分析方法主要包括综合指标分析、时间数列分析、统计指数分析、相关分析和平衡分析等，并形成一套方法体系（图9-3）。

二、土地综合指标分析

土地统计工作中通过调查得来的土地资料，经整理后，一般可分为土地总量指标、土地相对指标、土地平均指标、土地标志变异指标等几类。这几类指标都是经汇总综合而来的，所以称为综合指标。综合指标可以帮助人们从数量上认识土地现象的本质及其发展变化规律。运用综合指标对土地的自然、经济状况及其变化过程进行统计分析，称为土地综合指标分析。

1. 土地总量指标分析　土地总量指标是反映一定时间、地点和条件下的土地总规模或总水平的统计指标。其表现形式为绝对数，因此又称绝对指标。土地总量指标是反映全国、地方和各单位不同地类数量及分布状况的指标，是编制土地利用规划并检查其执行情况，从而对土地实行宏观管理的依据，也是计算平均指标、相对指标的基础。

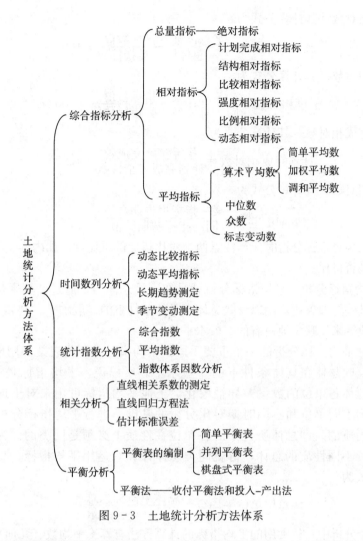

图 9-3　土地统计分析方法体系

土地总量指标根据其性质的不同可以分为土地时点指标和土地时期指标。区分这两类指标在理论和实践上都是十分重要的。土地时点指标是指土地在某一时刻上的总量指标，又称为土地存量指标，如土地利用现状等数据；土地时期指标是指土地在某一段时期内发展变化的总量指标，又称为土地流量指标，如耕地的年内减少面积、城镇的年内新增面积等。

2. 土地相对指标分析　所谓相对指标，是指土地利用过程中两个相互联系的指标的比率，用来表明其中固有的数量对比关系，如相对水平、普遍程度、比例关系、发展速度等。相对数的表现形式可分为两类：一类为有名数，由两个性质不同而又有联系的绝对数或平均数进行对比计算；另一类是无名数，根据不同的情况分别采用倍数、百分数、千分数等来表示。相对数的基本计算公式为

$$相对数 = \frac{对比数}{基数} \tag{9-3}$$

（1）结构相对数。其计算公式为

$$结构相对数 = \frac{总体中某部分数值}{总体数值} \times 100\% \tag{9-4}$$

（2）比较相对数。其计算公式为

$$比较相对数 = \frac{某总体某一指标数值}{另一总体同一类指标数} \times 100\% \qquad (9-5)$$

（3）强度相对数。其计算公式为

$$强度相对数 = \frac{某总体某一指标数值}{同一总体另一类指标数值} \times 100\% \qquad (9-6)$$

（4）计划完成相对数。其计算公式为

$$计划完成相对数 = \frac{指标实际完成数}{计划完成该指标数} \times 100\% \qquad (9-7)$$

（5）动态相对数。其计算公式为

$$动态相对数 = \frac{某一指标报告期数值}{同一指标基期数值} \times 100\% \qquad (9-8)$$

在进行土地相对指标分析时应当注意两个对比指标的可比性，如内容、范围、计算方法和计量单位等是否可比。

3. 土地平均指标分析　平均指标分析就是在同质总体内，通过计算平均指标的办法将各个个体的数量差异抽象化，用以反映总体在具体条件下的一般水平。例如，用每人、每劳力平均占有耕地等来反映土地占有的一般水平等。

平均指标是平均指标分析的一个重要手段。平均指标并不代表某一用地单位的具体水平，而是用来反映总体在具体条件下的一般水平。所以说，平均指标是一个综合指标，其特点在于将总体各单位的数量差异抽象化。土地平均指标可用来对土地利用状况综合分析，也可作为不同单位和不同时期对比分析的基础。进行平均指标分析的前提是被研究对象必须是同质的，即总体所包括的各单位在性质上必须是同类的。为此，必须先利用分组法来区分不同性质的总体，再就同类总体计算和运用平均指标。总体单位平均数的基本计算公式为

$$总体单位平均数 = \frac{总体单位标志总量}{总体单位总量} \qquad (9-9)$$

在土地统计分析中，较常用的平均指标的计算方法有算术平均数、几何平均数、众数和中位数等。

（1）算术平均数。算术平均数又分为简单平均数和加权平均数两种。

A. 简单算术平均数。其计算公式为

$$\overline{X} = \frac{X_1 + X_2 + \cdots + X_n}{n} = \frac{\sum\limits_{i=1}^{n} X_i}{n} \qquad (9-10)$$

式中：$\overline{X}$ 为简单算术平均数；X_i 为第 i 单位标志值；n 为总体单位数。

B. 加权算术平均数。其计算公式为

$$\overline{X} = \frac{X_1 f_1 + X_2 f_2 + \cdots + X_n f_n}{f_1 + f_2 + \cdots + f_n} = \frac{\sum\limits_{i=1}^{n} X_i f_i}{\sum\limits_{i=1}^{n} f_i} \qquad (9-11)$$

式中：$\overline{X}$ 为加权算术平均数；f_i 为权数，表示第 i 单位标志值对平均数的影响大小，$i = 1, 2, \cdots, n$；其他符号含义同式（9-10）。

（2）几何平均数。几何平均数是将总体单位标志值的乘积，以总体单位的个数为次数进行开方求得。几何平均数也有简单几何平均数与加权几何平均数之分。简单几何平均数的计算公式为

$$\overline{X} = \sqrt[n]{\prod_{i=1}^{n} X_i} \qquad (9-12)$$

式中：X_i 为总体各单位标志值，$i=1, 2, \cdots, n$；n 为总体单位个数。

（3）众数和中位数。在有些特殊情况下，可以根据标志值在总体各单位中所处的位置来计算其代表性水平，因此众数和中位数又称为位置平均指标。众数是总体各单位标志值中出现次数最多的数值；中位数是将总体各单位的标志值按大小顺序排列，处于中点位置的标志值。

4. 土地标志变异指标 由于平均指标把总体各单位标志值的差异抽象化了。因此，在运用平均指标的同时，还必须测定各单位标志值的变异程度。这项反映总体各单位标志值的变异程度的指标被称为标志变异指标。标志变异指标的种类有全距（极差）、平均差、标准差和标志变异系数。

（1）全距（极差）。全距（极差）是研究总体各单位标志值中最大值与最小值的差数，通常以 R 表示。其计算公式为

$$R = X_{\max} - X_{\min} \qquad (9-13)$$

（2）平均差。平均差是总体各单位标志值与算术平均数离差的绝对值的算术平均数，通常以 $D\overline{D}$ 表示。其计算公式为

$$\overline{D} = \frac{\sum |X - \overline{X}|}{n} \qquad (9-14)$$

（3）标准差（均方差）。标准差（均方差）是总体中各单位标志值与算术平均数离差平方和的算术平均数的平方根，通常以 σ 表示。其计算公式为

$$\sigma = \sqrt{\frac{\sum (X - \overline{X})^2}{n}} \qquad (9-15)$$

或

$$\sigma = \sqrt{\frac{\sum (X - \overline{X})^2 f}{\sum f}} \qquad (9-16)$$

方差为标准差的平方，即

$$\sigma^2 = \frac{\sum (X - \overline{X})^2}{n} \qquad (9-17)$$

式中：σ 为均方差；X 为标志值；$\overline{X}$ 为平均数；n 为总体单位数；f 为各组的权数。

（4）标志变异系数。标志变异系数又可细分为全距系数（V_R）、平均差系数（$V_{\overline{D}}$）、标准差系数（V_σ）。其计算公式分别为

$$V_R = \frac{X_{\max}}{X_{\min}} \qquad (9-18)$$

$$V_{\overline{D}} = \frac{\overline{D}}{\overline{X}} \times 100\% \qquad (9-19)$$

$$V_\sigma = \frac{\sigma}{\overline{X}} \times 100\% \tag{9-20}$$

三、土地动态分析

对土地利用的数量关系从它的历史方面研究其发展变化过程，揭示其固有的规律并预见其发展变化的趋势，这种对土地进行动态分析的方法就是动态分析法。

动态分析法包括以下三项内容：编制动态数列、对动态数列进行分析和揭示土地利用变化的内在规律性。借助年度土地统计数据把各地区、各单位土地利用变化情况加以记录并按照时间顺序使之排成一个数列，这个数列则称为动态数列或称时间数列。动态数列常用表格的形式来表现，因此又称动态数列表。要从动态数列的一系列数字指标中分析土地利用的发展变化，首先要保证动态数列指标的可比性，即在编制动态数列时，应当做到时期长短、总体范围、计算方法和经济内容的可比。

动态数列可以用绝对数、相对数和平均数来编制，相应地产生绝对数动态数列、相对数动态数列和平均数动态数列。绝对数动态数列是基本的，相对数动态数列和平均数动态数列是由绝对数动态数列派生的。绝对数动态数列又有时期数列和时点数列之分。其中，时期数列指某一现象在一定时期内的总量（例如耕地面积、农用地面积、水面面积等）的增减数量。时期数列中各项数字可以相加，从而得出较长时期的总量指标。例如，把用地面积增减数列中各类用地增减数字相加，即得到较长时期内各类用地增减总量数据。时期数列中每个指标数值的大小与时期长短成正比。时期越长，数值越大；反之，数值越小。时点数列指某种现象在一定时点上的规模或水平，例如土地总面积、耕地面积、农用地面积等。时点数列中各项数字是不能相加的，指标数值的大小与时间间隔的长短没有直接关系。

应用动态分析法可以分析土地利用的发展水平、发展速度和变动趋势等。常用的动态分析指标有：发展水平和平均发展水平、增长量和平均增长量、发展速度和平均发展速度、增长速度和平均增长速度。其中，前两种用于现象的发展水平分析，后两种用于现象的发展速度分析。发展水平分析是发展速度分析的基础，发展速度分析是发展水平分析的深入和继续。

1. 发展水平分析　发展水平又称发展量，是动态数列中的每一项具体的指标数值，用以反映某一现象在不同时期的规模水平。发展水平指标根据其所处地位和作用的不同而有所区别。在动态数列中，第一项称为最初水平，最后一项称为最高水平，根据各项指标所计算的平均数称为平均水平。在动态对比时，对比基础时期的水平称为基期水平，所要分析的时期水平称为报告期水平或计算期水平。上述各种水平随着人们研究目的和对时期要求的改变而不同。

平均发展水平是对不同时期（时点）的发展水平加以平均所得到的平均数，又称为序时平均数或动态平均数。由时期数列计算平均发展水平，可以直接应用各时期的指标值求和再除以项数而得出。其计算公式为

$$\bar{a} = \frac{a_1 + a_2 + a_3 + \cdots + a_n}{n} = \frac{\sum\limits_{i=1}^{n} a_i}{n} \tag{9-21}$$

式中：$\bar{a}$ 为平均发展水平；a_i 为第 i 时点上的数值；n 为时期数。

2. 发展速度分析

（1）发展速度。发展速度是动态数列中两个时期发展水平的数值之比，用以说明报告期水平已发展到基期水平的若干倍（以基期水平为 1）或百分之几（以基期水平为 100），其计算公式为

$$发展速度 = \frac{a_1}{a_0} \qquad (9-22)$$

式中：a_1 为报告期水平；a_0 为基期水平。

由于进行对比的基期水平不同，发展速度又分为定基发展速度和环比发展速度。

A. 环比发展速度。环比发展速度为报告期水平与前期发展水平之比，即

$$\frac{a_1}{a_0}, \frac{a_2}{a_1}, \frac{a_3}{a_2}, \cdots, \frac{a_n}{a_{n-1}}$$

其中，a_n 为报告期水平；a_{n-1} 为前期发展水平。

B. 定基发展速度。定基发展速度为报告期水平与最初水平之比，即

$$\frac{a_1}{a_0}, \frac{a_2}{a_0}, \frac{a_3}{a_0}, \cdots, \frac{a_n}{a_0}$$

定基发展速度等于相应时期的各环比发展速度之连乘积，即

$$\frac{a_n}{a_0} = \frac{a_1}{a_0} \times \frac{a_2}{a_1} \times \cdots \times \frac{a_n}{a_{n-1}} \qquad (9-23)$$

（2）平均发展速度。各个时期环比发展速度的平均数用以说明某一个现象在一个较长时间内的平均发展程度。其计算公式为

$$\overline{X} = \sqrt[n]{\frac{a_1}{a_0} \times \frac{a_2}{a_1} \times \frac{a_3}{a_2} \times \cdots \times \frac{a_n}{a_{n-1}}} = \sqrt[n]{\frac{a_n}{a_0}} \qquad (9-24)$$

式中：$\overline{X}$ 为平均发展速度；a_n 为最末水平；a_0 为最初水平；n 为环比发展速度的项数。

（3）增长量。增长量用以说明两个时期发展水平增减差额的指标，常用绝对数表示。其计算式为

$$增长量 = a_n - a_0 \qquad (9-25)$$

式中：a_n 为报告期水平；a_0 为基期水平。

在报告期水平大于基期水平的情况下，增长量表现为正值；反之，为负值。由于用以对比的基期不同，增长量又可分为逐期增长量与累积增长量。

A. 逐期增长量。逐期增长量是报告期水平（a_n）与前期水平（a_{n-1}）之差，即

$$a_1 - a_0, a_2 - a_1, a_3 - a_2, \cdots, a_n - a_{n-1}$$

B. 累积增长量。累积增长量是报告期水平（a_n）与最初水平（a_0）之差，即

$$a_1 - a_0, a_2 - a_0, a_3 - a_0, \cdots, a_n - a_0$$

累积增长量等于逐期增长量之和，即

$$a_n - a_0 = (a_1 - a_0) + (a_2 - a_1) + (a_3 - a_2) + \cdots + (a_n - a_{n-1}) \quad (9-26)$$

（4）平均增长量。平均增长量用以说明一定时期内平均每期增长量的指标。其计算公式为

$$平均增长量 = \frac{累积增长量}{动态数列项数 - 1} \qquad (9-27)$$

（5）增长速度。增长速度用以反映现象增长程度的相对指标。其计算公式为

$$增长速度 = \frac{增长量}{基期水平} = \frac{a_1 - a_0}{a_0} = \frac{a_1}{a_0} - 1 \qquad (9-28)$$

$$= 发展速度 - 1（或发展速度 - 100\%）$$

式中：a_1 为报告期水平；a_0 为基期水平。

由于基期不同，增长速度有定基增长速度和环比增长速度两种。

A. 定基增长速度。定基增长速度是累积增长量与最初水平之比。其计算公式为

$$定基增长速度 = 定基发展速度 - 1（或定期发展速度 - 100\%）= \frac{累计增长量}{最初水平}$$

$$(9-29)$$

即
$$定基增长速度 = \frac{a_n - a_0}{a_0} = \frac{a_n}{a_0} - 1 \qquad (9-30)$$

B. 环比增长速度。环比增长速度是逐期增长量与前期水平之比。其计算式为

$$环比增长速度 = 环比发展速度 - 1（或环比发展速度 - 100\%）= \frac{逐期增长量}{前一时期水平}$$

$$(9-31)$$

即
$$环比增长速度 = \frac{a_n - a_{n-1}}{a_{n-1}} = \frac{a_n}{a_{n-1}} - 1 \qquad (9-32)$$

应当指出，当以百分数表示时，增长速度等于同期的发展速度减去 100%；否则，增长速度等于同期的发展速度减去 1。

（6）平均增长速度。平均增长速度（平均增长率）是用以说明某种现象在一个较长时期内平均每期的增长程度的指标。

$$平均增长速度 = 平均发展速度 - 1 \qquad (9-33)$$

应当指出，平均发展速度总是正值，而平均增长速度则可为正值也可为负值。平均增长速度为正值，表示现象在一定发展阶段内逐期平均递增的程度；平均增长速度为负值，则表示现象逐期平均递减的程度，例如我国耕地面积逐年减少，即耕地面积年增长速度为负，就属于这种情况。

3. 变动趋势分析 为了研究某个现象的发展变化的总趋势和规律性，必须进行变动趋势分析。社会现象的发展变化受确定性因素和随机性因素的共同影响，在变动趋势分析中需要消除随机性因素的影响，以测定动态数列的长期趋势。测定长期趋势的常用方法有移动平均法和趋势线配合法。

移动平均法是一种扩大时距以计算序时平均数的方法。具体做法是：把动态数列的各项水平依次移动，逐一计算序时平均数，借以消除动态数列中短期不规则变动的影响，显示其基本趋势。

趋势线配合法是应用数学模型对原来动态数列配上适当的趋势线进行修匀，从而显示数列基本趋势的一种方法。

四、土地平衡分析

土地平衡分析法是研究土地现象之间的数量及其比例关系的一种统计方法。各类土地现象在客观上是相互联系的，在数量上具有平衡关系的。例如下式为一个平衡关系公式：

年末土地面积量＝上年末土地面积量－年内各类土地面积减少量之和＋
年内各类土地面积增加量之和

$$(9-34)$$

土地现象的平衡与一般现象的平衡有所区别。由于土地面积总量是固定的，不能增加也

不能减少，所以土地面积这一总体表现为其内部构成之间的此长彼消关系。例如：

$$期内各类土地面积增加量之和＝期内各类土地面积减少量之和 \quad (9-35)$$

利用土地平衡分析法可以分析土地利用变更状况及其变更原因，分析土地资源利用的结构是否合理，揭示土地现象变动的特点和规律。根据研究的平衡项目多寡，它又分为单项平衡分析、综合平衡分析和联系平衡分析3种。

1. 单项平衡分析 就单一现象（如耕地面积）的平衡关系，用增减平衡表进行专题分析（一年期或连续几个时期）。在进行单项平衡分析时，首先应当编制反映平衡关系的指标体系平衡表。在表内反映增减关系，可以将增、减项目按左、右排列，左方列增加项目，右方列减少项目；也可以将增、减项目按上、下排列，上方列增加项目，下方列减少项目。上、下排列的形式便于进行不同时期的对比，也便于检查计划的执行情况。

2. 综合平衡分析 土地综合平衡分析实质上是对土地现象整体的全局性平衡分析，它从土地现象的全局和几个侧面综合反映了土地总体的综合平衡关系。但综合平衡绝对不是单项平衡的简单总和。单项平衡仅仅反映了现象的某一侧面某一分组之间的平衡关系和比例关系，综合平衡则反映现象整体各种分组之间的相互关系和比例关系。因此，综合平衡能判断总体内各要素的协调程度。单项平衡通常在综合平衡的指导下进行，综合平衡又以单项平衡作为基础和补充，两者不可替代。

3. 联系平衡分析 联系平衡分析是从现象整体出发研究各单位（地区、部门）之间联系的一种分析方法。其关键在于编制联系平衡表，以反映许多不同单位相互之间的联系。联系平衡表的表式通常采用一种特殊设计的主栏、宾栏交叉对应的棋盘式平衡表格式。

第六节　我国现行土地统计制度

一、我国土地统计管理体制

1. 土地统计管理体制及特征 土地统计管理体制是国家组织土地统计工作的机构设置和土地统计管理职能权限划分所形成的体系和制度。根据国家《统计法》和《土地管理法》的有关规定，土地管理部门自成立以来，逐步建立了集中统一的土地统计系统，形成了统一领导、分级管理的土地统计体制。现行土地统计体制具有以下基本特征：

（1）土地统计组织体系是由国家建立的集中统一的工作系统，它以行政管辖范围为单位，实行分级统计的工作制度。上级统计以下级统计工作为基础，下级统计工作受上级土地管理部门的指导和监督。

（2）全国的土地统计工作有统一的统计标准、统一的统计指标及统计指标体系，并实行统一的土地调查技术规程、土地统计报表格式和报送程序。

（3）土地统计管理部门与政府的统计部门有业务上的联系，在土地统计的业务上受同级政府统计部门的指导，并有责任向同级政府统计部门报送土地统计资料。

2. 土地统计机构设置 土地统计机构是土地统计管理体制的核心，它负责组织土地统计的具体工作，贯彻落实土地统计的有关制度，检查和监督土地统计政策法规的执行情况。我国现行的土地统计机构是根据《统计法》和《土地管理法》以及其他有关政策规定设置的。

《统计法》第二十八条规定："县级以上人民政府有关部门根据统计任务的需要设立统计机构，或者在有关机构中设置统计人员，并指定统计负责人，依法组织、管理本部门职责范围内的统计工作，实施统计调查，在统计业务上受本级人民政府统计机构的指导。"国务院曾于1981年批转《国家统计局关于加强和改革统计工作的报告》，该报告第三部分第二条规定："国务院各部委、各直属机构，应根据工作需要，设立统计司（局）或统计处（室）。"2019年修订的《土地管理法》也明确规定："国家建立土地统计制度。县级以上人民政府统计机构和自然资源主管部门依法制定统计调查，定期发布土地统计资料。"依据以上这些规定，从国家到地方都在相关部门设有负责土地统计工作的机构和人员，形成了自上而下统一管理土地统计的机构体系。

负责土地管理的职能部门的土地统计组织在统计工作中，应严格遵守国家统计局制定的有关统计制度和方法，拟定土地统计相关的调查项目和土地统计表格。各级土地管理部门在向上级报送的土地统计资料的同时，必须向同级政府统计部门报送。

3. 各级土地统计机构的职责

（1）国家土地统计机构的职责。土地统计机构的职责根据《土地管理法》等有关规定，按照原国土资源部地籍管理司确定的主要职责、人员编制和内设机构等"三定方案"规定，土地统计机构的职责主要包括：①组织各地开展土地资源利用现状、土地权属状况及其变更情况的统计工作；②负责各地上报的统计数据的审核、整理、汇总；③及时开展统计分析，提供耕地变化为主的土地资源利用统计数据。

（2）县级（不含县）以上土地统计机构的职责。省（自治区、直辖市）人民政府自然资源主管部门主管本辖区的土地统计工作，其土地统计机构的主要职责是：①执行国家土地统计标准，定期完成各年度土地统计报表的汇总，并按规定向上级土地管理部门和同级人民政府统计机构报送和提供基本的土地统计资料；②根据本地区制定政策和进行土地管理的需要，调查、收集、整理、提供土地统计信息，并对本地区土地利用及变更的基本情况进行土地统计分析、预测和监督；③在完成国家土地统计制度规定任务的前提下，编制地方相应的报表制度和办法，但不得与国家土地统计报表制度的要求和规定相矛盾。

（3）县级土地统计组织及乡（镇）等基层土地统计人员职责。县级及县级以下基层土地统计组织的职责包括：①完成上级自然资源主管部门布置的土地统计任务，执行国家统计标准，贯彻全国统一的基本土地统计报表制度；②按照规定，调查、收集、整理、分析、提供本县、本乡（镇）的基本土地统计资料；③做好土地统计原始调查记录表的建立和管理，健全本县、乡（镇）的土地统计台账制度和土地统计档案制度。

二、我国现行土地统计报表制度

土地统计报表制度是基层单位和各级土地行政主管部门按照国家统一设计制定的统计报表格式、指标含义和报送程序，定期向国家报送土地统计资料的一项统计报告制度。

我国土地统计报表制度经20世纪80年代末以来的实践，形成一套较为稳定的格式和制度。目前的报表制度基本由两部分构成：国家土地统计年报和基层土地统计报表系列。

1. 国家土地统计年报 国家土地统计是指县级及县级以上土地管理部门所进行的土地统计设计、调查、整理和分析等全部土地统计工作。它包括：土地统计的有关制度与方法的设计；按国家统一制定的土地统计报表制度定期完成统计报表的填报和汇总；检查和监督国家下达的用地计划执行情况，为国家制定政策和规划提供科学的土地信息等方面的工作。通过土地统计年报，全面了解全国土地资源及相关资源状况，掌握国土资源调查评价、开发利用及行政管理工作情况，为国家有关部门、各级国土资源行政主管部门制定有关政策和进行宏观管理提供依据，为社会公众提供信息服务。

2. 基层土地统计报表系列　基层土地统计泛指县级以下的乡（镇）土地管理所和村级生产单位（国有农、牧、渔场的生产队），以及其他非农业建设的用地单位等所从事的土地统计工作，包括做好年报、开展专题调查、做好初始的和经常的土地统计、建立和管理土地变更调查记录表，以及执行和完善各项土地统计制度。基层土地统计报表系列可以提供土地变化最真实可靠的信息，是特定时期内对某地块基本要素的具体反映。

基层土地统计报表由一系列表式构成，它们彼此衔接，完成基层土地统计工作，即：以地类图斑为单位进行填报，同时为完成国家土地统计的需要，按土地权属单位、土地权属性质进行分类统计和按土地权属单位隶属系统进行统计。

基层土地统计报表的资料均来自实地调查，其中每年的土地变更调查应是最基础的。为了填报的方便，减少填报差错，有关部门设置了相应的过录表。根据 2017 年国土资源部印发的《土地变更调查技术规程（试用）》，相应的表格包括以下几类：

（1）调查界线调整表。该类表格用于记录因各级行政区域界线调整或发生变化（名称、代码、界线位置的变化）造成土地分类面积变化的情况。以县（市、区）为单位，将调整前及调整后的地类面积填写在规范性相应的表栏。在范围界线没有变动的情况下，要求所涉及的县调整前及调整后的控制面积之和应一致，面积对比表中总面积与控制面积应相等，同一地类面积之和调整前与调整后的差值不得大于 $1hm^2$。

（2）图斑信息核实记录表。此类表主要用于记录对遥感监测图斑、农用地变更为未利用地图斑、设施农用地图斑、临时用地图斑、拆除图斑核实和确认信息的情况。

（3）土地变更调查记录表和土地变更一览表。土地变更调查记录表（表 5 - 1）是土地变更调查中的原始记录，该表按变更单元（图斑）填写。土地变更一览表（表 5 - 2）是变更调查的加工用表，该表依据数据库自动生成，得到县或乡的一览表。土地变更调查记录表和土地变更一览表在基层土地统计中起着过录表的作用。

（4）土地利用现状变更表（表 9 - 1）。土地利用现状变更表采用主、宾栏交叉对应的棋盘式平衡表式，直观地反映年内各类土地面积增加的来源和减少的去向。主栏部分为变更后地类，宾栏部分为变更前地类。主、宾栏交叉的纵列、横行构成地类变更面积，横行所在地类年内减少的面积同时又是纵列所在地类年内增加的面积。表格最右一列（尾列）设有合计栏，用于合计各横行地类年内减少的总量；而表格最下一行（末行）也设有合计栏，用于合计各纵列地类年内增加的总量。该尾列与末行合计面积在行政区域界线没有变动的情况下，应当完全一致。土地利用现状变更表的编制依据是土地变更一览表和土地统计部门发布的辖区土地总面积及分类面积数据。

土地利用现状变更表集中、系统、全面地描述了一个县或一个乡年内的土地利用及其变化情况。通过年内地类变化分析，可以深入研究土地利用变化的情况和问题，为土地利用宏观调控提供决策依据。土地利用现状变更表为统计分析提供了较理想的数据体系，其资料有着广泛的用途，例如进行综合的总体分析、综合的平衡分析、广泛的对比分析等。土地利用现状变更表是一种棋盘式平衡表，也可用于反映更大地区范围甚至全国范围的地类活动项，这是其他种类的平衡表所不及的。土地利用现状变更表的填写需要注意以下几点：

A. "年初面积"。年初各地类面积及土地总面积（合计），应与上一年度土地利用现状变更表年末数据一致。当行政区域范围发生变化时，需要调整出变更后的行政区域土地面积及分类面积数据，即先确定统计观察范围。

B. "地类变更数据"。依据土地变更一览表（表5-2）的第3、第9、第14栏，将变更数据转录在土地利用现状变更表中变更前、变更后地类的交叉栏上即可。

C. "一级地类小计"。将纵列、横行二级地类累加值填写在小计栏内。作为检核，横行累加值应等于纵列累加值。如果两者不等，应查找原因。

D. "年内减少面积"。年内减少面积一级地类数据，将土地利用现状变更表中除了本身所计一级地类之外的所有其他一级地类数据（横行数据）累加得到；年内减少面积二级地类数据，将土地利用现状变更表中本二级地类之外的所有其他二级地类数据（横行数据）累加得到。

E. "年内增加面积"。年内增加一级地类数据，将土地利用现状变更表中除了本身所计一级地类之外的所有其他一级地类数据（纵列数据）累加得到；年内增加二级地类数据，将土地利用现状变更表中本二级地类之外的所有其他二级地类数据（纵列数据）累加得到。

F. "年内减少合计"和"年内增加合计"。"年内减少合计"是将土地利用现状变更表所有二级地类的"年内减少面积"累加得到，"年内增加合计"是将土地利用现状变更表中所有二级地类的"年内增加面积"累加得到。这两个加值都是反映地类变化总规模的指标。作为检核条件，这两个累加值应相等。当两者不等时，须查找原因。

G. "年末面积"。由"年初面积"减去"年内减少面积"加上"年内增加面积"得到。

将形成的数据按照农用地、建设用地、未利用地三大类土地所包含的相应地类进行归类，可形成土地利用现状变更表（也称"三大类"总表）。

（5）土地变更调查各类面积汇总表。依据土地变更调查记录一览表相应栏内数据，可以进一步形成土地利用现状变更表、可按权属性质统计汇总表、耕地坡度分级面积汇总表、可调整地类面积汇总表；依据相应数据库成果可汇总生成基本农田统计汇总表；依据用地管理信息标注结果可形成建设用地类型面积统计汇总表和耕地来源类型统计汇总表。

复 习 思 考 题

1. 土地统计的作用和特点是什么？
2. 土地统计主要包括哪些内容？
3. 土地统计的类型有哪些？
4. 土地统计程序包括哪几个阶段，各阶段主要包括哪些工作？
5. 常用的土地统计指标体系有哪些？
6. 土地统计调查有哪些主要方式？
7. 土地统计分析包括哪些内容？
8. 试述土地利用现状变更表的作用和填写方法。

第十章

地籍信息管理

| **本章提要** | 地籍信息管理是地籍管理的重要内容，通过地籍信息管理才能有效地开发和利用地籍信息资源，向全社会提供服务。随着社会经济的发展与科学技术的进步，目前我国地籍信息的管理方式正在由以前的常规管理（地籍档案管理）为主向现代化管理方向发展。应用计算机与网络技术建立地籍管理信息系统，能更好地利用地籍信息的价值，发挥其作用。通过本章的学习，应当了解地籍信息管理的基本理念和管理的发展方向，并对地籍信息管理系统的现代化建设具有一定的规划统筹能力。

第一节　地籍信息管理概述

一、地籍信息与地籍信息管理

（一）地籍信息的概念、特点

1. 地籍信息的概念　"信息"来源于数据，它以文字、数字、符号、语言、图像等介质来表示一定的事件、事物、现象等的内容、数量或特征。这里所说的数据是利用特定的信号对对象的一种客观的表示，信息则是数据内涵的意义，是数据的内容和解释。信息具有客观、适用、可传输和共享等特征。

地籍信息是地籍管理工作中呈现的信号，体现着特定的地籍内容。从狭义的角度看，地籍信息仅仅包括描述土地资源和土地资产空间位置及状态的图形数据和文字数据（如地籍图、宗地图、土地利用现状图）等空间信息，以及描述它们的权属、价值、位置的属性数据（如丘号、图斑号、宗地号、地类、面积、权属、地址）等属性信息。从广义的角度看，它一方面包括土地自身的空间信息与属性信息，另一方面还包括为开展地籍管理工作下达的指示、命令，召开的会议、培训活动及制订的工作计划、编制的规程文档等信息。这些信息对地籍管理来讲都是十分重要的。从地籍管理业务工作的角度出发的地籍信息通常以其狭义的概念为主，而从地籍信息管理总体上看的地籍信息则指其广义的概念。

地籍信息在促进经济发展和社会稳定、保护产权人合法权益、保护耕地和粮食安全、监测土地市场的规范运行、防范金融风险、促进土地管理方式的转变和积极主动参与宏观调控等方面发挥了巨大作用。

2. 地籍信息的特点

（1）信息量大、涉及面广、形式多样。地籍管理活动中形成的信息量是十分巨大的，不但体现了每一宗地（地块）的全部特征，而且体现了地籍管理工作的全过程，因此是非常全面的。由于土地信息的不断地变化和地籍管理工作的不断进行，地籍信息总量始终处于不断增加的态势，形成海量信息。这些海量信息还呈现多种形式，既有空间信息，又有非空间信息；既有数值信息，又有非数值信息。它们以文字、数字、符号、图件、声像等不同形式表征出来。地籍信息反映着国家的重要国情、国力和资源的状态和分配态势。

（2）精确、准确。构成地籍信息中的很多数据，特别是空间数据和属性数据，都有一定的精度要求。例如，地籍测量的控制测量数据、细部测量数据、面积数据等都要符合一定的精度要求，不能超过限差，要精确、完整；对属性数据的记载不能模糊不清甚至存在歧义，要准确明晰。形成的地籍信息必须精确、准确，才能保障其功能的发挥，这是土地具有财富特性的必然要求，也是维护社会稳定的客观要求。

（3）真实可信、具有法律效力。地籍信息中的一些信息，如地籍调查、不动产登记等工作中获得的有关土地的权属等信息都是由专业调查人员从实地调查获得的，具有真实性和客观性。这样的信息依国家法定程序，经过注册登记后，具备绝对的公信力，能够作为法律证据利用，所以具有法律效力。有的国家对此制定了专门的制度，明确规定：土地依法登记的信息为唯一国家认可的土地权属信息，是任何力量都不可推翻和改变的。此外，地籍信息具有一定的保密性。

（4）信息变化快、现势性强。土地自然属性、社会经济属性的动态变化，导致地籍信息时时处于变化之中。这些快速变化的信息对于国家、土地的所有者或使用者都有着重要的价值。新的地籍信息一旦产生，原有的信息就失去了应有的价值。因此，在一定的时间范围内及时获取与更新这些地籍变化信息，才能确保地籍信息具有很强的现势性。

（二）地籍信息管理的概念、特点与方式

1. 地籍信息管理的概念　地籍信息管理是地籍管理中的一项基础性的工作。它是遵循一定的制度，采用一定的手段，对不动产权属信息的获取、处理（包括记录、存储、加工、整理、更新等）和提供应用，以及围绕此而展开的设计、组织、调度、运行等系列工作的总和。

地籍信息管理是土地管理的核心，它既肩负着为国家制定国民经济发展规划等提供基础资料的任务，同时又是维护土地权属主体法定权利的有力武器，还是反映土地制度和维护社会稳定的重要动态信号工具。随着我国经济的飞速发展与土地使用制度的不断深化，地籍信息越来越丰富多样，对地籍信息的功能要求不断提高，加强地籍信息化管理已成为十分紧迫的任务。

2. 地籍信息管理的特点

（1）行政性。地籍信息体现的是国家的重要财富，信息的获取、处理、分析与利用的整个管理过程都必须由国家特定的行政管理机关来进行。按照《国土资源业务管理办法》的有关规定，地籍信息类档案管理由县级以上国土资源档案机构集中管理，任何单位和个人不得据为己有或擅自销毁。

（2）专业技术性。地籍信息管理具有很强的专业技术性，这体现于两个方面：一方面，地籍信息的采集、处理、分析与利用中应用了大量具有高科技含量的技术手段，如全站仪、遥感（RS）、全球定位系统（GPS）、地理信息系统（GIS）、缩微技术、网络技术等；另一方面，由于信息内在结构的复杂性、逻辑严密性和法律尊严性，需要由接受过专业技术教育的地籍信息管理技术人员来从事有序的管理工作，并为广泛的、大量的服务对象提供专业的

信息资料。

（3）变革更新性。随着科技进步和管理体制的变革，以及地籍信息的主体、客体及其内容的改变，地籍信息管理工作也需随之不断变革。地籍信息管理的任务、内容、方式、制度都必须伴随着管理对象及客观需要的变化而转变。而且这种变化是不间断的，需要不断进行的。

（4）服务性。地籍信息管理的最终目的是将地籍信息提供给用户利用，最大限度地满足用户需求。它既为土地管理部门自身工作服务，也为国家、各级政府、土地的使用单位及个人提供服务。在社会管理、科学研究、宣传教育、市场维护、权益保障等方面发挥着作用。也只有通过地籍信息管理所提供的服务，才能充分发挥地籍信息的价值与效益。

3. 地籍信息管理的方式　管理方式体现出管理工作的宗旨、方法、制度等，同时也是对当前管理工作的科技水准的反映。地籍信息管理乃至整个土地管理，在我国还是一项新的管理业务，众多管理制度和方法需要借鉴其他管理工作。近年来，地籍管理业务和现代科技的飞速发展引发了地籍信息管理方式的变革。随着新的现代化的管理方式的引入和采用，地籍信息管理正在由常规管理方式向现代化管理方式转变。

（1）常规管理方式。地籍信息管理的常规管理方式也称为传统管理方式，是采用地籍档案管理的方式，对地籍信息进行收集、整理、鉴定、保管、统计及提供利用。它的特点是：收集的信息通常以纸介质为载体，手工进行信息的整理、鉴定与统计，以文件档案的形式存放于庞大的档案馆，对信息进行保管维护，以馆藏式提供检索，并通过对外借阅及资料编研形式提供使用。

（2）现代化管理方式。地籍信息的现代化管理方式，是以计算机为基本技术手段，结合应用缩微、声像、软件、网络等先进技术手段建立起的信息管理系统，以开展快速、准确、节省、优质的管理。借助上述现代技术，将收集到的信息以编码的形式加以表达，通过信息管理系统科学有序地进行整理、鉴定、统计与保管，并通过门户和网络等方式提供服务与利用。

常规管理方式的整个工作过程耗费时间长、工作效率低、精度不高，纸介质的档案保管难、成本较大，信息提供利用的渠道少，妨碍了地籍信息效益的发挥。而现代化方式对地籍信息进行管理，则可以在短时间内以较高的效率对大量信息进行保管，并更好地提供利用，能充分发挥地籍信息的效益。因此，由常规地籍信息管理方式向现代化管理方式转变是必然的趋势。目前我国大部分地区正处于两种方式兼有的过渡阶段，正在向全面实现现代化管理的方向发展。

二、地籍信息管理的要素及任务

1. 地籍信息管理的要素　地籍信息管理有五大要素，包括地籍信息管理的架构、组织、环境、服务与技术。

（1）地籍信息管理的架构。从总体上看，地籍信息管理的架构包括系统支撑体系架构、数据体系架构、应用系统体系架构（图 10-1）。这些架构从不同的层次和角度入手，对信息资源管理设计出一套合理的框架。只有在这个框架下进行系统的设计与布局，才能让原始的地籍信息快速、完整地转化为可以提供使用的组合信息，使信息的功效得到充分的发挥。

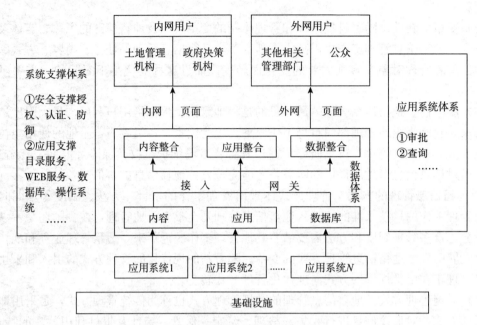

图 10-1 地籍管理信息系统的架构

（2）地籍信息管理的组织。地籍信息管理的组织是体现其管理效能的基础，可以认为它是整个地籍管理的基础，现代化的管理必须有良好严密的组织体系、组织规则与组织授权。地籍信息本身的特殊性，以及其数据采集、组织、分析与应用中的专业性，决定了地籍信息管理的组织必须由进行地籍管理工作的部门和人员承担，组织体系应当是既有纵向关联又有横向关联的网络结构，规则必须是科学的、周全的和严密的，授权则应当是明晰的、有度和有控的。

（3）地籍信息管理的环境。地籍信息管理的环境是指通过制定统一、强制、自上而下的规章、标准以及规范，明确地籍信息管理各阶段的技术框架与规范。当前我国地籍信息方面的标准主要是为地籍信息系统的开发建设、质量控制、图形精度控制、流程控制、测试和验收标准等方面的设计而制定的。它们来自各个相关部门，有的是由原国家质量监督检验检疫总局制定的，有的是由原国土资源部制定的，有的是由原国家测绘局制定的，等等。较为常用的标准和规范有二三十项。当然，这些规范和技术标准主要是针对国土资源管理信息系统而言的，它们既是地籍信息系统的设计应当遵循的，也是地籍信息管理中需要遵守的。同时，也还要参考其他有关信息化建设的规范标准，例如关于网络通信、信息中心建设、信息安全等方面的规范和标准。

（4）地籍信息管理的服务。服务是地籍信息管理的目的和生命力。客户端可以依据自身的权限对相关信息进行查询，充分发挥信息的利用价值。同时，信息管理部门也可以利用先进的信息管理手段对信息进行更高质量、更为有效的系统加工和整合，以利于更好地满足用户的需要。

（5）地籍信息管理的技术。技术是地籍信息管理的能力支撑。在地籍信息管理中涉及的信息技术主要以计算机技术为基础，包括地籍信息收集、调查技术，信息整合、利用与安全的软件技术、网络技术与安全维护技术等。它们综合架构了地籍信息管理的基础平台、整合平台、应用系统平台、系统支撑平台与安全平台。这种支撑不仅是对技术可行性的支撑，也是对管理工作快速、安全和高效的保障。

2. 地籍信息管理的任务

（1）建立完善的地籍信息管理体系。当前地籍的信息化管理工作正处于发展健全阶段，正在形成一套完善的管理体系。从源头上看，通过对地籍信息的收集、整理，信息之间可构成综合有序的整体，利于开展全面分析，有效地满足用户的某些特定需求。从基础建设上看，信息管理的完整平台建设正在形成。一方面，不同信息综合分析的整合应用平台正在构建；另一方面，为不同用户提供利用的整合应用平台建设也正在进行，通过各地基础数据平台建设的规范统一，可实现地籍信息管理充分发挥其应有的功能。地籍管理部门只有不断加强建设，建立起完善的地籍信息管理基础，才能保证地籍管理制度化、规范化、现代化目标的实现。

（2）不断提高地籍信息管理的水平。目前，我国大多数地区在地籍信息的收集、分析和提供上还很缺乏经过专业培训的人员，信息管理体系及组织还处于初始演练和积累经验的阶段，地籍信息管理体系的不够完善反过来也制约着地籍信息管理水平的提高。因此，培养专业的管理人员，加强组织建设，提高地籍信息管理水平，是地籍管理部门迫切要解决的问题。

（3）充分发挥地籍信息的效益。地籍信息的效益是多方面的，虽然其经济效益很难直接估算，但是其生态效益特别是社会效益是十分巨大的。首先，可以通过地籍信息监测土地利用行为，维护土地资源安全；其次，可以通过地籍信息维护土地所有者、使用者的合法权益，减少权属纠纷及有关诉讼，从而维护社会稳定；最后，国家也可以通过地籍信息制定合理的政策，保障社会经济的可持续发展。目前，地籍信息管理还未充分发挥信息的效益，离现代地籍管理的要求还有很大的差距。因此，采取措施充分发挥地籍信息的效益，是地籍信息管理建设中的一个重要任务。

三、地籍信息管理的过程与技术基础

1. 地籍信息管理的过程　地籍信息管理的过程是围绕用户对地籍信息需求而形成的封闭系统，是由地籍信息、地籍信息用户、信息技术、地籍信息管理人员等要素构成的整体（图 10 - 2）。地籍信息管理的过程包括地籍信息收集、地籍信息组织、地籍信息分析与地籍信息提供等工作环节。

（1）地籍信息收集。地籍信息收集是指地籍管理部门根据一定的目的，将各种形态的地籍信息采集起来并汇集在一起的过程。地籍信息收集的含义是多层次的，包括土地原始信息的采集、地籍管理相关信息的收集，以及为满足用户需要而进行的特定信息的收集。地籍信息收集是地籍信息管理的起点，是做好地籍信息管理的前提和基础。没有这一过程，地籍信息管理的其他环节就无法进行。同时，收集工作贯穿于地籍信息管理的全过程。地籍信息收集工作的质量是决定整个地籍信息管理工作质量的关键，因此必须保证地籍信息收集的水平。

（2）地籍信息组织。收集到的地籍信息一般处于原始无序的状态，为了便于利用，必须对其进行有效的组织。所谓地籍信息组织，是指对收集到的地籍信息按其内容特征进行有序化处理，然后进行重新归纳与控制的活动。从事地籍信息组织时，首先要对地籍信息按特征

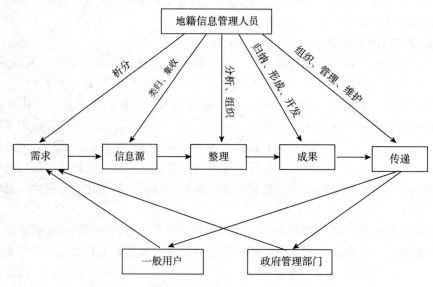

图 10-2　地籍信息管理过程

进行选择，按内容进行分析、加工、转换；其次，要依据一定的技术标准对地籍信息的外在与内容特征进行描述并予以记录；再次，按照一定的方法将无序的信息组织成为有序的信息；最后，将经过组织的地籍信息存储在一定的载体上。地籍信息的组织必须遵循地籍管理工作的规律和地籍信息资料应用的需要，并在一定的科学原则指导下进行，避免信息组织活动中的随意性与盲目性。

（3）地籍信息分析。地籍信息分析是指地籍信息管理的工作人员根据用户的信息需求，运用有关的分析工具和分析技术，采用一定的分析方法，对相关的信息进行分析，加以排列、组合、对比、浓缩提炼和综合，从而形成某种具有实用价值的分析研究成果的过程。其目的是使原有信息能够更深入、更全面、更综合、更适用地满足用户的需要。

（4）地籍信息提供。地籍信息提供是指针对用户的特定需要为其提供可资利用的信息，这是地籍信息管理的出发点和归宿。为便于用户获取所需的地籍信息，前述3个过程起着重要的保障作用，用户只要运用现代查询工具便可迅速获得所需的信息资料。但由于地籍信息资料具有一定的保密性，其开放程度受一定的限制，所以在查询的对象和内容上须有一定的控制。

2. 地籍信息管理的技术基础

（1）测绘技术。地籍的大量信息分布于土地的广大空间，地籍信息的采集必然要应用测绘技术。传统的测绘技术包括普通测量技术、常规大地测量技术、摄影测量技术及地图制图技术等。随着科学技术的进步，测绘技术也在不断地发展。新的测绘技术如全站型电子速测技术、GPS技术、航空航天测绘技术、遥感技术等，为快速、及时、准确地获取地籍信息提供了技术支撑。

（2）信息技术与多媒体技术。信息技术是在计算机技术和通信技术支持下，实现对地籍信息的获取、加工、存储、变换、显示，从事传输文字、数据、图像、视频、音频以及语音信息的功能，信息技术还可以理解为包括提供设备和信息服务两大方面的方法与设备的总称。依托信息技术才能建立起现代地籍信息管理的基础平台。

多媒体技术是集文字、图像和声音于一体的信息处理技术。它使电视、录像、电子印刷和计算机通信相结合，不仅是信息的集成，也是设备和软件的集成。适用于地籍信息的收集与处理。

（3）计算机技术与人工智能技术。计算机技术是信息技术的"神经中枢"，是地籍信息管理的重要技术支撑，它包括硬件、软件、大容量存储设备、各种输入输出设备。

人工智能技术是用计算机模拟人处理信息的能力，是使计算机显示出人类智能行为的技术。在地籍信息的获取、信息的组织、信息的虚拟呈现、地籍状态的表达等方面有着广泛的应用前景。

（4）信息处理技术。信息的处理技术包括应用于信息的组织、存储与检索等方面的技术。主要有以下几类：

A. 数据库技术。数据库技术是指建立、维护、利用数据库的技术。实质上是利用数据库管理系统对数据库进行管理。

B. 超文本技术。超文本技术是指将信息组织在一系列离散的信息节点中，通过起沟通作用的链建立节点与节点之间的联系，形成一个由节点及链组成的网状信息结构，将零散的地籍信息关联起来，便于用户利用。

C. 存储技术。地籍信息量十分巨大，而且大多数信息需要永久保存。为保证信息不丢失，采用一定的技术进行存储是必要的。当前，地籍信息数据可以存储于软盘、硬盘及光盘等各种介质中。

D. 检索技术。地籍信息的检索可以通过存储介质、联机与因特网进行。特别是后两种技术，更是为地籍信息的广泛应用提供了便利。

（5）数字通信技术与计算机网络技术。数字通信技术是通过适当的传输介质将数据信息从一台机器（信息发送端）传送到另一台机器（信息接收端）的技术。目前的通信技术可以通过电话、电视、传输电缆、光缆、通信卫星等设备和线路进行通信传输、通信处理和无线通信等。

计算机网络就是利用通信设备和线路将地理位置不同的、功能独立的单个计算机和计算机设备互联起来，以功能完善的网络软件（即网络通信协议、信息交换方式及网络操作系统）实现网络中资源共享和信息传递的系统。

（6）信息安全技术。数据通过网络传输，其安全问题不容忽视。保障信息安全的技术有：控制用户对网络资源访问的权限管理技术、增强网络信息安全的信息加密技术、保证信息交流安全的验证技术、预防计算机受到攻击的防病毒技术和防火墙技术等。

相关技术在地籍信息管理中的应用支撑着地籍信息管理工作的顺利进展。虽然这些技术并不是地籍管理本身的研究课题，但是它们是从事地籍信息管理工作和开展地籍管理科学研究必不可少的重要手段。

第二节　地籍信息常规管理

地籍信息常规管理是以档案的方式进行信息管理的活动。其工作过程包括对地籍档案的收集、整理、分析鉴定与利用。

一、地籍档案管理概述

地籍档案是土地管理档案的核心，是国家档案的重要组成部分，地籍档案管理不仅是地籍管理工作的一项重要内容，也是全面、科学地管好和用好土地的重要保证。在地籍信息管理中，地籍档案管理是指地籍信息管理初始阶段的一种以文献信息为主体的信息管理方式。

(一) 地籍档案的概念与作用

1. 地籍档案的概念　凡是在实际工作中直接形成的具有查考使用价值、经立卷归档集中保管起来的各种历史性文件材料都称为档案。这里所说的文件材料含义很广，不仅包括地籍工作中形成的各种技术资料、图件、簿册等技术文件，还包括收发电文、电话记录、相关的照片、影片、录音带、录像带和各种光盘、磁盘等。

"档案"这一概念包括以下几个方面的含义：首先，档案都是由文件转化而来的，文件是档案的基础，是产生档案的源泉，没有文件也就没有档案；其次，档案和文件是有很大区别的，不是所有的文件都可以转化成档案的。文件要转化为档案，必须具备下面几个条件：①档案必须是处理完毕的文件，正在承办的文件不能成为档案。换句话说，档案必须是反映过去事实的文件，这就是它的历史特征。②具有查考使用价值的文件才有归档保管的必要。档案管理的根本目的是向社会提供有使用价值的材料。没有保存价值的材料当然也就没有保存的必要，因此没有必要将其转化为档案。③这些文件材料必须是本单位工作过程中直接形成的材料。本单位收集到的外单位的文件材料，如外单位的地籍调查技术方案、工作经验介绍、培训教材、学术论文、期刊、情报摘要等，虽然也具有查考使用价值，但这不是本单位产生的文件，只能作为技术资料由资料室保管，而不能转化为档案。凡是具备以上特性的文件材料方可称为档案材料。但档案材料还不是档案，只有经过分类编目、立卷归档集中保管以后（移交档案室）才是档案。所以档案和文件、档案和资料、档案和档案材料都是有区别的。

地籍档案是档案的一种，从本质上讲，与其他档案没有多大区别。但地籍档案是一种专业性档案，技术文件所占比例很大。显然，党务工作、人事工作、劳动工资等方面的文件一般与地籍管理无关，不属于地籍档案的范围。

2. 地籍档案的作用　地籍档案是土地信息的载体。地籍档案作为地籍管理工作的历史写照，记录了各个历史阶段和各个方面地籍管理工作的真实面貌，储存着大量的、真实的地籍工作信息资源，具有原始性和记录性的特点，有着广泛的社会作用。在相当长的历史时期内，难以为其他方式所代替。地籍档案的作用主要有以下几个方面：

(1) 为国家的生产和建设提供依据。国家的生产和建设受着社会、政治、经济、文化艺术、科学技术、矿产资源、交通运输、地理位置、气候、土壤、环境等因素的制约。地籍档案翔实地反映着土地资源资产的现实状态，是重要的国情、国力的信息。地籍档案科学地记录了不同时期、不同区位、不同地块的生产和建设的全过程，形成了完整的地籍图册及统计簿册，为国家的各项生产和建设事业，为国家编制国民经济计划、土地利用规划、城镇规划、村镇规划、产业规划、水利规划、交通规划等提供了依据。

(2) 地籍档案是土地管理工作的依据。土地管理工作面广量大，地籍管理是基础，而地籍档案是土地权属关系变动活动的真实历史记录，是土地所有权、使用权的历史凭证。土地所有权、使用权的确认和变更，土地所有者、使用者合法权益的维护，土地权属地界及其权源争执的调处等，常常需要查找先前地籍档案中的相关记载以及它们变迁的历史记录。因此，地籍档案对于维护社会稳定具有重要的作用。同时，组织土地利用、实行用途管制、征收土地税费、管理土地市场、制定土地政策等也都需以地籍档案为参考。

（3）地籍档案是国土教育、宣传的素材。地籍档案真实地反映了土地数量、质量的变化和人类土地利用活动的时点状态。通过对地籍档案的系统分析，可以清晰地看到，中华人民共和国成立后，我国人口增长速度很快，社会经济发展迅速，加上土地利用方式及管理水平有限，导致土地资源特别是耕地资源急剧减少。因此，必须提高全民合理利用土地资源、切实保护耕地的意识，而进行宣传教育必须有生动的素材。地籍档案具有历史性、直观性和原始性的特点，能够为国土宣传教育提供素材。

（4）地籍档案是研究土地科学的可靠资料。土地科学的形成和发展，需要有足够的、连续的、系统的地籍档案作后盾。无论是对土地经济效益、生态效益、社会效益的分析预测，还是对土地的自然、经济、法律等属性的动态规律的研究，或是对土地政策制定等方面的研究，都少不了地籍档案提供的资料。

（5）地籍档案是土地信息储存的一种手段。地籍档案是土地信息的载体。它提供的土地信息，不仅数量大，而且具有原始性和记录性的特点。因此，任何先进的储存系统，也无法完全代替地籍档案作为土地信息储存手段的作用。

（二）地籍档案管理的内容和原则

1. 地籍档案管理的内容　地籍档案管理是以地籍档案为对象所进行的收集、整理、鉴定、保管、统计和利用等工作的总称。地籍档案管理的基本任务是按照国家档案管理的原则和要求，科学地管理好土地管理部门的地籍档案，为本部门及国家有关业务部门和有关人士提供服务。地籍档案管理要为建立健全土地管理档案的集中、统一管理服务，并按有关档案管理的规定执行，积极做好地籍档案的收集、整理、鉴定、保管、统计和利用工作，努力实现管理手段的现代化。其中，地籍档案的收集就是把那些具有利用价值的土地调查、土地登记、土地统计、土地定级估价等的文字、图纸、表册卡、音像及其他有关文件材料，在任务完成后收集齐全，集中保存起来。地籍档案的收集工作是档案管理的起点。为了便于保存和系统地提供利用，需要把收集起来的文件材料进行分门别类的立卷归档。地籍档案的整理就是把浩繁、零乱的地籍材料进行条理化、系统化立卷归档的工作。地籍档案的鉴定是指对保存的地籍档案去粗取精、确定档案的保存价值的工作。为了更长远地利用地籍档案，需要对档案采取保护措施，延长档案的使用寿命。地籍档案的保管就是使地籍档案保持完整与安全的一项经常性的工作。地籍档案的统计是以数字形式反映地籍档案数量状况的基础工作。地籍档案的利用是档案管理的目的，是地籍档案管理工作质量和水平的集中体现。

2. 地籍档案管理的原则　地籍档案虽然是一种专业档案，但它的管理应遵循和服从国家档案管理的基本原则。《中华人民共和国档案法》（以下简称《档案法》）规定："档案工作实行统一领导、分级管理的原则，维护档案完整与安全，便于社会各方面的利用。"这是用国家法律形式确定下来的我国档案工作基本原则，是指导全国档案工作的科学准则。

我国档案工作（包括地籍档案管理）的基本原则主要由下列 3 个部分组成：

（1）统一领导、分级管理档案工作。《档案法》规定，档案管理必须实行统一领导、分级管理的原则。统一领导、分级管理体现了档案工作的组织原则和管理体制。档案是国家的宝贵财富，属于国家所有，任何单位、团体和个人都不能占为己有。各类档案的管理必须遵守相关规定，作为国家档案重要组成部分的国土资源业务档案亦是如此。根据 2015 年国土资源部、国家档案局发布的《国土资源业务档案管理办法》有关规定，国土资源业务档案由县级以上国土资源档案机构集中管理，任何单位和个人不得据为己有或擅自销毁。国土资源业务档案工作实行统一领导，分级管理。国土资源主管部门负责国土资源业务档案工作，依法接受同级档案行政管理部门和上级国土资源主管部门的监督指导。国土资源部会同国家档案局制定全国国土资源业务档案工作制度，编制相关业务标准和技术规范，组织经验交流与学术研究，并对本系统档案人员进行专业培训等。各省级国土资源主管部门，可以根据实际情况会同同级档案行政管理部门制定本地区国土资源业务档案管理实施细则，组织经验交流与学术研究，并对本地区档案人员进行专业培训等。各级国土资源主管部门应当加强对国土资源业务档案工作的组织领导，明确档案机构，配备专（兼）职人员，保证档案工作用房和经费，配备适应档案管理现代化要求的技术设备。

（2）维护档案的完整与安全。维护档案的完整与安全，是档案管理工作最起码、最基本的要求。档案的完整包含收集齐全和系统整理两个方面：①凡是有保存价值的档案，都要尽量收集齐全，实现一个单位、一个系统、一个地区，直到整个国家的真正有保存价值的档案的完整。②凡是具有保存价值的档案，必须按照它们的形成规律，组织成为有机联系的整体，通常把档案组成下列有序系统：国家档案全宗—全宗群—全宗—案卷。特别是一个全宗的档案不能任意打乱和分散。档案的完整表现为质量与数量的辩证关系，在量中求质，质中有量。档案的安全包括维护档案的实体安全和档案的机密安全两个方面。维护档案的完整与安全是相互制约的关系。维护档案的完整是保证档案安全的条件，零乱的、分散的档案容易丢失和损坏，不利保护档案安全；维护档案的安全也是保证档案完整的条件，档案丢失了一部分或损坏了一部分，那么档案也就不完整了，它的使用价值就不完整了，甚至会大大减低。所以档案的安全和完整是互为因果的。维护档案的完整与安全是档案工作者所肩负的一项重要历史使命，必须把它作为档案工作基本原则的重要组成部分贯彻到各个环节中去，以利于社会各方面对档案的利用。

（3）便于社会各方面对档案的利用。便于社会各方面对档案的利用，这既体现了档案工作的服务性质，也是档案工作系统的总目标，还是档案工作各个业务环节的出发点和归宿。这一原则支配着档案工作的全过程，更是检验档案工作效果的主要标准。档案工作必须不断地提高服务效率和服务质量，档案的收集、整理、鉴定、保管、统计等各项工作都应从便于档案利用着眼，为档案利用者尽可能创造方便条件。

包括地籍档案管理在内的档案工作的上述基本原则相互构成辩证的统一体。统一领导、分级管理是核心，没有统一领导、分级管理就不能维护档案的完整，也就不便于社会各方面的利用；离开维护档案的完整与安全和便于社会各方面的利用，统一领导、分级管理也就失去了它的意义。

二、地籍档案的收集和整理

地籍档案的收集、整理是地籍档案管理的重要环节，也是地籍档案工作的基础。没有地籍档案的收集、整理、立卷归档，地籍档案就无法形成，地籍档案的作用也无法体现。

（一）地籍档案的收集

所谓地籍档案收集，就是指对那些分散在各部门、机关、单位或个人手上的，具有保存和利用价值的地籍管理文件资料，按一定制度和要求进行采集、接收和归档。从地籍档案的形成源泉来看，土地管理部门的档案室所管理的档案，主要是由内部各部门、机关、单位或个人在地籍管理活动中形成和积累的图纸、表册簿卡及其他文件材料。档案的收集是地籍档案管理的起点，是地籍档案管理的首要环节。

1. 收集范围　凡是地籍管理工作中直接形成的、办理完毕的有查考价值的各种文字、图表、音像、磁盘、光盘等不同形式的历史性地籍文件材料，均应列入归档范围。

（1）从内容上讲，收集范围包括：

A. 在地籍管理活动中形成的综合性文件材料，例如各项工作的通知、决定、请示、批复、会议文件、纪要、工作计划、总结、简报、各种培训教材、技术规程及其有关的音像制品等。凡对今后有查考价值的，都要整理归档。

B. 凡是地籍管理业务活动中形成和使用完毕的、具有查考价值的各种图件资料，例如外业调绘底图、航卫片、地形图、外业调查草图、调查表册、清绘图、地籍原图、复制图、宗地图，以及各种成果图，编绘的图件等，均应按规定收集归档。

C. 在地籍管理中形成的野外调查、测量或清丈的记录、计算数据和成果检查、验收、技术鉴定材料，以及土地权属调查、土地清查、土地登记、土地统计、土地定级估价等的各种表册簿卡、台账、证明文据、协议书、原由书、仲裁书和存根等，凡对今后有参考价值的，都要整理归档。

（2）从文件的来源渠道上讲，收集范围包括：

A. 本单位颁发、形成的文件材料。

B. 上级颁发的文件材料。这类材料包括：①上级颁发的、针对本机关地籍管理某项具体活动的文件需要归档；②上级普发的、与地籍管理业务有关，需要本单位贯彻执行的文件要归档。

C. 下级上报本机关的重要请示、报告与本机关给予批复或备案的文件需要归档。

此外，归档时还需注意：①各种文件材料既要保存正本，也要保存附件。②正式收发的地籍文件应归档，内部产生的地籍管理会议记录、报告等也要归档。③照片、底片、图表、录音、录像、磁盘、光盘等不同载体的材料要进行收集归档。

在收集地籍档案时，还要注意对地籍档案与资料加以区别。归档的文件材料要齐全完整，但归档范围也不能过宽，不要走向另一个极端，将一些书刊、资料、报纸也统统列入归档范围。不予归档的地籍文件材料包括：①无查考价值的临时性、事务性材料；②未经签发的文件草稿，一般性文件的历次修改稿（技术规程、法规性文件除外），文件的历次校对稿；③一般的信封；④机关内部互相抄送的文件材料，例如用地部门印发的文件抄送地籍部门，地籍部门则不归档；⑤外出参加会议带回的材料，这些材料不归档，但可作为资料保存；⑥重复的文件材料。

2. 收集时间　归档时间要根据地籍文件材料形成过程的特点来规定。本着便于集中统一管理、便于维护地籍档案的完整和安全、便于档案利用等要求，归档时间可分为：

（1）随时归档。凡是地籍管理部门在工作中直接形成的、涉及土地变更登记的文件材料，应随时归档。

（2）定期归档。定期归档时间一般指项目告一段落或全部完成后进行归档或另行规定时间归档。

（3）突击归档。在归档制度不健全的单位或部门，档案室往往需借助保密检查和文件清理工作的有利时机组织突击归档，从实际经验来看，这种非正规的档案收集工作也是一种十分必要的手段。它是促进档案收集工作逐步走上正轨、建立健全归档制度的前奏和序幕，也应认真组织进行。一般规定，地籍综合性文件和土地统计材料，在文件形成后的第二年上半年归档；土地调查、土地初始登记、土地分等定级估价等项目形成的文件材料可以采取分阶段或待项目全部结束后统一归档的办法。

（二）地籍档案的整理

地籍档案整理就是把处于零乱状态的和需要进一步条理化的地籍文件材料进行基本分类、组合、排列和编目，使之系统化、条理化的工作。地籍档案整理的内容包括地籍档案的分类、立卷和编目等。

1. 地籍档案的分类　档案分类指全宗内档案的类别划分。一般认为，档案必须按全宗来整理，同一个全宗的档案不能分散，不同全宗的档案不能混杂。所谓全宗，就是指一个独立的单位或个人在社会活动中形成的全部档案的总称。形成档案全宗的单位称为立档单位。凡是具备以下3个条件的单位，才可以成为一个立档单位：①可以独立行使职能，能以自己的名义独立对外行文；②可以编造预算、财务计划，是财政单位；③设有专门的人事机构或有管理人事的干部，有人事任免权。

档案的分类方法有很多，其中适用于土地管理部门的分类方法可以采用以下几种形式：①年度-机构-问题分类法，即一个年度内的文件材料按机构分开，再按问题分类立卷。这一形式的分类主要适用于国家级、省级土地管理部门。②年度-问题分类法。③问题-年度分类法。后两种方法适用地（市）、县级机构较为简单的土地管理部门，机构的变动不会影响档案的分类整理，是较为行之有效的分类立卷方法。地籍档案分类与其他土地管理档案分类法的总的原则和方法是一致的。具体地说，地籍档案分类可分为综合性文件材料、土地调查、土地登记、土地统计、土地分等定级估价、土地动态监测等几个类别。

2. 地籍档案的立卷　地籍管理形成的文件材料经过分类以后，还需要将每一类别内相当数量的文件材料系统化。立卷就是这种系统化的整理过程，也就是在每一类别内按照文件材料在形成和处理过程中的有机联系编立成各个案卷。案卷是每一类内有密切联系的若干文件材料的组合体，是档案的基本保管单位。地籍文件材料的立卷要本着反映地籍管理活动的来龙去脉、便于查找、提供利用、有利于地籍文件材料的管理和保存的原则进行。只有经过立卷归档（编定成各个案卷）的文件材料才能移交到档案室保管。

（1）立卷方法。

A. 按问题立卷。按问题立卷是指按地籍管理文件材料内容所反映的问题，将有同类性质或有关同一方面问题的文件材料，根据其形成的情况（如文件多少、重要程度等）进行归纳（将小问题归并到大一些的问题中）并合并立卷，或者进行分析（将大问题再分成一些小的具体问题）并分别立卷。分立几卷的，还可酌情通过连续排列来保持卷与卷之间的联系。管理文件材料特别是综合性文件材料的立卷，经常采用合并立卷（文件较少，相关问题合并）、分别立卷（一个问题的文件较多，分立几卷）的办法。例如，地籍管理工作的计划与总结，文件数量均较少，内容又较相近，可合并立卷；土地利用现状调查准备阶段的综合性文件材料，包括计划、组织机构人员名单、经费预决算、领导讲话、业务培训材料等，都是关于调查准备阶段的材料，并且每份文件材料较少，因而可以合并在一起组成一卷。再如，土地调查、土地登记工作形成的文件材料数量浩大，一个市、县土地部门就可达几十万份，由此形成的档案可分立成几十卷。按问题特征立卷，可以保持文件材料之间的联系，反映一项地籍管理活动的全部过程，同时也便于人们按问题来查找和利用档案。

B. 按时间立卷。这里的时间是指文件材料内容针对的时间和文件材料形成的时间。按时间立卷就是将属于同一时间（近一年度或同一季度）的文件材料集中立卷。例如，土地统计形成的统计报表大多按这种特征立卷，通常将某一年度的各种土地统计报表集中在一起立卷。

C. 按行政区域或地理特征立卷。这里的行政区域或地理特征指的是地籍管理文件材料所涉及的行政区域或地理特征。例如，土地利用现状调查是以乡、村为单元开展的；城镇地籍调查是在城区、街坊行政区域内，以宗地为单元开展的。地籍管理文件材料按行政区域或地理特征立卷可以反映地籍管理活动的规律，也便于地籍档案的保管和用途。

实践证明，上述几种立卷方法是行之有效的，既保证了案卷质量，也便于档案的查找和利用。但在实际工作中，往往不按上述某一种方法单独立卷，而是两种方式的结合使用。地籍文件材料的形成及文件材料之间的联系错综复杂，立卷时要具体问题具体分析，关键在于要注意便于管理和使用。案卷厚薄应适宜，过厚或过薄都不合适。

（2）案卷内地籍文件材料的整理。所谓案卷内地籍文件材料的整理，是指对案卷内文件材料进行排列、编号、填写卷内目录和备考表的过程。

A. 案卷内地籍文件材料的排列。案卷内地籍文件材料的排列必须能够反映一组文件材料的连贯性和系统性，能够反映文件材料的有机联系和形成规律。排列的方式可以有几种：①按时间顺序排列；②先按问题相对集中，再按时间顺序排列；③按重要程度排列，重要的在前，次要的在后。一般情况下，案卷内文件材料的排列顺序是：批示在前，请示在后；印件在前，底稿在后；正件在前，附件在后。

B. 卷内文件材料的编号。案卷内地籍文件材料排列好后，要按统一方法编写文件材料的页码，以固定文件材料的次序。页码一般从文件材料的第一页开始编起（没有文字的白页不编），并统一用阿拉伯数字编写流水号，填写在文字材料的右上角或左上角。图纸可在右上角编张号，照片在背面右上角编照片张号及所对应的底片号。

C. 卷内目录及备考表的填写。为了便于查找卷内文件材料，在确定案卷内文件材料的排列次序后，需要填写卷内目录。卷内文件材料的目录包括：顺序号、文号、文件材料名称、日期、文件材料起止页号、备注等内容。此外，还要填写卷内备考表。

（3）案卷封面填写及案卷装订。卷内文件材料整理好后，还要填写案卷封面。案卷封面内容包括：立档单位名称、分类名称（或机构名称）、案卷标题、卷内文件起止日期、总页数、保管期限、密级、全宗号、目录号、分类号、案卷号等。

3. 地籍档案的编目 案卷编目是地籍档案整理的重要内容之一。案卷编目是指对各类档案案卷目录的编排，即在对案卷次序进行排列之后，将案卷逐个登记到案卷目录上，并编制成各种案卷目录的工作。案卷的排列是用一定的方法，确定地籍类案卷的前后次序，以保持各案卷之间的有机联系。案卷目录是案卷的花名册。案卷目录一般包括封面、目次、说明、简称对照表和案卷目录表等。

地籍档案案卷编目的基本方法是：首先，按档案分类的类别编目；然后，再按档案的保管期限分别编制案卷目录。例如，土地统计类地籍档案可细分为永久的、长期的和短期的等不同保管期限的案卷，其案卷目录可以分为永久的、长期的和短期的案卷目录。

三、地籍档案的鉴定和保管

（一）地籍档案的鉴定

地籍档案的鉴定工作就是对地籍档案的保存价值的鉴定工作，也是甄别地籍档案的保存价值，挑选有价值的地籍档案继续保存，剔除已经或将要失去价值的地籍档案，并予以销毁的工作。地籍档案的鉴定工作是科学管理地籍档案的必要环节，对于提高库藏档案质量、安全保管地籍档案、充分发挥地籍档案的作用都有重要意义。

1. 档案鉴定工作的制度　在地籍档案归档前对所将归档的文件材料进行一次鉴定，主要解决以下问题：①鉴定归档的地籍资料的完整性和准确性，保证其质量；②判断归档地籍材料有无保存价值，从而确定取舍，剔除无保存价值的地籍材料；③判定地籍材料价值的大小，据此确定保管期限的长短，对每个归档的案卷确定出保管的期限。

在归档以后的档案管理工作中，还应定期对地籍档案进行鉴定，主要解决如下问题：①对已过保管期限的地籍档案案卷重新进行审查，把失去利用价值的档案剔除销毁；②对原来保管期限不当的地籍档案，重新进行价值鉴定；③审查地籍档案案卷的机密等级，根据实际情况进行密级调整；④鉴定、核对地籍档案的准确性和完整性，做好相应的更改、补充工作。

2. 档案鉴定工作的内容　地籍档案的鉴定主要包括两方面的工作：一方面，要确定哪些档案应该保存、保存多久；另一方面，要确定哪些档案不保存，要进行销毁。围绕以上两方面的工作，首先要制定鉴定地籍档案价值的标准，其次要编制地籍档案保管期限表。地籍档案的保存价值主要取决于它们的自身特点和作用。例如，土地登记类的档案，其主要内容是反映土地权属的确定与变更，主要形式有登记表（卡、证）、地籍图和法律凭证等，起着长久性的法律凭据的作用；土地调查类和土地统计类的档案，其主要内容是各类土地的面积数据及其分布的图件，它们虽不具有法律作用，但对国家各部门的工作都具有重要的参考或依据的价值。当然，地籍档案作用的大小有时差别很大，不能凡是对工作有一定作用的都保存。一般认为，只有那些内容重要、有重要的或有较大的查考、利用和凭证作用的地籍档案才具有保存价值。

地籍档案保管期限应由国家土地行政主管部门统一规定。原国家土地管理局以表册形式对地籍档案的来源、内容、形式和保管期限做出了规定，这是鉴定地籍档案保存价值和确定档案保管期限的依据和标准。地籍档案保管期限表一般由顺序号、档案名称和保管期限等部分组成。

地籍档案的销毁是指对经过鉴定，认为毫无保存价值或保存期满、已失去继续保存价值的地籍文件材料，进行剔除销毁的工作。地籍档案销毁必须严格把关，销毁时要造具档案销毁清册，经主管领导批准并在销毁清册上签字。档案销毁清册是档案室进行销毁工作的依据，又是日后查考档案销毁情况的凭据。销毁档案的登记栏是销毁清册的主件，其中包括登记的顺序号、案卷或地籍文件材料的标题、起止日期、号码、数量和备考等。

（二）地籍档案的保管

所谓地籍档案的保管，是指根据地籍档案的组成、状况和特点，所采取的存放和安全防护的措施。地籍档案的保管是档案室的日常性工作，是确保土地档案利用的不可分割的环节。

1. 地籍档案保管的意义　地籍档案保管是整个地籍档案管理活动的重要环节之一。地籍档案保管是维护地籍档案的完好性、有序性、安全性和便于社会各方面有效利用的重要措施，是保障地籍档案能充分稳定地发挥档案作用的前提。

维护地籍档案的完好性，就是要做到地籍档案完整齐全、系列成套，不能残缺不全。维护地籍档案的有序性，就是保持地籍档案材料之间应有的有机联系和排列。维护地籍档案的安全性，首先，必须维护其机密，不致造成泄密、失密、窃密；其次，必须使用符合保管条件的设施，延长地籍档案的寿命；最后，要有一套科学的管理办法，不使地籍档案由于管理不善而受损。

2. 地籍档案保管的任务　建立地籍档案主要是为了长期利用档案，为社会主义各项事业服务。地籍档案保管的基本任务是：采取一切措施防止档案的损坏，延长档案的利用寿命和维护档案的完整和安全。在现实生活中，随着时间的推移以及人为和自然的各种因素的影响，地籍档案往往会处在被磨损和残毁的动态变化之中：一方面，人为的有意识破坏行为，或者工作人员的玩忽职守，可能造成地籍档案的丢失、被盗、泄密和损坏；另一方面，地籍档案制成材料和书写材料的品质低劣，或者档案存放的环境较差，也会使地籍档案受到污染、加速老化变质等。因此，地籍档案的保管，从一开始起就必须建立起良好的制度，采取有效的方法手段，以保障档案的完好、安全。

3. 地籍档案保管的方法和要求

（1）库房建设与管理。地籍档案具有储藏量大、使用频繁等特点，因此需要设有专库保管，规模大的还应当实施分库管理。地籍档案的库房应是良好的建筑设施，要求具有良好的卫生环境和保持适当的温度、湿度；要有严格的管理制度，有防盗、防火、防晒、防尘、防有害生物和防污染等安全措施；档案架（柜）排放要整齐，便于档案的搬运、取放和利用，符合通风和安全的技术要求；要定期进行库藏档案的清理核对工作，做到账物相符。分库管理的，库房要统一编号。

（2）档案流动过程中的保护。地籍档案流动过程中的安全保护是指地籍档案在各个管理环节中的安全防护。地籍档案在收集、整理、鉴定、统计和提供利用的过程中必然也会受到一些不利因素的损害，如受潮、磨损、丢失、泄密等，因此地籍档案流动过程中的保护是很重要的，应受到高度重视。

（3）保护档案的专门技术措施。为了延长地籍档案的使用寿命，对破损或载体变质的档案应及时修补和复制。一般档案要采用卷皮、卷盒和包装纸等材料包装；胶片、照片、磁带、光盘等要采用密封盘、胶片夹和影集等存放。存放的地形图、地籍图、土地利用现状图等的底图除修改、送晒外，一般不得外借。修改后的以上各种底图入库时，要认真检查其修改、补充的情况。修改、补充已归档的图纸必须做到：修改、补充图纸要有审批手续；修改内容较少时，可直接采用在图面杠改、刮改，并同时在修改处标注修改标记；修改内容较多时，应另制新图，原图存档，作为原始资料保存。

四、地籍档案的统计和利用

（一）地籍档案的统计

地籍档案统计是以表册、数字的形式，反映地籍档案及地籍档案工作的进展和成果规模等有关情况。建立健全地籍档案统计制度可以更好地了解与掌握地籍档案和地籍档案工作情况，研究它们发展变化的规律，以便对地籍档案实行科学管理。有针对性的、持续性的地籍档案统计，可以为地籍信息的横向、纵向及横纵向交替融合的分析提供依据。

地籍档案的统计工作是一个完整的实践过程，它包括地籍档案的统计调查、统计整理和统计分析 3 个基本的工作步骤，重点在于档案的统计分析。

1. 地籍档案统计工作的要求

（1）明确统计目的。地籍档案统计工作必须目的明确，才能持之以恒。也就是说，统计工作要依据本单位的实际情况，根据需要确定地籍档案的统计项目、统计程序和统计方法，有目的地、实事求是地进行本单位的地籍档案统计工作。

（2）统计数字要准确。地籍档案的统计工作是用数字语言来表述事实的，必须十分准确。失去了准确性和真实性的统计是毫无意义的。要做到统计数据的真实、准确，必须具有严肃、认真、负责的工作态度和一丝不苟、实事求是的工作作风，并且要制定严格的统计纪律、科学的统计指标和统计方法。

（3）统计工作要及时、连续。地籍档案的统计工作必须连续进行、有始有终，不能间断。增加统计内容应按年度进行，取消统计项目必须经过批准。对原始记录的记载，对原统计数字的整理、计算、分析、研究，以及对统计报表的填报等，均应贯彻连续性和及时性的要求。

（4）提高认识、加强领导、注意分析。研究地籍档案的统计工作是地籍档案管理工作不可缺少的重要组成部分，必须建立标准，形成制度，定期或不定期地对有关方面的统计进行分析和研究，总结经验，探索规律，改进工作。

2. 地籍档案统计工作的内容　地籍档案统计工作主要包括对地籍档案的收集、管理、利用等情况进行登记和统计。

登记是指对地籍档案的收进、移出、整理、鉴定和保管的数量和状况以及利用情况进行记录。对档案数量和状况的登记通常采用卷内文件目录、案卷目录、收进登记簿和总登记簿等形式；对档案利用情况的登记是指对地籍档案发挥作用的范围及客观利用档案的要求做出说明，其登记的主要形式有利用者登记卡、阅览室入室登记簿、借阅与借出登记簿以及地籍档案利用效果的登记表等。

地籍档案管理统计也称地籍档案的基本统计，其主要形式有：

（1）库存总藏量统计。其内容主要包括地籍档案的收进、移出、销毁、实存等项目，一般是通过总登记簿或分类登记簿以及移出、销毁清册等进行统计。地籍档案的收进数是指收进的各种载体地籍档案的数量，在统计中可以统计出累计收进数量、各时期的收进数量，也可以统计出各种不同种类地籍档案在每个时期的收进数量；移出数是指向外单位移交地籍档案的数量；销毁数是指地籍档案鉴定后剔出销毁的数量；实存数是指地籍档案室库藏实际保存的地籍档案数量。

（2）年归档量统计。年归档量统计包括总归档量统计、单位年归档量统计、分类年归档量统计等内容，它是衡量档案管理工作的重要指标。年归档量能说明一个单位档案工作的规模和工作量。这些统计数据连续地看，还能分析出一个单位档案管理工作的基本情况。

（3）案卷质量统计。案卷质量统计主要从案卷的完整、准确、系统和规范化的程度上去区分。一般来说，完整、准确、系统和规范化程度较高，书写工整，案卷封面各项填写详细准确，即可评定为"优"。在正常工作状况下，不合格的档案不应归档入库，因此统计工作中不设"不合格"这一类。

（4）档案利用情况统计。档案工作的最终目的是为使用者提供档案利用。档案利用情况统计是档案统计工作最基本、最重要的项目，包括档案借用总量统计、年利用率统计、年利用效果统计等内容。

此外，地籍档案统计还可以包括档案对外提供情况的统计，档案丢失、损坏情况的统计，档案上交、销毁情况的统计等。

（二）地籍档案的利用

地籍档案工作的最终目的是为使用者提供档案利用服务。随着房地产市场日渐发育与成熟，地产、地价信息将成为社会关注的热点，及时提供高质量的地籍档案服务已成为一种客观需要。地籍档案服务方式随服务深度和广度的不同而变化。

1. 地籍档案利用的方式　一般来说，提供档案利用的方式主要有以下 3 类模式：

（1）传统型服务模式。通常包括档案外借服务、档案阅览服务、档案报道服务和档案陈列、展览服务。

A. 档案外借服务。利用者为了某种需要将部分馆藏档案借出馆（室）外自由阅读。

B. 档案阅览服务。这是档案部门通常采取的服务方式。档案部门辟有阅档室，供利用者进行借阅利用。

C. 档案报道服务。档案部门通过档案报刊或新闻媒介向社会和利用者揭示和通报档案信息的服务方式。

D. 档案陈列、展览服务。这是档案部门的通常做法。档案部门按照某一档案信息主题，组织档案展览，向社会提供服务。

（2）机械型服务模式。包括复制服务和联机服务。

A. 复制服务。复制服务是指以复制档案的手段，满足利用者对特定档案占有的需要。这是档案信息进入技术市场、信息市场，进行转让和传播的最基本的手段和方法。

B. 联机服务。联机服务是指档案部门利用计算机进行档案文献检索的全过程。地籍档案利用计算机网络系统向社会各方面提供服务将成为其最普遍、最常用、最有效的一种服务方式。

（3）智力型服务模式。通常包括编研服务、情报服务、检索服务、定题服务和咨询（证明）服务，其中按特定需要进行编研服务是高层次的一种服务方式。

2. 地籍档案检索工具　地籍档案检索工具是供查寻和储存地籍档案线索的一种手段。使用者可以通过检索工具比较迅速地查找到必要文件材料的线索；档案保管人员也可以通过各种检索工具查找或系统地向使用者提供地籍档案。地籍档案的检索工具由土地管理档案室进行统一编制。地籍档案的检索工具主要有：总目录、分类目录、专题目录及索引等。

（1）总目录。总目录是指地籍档案的总登记账，即按地籍档案的先后顺序，以案卷为单位进行的流水登记账。总目录一般包括：总登记号、档案号、归档单位、归档日期、案卷标题、页数、份数、密级、移出日期、单位、原因和备注等。

（2）分类目录。分类目录是以类为单元，按类内案卷的排列次序，以案卷为单位进行登记而形成的案卷目录。分类目录一般包括：档案号、卷号（案卷代号）、案卷标题、归档单位、编制日期、案卷页数、份数及保密等级、保管期限和主要内容等。分类目录可以是簿式的，也可以是卡片式的。卡片式分类目录是一个案卷填写一张卡片，以类别为单位进行排列，类与类或类内各属类之间用不同颜色的指引卡（隔离卡）隔开，以便查阅。

分类目录与总目录之间最重要的区别是：①总目录按归档顺序记流水账，以时间先后为线索进行登记；分类目录则是按分类项目依次登记的，以类别为登记依据。②在内容上，总目录最重要的项目是"总登记号"，分类目录则以"档案号"为主要登记对象。

（3）专题目录。专题目录是按照某一专门问题或题目揭示地籍档案性质与内容的一种检索工具。专题目录可以以单份的文件材料或单张图、表为基础，也可以以案卷为基础进行编制。其形式可采用簿式和卡片式两种。卡片式的专题目录可以按地名、图名、宗地号或专题题名编制。编制专题目录要先从确定专题开始，然后再拟制专题分类方案，最后再进行查找、挑选材料的工作并填制目录或卡片。

（4）索引。索引是以一定的编排顺序，揭示地籍文件材料或其组合单位中某部分、某项目、某问题，并指明其档案号或存址的一种检索工具，如单位索引、年度索引、地区名称索引、图名索引、宗地名称索引和专题索引等。

地籍档案检索工具的种类是比较多样的。传统的、习惯的方式多为手工检索，有条件的地区也可采用机械检索、机电检索、光电检索、电子计算机检索等现代化管理方式。

3. 地籍档案的编研 《档案法》规定："各级各类档案馆应当配备研究人员，加强对档案的研究整理，有计划地组织编辑出版档案材料，在不同范围内发行。"地籍档案的编研工作是以档案馆（室）所藏档案为主要对象，以满足社会利用地籍档案的需要为主要目的，在研究档案内容的基础上，按照一定的题目，经过选材、加工、排列、组合、编印，将人们经常需要利用的重要地籍档案汇编成档案文集或参考资料，或者利用这些资料信息参与编史修志、撰写论文专著等。

地籍档案编研工作是开发地籍档案信息资源的重要手段，它为土地管理、城市建设、社会经济发展及科学研究提供服务。地籍档案编研工作既是一项服务性工作，也是一项研究性工作，地籍档案编研的每个环节都要在研究的基础上进行，有些编研课题实际上就是科研项目。地籍档案的编研工作是一项专业性、业务性很强的工作，只有高素质的档案管理人员才有能力完成此项工作。

地籍档案编研工作必须遵循去伪存真、适用、科学、保密的原则。去伪存真就是指编研工作要提供经过加工以后的地籍档案信息数据，其内容必须是真实的；适用主要是指编研工作应以提供客观需要的、高质量的、适用的地籍档案信息材料为其工作原则；科学就是指编研工作要坚持实事求是的科学态度，必须执行国家的技术标准和规范，必须尊重历史、尊重事实、尊重科学，在任何情况下都不能篡改地籍档案文件材料；保密是指地籍档案是一种机密性、专业技术性强的综合信息，因此编研工作必须注意不同信息的特性，分别划分为公开本、内部本、专刊本、机密本等。

根据我国地籍管理的现有实践和发展趋势，通常编研工作的主要内容可归纳如下：

（1）编写参考资料。参考资料是根据地籍档案材料的内容进行综合加工而成的系统材料，不是档案的原件或其复制副本、摘录。它具有问题集中、内容系统、概括性强的特点，是直接为利用者提供加工过的、具有信息内容的情报材料。地籍档案利用工作中编写的参考资料有大事记、组织机构变革、基础数字汇集和专题概要等类型。其中，大事记是一种按照时间顺序简要记载一定历史时期发生的地籍管理方面的重大事件的参考资料，它可以向利用者提供了解地籍管理等方面问题的历史梗概，以便于研究其变化情况及其规律性，大事记的编写必须真实、准确、简明扼要；组织机构变革是系统记载一个地区或一个土地管理机关地籍管理组织机构、体制和人员编制变革情况的一种素材；基础数字汇集是以数字形式反映一定地区或地籍管理某一方面的基本情况的参考资料，是对原来各种统计数字的综合；专题概要是用义章叙述的形式简要地说明和反映地籍管理某一方面工作的形成、发展、变化的一种专题材料。

编写参考资料一般按以下步骤进行：① 制订编写计划，这是编写参考资料前的一项准备工作；② 收集资料，一般是借助档案室的案卷目录和其他检索工具收集所需要的材料，也可以从书刊资料中收集补充材料；③综合编写，对收集或摘选的材料进行分析、综合，并按一定体例行文编写。

（2）汇编地籍档案文集及史料。按一定的专题、时间或地区等特征，把地籍档案材料选编成册，在一定范围内使用或公开出版，如土地利用现状调查成果汇编、地价评估成果汇编等。

（3）参与历史研究和编史修志。档案馆（室）要充分发挥其档案史料基地的优势，着重研究分析、整理汇编和公布史料。同时，为配合编史修志等研究活动，协同做好档案材料查选工作，对相应范围内某些历史问题进行研究、印证，参与或承担部分史书和地方志的编修工作。

第三节　地籍信息管理现代化

地籍信息管理的现代化过程需通过现代技术的运用去实现。目前，我国地籍信息管理正在由过去以常规手段为主向地籍信息现代化管理的方向迈进。当前，地籍信息管理现代化要做好两项工作：①实现文献信息地籍档案的现代化；②建设地籍管理信息系统。

一、地籍档案管理现代化

地籍档案管理现代化是一个历史概念，在不同社会条件、不同历史时期中有着不同的标准。从我国国情出发，根据我们所有预料到的科学发展水平和档案工作的基本特点，当前地籍档案管理现代化的目标是要大幅度地改变常规档案管理的弊端，向着快速、准确、节省和完好的方向努力。而我国地籍档案管理现代化的基本标志应该是档案管理工作技术与设备的现代化、档案信息服务的社会化。

（一）档案管理工作技术与设备的现代化

随着地籍管理工作的开展，地籍档案所容纳的信息量有了飞速的增长，服务功能日渐突出。地籍档案的收集、形成、保管、整理、分析、查阅和使用等业务与日俱增，地籍档案的科技含量也在大幅度提高。常规的管理已在许多方面无法适应需要。这就要求地籍档案管理技术和设备要实现现代化以适应当前新的变化。地籍档案管理技术与设备的现代化大致应包括以下几个方面的内容：

1. 运用先进的技术手段，推进地籍档案管理的现代化　地籍信息档案管理要走向现代化，从技术来讲，迫切需要以电子计算机的应用作为核心内容和主要手段。电子计算机的应用大大提高了地籍档案管理工作对信息的存储、处理、控制能力，并由此加速地籍档案管理工作的全面改进和发展。其主要作用体现在以下几个方面：

（1）利用提高地籍数据和地籍档案的管理效率。地籍信息的采集、整理、分析、利用速度大大加快，信息的容量大幅度增加。通过电子计算机，可以方便快捷地接收档案并对其进行记录和统计，可以快速、便利地编制档案目录，提供各种统计数字成为十分容易的事，办理档案的借阅和归还手续也变得更为便捷可靠，档案鉴定工作、销毁档案工作等更加井然有序。

（2）利于满足与日俱增和日益复杂的档案检索、编目、分析、统计的需要。利用者查阅档案时，只要按某种排检项提出查询要求，计算机便可迅速、准确地在数据库中搜寻出利用者所需档案的档号和存放地点。计算机还能将数据库中的各种数据编制成各种形式的目录、索引，用于报道、查考、交换等各方面。计算机用于检索和编目有两大特点：①速度快、准确性高；②排除了手工操作的多次重复，实现了一次性输入和多样化输出，从而扩大了检索途径，提高了编目和检索的效率与质量。

（3）利于扩展地籍管理的新兴业务。长期以来地籍信息管理普遍采用二维平面管理的模式，对地上、地下的三维权利实体和关系无法行使有效的管理。而复杂的城镇建设、不动产信息管理和精细化土地管理等，迫切需要在地籍档案管理中引入三维空间管理的技能。先进的三维（3D）地籍数据模型、地理信息系统及相应的计算机技术正在开发应用之中。

随着地籍工作的开展，信息规模不断扩展和庞大，与其他相关信息的关系日益密切，新的大数据和云计算管理技术的应用如分布式大数据存储、计算和分析等已日益广泛。

（4）地籍档案保管面临着适应新形势的需要。地籍档案引入先进的计算机技术有几方面好处：①可随时报告库房库存情况，占用多少空间、哪个库房还有剩余空间等；②可利用计算机对库房进行自动化管理，例如自动监测控制库房温、湿度，记录分析库房空气清洁度，自动提示防火警报、安全警报等；③对于档案的借阅和归还的管理也更加方便顺畅。

2. 运用现代通信技术，实现档案信息网络化传递及共享　在档案电子计算机检索系统中采用现代通信技术（包括数字通信、光纤通信和卫星通信技术等）可以将档案检索由成批检索、联机检索发展为联网检索，实现档案信息传递的网络化。联网检索是指利用通信线路把广泛分布在不同地区、不同档案馆（室）的电子计算机及其终端设备、数据库、各种输入输出装备等互相连接，使之形成一个网络系统。通过数据传递，利用者在网络内的任何一台计算机及其终端都可以检索到其他计算机存储的档案信息。

联网检索是计算机检索的高级阶段，它是计算机技术与通信技术相结合的产物，也是计算机应用普及化、高度化和数据传输网络技术、信息检索技术等飞速发展的结果。

网络地理信息系统（web GIS）作为地理信息系统的重要组成部分，可以通过互联网技术实现地理空间信息的网络发布与管理，并为用户提供相应的在线服务。当前的互联网技术日新月异，网络传输速度今非昔比，高性能的网络地理信息系统模型研究与应用，可以解决庞大的空间数据带来的巨大挑战，地籍档案管理与利用也会到达一个新的高度。

地籍档案信息经历了从单机管理到局域网共享，现在已经逐步实现大范围（如全国）的联网的信息管理。全国统一的不动产登记信息管理基础平台在 2018 年已实现全国联网，我国不动产登记体系进入全面运行阶段，为企业和个人提供不动产登记服务。同时，还以不动产登记为基础，开展不动产统一确权登记和信息管理工作。

3. 运用先进的存储技术，实现高效的存储和利用　现代存储技术飞速的发展为数据的存储提供了便捷的途径，从最初的软盘存储、小容量硬盘存储、光盘存储到现在的 SSD 固态存储器，存储速度越来越快，存储的容量也越来越大。新的存储形态和存储技术日益普及，新的存储系统以及建立在其上的各种存储架构理念开始涌现，在软件和硬件推动下的云计算技术和产业也日益成熟。这些都将对地籍档案的管理产生深远的影响，不断增长的海量的地籍档案信息得到高效快速的存储，并能在管理系统的帮助下，方便地实现信息分类、归档、查阅、备份等管理工作，地籍档案数据还可以实现跨区域、跨行业的实时共享。同时，运用现代光学技术，可实现档案缩微化，然后利用先进的存储技术与计算机技术，将制成缩微复制品的档案进行储存、传递和使用。

（二）档案信息服务的社会化

现代化的档案工作是先进的服务手段与良好的服务效果的统一。而服务效果的优劣，不仅在于档案部门向专业利用者提供档案信息的能力，而且在于档案信息服务的社会化程度。所谓档案信息服务的社会化，是指档案管理部门在保证国家和公民个人的根本利益不受损害的前提下，最大限度、最大范围地向社会各方面提供档案信息服务。这是档案工作的发展方向，同时也是推动档案工作发展的强大动力。只有扩大档案信息服务范围，使之得到较高的利用率，档案管理工作才能保证其存在的价值和发展的活力，现代化技术手段的采用才成为必要，并有可能产生较好的社会效益和经济效益。

现代地籍是以宗地作为空间信息的最小载体，以准确性、现势性为特点，以多用途功能为目标的地籍。因此，地籍信息具有显著的空间特性，有丰富的属性描述，有强烈的时态性。正是这些特点，不仅使地籍信息可以广泛应用于各个领域，而且使地籍信息的本质特征区别于其他信息。因此，地籍信息的应用领域是十分广泛的，应用方式是多样的（图 10-3）。

从应用的方式来看，地籍信息档案应用有直接应用和间接应用之分。

直接应用是指需要应用的部门从地籍信息管理部门依照法律程序获取没有加工过的地籍信息，并为自己所有和应用。应用主要发生在地籍工作和土地管理的行政过程中，应用的方法主要是查询、检索与统计。

间接应用有两种方式：①对地籍信息加工后才能应用。需要对地籍信息进行数理统计分析和空间分析，并制作各种表册和图形后加以运用。应用的部门主要有各级的行政决策部门，具体工作包括土地利用规划的编制、城市规划尤其是详细规划和工程规划的编制、土地供应的编制、房地产市场的管理，以及在执行国家法律及从事行政事务性的日常工作时涉及地籍工作和土地管理的应用等。②在地籍基本信息的基础上附加其他信息的背景式应用。应用的部门有消防部门、公安部门、水务部门、供电部门、生态环境部门、科研部门、高等院校等。

地籍信息应用范围广泛，显示了其巨大的社会应用价值。不同的用户可以依据自身需要通过不同途径获取地籍信息。政府决策部门可以通过土地行政主管部门上报的地籍信息，依照具体地域的土地利用现状、生态条件、土地潜力等进行决策；其他部门、组织或个人可以

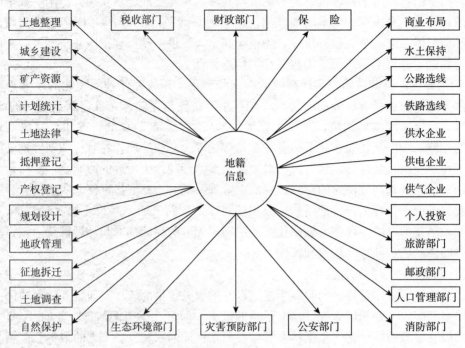

图 10 - 3 地籍（信息）应用范围

通过向地籍信息管理部门订制所需的信息或通过档案馆（室）、国土资源网站等查询相关地籍信息。

地籍信息的社会化服务在促进经济发展和社会稳定、保护产权人合法权益、保护耕地和粮食安全、监测土地利用、规范土地市场、防范金融风险、促进土地管理方式的转变和积极主动参与宏观调控等方面发挥了巨大作用。但是，面对巨大的日益增长的地籍信息社会化服务的需求，地籍管理工作还存在信息化技术水平低下、管理水平不高等问题，导致地籍信息不能有效提供服务，其应用价值得不到有效的发挥。因此，加强地籍信息整合、应用及其效益分析，强化地籍管理的作用，完善地籍科学的内容，建立国家级地籍数据库和地籍服务网络中心，以信息服务推进地籍产业化、现代化发展的步伐刻不容缓。

二、地籍管理信息系统概述

地籍管理信息系统是以计算机为基础，用管理理论和信息技术建立起来的，为地籍管理业务服务的信息系统。同传统的管理相比，该管理信息系统具有高效率、高质量和高效益等优越性。

地籍管理信息系统为管理提供了优良的工作环境、简捷的工作程序，由于其具有很强的统计能力和管理能力，可以提高管理工作的效率。在日常地籍管理中，最烦琐且最易出差错的工作主要有：地籍图的修编、权属变更登记、日常统计等。这些工作如果采用手工完成，势必耗时冗长、花费巨大，若用管理信息系统来完成，就会大大缩短工作时间，节省大量人力、财力和存储空间，还可避免资料的丢失与损坏。地籍管理信息系统能很好地保证工作质量，能自动检测执行状况，高质量完成管理工作。

（一）系统总体结构

根据我国地籍管理及计算机技术发展趋势，将网络化、集成化、实用化作为系统开发的基础，考虑到资料的现势性、准确性与完整性，地籍管理信息系统应易于进行数据的储存、整理、修改、查询与输出。因此，在开发该系统时应注重以下几点：①以建立完整的地籍资料处理模式为前提，而不是单独处理某一类资料；②对软件运行环境的限制要少，提高实用性；③系统存储的信息要便于更新、查询，能及时提供现势性好的信息；④处理好图形数据与属性数据的连接问题，实现它们之间的双向检索；⑤能按需要对信息进行统计与分析，为有关部门提供决策的科学依据。

1. 地籍管理信息系统技术要求　根据系统的设计目标，信息系统应达到以下技术要求：

（1）空间图数关系。地籍管理信息系统是空间型的信息系统，不是单纯的属性管理系统。因此，它应包括图形、属性两种数据的输入、显示、处理以及综合分析结果的输出。图形数据与属性数据的连接是开发该管理信息系统的关键技术之一，解决了这个问题，用户就可以对图形数据及属性数据进行双向检索。管理信息系统可以采用关系模式来建立图形数据与属性数据的连接问题，即在数据结构中加入各类形式的编码，以此将两者相连。

（2）统计分析。统计分析是地籍管理一项重要的经常性工作。系统用矢量数据和栅格数据两种统计方式完成统计工作。对面积而言，统计数据要求具有高精度，因而采用矢量数据统计方式，用实测界址点坐标计算。同时，为了使管理信息系统中输出的图形面积与上述面积在精度上相一致，在宗地层输入时，由界址点坐标直接转换成图形数据，尽可能不用图形数字化方式。在日常管理中，采用栅格数据统计方式，可以十分方便、灵活地进行多层的重叠统计，产生各种所需的数据，从而满足管理的需要。例如土地利用现状层与行政区划层交叉统计，可以产生每个行政区划范围内的各种土地利用现状数量。

（3）报表输出。地籍管理信息系统按照管理的要求，通过从数据库中提取数据，制作出各种输出表格。

2. 地籍管理信息系统结构　地籍管理信息系统结构如图 10-4 所示。

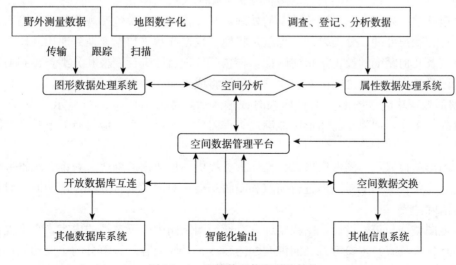

图 10-4　地籍管理信息系统结构

（二）地籍管理信息系统主要功能

地籍管理信息系统是通过对地籍信息进行采集、编辑、管理、查询、分析、输出等工作，来实现信息的计算机化管理过程。为此，系统应具有如下的基本功能和要求：

1. 数据采集功能 地籍管理数据分为 3 类：①空间图形数据，指与土地有关的各种图形；②属性数据，指记录空间数据的地类、权属、利用状况、价值等属性；③管理数据，指管理过程中生成的数据。其中，空间图形数据采集是系统主要的数据采集功能，它要求系统具有多种采集的方式和较高的空间图形数据采集精度，数据采集的方式应包括以下几种：

（1）手扶跟踪数字化。系统应提供通用手扶跟踪数字化仪接口，可与各种型号的数字化仪连接，数字化仪与鼠标能同时操作，系统要有灵活的图板菜单，数字化仪游标功能任意组合，图纸自动定向，数字化时结点自动匹配，使用方便灵活。手扶跟踪数字化仪主要用于采集地籍空间图形数据，其采集结果的精度，取决于数字化仪的精度，也与作业人员的认真程度有关。

（2）键盘输入。通过键盘的方式对部分矢量数据及属性数据进行输入。有些矢量数据与属性数据是配套的、相互关联的。例如，输入界址点信息时，要求系统对输入的界址点信息（坐标值、点号）能够自动生成平面图，并和图形功能连接。在空间图形数据输入的同时，与某个空间图形数据相关联的属性数据也输入系统，它们同时存放在一处。但地籍信息中有的信息往往关联多个属性数据项目，则需要通过编码或建立一个程序将空间图形数据与属性数据很好地连接起来。

（3）图形扫描数字化。系统能提供自动矢量化、交互式线跟踪、数字识别，以及常规的点、线、圆弧和文字的各种图形输入手段；能够同时管理多个图层，为各层分别定义属性数据库，采集属性数据；能够提供带拓扑特征和属性约束的图形编辑功能，灵活实现图形代码的符号化和制图输出；能够满足任意比例尺地籍图或房地产平面图的扫描数字化。扫描数字化要考虑扫描仪分辨率和精度，同时要考虑栅格数据向矢量数据转换的过程中，对数据处理的精度和速度。

（4）测量仪器及外部数据文件接口。提供与全站仪和测距经纬仪地面测量系统、GPS系统等的接口，可以接受不同来源的多种栅格数据和矢量数据。

（5）遥感数据采集。对于遥感数据的处理，其过程一般来说包括观测数据的输入、再生和校正处理、变换处理、分类处理。也就是将模拟数据或数字数据变换到通用载体上，进行辐射量失真及几何畸变的校正，重建图像，再按照处理目的进行变换和分类，得到增强的图像，确定图像数据与类别之间的对应关系，最后将成果输入地籍管理系统中。

2. 图形处理功能 图形数据在输入时或输入后，需要对图形进行显示、查询、编辑、修改、管理等工作，使建立的图形库能满足管理需要。所以，系统应具有如下基本的图形处理功能：

（1）图形窗口显示。图形窗口是为操作人员提供图形数据的修改、查询、编辑等操作的区域，它应具备在屏幕上对图形进行缩放和漫游功能，对图形进行分层显示功能，对不要的数据进行清除功能。

（2）地图整饰与符号设计。图幅整饰是普通地图制图中不可忽视的内容，它不仅使地图美观，而且提供具有一定参考意义的说明性内容或工具性内容。该部分的主要功能包括图幅整饰、保存整饰结果成文件、打开某一整饰文件并编辑等。地图符号可简单分为点状符号、线状符号、面状符号 3 类。对于地图整饰时需要表示地籍或地形要素的各种符号，系统采用参数化与图形界面结合的思想进行符号的设计、编辑、修改、存储和浏览，用户根据需要可以自行生成各种符号存入符号库，在图形整饰时，从符号库中"抓取"所需符号，使其定位于用户指定的地方。

（3）图形编辑。管理信息系统应具备多种图形编辑功能，主要的功能包括：对点信息的增加、删除和检索功能，对线段的修改、删除、连接、断开功能，对图形的拷贝功能，对目标进行移动、删除、旋转、镜像的功能，对不同地物设置不同线型、颜色、符号的功能等。

（4）图形空间拓扑关系。作为地籍管理信息系统，建立空间图形元素之间的拓扑关系是它的基本功能之一。

（5）属性数据的编辑。为了建立属性数据与空间图形数据的联系，需要在图形编辑系统中，设计属性数据的编辑功能，将一个实体的属性数据与相应的空间图形数据（点、线、面）进行连接。

（6）计算功能。通过几何坐标计算图斑的面积、周长，两界址点间的边长，两个结点间的线段长度，点到直线间的距离等。

3. 制图功能　专题制图的内容多种多样，基本类型有自然地图、人文地图及其他特种用途的地图。系统提供多种常用的专题图表示方法，如分级统计图法、分区统计图表法、质底法、范围法和独立图表法。其中，对分区统计图表法选取了常用的柱状符号类、饼状符号类、趋势图形类、等值图形类等来实现。每种符号又有多种式样的具体符号可供选择，以简明、突出而又完备的形式再现繁杂的统计数据，使统计区某个或某几个现象的分布状态一目了然。

土地信息提供的图形种类较多，因此需要在图形输出前，根据用户需要对图廓进行整饰。计算机制图是对已装饰好的图通过计算机外部设备来输出，由于输出设备的类别（打印、笔式、喷墨、热蜡等）和型号不同，因此，系统的制图部分应有与相应输出设备的接口软件，采用这些软件绘图时，需要设置绘图仪的种类、绘图比例尺、确定绘图原点和图幅大小等。地籍管理信息系统的制图功能应能为用户提供矢量图、栅格图、全要素图和各种专题图。

4. 属性数据的管理功能　属性数据是用来描述对象特征性质的，如一个宗地除了记录界址点坐标、面积和内部建筑物坐标、面积外，还要记录它的权属信息、地类信息、价格信息以及它的历史变化信息等。对于属性数据一般都采用表格表示。由于房地产属性信息数量较多，数据比较规范，在信息系统中可以采用关系型数据库管理系统（RDBMS）来管理。除了关系型数据库管理系统已提供的一套很强的数据编辑和数据库查询功能，系统设计人员还可利用 SQL 语言建立友好的用户界面。属性数据管理功能主要包括：①提供用户定义各类地物的属性数据结构和用户自定义数据结构功能；②提供结构修改功能、拷贝结构、删除结构、合并结构等功能；③利用 SQL 语言提供多种灵活的数据库查询；④提供数据计算统计和统计分析功能。

5. 空间查询功能　一个好的地籍管理信息系统应提供丰富的查询功能。

（1）根据属性查图形。根据某一地物类中某项属性值查找图形对象。

（2）SQL 查询。根据 SQL 语句查询满足特定条件的一组目标对象。

（3）从属性表直接查询目标对象。在属性表上点击一条记录，就可将该记录对应的目标图形显示出来。

(4) 根据图形查属性。在查询图形的同时将查到的目标所对应的属性信息显示在屏幕上，并可在显示属性表中对其进行编辑。

(5) 空间关系查询。可提供多种空间图像的选择查询，如点选择、矩形选择、圆选择和多边形选择等；还可提供多种拓扑关系查询，如包含查询、落入查询、穿越查询和邻近查询等；还可以进行多种缓冲区查询，如点缓冲区查询、线缓冲区查询和面缓冲区查询等。

6. 空间分析功能 空间分析是综合分析空间数据技术的通称，也是地理信息系统区别于其他信息系统的一个显著标志。地籍管理信息系统在地籍管理空间数据库基础上，运用地理信息系统的空间分析技术，包括空间图形数据的拓扑计算、非空间属性数据运算、空间和非空间数据的联合计算等，可以对原始数据进行适当的模型构建和分析，从而得到需要的结果，并可以为大容量多源空间数据支撑的决策问题提供完整的辅助解决方案。

(1) 叠置分析。土地信息（空间、属性）在建库时，一般分层进行，叠置分析是指将同比例尺、同一区域的两组或多组图形要素的数据文件进行叠置，根据两组或多组图形边界的交点来建立具有多重属性的图形，或进行图形范围的属性特征的统计分析。通过叠置分析可以得到新的图形和新的属性统计数据。

(2) 缓冲区分析。缓冲区分析是研究根据数据库的点、线、面实体，自动建立其周围一定宽度范围的缓冲区多边形。这一功能在信息系统中作用很大，如某一建设项目的选址，可利用缓冲区分析查找沿某高等级公路两侧30m内各种土地的分布情况，从而选取符合要求的、适合项目需要的地块边界。

(3) 空间集合分析。空间集合分析是按照两个逻辑子集给定的条件进行逻辑交、逻辑并、逻辑差的运算。

7. 服务功能 地籍信息系统可以为经济建设的方方面面提供信息服务。例如，为国家征收房地产税提供房地产所有者、使用者、面积、地址等基本信息；为征收土地使用税提供宗地产权信息，以及基准地价、面积、位置等数据信息；以地籍图为基础制作数字化基准地价图，为国家建立基准地价更新系统提供土地空间信息；为房地产交易提供产权信息，提供土地登记、房产过户登记信息服务，维护交易双方的权利和义务；为旧城改造提供改造区的基本属性、空间数据信息。可以说，地籍信息系统可以为所有需要土地空间数据信息的公共部门和经济组织提供信息服务。

地籍信息系统的服务对象在国土资源管理专业管理内部领域分为3个层次，即操作层、管理层和决策层。其服务应当达到以下3个目标：

(1) 操作层。保证日常工作顺利进行，对所需的日常政务工作进行自动化处理，获取和管理日常工作中涉及或所需的全部数据。

(2) 管理层。保证日常工作的正确性，需要支持各类日常工作的集成化信息服务，提供和管理日常工作中的完整信息。

(3) 决策层。根据信息内在联系，提供对复杂问题做出决策的辅助手段，提供复杂问题的辅助决策；对于重大问题，提供专家和专业人员解决问题方法的辅助手段；识别和预测信息中潜在的价值和趋势。

根据服务对象的不同，信息服务分为无偿和有偿服务。对公共部门需要的服务可以采用无偿或者低偿方式提供，对其他经济体则提供有偿服务。有偿服务可以降低财政预算的压力，增加预算外收入，从而提高地籍信息系统的服务质量。

（三）地籍管理信息系统主要子系统结构

信息系统的设计可以根据需要包含不同的子系统。例如，可以根据地籍管理的主要业务设计地籍信息系统，也可以从系统的功能结构出发来设计。

1. 根据主要业务划分　地籍管理信息系统可以分为地籍调查子系统、土地调查子系统、土地登记子系统、宗地地价评估子系统等。

（1）地籍调查子系统。地籍调查子系统的主要功能是总地籍调查成果建库和变更地籍调查的动态管理。该子系统设计应有与地籍测量外业测绘数据交换的接口，根据来源数据自动生成地籍图件；该子系统还应具有图形处理和空间分析功能，提供各种内容的检索与查询功能及多种地籍要素的输出功能。

（2）土地调查子系统。土地调查子系统是对土地利用调查的资料进行处理，并依据变更调查数据及时对数据库内容进行修改，保证土地资源数据库的现势性和准确性。该子系统通过调用有关信息库，可以汇总统计各级各类土地的数量及权属状况；该子系统还应该具有较强的对图形和属性数据管理、综合分析的能力，为其他系统提供图件资料。

（3）土地登记子系统。土地登记子系统是对国有土地使用权、集体土地所有权、集体土地使用权及土地他项权利的初始登记和土地变更登记实现的全程管理。该子系统中的有关表、卡、证等可以自动生成与输出，并提供多种方式的查询功能。

（4）宗地地价评估子系统。宗地地价评估子系统的功能包括：采用多种宗地地价评估模型，调用有关信息库，分析不同用地性质的地价差异，评估不同类型宗地地价；通过建立宗地地价信息库来计算本区域的地价指数；对宗地地价进行相关统计分析等。

2. 根据功能结构划分　地籍信息系统主要包括输入子系统、数据库管理子系统、系统管理子系统、专家子系统和输出子系统五部分。

（1）输入子系统。输入子系统承担着与各种数据源相接口的任务。地籍信息输入包括属性信息输入和图形信息输入。其中，属性信息主要来源于土地调查、土地登记、土地统计等工作，大部分是数据或表格，主要以人机交互工作方式录入，并存入系统属性数据库。对于图形信息，由于其采集方式不同，可以采用数字化仪、扫描仪输入，也可以在软件支持下以自动（或半自动）方式进行输入，还可以将现有已存入磁介质中的信息通过通用数据接口进行输入。图形信息输入后往往还要通过计算机进行一些预处理，然后存入空间数据库。

（2）数据库管理子系统。数据库管理子系统是地籍信息系统的基础，包括空间图形数据管理、属性数据管理及其关联三部分。空间图形数据管理是负责地籍图件的管理，如图件的处理、存储、组织、编辑等，具体包括图素的产生功能，图库管理功能，符号库管理功能，图形的输入、输出功能，图形处理功能及各种计算和平差功能等。属性数据管理是对数据信息进行管理，通过有关数据进行分类，建立数据信息的关系模型，以减少数据存储的冗余度，提高检索灵活性和速度。鉴于地籍信息内在的直接对应关系，必须对图形信息和数据信息进行对应管理，将空间数据与属性数据通过标识符关联，从而可以从图形信息直接查出其有关的属性数据信息；反之，从属性数据信息可以直接查出其对应的图形信息，实现图、数关联。数据管理子系统是一个相对独立的系统，要求系统采用标准数据格式，确保数据库数据可以被其他系统所调用，实现系统之间数据共享。维护数据库数据的有序性、安全性、一致性与完整性是这一子系统的主要任务。

（3）系统管理子系统。系统管理子系统是整个信息系统的功能管理核心，主要包括地籍信息的查询、地籍信息的变更、统计分析及系统保护等功能。它以对外在屏幕上显示系统功能菜单的形式与用户接口，接受用户的操作指令；对内组织调用系统各功能模块，完成用户要求的各种数据处理分析工作。

（4）专家子系统。专家子系统将地籍信息的各种统计分析、数据处理等模式以计算机可以接受的形式存储在系统中，随时准备调用。该子系统决定着系统应用的广度与深度。

（5）输出子系统。输出子系统是地籍信息系统的对外窗口，系统工作的一切结果都要通过该子系统交付给用户。该子系统承担着制作表格、绘制图件、显示和输出图文声像信息等功能，如果系统是网络型的，该子系统还要承担数据的网上发布和传输工作。

三、地籍信息系统的建设

地籍信息系统的建设是指在初步建设地籍信息数据库的基础上，开发地籍管理信息系统软件，并通过此系统的应用最终建立全部管理区域无空隙的、覆盖性的地籍信息数据库和不断完善的管理信息系统。

（一）地籍管理信息系统软件

地籍信息系统软件主要包括操作系统软件、数据库软件平台、地理信息系统平台、系统开发环境等。地籍信息系统需要借助上面这些平台进行开发。配置地籍管理信息系统软件时需要考虑如下几个方面：①该软件应当是成熟的商业化软件产品。通过商业化运营，该软件可以通过市场得到检验，从而保证软件的质量。同时，通过商业化运营，软件的升级更新服务也可以得到较好的保障。软件开发商应具有继续开发和完善该软件的能力。②该软件应有较高的开放程度。衡量软件的开放程度主要是看它的二次开发能力、与其他软件之间数据交换的能力以及接口是否通用等方面。此外，任何软件都不可能单独工作，还需要与其他软件进行数据交换。因此，软件的数据格式应符合通用化和标准化的要求，能和其他软件之间自由交换数据。此外，软件针对外设的数据接口也应该是通用的。③该软件拥有庞大的用户群体。拥有庞大用户群，反映该软件开发成熟、用户满意度高、软件的售后服务能够得到保障。同时，庞大软件客户群的经验也会给软件的应用带来极大好处。④该软件经历过若干大系统长期运行的考验。各种商业软件只有参与过大系统的开发与运营，其稳定性、开放性、功能性、通用性才能得到全方位检验，特别是与不同软件之间的协同运行能力才能够得到检验。

下面分别介绍地籍信息系统常用的几种构成软件。

1. 操作系统软件 操作系统（operating system，OS）是电子计算机系统中负责支撑应用程序运行环境以及用户操作环境的系统软件，同时也是计算机系统的核心与基石。当前使用较多的操作系统软件包括微软公司的 Windows、源代码开放的 Linux、UNIX 和运行于苹果 Macintosh 系列电子计算机上的 MacOSX。随着移动端 App 应用的推广，IOS、Android、WP 和 Chrome OS 也逐渐得到了重视。

目前，主流的操作系统软件主要有微软公司的视窗操作系统 Windows 和源代码开放的 Linux 系统。Windows 在国内的用户非常普遍，而一般用户使用和熟悉 Linux 操作系统的相对较少。与 Windows 相比，Linux 系统的最大优点是源代码的开放性。

2. 数据库软件平台 目前著名的商业性数据库管理软件有甲骨文公司的 Oracle、IBM 公司的 DB2 和 Informix、微软公司的 SQL Server、开源软件 MySQL 等。这些数据库都是采用关系数据库管理理论设计和开发的，基本能满足大型信息系统开发和应用。Oracle 的稳定性、完整性和安全性日趋完善，该软件以 Java 为开发语言，具有良好的跨平台特性，适应多种操作系统，从 Unix/Linux 到 Windows 操作系统都得到了较为广泛的应用。目前采用地理信息系统平台二次开发的大型空间数据信息系统倾向于选用 Oracle 数据库，再搭配空间数据引擎 SDC 组件，这种配置可以很高效率地实现对空间数据的管理和运算，从而保障地理信息系统数据库管理软件能方便地解决空间数据存入关系型数据库的问题，高效率地实现对空间数据的管理和运算。

3. 地理信息系统平台　地理信息系统（GIS）是集计算机科学、信息科学、现代地理学、测绘遥感学、环境科学、城市科学、空间科学和管理科学为一体的信息系统。常见的地理信息系统平台软件可以分为开源平台软件和商业化平台软件两大类，前者包括 MapServer、GRASS GIS、OpenMap、GeoServer、GeoTOOLS、OpenLayer，后者则包括 MapGIS、SuperMap、GeoStar、ArcGIS、MapInfo、GeoMedia MGE、AutoCAD-Map 等。通常来说地理信息系统专业软件一般都包含数据输入和编辑模块、数据处理模块、空间数据管理模块、数据分析模块、数据输出模块以及用户界面模块，同时平台提供各类接口和组件，提供二次开发与服务以编写发布地理信息系统应用系统和服务。

4. 系统开发环境　系统开发环境指的是用于系统开发的高级语言及其编译系统，典型的数据库应用开发环境包括第三代编程语言（3GL）和第四代的编程语言（4GL），如 Delphi、C++ Builder、PowerBuilder、Visual Basic、Visual C++、JBuilder、C♯ Builder、Java 以及 .Net 等。

（二）数据库建设和维护

数据库是以一定的组织方式存储在一起的相互关联的数据集合，能以最佳方式、最少重复（冗余）为多种目的服务。

地籍数据库是与地籍信息有关的所有数据文件的集合。地籍数据库通过对地籍数据文件进行有序组织，最大限度地减少数据冗余，增强文件间的联系，从而实现对数据的合理关联和灵活存取。

根据数据库设计的理论和方法，地籍信息系统的数据库内容包括空间图形数据和属性数据两种类型。空间图形数据一般采用专用的图形数据库来管理，属性数据库则采用流行的关系数据库进行管理，为了实现两种数据的有效统一的处理和管理，必须建立属性数据和空间图形数据之间的联结。空间图形数据又可分为宗地空间数据库和非宗地空间数据库。宗地空间数据库包括宗地图库和宗地过渡图库。宗地图库是记录宗地现状及历史变迁数据的；宗地过渡图库是记录地籍管理业务处理过程中产生的中间方案数据的，如待处理的违法用地等宗地资料，由于在后续业务中还需应用这些资料，为避免重复操作，先将这些数据存放在宗地过渡图库，违法占地补办手续后即可放入宗地图库。非宗地空间数据库包括背景图库（地形图库、土地利用规划图库等）、地籍图库（以图幅存在的地籍图形）和专题地籍图库（如以县或地区为图幅单位而建立的地籍总图、土地利用现状图、道路地籍图等）。属性数据也可分为宗地属性数据库和非宗地属性数据库。宗地属性数据库包括宗地基本信息数据库、宗地权属信息数据库和宗地编码信息数据库。宗地属性数据库由众多数据表组成，数据表中的记录通过标识符与宗地空间数据库相关联，以实现图文互查、互访达到产权管理的目的。非宗地属性数据库包括与地籍有关的法律法规文档数据、报表统计数据等。

1. 数据库的建设标准 地籍信息数据库的建设需要遵照《土地利用数据库标准》（TD/T 1016—2007）和《城镇地籍数据库标准》（TD/T 1015—2007）的要求。严格遵守这两个标准制定数据字典，再根据数据字典和上述标准设计数据库的结构。地籍数据库的建设要符合如下标准：

（1）名词术语符合标准。地籍信息系统使用的名词术语应该符合国内外地籍领域权威的词典、书籍和文献资料标准，并结合我国地籍管理的习惯予以科学的确定，同时保持与通用解释的一致性。

（2）地籍数据分类编码符合标准。为了实现地籍信息资源的共享，充分发挥地籍信息系统的效益和作用，促进地籍管理产业化，在建设地籍信息数据库时必须根据国家标准、国际标准设计地籍数据的分类编码。目前与地籍信息系统相关的国家标准有：《中华人民共和国行政区划代码》（GB/T 2260—2007）、《县以下行政区划代码编制规则》（GB/T 10114—2003）、《地理网格》（GB 12409—2009）、《国土基础信息数据分类与代码》（GB/T 13923—2006）等。

（3）数据交换格式通用性。数据共享的基础是数据交换格式，通用数据格式是数据共享的根本保障。目前常用的图形、图像数据交换格式有位图 BMP、数据交换格式 GIF、标记图像文件格式 TIFF、绘图交换格式 DXF 等。

（4）数据质量符合标准。地籍数据库中的数据要符合数据处理质量标准、数据应用质量标准和数据误差传播控制标准。

2. 地籍空间数据结构及其组织 地籍管理信息系统数据库除管理以一般通用数据库中的数字、字符表示的数量和名称数据之外，还必须管理体现空间定位和拓扑关系的空间特征数据（以下简称空间数据），它们共同构成了系统的数据库。

空间数据结构也称图形数据结构，是指适合于计算机系统存储、管理和处理的地学图形的逻辑结构，是地理实体的空间排列方式和相互关系的抽象描述。空间数据结构是信息系统沟通信息的桥梁，只有理解信息系统所采用的特定数据结构，才能正确使用信息系统。空间数据编码是实现空间数据结构，以及将空间数据按一定数据结构转换为适于计算机存储、处理的数据的过程。由于信息系统数据量大，一般采用压缩数据的编码方式以减少数据冗余。

地籍管理信息系统的空间数据结构主要有栅格数据结构和矢量数据结构。栅格数据结构的编码方式有直接栅格编码、弗里曼链码、块码等编码方法。矢量数据结构的编码方式主要有坐标序列编码、二元拓扑编码及树状索引编码等编码方法。

栅格数据结构可以按每种属性数据形成一个独立的叠加层，各层叠加在一起则形成三维数据阵列。层的数量只受存储空间的限制。矢量数据也常采用层的概念，特别是计算机辅助制图或设计中经常使用。这里的层主要用来区分空间实体的类型，目的是便于制图与显示，而栅格数据结构中新的属性就意味着在数据库中增加新的一层。层的应用可以很方便地显示图形实体。

（1）空间数据分层方法。包括：①按专题分层。每层对应一个专题，包含一种或几种不同的信息，服务于某一特定的用途或目的。例如，地籍管理的信息主要包括产权人情况、土地产权状况、土地价格、土地使用情况等方面，每个方面可以对应一个层。②按时间数列分层。以不同的时间或时期分层。③按地面高度分层。

(2) 空间数据的组织方式。由专题和分块组成，可按行政区域界线、图幅或某一单元面积分块组织数据。这种面向对象的空间数据组织方式，把研究的区域视为一个实体，与人们的认识水平和推理水平紧密相关。

3. 属性数据结构及其组织 属性数据和空间图形数据是信息系统数据库中紧密联系的两部分。属性数据的内容有时直接记录在栅格或矢量图形数据文件中，有时则单独以某种结构存储为属性文件，通过关键码与空间图形数据相联系。属性数据包括名称、等级、数据、代码等多种形式。属性数据编码是将各种属性数据变为计算机接受的数值或字符形式，以便于地籍管理信息系统存储管理。

属性数据编码一般要符合以下 3 个原则：①管理效率高，即具有较高的计算机录入、校检、存储效率，具有最高的查找速度；②适用性好，即符合专业化、标准化和系统化的要求，既能完整清晰地表示属性内容，又具有最小冗余，并与专业分类体系保持一致；③便于共享和扩展，可以满足设备和数据更新的要求。

属性编码一般包括 3 个方面的内容：①登记部分，用来标志属性数据的序号，可以是简单的连续编号，也可划分不同层次进行顺序编码；②分类部分，用来标志属性的特征，可采用多位代码反映多种特征；③控制部分，通过一定的查错算法，检查在编码、录入和传输中的错误，在属性数据量较大情况下具有重要意义。

属性数据的组织为了高效率地对数据进行处理，必须将大量的、分散的各种数据经过有目的、有次序的组织后，以一定的结构形式存储到计算机的存储介质中。属性数据通常按以下 4 个层次进行组织：

(1) 数据项。数据项主要用于描述一个数据处理对象的某些属性。例如，对象为房产，则描述它的数据项可以有：产权人、工作单位、产权登记号、房屋结构、层数、建成年份、居住面积等。

(2) 记录。记录是指有关数据项的集合。以房产为例，处理对象是房产地理信息，则一个记录包括有：城市名、区名、街道名、门牌号、楼号等数据项。

(3) 文件。文件是指为了某一特定目的而形成的相关记录的集合。

(4) 数据库。数据库是指逻辑相关文件的集合。严格讲，数据库不仅指文件的简单集合，还包括对文件的重新组织。

4. 数据库的维护 将原始数据按数据库要求的格式和结构输入数据库。为了确保数据的正确性，数据输入时应同时进行数据的检验工作，以避免错误或无效数据进入库内。

数据库建立以后需要进行维护，以确保数据库的安全，以及改善数据库的效率。数据库维护工作主要包括以下几个方面的内容：

(1) 改善系统的使用性能。及时掌握数据库性能变化情况，当系统性能下降到一定程度时，进行必要的干预，如对数据进行整理或重新组织，消除降低性能的因素。

(2) 数据库受损后的复原。数据库的安全是极为重要的，对数据库进行维护，一方面，要采取有效措施防止各种损害数据库的活动；另一方面，必须具备系统受损后的复原手段。

(3) 用户应用管理。数据库是许多用户共享的，为了避免由于局部的使用错误引起整个数据库的彻底破坏，必须对用户实行统一管理，分配数据库子模式的使用权限，并防止应用程序非法使用数据库。

(4) 拓宽数据库用户的需求。根据用户的要求，修改数据模式，重新书写和编译，重新描述数据库的有关内容，并根据新模式组织数据。

（5）接受用户发出的操作指令，对数据进行存储与恢复。数据库管理系统（database management system，DBMS）一般提供数据操作语言，作为用户与数据库系统之间的接口语言，它是用户操作使用数据库的工具，通常它应具有以下功能：①从数据库检索出满足条件的数据（数据项，记录等）；②向数据库中插入数据；③删除数据库中的数据；④修改数据库中的数据；⑤控制操作。不同的用户所拥有的权限不尽相同。除了执行数据操纵语言提供的基本操作外，数据库管理系统还应具有修改索引的功能、存储块的管理功能以及缓冲区的管理功能，以保障进出数据库的数据能够快速有效地装入或调出存储区。

复 习 思 考 题

1. 什么是地籍信息？地籍信息与其他信息相比有何异同？
2. 简述地籍信息管理的常规模式与现代化模式的实质和技术基础的主要差异。
3. 地籍档案有什么作用？
4. 何谓地籍档案的立卷、鉴定、编研？它们在地籍管理中的作用是什么？
5. 地籍管理信息系统一般应有哪些主要功能？

参 考 文 献

毕继业，周小平，张丽，2015. 不动产估价 [M]. 2 版. 北京：北京师范大学出版社.

柴强，2015. 房地产估价理论与方法 [M]. 北京：中国建筑工业出版社.

陈序稳，2017. 奥维互动地图在年度土地变更调查中的应用：以漳浦县为例 [J]. 国土资源 (9)：49-51.

程啸，2011. 不动产登记法研究 [M]. 北京：法律出版社.

崔建远，2017. 物权法 [M]. 4 版. 北京：中国人民大学出版社.

樊志全，2001. 论新时期的地籍管理工作 [J]. 资源·产业 (11)：9-12.

樊志全，2006. 土地统计 [M]. 北京：地质出版社.

高富平，2014. 物权法原论 [M]. 2 版. 北京：法律出版社.

高延利，2014. 土地权利理论与方法 [M]. 北京：中国农业出版社.

葛吉琦，2000. 地籍管理 [M]. 西安：西安地图出版社.

葛吉琦，2003. 构建科学的农用地分类系统：对现行全国土地分类体系涉及农用地部分的建议 [J]. 中国土地 (5)：41-43.

郭仁忠，应申，2010. 三维地籍形态分析与数据表达 [J]. 中国土地科学，24 (12)：45-51.

国土资源部不动产登记中心（国土资源部法律事务中心），2016. 不动产登记暂行条例实施细则释义 [M]. 北京：北京大学出版社.

国土资源部地籍管理司，2002. 地籍管理手册 [M]. 北京：中国大地出版社.

国土资源部政策法规司，国土资源部不动产登记中心，2015. 不动产登记暂行条例释义 [M]. 北京：中国法制出版社.

简德三，杨倩，2006. 地籍管理 [M]. 上海：上海财经大学出版社.

江平，2017. 物权法教程 [M]. 北京：中国政法大学出版社.

拉尔森 G，2011. 土地登记与地籍系统 [M]. 詹长根，黄伟，译. 北京：测绘出版社.

雷国平，2013. 地籍管理实务 [M]. 北京：中国农业出版社.

李昊，常鹏翱，叶金强，等，2005. 不动产登记程序的制度建构 [M]. 北京：北京大学出版社.

李天文，等，2012. 现代地籍测量 [M]. 2 版. 北京：科学出版社.

李团胜，王丽霞，马超群，2013. 土地评价与估价 [M]. 北京：化学工业出版社.

李卫红，王文龙，李颖彪，等，2017. 地理信息系统概论 [M]. 北京：科学出版社.

李希灿，2016. 地籍与房产测量 [M]. 北京：化学工业出版社.

李晓燕，姜广辉，胡磊，等，2014. 基于 GIS 与虚拟现实的土地利用总体规划仿真展示平台设计 [J]. 国土资源遥感，26 (4)：195 - 200.

梁光明，2003. 俄罗斯土地资源管理 [M]. 北京：中国大地出版社.

梁学庆，杨凤海，刘卫东，2010. 土地资源学 [M]. 北京：科学出版社.

林克雷特 A，2016. 世界土地所有制变迁史 [M]. 启蒙编译所，译. 上海：上海社会科学院出版社.

林增杰，等，2001. 中国大陆与港澳台地区土地法律比较研究 [M]. 天津：天津大学出版社.

林增杰，谭峻，詹长根，等，2006. 地籍学 [M]. 北京：科学出版社.

刘定禹，2010. 1951—1953 年广东省查田定产的历史考察 [J]. 福建党史月刊 (8)：18-20.

刘锋，2017. WebGIS 架构下的地理信息系统构建研究 [J]. 计算机测量与控制，25 (6)：264-267.

刘建华，杜明义，温源，2015. 移动地理信息系统开发与应用 [M]. 北京：电子工业出版社.

刘黎明，2005. 土地资源调查与评价 [M]. 北京：中国农业大学出版社.

刘敏，2006. 瑞典的地籍系统 [J]. 国土资源（10）：52-53.

刘卫东，等，2010. 土地资源学 [M]. 上海：复旦大学出版社.

刘燕萍，张富刚，2016. 不动产登记制度理论探究 [M]. 北京：北京大学出版社.

娄建群，2005. 信息管理学基础 [M]. 北京：科学出版社.

马才学，2008. 土地信息系统 [M]. 北京：北京师范大学出版社.

马栩生，2006. 登记公信力研究 [M]. 北京：人民法院出版社.

倪绍祥，1999. 土地类型与土地评价 [M]. 2版. 北京：高等教育出版社.

欧明豪，2002. 土地利用管理 [M]. 北京：中国农业出版社.

潘信中，1945. 土地登记制度 [M]. 重庆：正中书局.

潘耀忠，陈志军，聂娟，等，2002. 基于多源遥感的土地利用动态变化信息综合监测方法研究 [J]. 地球科学进展，17（2）：182-187.

曲卫东，2004. 浅论德国地籍管理的特色 [J]. 测绘通报（10）：60-63.

师安宁，罗明，袁知洲，2016. 最新不动产登记暂行条例实务操作与案例精解 [M]. 北京：中国法制出版社.

孙泰森，2000. 地籍管理原理与方法 [M]. 北京：中国农业科技出版社.

索托 H D，2001. 资本的秘密 [M]. 王晓冬，译. 南京：江苏人民出版社.

谭峻，等，2005. 地籍管理的原理与方法 [M]. 北京：中国人民大学出版社.

谭峻，林增杰，2011. 地籍管理 [M]. 5版. 北京：中国人民大学出版社.

王戈飞，张佩云，梁栎文，等，2017. 地理信息系统与大数据的耦合应用 [J]. 遥感信息，32（4）：146-150.

王桂阳，2014. 土地变更调查之外业调查技术方法探讨 [J]. 测绘与空间地理信息，37（2）：196-197，200.

王建君，谢光，杨芬，2017. 现代数据库技术及其新进展研究 [M]. 北京：中国水利水电出版社.

王履华，孙在宏，曲欣，等，2014. 三维地籍数据模型及时空关系研究 [J]. 中国土地科学，28（7）：39-44.

王明祥，蒋琳，1994. 土地统计方法与实务 [M]. 北京：中国矿业大学出版社.

王佩军，徐亚明，2016. 摄影测量学 [M]. 3版. 武汉：武汉大学出版社.

王万茂，2000. 地籍管理 [M]. 北京：地质出版社.

王喜，陈常优，2017. 不动产估价 [M]. 北京：科学出版社.

王兴敏，2017. 不动产登记概论 [M]. 北京：社会科学文献出版社.

王正立，刘丽，2002. 国外地籍管理发展趋势 [M]. 北京：中国大地出版社.

谢弟炳，田克明，2014. 不动产估价 [M]. 北京：地质出版社.

许明月，胡光志，等，2002. 财产权登记法律制度研究 [M]. 北京：中国社会科学出版社.

阎晓娟，王鹏，高婷，2015. 土地变更调查之管理信息标注入库探讨 [J]. 测绘与空间地理信息，38（6）：106-108.

叶公强，2009. 地籍管理 [M]. 2版. 北京：中国农业出版社.

应申，郭仁忠，李霖，2014. 三维地籍 [M]. 北京：科学出版社.

应申，郭仁忠，李霖，2018. 应用 3D GIS 实现三维地籍：实践与挑战 [J]. 测绘地理信息，43（2）：1-3.

詹长根，2004. 现代地籍技术　第一讲　现代地籍研究的基本进展 [J]. 测绘信息与工程（1）：43-45.

詹长根，唐祥云，刘丽，2011. 地籍测量学 [M]. 3版. 武汉：武汉大学出版社.

张凤荣，2017. 新版《土地利用现状分类》国家标准，究竟修订完善了哪些详细内容？[EB/OL]. [2011-11-17]. http://www.360doc.com/content/17/1117/06/7293128_704526466.shtml.

张凤荣，等，2013. 全国农用地分等因素指标及其诊断研究［M］. 北京：中国大地出版社.

张凤荣，徐艳，张晋科，等，2008. 农用地分等定级估价的理论、方法与实践［M］. 北京：中国农业大学出版社.

张晓霞，田莹，2017. Oracle 数据库应用开发基础教程［M］. 北京：清华大学出版社.

章书寿，孙在宏，等，2014. 地籍调查与地籍测量学［M］. 2 版. 北京：测绘出版社.

赵德淑，1998. 土地法规［M］. 台北：三民书局.

周生路，李如海，王黎明，等，2004. 江苏省农用地资源分等研究［M］. 南京：东南大学出版社.

朱道林，2016. 土地管理学［M］. 2 版. 北京：中国农业大学出版社.

朱道林，2017. 不动产估价［M］. 北京：中国农业大学出版社.

朱德海，2000. 土地管理信息系统［M］. 北京：中国农业大学出版社.

祝群喜，李飞，张扬，2017. 数据库基础教程［M］. 2 版. 北京：清华大学出版社.

DALE P，MCLAUGHLIN J，1999. Land administration［M］. Oxford，UK：Oxford University Press.

JACOBUS C J，1998. Real estate：an introduction to the profession［M］. 17th ed. Upper Saddle River，New Jersey，USA：Prentice Hall Inc.

STOTER J E，OOSTEROM P V，2006. 3D cadastre in an international context：legal，organizational，and technological aspects［M］. Boca Raton，Florida，USA：CRC Press.

附　　录

附录 A　1984 年的《土地利用现状分类及含义》

一级分类		二级分类		含　义
代码	名称	代码	名称	
1	耕地			指种植农作物的土地，包括熟地、新开荒地、休闲地、轮歇地、草田轮作地；以种植农作物为主间有零星果树、桑树或其他树木的土地；耕种 3 年以上的滩地和海涂。耕地中包括南方宽小于 1.0m、北方宽小于 2.0m 的沟、渠、路和田埂
		11	灌溉水田	指有水源保证和灌溉设施，在一般年景能正常灌溉，用于种植水稻、莲藕、席草等水生作物的耕地，包括灌溉的水旱轮作地
		12	望天田	指无浇灌工程设施，主要依靠天然降水，用以种植水稻、莲藕、席草等水生作物的耕地，包括灌溉的水旱轮作地
		13	水浇地	指水田、菜地以外，有水源保证和固定灌溉设施，在一般年景能正常灌溉的耕地
		14	旱地	指无灌溉设施，靠天然降水生长作物的耕地，包括没有固定灌溉设施，仅靠引洪灌溉的耕地
		15	菜地	指以种植蔬菜为主的耕地，包括温室、塑料大棚用地
2	园地			指种植以采集果、叶、根茎等为主的集约经营的多年生木本和草本作物，覆盖度大于 50%，或单位面积株数大于合理数 70% 的土地，包括果树苗圃等设施
		21	果园	指种植果树的园地
		22	桑园	指种植桑树的园地
		23	茶园	指种植茶树的园地
		24	橡胶园	指种植橡胶树的园地
		25	其他园地	指种植可可、咖啡、油棕、胡椒等其他多年生作物的园地
3	林地			指生长乔木、竹类、灌木、沿海红树林的土地，不包括居民绿化用地以及铁路、公路、河流、沟渠的护路、护岸林
		31	有林地	指为国民经济建设用材所造的树木郁闭度大于 30% 的天然、人工林
		32	灌木林地	指覆盖度大于 30% 的灌木林地
		33	疏林地	指树木郁闭度为 10%~30% 的疏林地
		34	未成林造林地	指造林成活率大于或等于合理造林株数的 41%，尚未郁闭但有成林希望的新造林地（一般指造林后不满 3~5 年或飞机播种后不满 5~7 年的造林地）
		35	迹地	指森林采伐、火烧后，5 年内未更新的土地
		36	苗圃	指固定的林木育苗地

（续）

一级分类		二级分类		含　义
代码	名称	代码	名称	
4	牧草地			指生长草本植物为主，用于畜牧业的土地。草本植被覆盖度一般在 15% 以上、干旱地区在 5% 以上、树木郁闭度在 10% 以下、用于牧业的，均划为牧草地
		41	天然草地	指以天然草本植物为主，未经改良，用于放牧或割草的草地，包括以牧为主的疏林、灌木草地
		42	改良草地	指采用灌溉、排水、施肥、松耙、补植等措施进行改良的草地
		43	人工草地	指人工种植牧草的草地，包括人工培植用于牧业的灌木
5	居民点及工矿用地			指城乡居民点和独立于居民点以外的工矿、国防、名胜古迹等企事业单位用地，包括其内部交通、绿化用地
		51	城镇	指市、镇建制的居民点，不包括市、镇范围内用于农、林、牧、渔业的生产用地
		52	农村居民点	指镇以下的居民点用地
		53	独立工矿用地	指居民点以外独立的各种工矿企业、采石场、砖瓦窑、仓库及其他企事业单位的建设用地，不包括附属于工矿、企事业单位的农副业生产基地
		54	盐田	指以经营盐业为目的，包括盐场及附属设施用地
		55	特殊用地	指居民点以外的国防、名胜古迹、公墓、陵园等范围内的建设用地。范围内的其他用地按土地类型分别归入规程中的相应地类
6	交通用地			指居民点以外的各种道路（包括护路林）及其附属设施和民用机场用地
		61	铁路	指铁道线路及站场用地，包括路堤、路堑、道沟、取土坑及护路林
		62	公路	指国家和地方公路，包括路堤、路堑、道沟和护路林
		63	农村道路	指农村南方宽不小于 1.0m、北方宽不小于 2.0m 的道路
		64	民用机场	指民用机场及其附属设施用地
		65	港口、码头	指专供客运、货运船舶停靠的场所，包括海运、河运及其附属建筑物，不包括常水位以下部分
7	水域			指陆地水域和水利设施用地，不包括滞洪区和垦殖 3 年以上的滩地、海涂中的耕地、林地、居民点、道路等
		71	河流水面	指天然形成或人工开挖的河流，常水位岸线以下的面积
		72	湖泊水面	指天然形成的积水区常水位岸线以下的面积
		73	水库水面	指人工修建总库容不小于 10 万 m³，正常蓄水位线以下的面积
		74	坑塘水面	指天然形成或人工开挖蓄水量小于 10 万 m³，常水位岸线以下的蓄水面积
		75	苇地	指生长芦苇的土地，包括滩涂上的苇地
		76	滩涂	指沿海大潮高潮位与低潮位之间的潮湿地带，河流湖泊常水位至洪水位间的滩地、时令湖、河洪水位以下的滩地；水库、坑塘的正常蓄水位与最大洪水位间的面积

（续）

一级分类		二级分类		含　义
代码	名称	代码	名称	
7	水域	77	沟渠	指人工修建、用于排灌的沟渠，包括渠槽、渠堤、取土坑、护堤林。南方宽不小于1m、北方宽不小于2m的沟渠
		78	水工建筑物	指人工修建的，用于除害兴利的闸、坝、堤路林、水电厂房、扬水站等常水位岸线以上的建筑物
		79	冰川及永久积雪	指表层被冰雪常年覆盖的土地
8	未利用土地			指目前还未利用的土地，包括难利用的土地
		81	荒草地	指树木郁闭度小于10％，表层为土质，生长杂草的土地，不包括盐碱地、沼泽地和裸土地
		82	盐碱地	指表层盐碱聚集，只生长天然耐盐植物的土地
		83	沼泽地	指经常积水或渍水，一般生长湿生植物的土地
		84	沙地	指表层为沙覆盖，基本无植被的土地，包括沙漠，但不包括水系中的沙滩
		85	裸土地	指表层为土质，基本无植被覆盖的土地
		86	裸岩、石砾地	指表层为岩石或砾石，其覆盖面积大于70％的土地
		87	田坎	主要指耕地中南方宽不小于1m、北方宽不小于2m的地坎或堤坝
		88	其他	指其他未利用土地，包括高寒荒漠、苔原等

资料来源：①全国农业区划委员会，1984. 土地利用现状调查技术规程［M］. 北京：测绘出版社.

②全国农业区划委员会土地资源专业组，1987年2月对《土地利用现状调查技术规程》的补充规定。

附录 B 1989 年的《城镇土地分类及含义》

一级类型		二级类型		含　义
编号	名称	编号	名称	
10	商业、金融业用地	指商业服务业、旅游业、金融保险业等用地		
		11	商业服务业	指各种商店、公司、修理服务部、生产资料供应站、饭店、旅社、对外经营的食堂、文印撰写社、报刊门市部、蔬菜购销转运站等用地
		12	旅游业	指主要为旅游业服务的宾馆、饭店、大厦、乐园、俱乐部、旅行社、旅游商店、友谊商店等用地
		13	金融保险业	指银行、储蓄所、信用社、信托公司、证券兑换所、保险公司等用地
20	工业仓储用地	指工业、仓储用地		
		21	工业	指独立设置的工厂、车间、手工业作坊、建筑安装的生产场地、排渣（灰）场地等用地
		22	仓储	指国家、省（自治区、直辖市）及地方的储备、中转、外贸、供应等各种仓库、油库、材料堆场及其附属设备等用地
30	市政用地	指市政公用设施、绿化用地		
		31	市政公用设施	指自来水厂、泵站、污水处理厂、变电所、煤气站、供热中心、环卫所、公共厕所、火葬场、消防队、邮电局（所）及各种管线工程专用地段等用地
		32	绿化用地	指公园、动植物园、陵园、风景名胜、防护林、水源保护林以及其他公共绿地等用地
40	公共建筑用地	指文化、体育、娱乐、机关、科研、设计、教育、医卫等用地		
		41	文、体、娱	指文化馆、博物馆、图书馆、展览馆、纪念馆、体育场馆、俱乐部、影剧院、游乐场、文艺体育团体等用地
		42	机关、宣传	指行政及事业机关，党、政、工、青、妇、群众组织驻地，广播电台、电视台、出版社、报社、杂志社等用地
		43	科研、设计	指科研、设计机构用地，如研究院（所）、设计院及其试验室、试验场等用地
		44	教育	指大专院校、中等专业学校、职业学校，干校、党校，中、小学校，幼儿园、托儿所，业余、进修院校，工读学校等用地
		45	医卫	指医院、门诊部、保健院（站、所）、疗养院（所）、救护、血站、卫生院、防治所、检疫站、防疫站、医学化验、药品检验等用地
50	住宅用地	指供居住的各类房屋用地		

（续）

一级类型		二级类型		含　义
编号	名称	编号	名称	
60	交通用地			指铁路、民用机场、港口码头及其他交通用地
		61	铁路	指铁路线路及场站、地铁出入口等用地
		62	民用机场	指民用机场及其附属设施用地
		63	港口码头	指专供客、货运船舶停靠的场所用地
		64	其他交通	指车场站、广场、公路、街、巷、小区内的道路等用地
70	特殊用地			指军事设施、涉外、宗教、监狱等用地
		71	军事设施	指军事设施用地，包括部队机关、营房、军用工厂、仓库和其他军事设施等用地
		72	涉外	指外国使领馆、驻华办事处等用地
		73	宗教	指专门从事宗教活动的庙宇、教堂等宗教自用地
		74	监狱	指监狱用地，包括监狱、看守所、劳改场（所）等用地
80	水域用地			指河流、湖泊、水库、坑塘、沟渠、防洪堤坝等用地
90	农用地			指水田、菜地、旱地、园地等用地
		91	水田	指筑有田埂（坎）可以经常蓄水，用于种植水稻等水生作物的耕地
		92	菜地	指种植蔬菜为主的耕地。包括温室、塑料大棚等用地
		93	旱地	指水田、菜地以外的耕地，包括水浇地和一般旱地
		94	园地	指种植以采集果、叶、根、茎等为主的集约经营的多年生木本和草本作物，覆盖度大于 50%，包括树木苗圃等用地
100	其他用地			指各种未利用土地、空闲地等其他用地

资料来源：国家土地管理局于 1989 年 9 月 6 日发布的《城镇地籍调查规程》。

附录 C　2001 年的《全国土地分类（试行）》

一级类		二级类		三级类		含义
编号	名称	编号	名称	编号	名称	
1	农用地					指直接用于农业生产的土地，包括耕地、园地、林地、牧草地及其他的农业用地
		11	耕地			指种植农作物的土地，包括熟地、新开发复垦整理地、休闲地、轮歇地、草田轮作地；以种植农作物为主，间有零星果树、桑树或其他树木的土地；平整每年能保证收获一季的已垦滩地和海涂。耕地中还包括南方<1.0m、北方<2.0m 的沟、渠、路和田埂
				111	灌溉水田	指有水源保证和灌溉设施，在一般年景能正常灌溉，用于种植水生作物的耕地，包括灌溉的水旱轮作地
				112	望天田	指无灌溉设施，主要依靠天然降水，用于种植水生作物的土地的耕地，包括无灌溉的水旱轮作地
				113	水浇地	指水田、菜地以外，有水源保证和灌溉设施，在一般年景能正常灌溉的耕地
				114	旱地	指无灌溉设施，靠天然降水种植旱作物的耕地，包括没有灌溉设施，仅靠引洪淤灌的耕地
				115	菜地	指常年种植蔬菜为主的耕地，包括大棚用地
		12	园地			指种植以采集果、叶、根、茎等为主的集约经营的多年生木本和草本作物（含其苗圃），覆盖度大于 50％或每公顷有收益的株数达到合理株数的 70％的土地
				121	果园	指种植果树的园地
				121K	可调整果园	指由耕地改为果园，但耕作层未被破坏的土地[*]
				122	桑园	指种植桑树的园地
				122K	可调整桑园	指由耕地改为桑园，但耕作层未被破坏的土地[*]
				123	茶园	指种植茶树的园地
				123K	可调整茶园	指由耕地改为茶园，但耕作层未被破坏的土地[*]
				124	橡胶园	指种植橡胶树的园地
				124K	可调整橡胶园	指由耕地改为橡胶园，但耕作层未被破坏的土地[*]
				125	其他园地	指种植可可、咖啡、油棕、胡椒、花卉、药材等其他多年生作物的园地
				125K	可调整其他园地	指由耕地改为其他园地，但耕作层未被破坏的土地[*]

（续）

一级类		二级类		三级类		含义		
编号	名称	编号	名称	编号	名称			
1	农用地	13	林地			指生长乔木、竹类、灌木、沿海红树林的土地，不包括居民点绿地，以及铁路、公路、河流、沟渠的护路、护岸林		
				131	有林地	指树木郁闭度≥20%的天然、人工林地		
						131K	可调整有林地	指由耕地改为有林地，但耕作层未被破坏的土地*
				132	灌木林地	指树木郁闭度≥40%的灌木林地		
				133	疏林地	指树木郁闭度≥10%，但<20%的疏林地		
				134	未成林造林地	指造林成活率大于或者等于合理造林数的41%，尚未郁闭但有成林希望的新造林地（一般指造林后不满3～5年或飞机播种后不满5～7年的造林地）		
						134K	可调整未成林造林地	指由耕地改为未成林造林地，但耕作层未被破坏的土地*
				135	迹地	指森林采伐、火烧后，5年内未更新的土地		
				136	苗圃	指固定的林木育苗地		
						136K	可调整苗圃	指由耕地改为苗圃，但耕作层未被破坏的土地*
		14	牧草地			指生长草本植物为主，用于畜牧业的土地		
				141	天然草地	指以天然草本植物为主，未经改良，用于放牧或割草的草地，包括以牧为主的疏林、灌木草地		
				142	改良草地	指用灌溉、排水、施肥、松耙、补植等措施进行改良的草地		
				143	人工草地	指人工种牧草的草地，包括人工培植用于牧业的灌木地		
						143K	可调整人工草地	指由耕地改为人工草地，但耕作层未被破坏的土地*
		15	其他农用地			指上述耕地、园地、林地、牧草地以外的农用地		
				151	畜禽饲养地	指以经营性养殖为目的的畜禽舍及相应附属设施用地		
				152	设施农业用地	指进行工厂化作物栽培或水产养殖的生产设施用地		
				153	农村道路	指农村南方宽≥1.0m、北方宽≥2.0m的村间、田间道路（含机耕道）		
				154	坑塘水面	指人工开挖或天然形成的蓄水量<10万 m³（不含养殖水面）的坑塘常水位以下的面积		
				155	养殖水面	指人工开挖的或天然形成的专门用于水产养殖的坑塘水面及相应附属设施用地		
						155K	可调整养殖水面	指由耕地改为养殖水面，但可复耕的土地*

（续）

一级类		二级类		三级类		含义
编号	名称	编号	名称	编号	名称	
1	农用地	15	其他农用地	156	农田水利用地	指农民、农民集体或其他农业企业等自建或联建的农田排灌沟渠及相应附属设施用地
				157	田坎	主要指耕地中南方≥1.0m、北方宽≥2.0m的梯田田坎
				158	晒谷场等用地	指晒谷场及上述用地中未包含的其他农用地
2	建设用地		指建造建筑物、构筑物的土地。包括商业、工矿、仓储、公用设施、公共建筑、住宅、交通、水利设施、特殊用地等			
		21	商服用地		指商业、金融业、餐饮旅馆业及其他经营性服务业建筑及相应附属设施用地	
				211	商业用地	指商店、商场、各类批发、零售市场及相应附属设施用地
				212	金融保险用地	指银行、保险、证券、信托、期货、信用社等用地
				213	餐饮旅馆业用地	指饭店、餐厅、酒吧、宾馆、旅馆、招待所、度假村等及其相应附属设施用地
				214	其他商服用地	指上述用地以外的其他商服用地，包括写字楼、商业性办公楼和企业厂区外独立的办公用地；旅行社、运动保健休闲设施、夜总会、歌舞厅、俱乐部、高尔夫球场、加油站、洗车场、洗染店、废旧物资回收站、维修网点、照相、理发、洗浴等服务设施用地
		22	工矿仓储用地		指工业、采矿、仓储用地	
				221	工业用地	指工业生产及其相应附属设施用地
				222	采矿地	指采矿、采石、采沙场、盐田、砖瓦窑等生产用地及其尾矿堆放地
				223	仓储用地	指用于物资储备、中转的场所及其相应附属设施用地
		23	公用设施用地		指为居民生活和第二、第三产业服务的公用设施及瞻仰、休憩用地	
				231	公共基础设施用地	指给排水、供电、供燃、供热、邮政、电信、消防、公用设施维修、环卫等用地
				232	瞻仰景观休闲用地	指名胜古迹、革命遗址、景点、公园、广场、公用绿地等
		24	公共建筑用地		指公共文化、体育、娱乐、机关、团队、科研、设计、教育、医卫、慈善等建筑用地	
				241	机关团体用地	指国家机关、社会团体、群众组织，广播电台、电视台、报社、杂志社、通讯社、出版社等单位的办公用地
				242	教育用地	指各种教育机构，包括大专院校、中专、职业学校、成人业余教育学校、中小学校、幼儿园、托儿所、党校、行政学院、干部管理学院、盲聋哑学校、工读学校等直接用于教育的用地
				243	科研设计用地	指独立的科研、设计机构用地，包括研究、勘测、设计、信息等单位用地

（续）

一级类		二级类		三级类		含义
编号	名称	编号	名称	编号	名称	
2	建设用地	24	公共建筑用地	244	文体用地	指为公众服务的公益性文化、体育设施用地。包括博物馆、展览馆、文化馆、图书馆、纪念馆、影剧院、音乐厅、少青老年活动中心、体育场馆、训练基地等
				245	医疗卫生用地	指医疗、卫生、防疫、急救、保健、疗养、康复、医药检验、血库等用地
				246	慈善用地	指孤儿院、养老院、福利院等用地
		25	住宅用地			指供人们日常生活居住的房基地（有独立院落包括院落）
				251	城镇单一住宅用地	指城镇居民的普通住宅、公寓、别墅用地
				252	城镇混合住宅用地	指城镇居民以居住为主的住宅与工业或商业等混合用地
				253	农村宅基地	指农村村民居住的宅基地
				254	空闲宅基地	指村庄内部的空闲旧宅基地及其他的空闲用地
		26	交通运输用地			指用于运输通行的地面线路、场站等用地，包括民用机场、港口、码头、地面运输通道和居民点道路及其相应附属设施用地
				261	铁路用地	指铁路线路及场站用地，包括路堤、路堑、道沟及护路林；地铁地上部分及出入口等地
				262	公路用地	指国家和地方公路（含乡镇公路），包括路堤、路堑、道沟及护路林及其附属设施用地
				263	民用机场	指民用机场及其附属设施用地
				264	港口码头用地	指人工修建的客、货运、捕捞船舶停靠的场所及其相应的附属建筑物，不包括常水位以下的部分
				265	管道运输用地	指运输煤炭、石油和天然气等的管道及其相应设施地面用地
				266	街巷	指城乡居民点内公用道路（含立交桥）、公共停车场
		27	水利设施用地			指用于水库、水工建筑的土地
				271	水库水面	指人工修建总库容≥10万m³，正常蓄水位以下的面积
				272	水工建设用地	指除农田水利用地以外的人工修建的沟渠（包括渠槽、渠堤、护堤林）闸、坝、堤路林、水电站、扬水站等常水位岸线以上的水工建筑用地
		28	特殊用地			指军事设施、涉外、宗教、监狱、墓地等用地
				281	军事设施用地	指专门用于军事目的的设施用地，包括军事指挥机关和营房等
				282	使领馆用地	指外国政府及国际组织驻华使领馆、办事处用地
				283	宗教用地	指专门用于宗教活动的庙宇、寺院、道观、教堂等宗教自用地

（续）

一级类		二级类		三级类		含义
编号	名称	编号	名称	编号	名称	
2	建设用地	28	特殊用地	284	监教场用地	指监狱、看守所、劳改所、劳教所、戒毒所等用地
				285	墓葬地	指陵园、墓地、殡葬场所及附属设施用地
3	未利用地		指农用地和建设用地以外的土地			
		31	未利用土地	指目前还未利用的土地，包括难以利用的土地		
				311	荒草地	指树木郁闭度＜10%，表层为土质，生长杂草的土地，不包括盐碱地、沼泽地和裸土地
				312	盐碱地	指表层盐碱聚集，只生长天然的耐盐植物的土地
				313	沼泽地	指经常积水或渍水，一般生长湿生植物的土地
				314	沙地	指表层为沙覆盖、基本无植被的土地，包括沙漠，不包括水系中的沙滩
				315	裸土地	指表层为土质、基本无植被覆盖的土地
				316	裸岩石砾地	指表层为岩石或石砾，其覆盖面积≥70%的土地
				317	其他未利用土地	指包括高寒荒漠、苔原等尚未利用的土地
		32	其他土地	指未列入农用地、建设用地的其他水域地		
				321	河流水面	指天然形成的或者人工开挖河流常水位岸线以下的土地
				322	湖泊水面	指天然形成的积水区常水位岸线以下的土地
				323	苇地	指生长芦苇的土地，包括滩涂上的土地
				324	滩涂	指沿海大潮高潮位与低潮位之间的潮浸地带，河流、湖泊常水位至洪水位间的土地，时令湖、河洪水位以下的滩地，水库、坑塘的正常蓄水位与最大洪水位之间的滩地。不包括已利用的滩涂
				325	冰川及永久积雪	指表层被冰雪常年覆盖的土地

资料来源：国土资源部于 2001 年 8 月 21 日发布的《国土资源部关于印发试行〈土地分类〉的通知》。

注：*指生态退耕以外，按照《关于搞好农用地管理　促进农业生产结构调整工作的通知》（国土资发〔1999〕511号）文件规定，在农业结构调整中由耕地调整为其他农用地，但未破坏耕作层的土地，不作为耕地减少衡量指标。

附录 D　2007 年的《土地利用现状分类》

D.1　利用现状分类和编码

一级类		二级类		含义
编码	名称	编码	名称	
01	耕地			指种植农作物的土地，包括熟地，新开发、复垦、整理地，休闲地（含轮歇地、轮作地）；以种植农作物（含蔬菜）为主，间有零星果树、桑树或其他树木的土地；平均每年能保证收获一季的已垦滩地和海涂。耕地中包括南方宽度<1.0m，北方宽度<2.0m固定的沟、渠、路和地坎（埂）；临时种植药材、草皮、花卉、苗木等的耕地以及其他临时改变用途的耕地
		011	水田	指用于种植水稻、莲藕等水生农作物的耕地，包括实行水生、旱生农作物轮种的耕地
		012	水浇地	指有水源保证和灌溉设施，在一般年景能正常灌溉，种植旱生农作物的耕地，包括种植蔬菜等的非工厂化的大棚用地
		013	旱地	指无灌溉设施，主要靠天然降水种植旱生农作物的耕地，包括没有灌溉设施，仅靠引洪淤灌的耕地
02	园地			指种植以采集果、叶、根、茎、汁等为主的集约经营的多年生木本和草本作物，覆盖度大于50%或单位面积株数大于合理株数70%的土地，包括用于育苗的土地
		021	果园	指种植果树的园地
		022	茶园	指种植茶树的园地
		023	其他园地	指种植桑树、橡胶、可可、咖啡、油棕、胡椒、药材等其他多年生作物的园地
03	林地			指生长乔木、竹类、灌木的土地及沿海生长红树林的土地，包括迹地，不包括居民点内部的绿化林木用地，铁路、公路征地范围内的林木以及河流、沟渠的护堤林
		031	有林地	指树木郁闭度≥0.2的乔木林地，包括红树林地和竹林地
		032	灌木林地	指灌木覆盖度≥40%的林地
		033	其他林地	包括疏林地（指树木郁闭度≥0.1、<0.2的林地）、未成林地、迹地、苗圃等林地
04	草地			指生长草本植物为主的土地
		041	天然牧草地	指以天然草本植物为主，用于放牧或割草的草地
		042	人工牧草地	指人工种植牧草的草地
		043	其他草地	指树木郁闭度<0.1，表层为土质，生长草本植物为主，不用于畜牧业的草地
05	商服用地			指主要用于商业、服务业的土地
		051	批发零售用地	指主要用于商品批发、零售的用地，包括商场、商店、超市、各类批发（零售）市场、加油站等及其附属的小型仓库、车间、工场等的用地
		052	住宿餐饮用地	指主要用于提供住宿、餐饮服务的用地，包括宾馆、酒店、饭店、旅馆、招待所、度假村、餐厅、酒吧等

（续）

一级类		二级类		含义
编码	名称	编码	名称	
05	商服用地	053	商务金融用地	指企业、服务业等办公用地以及经营性的办公场所用地，包括写字楼、商业性办公场所、金融活动场所和企业厂区外独立的办公场所等用地
		054	其他商服用地	指上述用地以外的其他商业、服务业用地，包括洗车场、洗染店、废旧物资回收站、维修网点、照相馆、理发美容店、洗浴场所等用地
06	工矿仓储用地			指主要用于工业生产、物资存放场所的土地
		061	工业用地	指工业生产及直接为工业生产服务的附属设施用地
		062	采矿用地	指采矿、采石、采砂（沙）场，盐田，砖瓦窑等地面生产用地及尾矿堆放地
		063	仓储用地	指用于物资储备、中转的场所用地
07	住宅用地			指主要用于人们生活居住的房基地及其附属设施的土地
		071	城镇住宅用地	指城镇用于生活居住的各类房屋用地及其附属设施用地，包括普通住宅、公寓、别墅等用地
		072	农村宅基地	指农村用于生活居住的宅基地
08	公共管理与公共服务用地			指用于机关团体、新闻出版、科教文卫、风景名胜、公共设施等的土地
		081	机关团体用地	指用于党政机关、社会团体、群众自治组织等的用地
		082	新闻出版用地	指用于广播电台、电视台、电影厂、报社、杂志社、通讯社、出版社等的用地
		083	科教用地	指用于各类教育，独立的科研、勘测、设计、技术推广、科普等的用地
		084	医卫慈善用地	指用于医疗保健、卫生防疫、急救康复、医检药检、福利救助等的用地
		085	文体娱乐用地	指用于各类文化、体育、娱乐及公共广场等的用地
		086	公共设施用地	指用于城乡基础设施的用地，包括给排水、供电、供热、供气、邮政、电信、消防、环卫、公用设施维修等用地
		087	公园与绿地	指城镇、村庄内部的公园、动物园、植物园、街心花园和用于休憩及美化环境的绿化用地
		088	风景名胜设施用地	指风景名胜（包括名胜古迹、旅游景点、革命遗址等）景点及管理机构的建筑用地。景区内的其他用地按现状归入相应地类
09	特殊用地			指用于军事设施、涉外、宗教、监教、殡葬等的土地
		091	军事设施用地	指直接用于军事目的的设施用地
		092	使领馆用地	指用于外国政府及国际组织驻华使领馆、办事处等的用地
		093	监教场所用地	指用于监狱、看守所、劳改场、劳教所、戒毒所等的建筑用地
		094	宗教用地	指专门用于宗教活动的庙宇、寺院、道观、教堂等宗教自用地
		095	殡葬用地	指陵园、墓地、殡葬场所用地

（续）

一级类		二级类		含义
编码	名称	编码	名称	
10	交通运输用地		指用于运输通行的地面线路、场站等的土地，包括民用机场、港口、码头、地面运输管道和各种道路用地	
		101	铁路用地	指用于铁道线路、轻轨、场站的用地，包括设计内的路堤、路堑、道沟、桥梁、林木等用地
		102	公路用地	指用于国道、省道、县道和乡道的用地，包括设计内的路堤、路堑、道沟、桥梁、汽车停靠站、林木及直接为其服务的附属用地
		103	街巷用地	指用于城镇、村庄内部公用道路（含立交桥）及行道树的用地，包括公共停车场，汽车客货运输站点及停车场等用地
		104	农村道路	指公路用地以外的南方宽度≥1.0m、北方宽度≥2.0m 的村间、田间道路（含机耕道）
		105	机场用地	指用于民用机场的用地
		106	港口码头用地	指用于人工修建的客运、货运、捕捞及工作船舶停靠的场所及其附属建筑物的用地，不包括常水位以下部分
		107	管道运输用地	指用于运输煤炭、石油、天然气等管道及其相应附属设施的地上部分用地
11	水域及水利设施用地		指陆地水域，海涂，沟渠、水工建筑物等用地，不包括滞洪区和已垦滩涂中的耕地、园地、林地、居民点、道路等用地	
		111	河流水面	指天然形成或人工开挖河流常水位岸线之间的水面，不包括被堤坝拦截后形成的水库水面
		112	湖泊水面	指天然形成的积水区常水位岸线所围成的水面
		113	水库水面	指人工拦截汇集而成的总库容≥10 万 m³ 的水库正常蓄水位岸线所围成的水面
		114	坑塘水面	指人工开挖或天然形成的蓄水量＜10 万 m³ 的坑塘常水位岸线所围成的水面
		115	沿海滩涂	指沿海大潮高潮位与低潮位之间的潮浸地带，包括海岛的沿海滩涂，不包括已利用的滩涂
		116	内陆滩涂	指河流、湖泊常水位至洪水位间的滩地，时令湖、河洪水位以下的滩地，水库、坑塘的正常蓄水位与洪水位间的滩地，包括海岛的内陆滩地，不包括已利用的滩地
		117	沟渠	指人工修建，南方宽度≥1.0m，北方宽度≥2.0m 用于引、排、灌的渠道，包括渠槽、渠堤、取土坑、护堤林
		118	水工建筑用地	指人工修建的闸、坝、堤路林、水电厂房、扬水站等常水位岸线以上的建筑物用地
		119	冰川及永久积雪	指表层被冰雪常年覆盖的土地

（续）

一级类		二级类		含义
编码	名称	编码	名称	
12	其他土地	指上述地类以外的其他类型的土地		
		121	空闲地	指城镇、村庄、工矿内部尚未利用的土地
		122	设施农用地	指直接用于经营性养殖的畜禽舍、工厂化作物栽培或水产养殖的生产设施用地及其相应附属用地，农村宅基地以外的晾晒场等农业设施用地
		123	田坎	主要指耕地中南方宽度≥1.0m、北方宽度≥2.0m的地坎
		124	盐碱地	指表层盐碱聚集，生长天然耐盐植物的土地
		125	沼泽地	指经常积水或渍水，一般生长沼生、湿生植物的土地
		126	沙地	指表层为沙覆盖、基本无植被的土地，不包括滩涂中的沙地
		127	裸地	指表层为土质，基本无植被覆盖的土地；或表层为岩石、石砾，其覆盖面积≥70%的土地

D.2　城镇村及工矿用地

一级类		二级类		含义
编码	名称	编码	名称	
20	城镇村及工矿用地	指城乡居民点、独立居民点以及居民点以外的工矿、国防、名胜古迹等企事业单位用地，包括其内部交通、绿化用地		
		201	城市	指城市居民点以及与城市连片的和区政府、县级市政府所在地镇级辖区内的商服、住宅、工业、仓储、机关、学校等单位用地
		202	建制镇	指建制镇居民点，以及辖区内的商服、住宅、工业、仓储、学校等企事业单位用地
		203	村庄	指农村居民点，以及所属的商服、住宅、工矿、工业、仓储、学校等用地
		204	采矿用地	指采矿、采石、采砂（沙）场，盐田，砖瓦窑等地面生产用地及尾矿堆放地
		205	风景名胜及特殊用地	指城镇村用地以外用于军事设施、涉外、宗教、监教、殡葬等的土地，以及风景名胜（包括名胜古迹、旅游景点、革命遗址等）景点及管理机构的建筑用地

资料来源：《第二次全国土地调查技术规程》（TD/T 1014—2007）。

注：开展农村土地调查时，对2007年的《土地利用现状分类》中05、06、07、08、09一级类和103、121二级类按此表进行归并。

附录 E 2019 年的《第三次全国国土调查工作分类》与《中华人民共和国土地管理法》"三大类"对照

三大类	土地利用现状分类	
	类型编码	类型名称
农用地	101	水田
	102	水浇地
	103	旱地
	201	果园
	202	茶园
	203	橡胶园
	204	其他园地
	301	乔木林地
	302	竹林地
	303	红树林地
	304	森林沼泽
	305	灌木林地
	306	灌丛沼泽
	307	其他林地
	401	天然牧草地
	402	沼泽草地
	403	人工牧草地
	1006	农村道路
	1103	水库水面
	1104	坑塘水面
	1107	沟渠
	1202	设施农用地
	1203	田坎
建设用地	501	零售商业用地
	502	批发市场用地
	503	餐饮用地
	504	旅馆用地
	505	商务金融用地
	506	娱乐用地
	507	其他商服用地
	601	工业用地
	602	采矿用地
	603	盐田

（续）

三大类	土地利用现状分类	
	类型编码	类型名称
建设用地	604	仓储用地
	701	城镇住宅用地
	702	农村宅基地
	801	机关团体用地
	802	新闻出版用地
	803	教育用地
	804	科研用地
	805	医疗卫生用地
	806	社会福利用地
	807	文化设施用地
	808	体育用地
	809	公用设施用地
	810	公园与绿地
	901	军事设施用地
	902	使领馆用地
	903	监教场所用地
	904	宗教用地
	905	殡葬用地
	906	风景名胜设施用地
	1001	铁路用地
	1002	轨道交通用地
	1003	公路用地
	1004	城镇村道路用地
	1005	交通服务场站用地
	1007	机场用地
	1008	港口码头用地
	1009	管道运输用地
	1109	水工建筑用地
	1201	空闲地
未利用地	404	其他草地
	1101	河流水面
	1102	湖泊水面
	1105	沿海滩涂
	1106	内陆滩涂
	1108	沼泽地
	1110	冰川及永久积雪
	1204	盐碱地
	1205	沙地
	1206	裸土地
	1207	裸岩石砾地

附录 F 地籍调查表

地　籍　调　查　表

宗地代码：＿＿＿＿＿＿＿＿＿＿＿＿＿＿＿

土地权利人：＿＿＿＿＿＿＿＿＿＿＿＿＿＿

年　月　日

×××自然资源局印制

（续）

基　本　表						
土地权利人			单位性质			
			证件类型			
			证件编号			
			通信地址			
土地权属性质			使用权类型			
土地坐落						
法定代表人或负责人姓名		证件类型		电话		
		证件编号				
代理人姓名		证件类型		电话		
		证件编号				
国民经济行业分类代码						
预编宗地代码			宗地代码			
所在图幅号	比例尺					
	图幅号					
宗地四至	北：					
	东：					
	南：					
	西：					
批准用途			实际用途			
	地类编码			地类编码		
批准面积（m²）		宗地面积（m²）		建筑占地面积（m²）		
				建筑面积（m²）		
使用期限	年　月　日至　年　月　日					
共有/共用权利人情况						
说明						

（续）

	界标种类					界址	界址线类别					界址线位置			说明
界址点号	钢钉	水泥桩	喷涂			间距(m)	道路	沟渠	围墙	围栏	田埂	内	中	外	

界址标示表

（续）

界址签章表						
界址线			邻宗地		本宗地	日期
起点号	中间点号	终点号	相邻宗地权利人（宗地代码）	指界人姓名（签章）	指界人姓名（签章）	

（续）

宗地草图	
界址说明表	
界址点位说明	
主要权属界线 走向说明	

（续）

调查审核表	
权属调查记事	调查员签名：　　　　　　　　日期：
地籍测量记事	测量员签名：　　　　　　　　日期：
地籍调查结果审核意见	审核人签名：　　　　　　　审核日期：

（续）

共有/共用宗地面积分摊表

土地坐落	区（县）		街道（乡、镇）	
权利人名称		宗地代码		
宗地面积（m²）				

共有/共用 面积情况	共有/共用 权利人名称	所有权/使用权面积（m²）	独有/独用面积 （m²）	分摊面积 （m²）

填表说明

（一）填写要求

（1）地籍调查表以宗地为单位填写，每宗地填写一份。所有宗地的地籍调查都应填写此表。

（2）地籍调查表必须做到图表内容与实地一致，表达准确无误，字迹清晰整洁。

（3）表中填写的项目不得涂改，每一处只允许划改一次，划改符号用"＼"表示，并在划改处由划改人员签字或盖章；全表划改不超过 2 处。

（4）表中各栏目应填写齐全，不得空项。确属不填的栏目，使用"—"符号填充。

（5）文字内容一律使用蓝黑钢笔或黑色签字笔填写，不得使用谐音字、国家未批准的简化字或缩写名称。

（6）项目栏的内容填写不下的可另加附页。宗地草图可以附贴。凡附页和附贴的，应加盖自然资源主管部门印章。

（7）对面积较大、界线复杂的集体土地所有权宗地和国有土地使用权宗地，宜签订土地权属界线协议书并签字盖章。界址线有争议的土地，填写土地权属争议原由书并签字盖章。

（二）填写方法

1. 封面

（1）编号。可以是流水号，也可以是预编宗地号，用自然数编制。

（2）宗地代码。填写宗地统一编码，其中县级行政区划代码可省略。

（3）土地权利人。填写土地使用权人、所有权人姓名或名称。土地所有权人，根据申请书进行核实后，按照"××村（乡、组）农民集体"格式填写。

2. 基本表

（1）土地权利人。

A. 单位性质：行政事业单位填写行政、事业。企业单位填写国有、集体、私营、外资、港澳台、联营、股份制、个体或其他（依据国家统计局、原国家工商行政管理总局于 1992 年联合发布的《关于经济类型划分的暂行规定》）。个人住宅填写个人。

B. 证件类型：土地权利人为法人和其他组织的，填写中华人民共和国组织机构代码证；土地权利人为自然人的，填写居民身份证、军官证、护照等。

C. 证件编号：土地权利人为法人和其他组织的，填写中华人民共和国组织机构代码；土地权利人为自然人的，填写公民身份号码、军官证号码、护照号码等。

D. 通信地址：填写土地权利人的通信地址及邮政编码。

（2）权属性质。

A. 对国有土地使用权：填写国有建设用地使用权或国有农用地使用权。

B. 对集体土地所有权：填写村民小组农民集体土地所有权、村农民集体土地所有权、乡镇农民集体土地所有权。

C. 对集体土地使用权：填写乡镇集体建设用地使用权、村集体建设用地使用权、宅基地使用权或集体农用地使用权。

（3）使用权类型。

A. 对国有土地使用权：填写划拨、出让、作价出资（入股）、租赁、授权经营、其他。

B. 对集体土地使用权：填写荒地拍卖、批准拨用宅基地、批准拨用企业用地、集体土地入股（联营）、其他。

（4）土地坐落。填写宗地所在地的名称。根据地名办提供的名称进行现场核实后填写。

（5）法定代表人或负责人姓名。为法人单位的，填写法定代表人姓名、身份证号码和联系电话；为非法人单位的，填写负责人相关信息；为个人用地的，不填。

（6）代理人姓名。填写代理人名称、身份证号码和联系电话。无代理的不填。

（7）国民经济行业分类代码。根据《国民经济行业分类》（GB/T 4754—2017）大类标准，填写类别名称及编码。没有的不填。

（8）预编宗地代码。填写在外业调查工作开始前，根据基础图件资料预编的宗地代码。

（9）宗地代码。填写方法同"1. 封面"填写中的第（2）项。

（10）所在图幅号。

A. 比例尺：填写 1∶500、1∶1 000、1∶2 000、1∶5 000、1∶10 000 或 1∶50 000。

B. 图幅号：填写宗地所在对应比例尺地籍图的图幅号。破宗时，填写宗地各部分地块所在地籍图的图幅号。

（11）宗地四至。填写相邻宗地的土地使用权人、所有权人名称。与道路、河流等线状地物相邻的，应填写地物名称；与空地、荒山、荒滩等未确定使用权的国有土地相邻的，应准确描述相应地物、地貌的名称，不得空项。

（12）批准用途。填写土地权属来源材料或用地批准文件中经政府批准的土地用途，用汉字表示。地类编码按照《土地利用现状分类》（GB/T 21010—2017）填写至二级类，用阿拉伯数字表示。

（13）实际用途。填写经现场调查后按照《土地利用现状分类》（GB/T 21010—2017）

二级类确定的宗地主要地类，用汉字表示。地类编码用阿拉伯数字表示。

（14）批准面积。填写经政府批准的宗地面积，不包括代征地、代管地的面积。

（15）宗地面积。填写经测量得到的宗地土地面积。此项由测绘单位在测量完成时提供，由调查人员填写，小数点后保留 2 位。

（16）建筑占地面积。填写宗地内建筑物基底占地面积，小数点保留 2 位。

（17）建筑面积。填写宗地内建筑总面积，小数点后保留 2 位。

（18）使用期限。填写政府批准的使用期限。未明确土地使用期限的不填。

（19）共有/共用权利人情况。应全称填写共有/共用权利人的名称以及共有/共用情况。无共有/共用情况的不填。如因权利人过多填写不下时，可根据申请书编号顺序填写第一个权利人名称，后面加"等几人"，将详细情况填写至共有/共用宗地面积分摊表。

（20）说明。

A. 填写土地权属来源证明材料的情况说明。

B. 日常地籍调查时，填写原土地权利人、土地坐落、宗地代码及变更主要原因等内容。

C. 对于集体土地所有权宗地，还可说明宗地被线状国有或其他农民集体土地分割的情况，需详细说明宗地代码及如何被分割。

3. 界址标示表

（1）界址点号。从宗地某界址点开始按顺时针编列，例如：J_1，J_2，J_3，…，J_{23}，J_1。

（2）界标种类。根据实际埋设的界标种类在相应位置画"√"。表中没有明示的界标种类，补充在"界标种类"栏空白格中，如"石灰桩"等。

（3）界址间距。填写实地丈量的界址边长，小数点后保留 2 位。

（4）界址线类别。根据界线实际依附的地物和地貌在相应位置画"√"。表中没有明示的界址线类别，补充在"界址线类别"栏空白格中，如"山脊线""山谷线"等。

（5）界址线位置。界线标的物自有、他有、共有的，分别在"外"处画"√"、在"内"处画"√"、在"中"处画"√"；分别自有的，在"外"处画"√"，并在"说明"栏中注明，例如"各自有墙"或"双墙"。

4. 界址签章表

（1）界址线起点号、中间点号、终点号。例如，某条界址线的界址点号包括 J_1、J_2、J_3、J_4、J_5、J_{24}、J_{25}、J_6。其中，起点号填 J_1，终点号填 J_6，中间点号填 J_2、J_3、J_4、J_5、J_{24}、J_{25}。

（2）相邻宗地权利人（宗地代码）。填写相邻宗地权利人名称（或姓名）及相邻宗地的宗地代码。与道路、河流等线状地物以及与空地、荒山、荒滩等未确定使用权的国有土地相邻的，参考"宗地四至"填写。宗地代码填写方法见"1. 封面"填写中的第（2）项。

（3）指界人姓名（签章）。指界人签字、盖章或按手印。集体土地所有权调查时，应加盖集体土地所有权印章。与未确定使用权的国有土地相邻时，邻宗地"指界人姓名（签章）"栏可不填写。

（4）日期。填写外业调查指界日期。

5. 宗地草图　绘制方法及要求参见教材或规程相关内容。对于界线复杂的集体土地所有权宗地和国有土地使用权宗地，应制作土地权属界线附图，并签订土地权属界线协议书，可不绘制宗地草图。

6. 界址说明表　如果界址标示无法说明清楚全部或部分界址点线的情况，则需要填写此表对界址进行补充说明。

（1）界址点位说明：利用工作底图和宗地草图，主要说明所依附标的物的类型及其位置（内、中、外），以及该标的物与周围明显地物、地貌的关系。例如，2号点位于两沟渠中心线的交点上，5号界址点位于××山顶最高处；3号界址点位于××工厂围墙西北角处；8号界址点位于农村道路与××公路交叉点中心；10号界址点位于××承包田西南角等。

（2）主要权属界线走向说明：说明权属界线的具体走向。以两个相邻界址点为一节，叙述界线所依附的标的物的状况及其与周围宗地和地物地貌的关系。例如：T_1—T_2，由 T_1 沿××公路中央走向至 T_2；T_4—T_5，由 T_4 沿山脊线至 T_5；T_9—T_{10}，由 T_9 沿××学校东侧围墙至 T_{10} 等。

7. 调查审核表

（1）权属调查记事。

A. 现场核实申请书有关栏目填写是否正确，不正确的作更正说明。

B. 界线有纠纷时，要记录纠纷原因（含双方各自认定的界址），并尽可能提出处理意见。

C. 指界手续履行等情况。

D. 界址设置、边长丈量等技术方法、手段。

E. 说明确实无法丈量界址边长、界址点与邻近地物的相关距离和条件距离的原因。

（2）地籍测量记事。

A. 测量前界标检查情况。

B. 根据需要，记录测量界址点及其他要素的技术方法、仪器。

C. 遇到的问题及处理的方法。

D. 提出遗留问题的处理意见。

（3）调查结果审核意见。审核人对地籍调查结果进行全面审核，如无问题，即填写合格；如果发现调查结果有问题，应填写不合格，指明错误，提出处理意见。

8. 共有/共用宗地面积分摊表

（1）所有权/使用权面积为土地权利人在一宗地内所有/使用的土地面积。

（2）独有/独用面积为土地权利人在一宗地宗内独自所有/使用的土地面积。

（3）分摊面积为各土地权利人在共有/共用面积内分摊到的土地面积。

（4）共有/共用宗的所有权/使用权面积为独有/独用面积与分摊面积之和。

图书在版编目（CIP）数据

地籍管理 / 杨朝现主编 . —3 版 . —北京：中国
农业出版社，2021.2
　　普通高等教育"十一五"国家级规划教材，普通高等
教育农业农村部"十三五"规划教材
　　ISBN 978-7-109-26922-4

　　Ⅰ.①地…　Ⅱ.①杨…　Ⅲ.①地籍管理－高等学校－
教材　Ⅳ.①P273

中国版本图书馆 CIP 数据核字（2020）第 095655 号

地籍管理
DIJI GUANLI

中国农业出版社出版

地址：北京市朝阳区麦子店街 18 号楼
邮编：100125
责任编辑：夏之翠　　文字编辑：蔡雪青
版式设计：杜　然　　责任校对：周丽芳　　责任印制：王　宏
印刷：中农印务有限公司
版次：2002 年 7 月第 1 版　　2021 年 2 月第 3 版
印次：2021 年 2 月第 3 版北京第 1 次印刷
发行：新华书店北京发行所
开本：787mm×1092mm　1/16
印张：23.75
字数：570 千字
定价：56.50 元